城镇规划设计指南丛书

U0150458

城镇住宅设计

骆中钊 戴 俭 张 磊 张惠芳 ▪总主编

孙志坚 ▪主 编

陈黎阳 ▪副主编

中国林业出版社

图书在版编目（ＣＩＰ）数据

城镇住宅设计 / 骆中钊等总主编 . —— 北京：中国
林业出版社，2020.8

（城镇规划设计指南丛书）

ISBN 978-7-5219-0669-1

Ⅰ . ①城… Ⅱ . ①骆… Ⅲ . ①城镇－住宅－建筑设计
Ⅳ . ① TU241

中国版本图书馆 CIP 数据核字 (2020) 第 120492 号

————————————————————————————————————

策　　划：纪　亮

责任编辑：纪　亮

出版：中国林业出版社（100009 北京西城区刘海胡同 7 号）

网站：http://www.forestry.gov.cn/lycb.html

印刷：河北京平诚乾印刷有限公司

发行：中国林业出版社

电话：（010）8314 3573

版次：2020 年 8 月第 1 版

印次：2020 年 8 月第 1 次

开本：1/16

印张：19.75

字数：350 千字

定价：116.00 元

编委会

编者名单

1 《城镇建设规划》

总主编 骆中钊 戴 俭 张 磊 张惠芳

主 编 刘 蔚

副主编 张 建 张光辉

2 《城镇住宅设计》

总主编 骆中钊 戴 俭 张 磊 张惠芳

主 编 孙志坚

副主编 陈黎阳

3 《城镇住区规划》

总主编 骆中钊 戴 俭 张 磊 张惠芳

主 编 张 磊

副主编 王笑梦 霍 达

4 《城镇街道广场》

总主编 骆中钊 戴 俭 张 磊 张惠芳

主 编 骆中钊

副主编 廖含文

5 《城镇乡村公园》

总主编 骆中钊 戴 俭 张 磊 张惠芳

主 编 张惠芳 杨 玲

副主编 夏晶晶 徐伟涛

6 《城镇特色风貌》

总主编 骆中钊 戴 俭 张 磊 张惠芳

主 编 骆中钊

副主编 王 倩

7 《城镇园林景观》

总主编 骆中钊 戴 俭 张 磊 张惠芳

主 编 张宇静

副主编 齐 羚 徐伟涛

8 《城镇生态建设》

总主编 骆中钊 戴 俭 张 磊 张惠芳

主 编 李 燃 刘少冲

副主编 闫 佩 彭建东

9 《城镇节能环保》

总主编 骆中钊 戴 俭 张 磊 张惠芳

主 编 宋效巍

副主编 李 燃 刘少冲

10 《城镇安全防灾》

总主编 骆中钊 戴 俭 张 磊 张惠芳

主 编 王志涛

副主编 王 飞

总前言

习近平总书记在党的十九大报告中指出，要"推动新型工业化、信息化、城镇化、农业现代化同步发展"。走"四化"同步发展道路，是全面建设中国特色社会主义现代化国家、实现中华民族伟大复兴的必然要求。推动"四化"同步发展，必须牢牢把握新时代新型工业化、信息化、城镇化、农业现代化的新特征，找准"四化"同步发展的着力点。

城镇化对任何国家来说，都是实现现代化进程中不可跨越的环节，没有城镇化就不可能有现代化。城镇化水平是一个国家或地区经济发展的重要标志，也是衡量一个国家或地区社会组织强度和管理水平的标志，城镇化综合体现一国或地区的发展水平。

从 20 世纪 80 年代费孝通提出"小城镇大问题"到国家层面的"小城镇大战略"，尤其是改革开放以来，以专业镇、重点镇、中心镇等为主要表现形式的特色镇，其发展壮大、联城进村，越来越成为做强镇域经济，壮大县区域经济，建设社会主义新农村，推动工业化、信息化、城镇化、农业现代化同步发展的重要力量。特色镇是大中小城市和小城镇协调发展的重要核心，对联城进村起着重要作用，是城市发展的重要递度增长空间，是小城镇发展最显活力与竞争力的表现形态，是"万镇千城"为主要内容的新型城镇化发展的关键节点，已成为镇城经济最具代表性的核心竞争力，是我国数万个镇形成县区城经济增长的最佳平台。特色与创新是新型城镇可持续发展的核心动力。生态文明、科学发展是中国新型城镇永恒的主题。发展中国新型城镇化是坚持和发展中国特色社会

主义的具体实践。建设美丽新型城镇是推进城镇化、推动城乡发展一体化的重要载体与平台，是丰富美丽中国内涵的重要内容，是实现"中国梦"的基础元素。新型城镇的建设与发展，对于积极扩大国内有效需求，大力发展服务业，开发和培育信息消费、医疗、养老、文化等新的消费热点，增强消费的拉动作用，夯实农业基础，着力保障和改善民生，深化改革开放等方面，都会产生现实的积极意义。而对新城镇的发展规律、建设路径等展开学术探讨与研究，必将对解决城镇发展的模式转变、建设新型城镇化、打造中国经济的升级版，起着实践、探索、提升、影响的重大作用。

《中共中央关于全面深化改革若干重大问题的决定》已成为中国新一轮持续发展的新形势下全面深化改革的纲领性文件。发展中国新型城镇也是全面深化改革不可缺少的内容之一。正如习近平同志所指出的"当前城镇化的重点应该放在使中小城市、小城镇得到良性的、健康的、较快的发展上"，由"小城镇 大战略"到"新型城镇化"，发展中国新型城镇是坚持和发展中国特色社会主义的具体实践，中国新型城镇的发展已成为推动中国特色的新型工业化、信息化、城镇化、农业现代化同步发展的核心力量之一。建设美丽新型城镇是推动城镇化、推动城乡一体化的重要载体与平台，是丰富美丽中国内涵的重要内容，是实现"中国梦"的基础元素。实现中国梦，需要走中国道路、弘扬中国精神、凝聚中国力量，更需要中国行动与中国实践。建设、发展中国新型城镇，

就是实现中国梦最直接的中国行动与中国实践。

城镇化更加注重以人为核心。解决好人的问题是推进新型城镇化的关键。新时代的城镇化不是简单地把农村人口向城市转移，而是要坚持以人民为中心的发展思想，切实提高城镇化的质量，增强城镇对农业转移人口的吸引力和承载力。为此，需要着力实现两个方面的提升：一是提升农业转移人口的市民化水平，使农业转移人口享受平等的市民权利，能够在城镇扎根落户；二是以中心城市为核心、周边中小城市为支撑，推进大中小城市网络化建设，提高中小城市公共服务水平，增强城镇的产业发展、公共服务、吸纳就业、人口集聚功能。

为了推行城镇化建设，贯彻党中央精神，在中国林业出版社支持下，特组织专家、学者编撰了本套丛书。丛书的编撰坚持三个原则：

1. 弘扬传统文化。中华文明是世界四大文明古国中唯一没有中断而且至今依然充满着生机勃勃的人类文明，是中华民族的精神纽带和凝聚力所在。中华文化中的"天人合一"思想，是最传统的生态哲学思想。丛书各册开篇都优先介绍了我国优秀传统建筑文化中的精华，并以科学历史的态度和辩证唯物主义的观点来认识和对待，取其精华，去其糟粕，运用到城镇生态建设中。

2. 突出实用技术。城镇化涉及广大人民群众的切身利益，城镇规划和建设必须让群众得到好处，才能得以顺利实施。丛书各册注重实用技术的筛选和介绍，力争通过简单的理论介绍说明原理，通过翔实的案例和分析指导城镇的规划和建设。

3. 注重文化创意。随着城镇化建设的突飞猛进，我国不少城镇建设不约而同地大拆大建，缺乏对自然历史文化遗产的保护，形成"千城一面"的局面。但我国幅员辽阔，区域气候、地形、资源、文化乃至传统差异大，社会经济发展不平衡，城镇化建设必须因地制宜，分类实施。丛书各册注重城镇建设中的区域差异，突出因地制宜原则，充分运用当地的资源、风俗、传统文化等，给出不同的建设规划与设计实用技术。

丛书分为建设规划、住宅设计、住区规划、街道广场、乡村公园、特色风貌、园林景观、生态建设、节能环保、安全防灾这10个分册，在编撰中得到很多领导、专家、学者的关心和指导，借此特致以衷心的感谢！

丛书编委会

前　言

改革开放 40 多年，是我国城镇发展和建设最快的时期，特别是在沿海较发达地区，星罗棋布的城镇如雨后春笋，迅速成长，向人们充分展示着其拉动农村经济社会发展的巨大力量。

要建设好城镇，规划是龙头。做好城镇的规划设计是促进城镇健康发展的保证，这对推动城乡统筹发展，加快我国的新型城镇化进程，缩小城乡差别、扩大内需、拉动国民经济持续增长都发挥着极其重要的作用。

住区规划是城镇详细规划的主要组成部分，是实现城镇总体规划的重要步骤。现在人们已经开始追求小康生活的居住水平，这不仅要求住宅的建设必须适应可持续发展的需要，同时还必须具备与其相配套的居住环境，城镇的住宅建设必然趋向于小区化。改革开放以来，经过众多专家、学者和社会各界的努力，城市住区的规划设计和研究工作取得很多可喜的成果，为促进我国的城市住区建设发挥了极为积极的作用。城镇住区与城市住区虽然同是住区，有着很多的共性，但在实质上，还是有着不少的差异，具有特殊性。在过去相当长的一段时间里，由于对城镇住区规划设计的特点缺乏深入研究，导致城镇住区建设生硬地套用一般城市住区规划设计的理念和方法，采用简单化和小型化的城市住区规划；甚至将城市住区由于种种原因难能避免的远离自然、人际关系冷漠也带到城镇住区，使得介于城市与乡村之间、处于广阔乡村包围之中的城镇，自然环境贴近、人际关系密切、传统文化深厚的特

征遭受到严重的摧残；使得"国际化"和"现代化"对中华民族优秀传统文化的冲击也波及至广泛的城镇；导致很多城镇丧失了独具的中国特色和地方风貌，破坏了生态环境，严重地影响到人们的生活，阻挠了城镇的经济发展。

十八届三中全会审议通过的《中共中央关于全面深化改革若干重大问题的决定》中，明确提出完善新型城镇化体制机制，坚持走中国特色新型新型城镇化道路，推进以人为核心的新型城镇化。2013年 12 月 12 日至 13 日，中央城镇化工作会议在北京举行。在本次会议上，中央对新型城镇化工作方向和内容做了很大调整，在新型城镇化的核心目标、主要任务、实现路径、新型城镇化特色、城镇体系布局、空间规划等多个方面，都有很多新的提法。新型城镇化成为未来我国城镇化发展的主要方向和战略。

新型城镇化是指农村人口不断向城镇转移，第二、第三产业不断向城镇聚集，从而使城镇数量增加，城镇规模扩大的一种历史过程，它主要表现为随着一个国家或地区社会生产力的发展、科学技术的进步以及产业结构的调整，其农村人口居住地点向城镇的迁移和农村劳动力从事职业向城镇第二、第三产业的转移。城镇化的过程也是各个国家在实现工业化、现代化过程中所经历社会变迁的一种反映。新型城镇化则是以城乡统筹、城乡一体、产城互动、节约集约、生态宜居、和谐发展为基本特征的城镇化，是大中小城市、城镇、新型农村社区协

调发展、互促共进的城镇化。新型城镇化的核心在于不以牺牲农业和粮食、生态和环境为代价，着眼农民，涵盖农村，实现城乡基础设施一体化和公共服务均等化，促进经济社会发展，实现共同富裕。

现在，处于我国新型城镇化又一个发展历史时期，城镇将会加快发展，东部沿海较为发达地区和中西部地区的城镇也将迅速发展。这就要求我们必须认真总结经验和教训。充分利用城镇比起城市，有着环境优美贴近自然、乡土文化丰富多彩、民情风俗淳朴真诚、传统风貌鲜明独特以及依然保留着人与自然、人与人、人与社会和谐融合的特点。努力弘扬优秀传统建筑文化，借鉴我国传统民居聚落的布局，讲究"境态的藏风聚气，形态的礼乐秩序，势态和形态并重，动态和静态互释，心态的厌胜辟邪"等。十分重视人与自然的协调，强调人与自然融为一体的"天人合一"。在处理居住环境和自然环境的关系时，注意巧妙地利用自然来形成"天趣"。对外相对封闭，内部却极富亲和力和凝聚力，以适应人的居住、生活、生存、发展的物质和心理需求。因此，新型城镇化住区的规划设计应立足于满足城镇居民当代且可持续发展的物质和精神生活的需求，融入地理气候条件、文化传统及风俗习惯等，体现地方特色和传统风貌，以精心规划设计为手段，努力营造融于自然、环境优美、颇具人性化和各具独特风貌的城镇住区。

通过对实践案例的总结，特将对城镇住区规划设计的认识和理解整理成书，旨在抛砖引玉。

住区规划是城镇详细规划的主要组成部分，是实现城镇总体规划的重要步骤。现在人们已经开始追求小康生活的居住水平，这不仅要求住宅的建设必须适应可持续发展的需要，同时还要求必须具备与其相配套的居住环境，城镇的住宅建设必然趋向于小区化。

本书是"城镇规划设计指南丛书"中的一册，书中扼要地综述了中华建筑文化融于自然的聚落布局、独特风貌和深蕴意境，介绍了城镇住区的演变和发展趋向；分章详细地阐明了城镇住区的规划原则和指导思想、城镇住区住宅用地和城镇住区公共服务设施的规划布局、城镇住区道路交通规划和城镇住区绿化景观设计；特辟专章探述了城镇生态住区的规划与设计；并精选历史文化名镇住区、城镇小康住区和福建省村镇住区规划实例以及住区规划设计范例进行介绍，以便于广大读者阅读参考。书中内容丰富、观念新颖、通俗易懂，具有实用性、文化性、可读性强的特点，是一本较为全面、系统地介绍新型城镇化住区规划设计和建设管理的专业性实用读物。可供从事城镇建设规划设计和管理的建筑师、规划师和管理人员工作中参考，也可供大专院校相关专业师生教学参考，还可作为对从事城镇建设的管理人员进行培训的教材。

本书在编纂中得到许多领导、专家、学者的指导和支持；引用了许多专家、学者的专著、论文和资料；张惠芳、骆伟、陈磊、冯惠玲、李松梅、刘蔚、刘静、张志兴、骆毅、黄山、庄耿、柳碧波、王倩等参加资料的整理和编纂工作，借此一并致以衷心的感谢。

限于水平，书中不足之处，敬请广大读者批评指正。

骆中钊
于北京什刹海畔滋善轩乡魂建筑研究学社

目 录

（提取码：z2bp）

1 "天人合一"的家居文化

当人类摆脱野外生存的原始状态，开始有目的地营造有利于人类生存和发展的居住环境，也是人类认识和调谐自然的开始。在历史的发展长河中，经历了顺其自然 — 改造自然 — 和谐共生的不同发展阶段，使人类充分认识到只有尊重自然、利用自然、顺应自然、与自然和谐共生，才能使人类获得优良的生存和发展环境，现存的很多优秀传统聚落都展现了具有优良生态特征的环境景观。只是到了近现代，由于科技的迅猛发展，扩大了对人类能力的过度崇信。盲目的"现代化"和"工业化"以及疯狂的"城市化"，孤立地解决人类衣、食、住、行问题，导致了人与自然的矛盾，严重地恶化了居住环境。环境问题已成为21世纪亟待解决的重大问题，引起了人们的普遍关注。因此，人们才感悟到古代先民营造优良生态环境景观的聪明智慧。

1.1 中华建筑文化的家居理念

中华建筑文化家居环境文化学即家居环境文化，古已有之。优秀传统家居环境文化，实质上是基于农业文明的文化，人的一切活动要顺应自然的发展。人与自然和谐相生是人类的永恒追求，也是中华民族崇尚自然的最高境界。以道、释、儒为代表的中国传统文化，尽管各家观点不同，但都主张和谐统一，也常被称为"和合文化"。道家强调人与自然的统一，佛家提倡人内心世界的调适，儒家主张人与人及社会关系的和谐。这是中国传统文化的精髓所在，它们深深地渗透在优秀传统家居环境文化之中。古代的民居、聚落以及园林陵墓都依赖于自然，顺应气候和地势等自然条件来进行布局。家居是权力和教化的最小单位，人的一生至少有三分之一的时间是在家中度过的，因此住宅家居环境文化是人类文化大系统中日常频繁直接所接触的文化，对人的影响是最为密切的。人类文化的传递和人的观念的形成都起始于社会最基本的细胞单位——家庭，而家庭又必须以住宅作为物质依托，住宅作为人类生存的四大要素之一，是人们日常生活的物质载体，与千家万户息息相关。住宅是直接影响人的生理和心理健康的需求。孟子云："居移气，养移体，大哉居乎！"意思就是：摄取有营养的食物，可使一个人身体健康，而居所却足以改变一个人的气质。《黄帝宅经》中指出："《子夏》云：人因宅而立，宅因人的存，人宅相扶，感通天地。""《三元经》云：地善即苗茂，宅吉则人荣。"英国前首相丘吉尔也说过："人造房屋，房屋塑造人。"这些都充分地总结了人与家居的密切关系。住宅即生活，设计住宅也就是设计生活。宅院空间象征着伦常关系，体现尊卑秩序，而诸侯、大夫的宅院标准是国家制度明文规定的。民居的布局、体量、色彩、材料等也都是依据于自然规律，社会礼制和宗教信仰。民居的中央设祖宗牌位或神像，采用物化为动植物图案所象征的吉祥观念，在室内外的石雕、木雕、砖雕和泥塑等装修题材中加以展现，营造一个温馨的家居环境，用以追求吉祥如意。尽管很多都是相互模仿，但由于国土辽阔，各地风俗民情的差异，形成了多种多样的风格。

优秀传统家居环境文化植根于社会文化土壤中，它在倡导人们的生活方式以及价值观念上有着显著的社会文化作用。因此，不仅有着实用功能，而且也是一种文化活动。

我国的传统优秀文化，千百年来形成的尊奉"天人合一""天人相应"的传统观念，追求人与人、人与社会、人与自然的和谐共生。优秀传统家居环境文化，除了有慎终追远的人文精神外，更依照数千年的经验作为准绳，其目的在于维护并创造人的现在和未来。这些理念都是建立在我国古代人本主义宇宙观的基础之上，不仅仅是消极地顺应自然，更要求积极地利用自然，这自古以来都发挥了极其积极的作用。

改革开放以后，在引进外资技术的同时也引进了包括设计思想在内的许多思想理念和文化观念。以西方工业文明为代表的设计思想、文化观念及其产品，直接冲击着原有的民族价值观念，现在很难从流行家居环境文化理念中寻找到民族文化传统的遗迹。尽管传统民居单纯、朴实、耐用，可是在工业文化时代与以钢筋混凝土为代表的现代家居环境的抗衡，结果是工业文化代替了农业文明。过去长期所形成的物质生活和精神生活的双重匮乏，使得很多人缺乏家居环境文化理念的意识。因此，不少人一旦拥有了自己的住宅，几乎把所有的积蓄全部花费在家居室内的装修上。这其中很大部分又是盲目从众热衷于追逐缺乏文化的流行时尚，满足于"怕穷"而夸富显贵的心理需求，结果在家居室内环境文化上造成既无个性风格，又无文化品位的酒店风格。

随着经济发展、居住条件的改善，人与人、人与自然、人与社会的关系也随之发生改变。

从人与人的关系上看，中国传统民居是以家长制为中心，长辈居上、晚辈居下、男左女右。这虽然反映了三纲五常封建伦理道理，但其中也包含对长辈的孝道以及男女长幼有别的合理因素。而现在的城市住宅（包括很多模仿城市住宅的小城镇住宅，甚至是乡村住宅），在设计布局上对外封闭，而隔绝了邻里亲情的关系，男女长幼在居室上的区别也模糊不清。

从人与自然的关系上看，传统民居遵循优秀传统家居环境文化顺应自然、相融于自然。而现代的一些住宅则追求与自然隔绝的人造空间，拒绝自然空气和自然光，依赖于空调机、灯光及纯净水。许多家居室内环境追求豪华气派，楼道及室外即杂乱无章。

从物质与精神的关系上看，优秀传统家居环境文化指导下的传统民居在二者关系上是协调统一的，人们把对皇天后土和各路神明的崇敬与对长寿、富贵、康宁、好德、善终"五福临门"的追求紧密地结合起来。现代的住宅主要是满足人们所需要的物质享受，而精神生活的空间则几乎被电视、音响和电脑所占据，厅的面积越来越大，使得人们的思想观念和情感，只能维系在电视或电脑上。而独立思考的空间，情感交流的空间以及阅读学习的空间越来越少。当下某些流行的家居室内环境文化的潮流不利于人们进入高尚的精神生活，却有可能导致孕育出在物质消费的巨人，在精神创造上是侏儒。

优秀传统家居环境文化，在哲学上是属于物质文化的范畴，与思想文化既有区别又有密切的联系。优秀传统家居环境文化既依赖着技术生产活动，又是艺术创造活动。住宅是人们生存方式的物质表现，并显示出特殊的文化性质。因此，住宅除了居住和美观的功能之外，还应满足心理及社会文化功能的需要。

住宅家居环境文化包括室外家居环境家居环境文化和室内家居环境家居环境文化。

住宅家居环境文化是我国传统文化中的一部分。如我国古代的《天工开物》是在创造物的现在与未来；中医是在维护人的现在与未来；而住宅家居环境文化，其目的在于维护并创造人的现在和未来。这些理念都是建立在我国古代人本主义宇宙观的基础之上，不仅仅是消极地顺应自然，更要求积极地利用自然，自古以来，都发挥了其正面的意义，使得中国人能更快、更坚实地生活，创造了最灿烂的文化。

室外家居环境文化包括自然环境和人文环境。

室外家居环境文化的自然环境，应满足地势高亢、地质结构坚固、台风暴雨时不会水淹或山崩；阳光充沛、空气清新，四周没有产生废气、噪声、光电热危害以及污染水源等公害的场所；交通方便。

依据我们老祖宗的宇宙观，中国古人对"人"的认定及评价，完全不同于西方基督教文明之观念。尤其是先秦以前的中国古人，从不以为自身只是神祇（天）在人间的侍奉者，更不是一群完全受神祇（天）所控制的无知羔羊。他们认为，"人"的位格是与天地相等，可以平起平坐的。因此，除了顺应自然之外，在自然环境无法满足人类的需求时，人更应该积极地改造自然，而不仅止于逆来顺受。进而主张，人与天地的关系不是对立，而是一种互为因果，相互投射的效应，认为天地是人的扩大，人是天地的缩影，所以才发展出"人法地，地法天，天法道，道法自然"等相关学说。并且在了解到自然法则是不可违抗的之后，并不甘于雌伏，反而更积极地利用自然法则，尽量使其发挥更大的作用。

自然环境对家居环境的影响是极为重要的。依附自然，营造人类的生存条件；贴近自然，营造宜人的家居环境；利用自然，营造育人的环境文化。"人杰地灵"便是人们对风景秀丽，物产富饶，人才方能聚集的精湛总结。

室外家居环境文化的人文环境，应具有各种人际沟通、精神与物质供应的机能性强等特点，这包括邮局、银行、学校、菜市场、杂货店、超级市场、运动场、绿地、医疗机构等，都应在适当的范围以内。纯住宅区自然也应和商业区保持一段距离，距离文教区则越近越好，外在环境的人文环境还包括里仁为美，邻居关怀等。

安居乐业是人类的共同追求，人们常说的"地利人和"，道出优越的地理条件和良好的邻里关系是营造和谐家居环境的关键所在。"远亲不如近邻"以及"百万买宅、千万买邻"的成语都说明了构建密切邻里关系的重要。《南史·吕僧珍传》提到："宋季雅罢南康郡，市宅居僧珍宅侧。僧珍问宅价。曰'一千一百万'怪其贵。季雅曰："一百万买宅，千万买邻。"因以"百万买宅，千万买邻"比喻好邻居千金难买。宋代辛弃疾《新居上梁文》："百万买宅，千万买邻，人生孰若安居之乐？""孟母三迁"脍炙人口的历史故事，讲的是战国时代，孟子的母亲为了让他能受到好的教育，先后搬了三次家，第一次搬到坟场旁边，环境非常不好，第二次搬到喧闹的市集，孟子无心学习，最后又搬到了国家开设的书院附近，孟子才开始变得守秩序、懂礼貌、喜欢读书。含辛茹苦的孟妈妈满意地说："这才是我儿子应该住的地方呀！"后来，孟子受名校的熏陶，在名师的指导下，成了中国伟大的思想家。"近朱者赤，近墨者黑"。这些都十分鲜明地显示出人与家居室外环境有着环境育人的紧密关系。

室内家居环境则要求光线充足，空气流通，空间宽敞，间隔和活动性能符合机能性及人体功学，色彩协调柔和，家具耐用、舒适、安全，防火防盗设施良好，并拥有自我空间的私密性，以及主人的个别需求。

在住宅家居环境文化中，室外家居环境文化是"干"，室内家居环境文化是"枝"，切不可本末倒置。如果室外家居环境的条件恶劣，室内家居环境考虑得再周详也无济于事，甚至在发生意外时，一样难以幸免。例如，位于土质松软，水土保持不良之山地的住宅，遇到台风暴雨，极易在造成地基松动或泥石流时，危及住宅，必然是屋毁人伤，难求幸免。

一幢好的家居主体，就必须从室外家居环境文化的自然环境、人文环境，一直考虑到室内家居环境文化。因此，要真正做到完全符合条件的，却是一件十分不容易的事情，但为了更好获取生存条件，对于人生来说又是一件十分有意义的大事。只要大家共同从各方面多加努力，相信也是可以实现的。

家居环境从文化空间上可分为三个结构或层次：物质形式为表层结构；人的活动（包括传统的民情风俗在内）为中层结构；人的观念意识形态为深层结构。完美的家居环境是这种三个结构层次的和谐互动统一。只有物质结构层次上的高标准，而没有与之相适应的人们活动和观念的提高，那就没有什么文化可谈。文化的本意是"人化"，家居环境主要还要靠人的活动和思想观念来支撑。狭义的文化就是"艺术化"，理想的家居环境应当是技术与艺术的圆满结合、实用与审美的和谐统一，甚至是个人艺术创作与日常生活实用的融合。人的行为活动与住宅各功能空间是互相作用、互相制约，人在改变了家居的同时，也改变了自己。住宅作为家居环境的主体，它不同十一般的消费品，其文化含量的多少是一个家庭文化修养高低的明显标志。家居环境还是人的理想、信念变化的记录，人们所经历的祖先崇拜和领袖崇拜以及对物质的狂热追求，在家居环境中都留下了物质证据。表面上看起来十分简陋的住宅，作为一种文化现象，它可以说是被民族话语、政治话语、经济话语"格式化"了的文本，它蕴含着深厚的文化底蕴，并打下了鲜明的时代烙印。从发展的角度来看，住宅家居环境文化的研究，其主要目的是通过改进空间环境实现人的生活方式的变革。特别是随着人的文化需求的不断高涨，对住宅家居环境文化的研究必将成为多学科鼎力合作的热门话题。

随着研究的深入，研究发现住宅对人的健康的影响是多层次的，在现代社会中，人们在心理上对健康的需求在很多时候显得比生理上对健康的需要更强烈。因此，对家居环境的内涵也逐渐扩展到了心理和社会需求等方面。也就是对家居环境的要求已经从"无损健康"向"有益健康"的方向发展。

优秀传统家居环境文化是中华民族优秀传统文化的重要组成部分，是五千年文明光辉灿烂的结晶，但是在相当长的一段时间，却被视为"迷信"或"神秘文化"而遭禁锢。在人类长期实践中，特别是经过依附自然 — 干预与顺应自然 — 干预自然 — 回归自然的认识过程，人类对待生态环境的认识在经历了"听天由命"到"人定胜天"再到"天人合一"及人与"天"（大自然）的和谐统一这样一段曲曲折折的过程，如今人们才普遍认识到生态环境是人类赖以生存发展的基础，优秀传统家居环境文化终于重新获得世人的重视。

通过对优秀传统家居环境文化的不断探索，人们发现其基本理论与地球物理磁向、宇宙星体气象、山川水文地质、生态建筑景观、宇宙生命信息等现代科学等都有着密切的关系。因此，优秀传统家居环境文化是一门综合性科学，旨在探索调整、优化建筑信息、自然信息、人体信息并使之和谐共生，以达到有利于人类的身心健康，家运昌和，事业发达乃至后人成长为发展目标，最终达到"天、地、人"合一的至善境界。

优秀传统家居环境文化之所以具有生命力，乃至于可持续发展，应让它能随着社会的变革、生产力的提高和技术的进步而不断地创新。因此，只有通过与现代科学技术相结合的途径，将住宅家居环境文化的精华附于新的居住理念使其得到延伸和发展，获得更富气息的生命力，才能真正为广大人民群众创造家庭和睦、代际和顺、邻里和谐、自然和融的温馨家居环境服务。

1.2 中华建筑文化的家居认识

当人类摆脱野外生存的原始状态，开始有目的地营造有利于人类生存和发展的居住环境，也是人类认识和调谐自然的开始。在历史的发展长河中，经历了顺其自然 — 改造自然 — 和谐共生的不同发展阶段，使人类充分认识到只有尊重自然、利用自然、顺应自然、与自然和谐共生，才能使人类获得优良的生存和发展环境，现存的很多优秀传统民居都展现了人与家居环境密切关系的示范。中华建筑文化对人与家居环境关系有着下面的七点认识。

1.2.1 人类具有对家居环境的顺应性

顺应性在家居环境的营造上是很重要的。

人类本身对于周围的环境，具有很强的顺应性。人类是一种极容易受环境支配的动物。因此，如果要使自己的生活更理想，便会对周围的环境加以选择和整理。

这一点，不仅只是表现在人对自然环境顺应性，就是在人与人的人际关系和人与社会之间的人文环境中也是一样的。人们在不同的人文环境中，也会很快地顺应的。

了解人类的这种特征，然后善加应用，是生活所必须具有的智慧。研究这种生存之道也是人生中的一个大课题。

1.2.2 住宅具有如同衣服的功能

住宅对于人类来说，可以简单地把它想象为人类一年四季用以调节体温的衣服。

衣服虽然具有多种功能，但根本上，还是针对外在气温的变化，调节人体的体温，就算在衣柜中有几十套衣服的人，大致上也不外乎分为夏、冬、春秋等三种类型。

作为家居环境主体的住宅，可以说发挥着调节四季变化、维持体温的衣服功能。夏季要凉爽，冬季要暖和，对应季节的不同，有时需要通风好，有时则要求阳光照射时间有长短。春秋二季的衣服，若想一年四季都穿，也未尝不可，但是到了夏天，还是必须脱掉一件上衣，冬季则要多加一件御寒的外套和围巾，才能保持正常的体温。

如果把住宅当作家居的衣服来看，住宅的好坏便可以很容易地想象到。像夏天闷热，冬季寒冷的住宅，就等于是夏天穿冬天的衣服，冬天穿夏天的衣服一样。按正常的情况，应该不会有人在夏季穿着很厚重的衣服，但是在某些住宅中却常有这种情况出现，实在是一件令人不可思议的怪现象。从医学的观点来看，夏天若穿着厚重而通风不良的冬衣，会浪费冷却体温的能量，而感到闷热。相反的情况，如果冬天穿着夏天单薄的衣服，体内热能会迅速散失，人也就因而着凉。由此，便可以得出一个理念，只有能够平衡调和大气变化的住宅，才能符合好的家居环境条件。

1.2.3 夜晚是家最活跃的时段

按照常理来说，夜间是家人利用家最多的时刻，所以，夜晚被认为是家最活跃的时段。不少缺乏理解的人，却认为，夜间大部分的时间都在睡眠，家并没有想象中的重要。实质上家在夜里一直担负着非常重要的角色。白天不容易在家的人，或者不管多么喜欢外出的人，入夜后也一定得回家睡觉。因此，可以说，人的一生至少有三分之一的时间是在家中度过的。

睡眠是一种最好的休息方式，一切肉体及精神上的活动都得以暂时的松弛。不只是人类，包括所有的生物，睡眠时都处于解放状态，所以睡眠是人生必不可少的重要组成部分。

好的家居环境，可以让在家睡觉的人免受不理想大气的影响，而得到完全的保护，从而获得良好的睡眠质量。表现在家居室内环境的营造中，对卧室的布置，床的摆放等都特别重视。相反地，不良的家居环境，当人们呈现无抵抗力的睡眠状态时，不理想的大气便会侵犯人的大脑神经，由于家居环境毫无保护作用，久而久之，将会逐渐导致人的思维能力降低，大脑神经中枢是人体的指令神经，如果麻痹了，人就会失去正常的反应。何况人们住在家中不是一个晚上或者两三个晚上，家或许是一辈子的根据地。因此，如果长此以往，由于身体各器官失去平衡而导致罹患心血管病、胃病等各种疾病。

1.2.4 人与植物之间有着密不可分的关系

空气是围绕着地球的大气层，连接着无边的宇宙，其构成要素为：氮气 78.2%、氧气 20.93%、二氧化碳 0.03%、氖气 0.018%、氢气 0.00005% 等（体积比），除了以上各种对生物有着密切关系的气体外，还有其他含量较少的次要气体。而在所有构成要素中，以氧气所起的作用最为明显。

氧气不但存在于空气之中，水中也包含大量的氧气成分。同时，植物吸入空气中的二氧化碳，排出氧气。相反的，动物吸入氧气，经过体内的细胞作用后，将体内的二氧化碳排出到空气中。氧气是人类赖以生存的要素，正因为这个缘故，人类和植物之间就有着一种密不可分的关系。

1.2.5 水汽与家居环境要有平衡的关系

水分具有冷却的作用。因此，冬天若水分过量，会加速消耗人体内部的能量，人则会因此着凉，从而引起许多其他的病症。

通常，过多的水汽，对人体会有不良的影响。但是空气中若完全没有水汽的话，空气中会变得很干燥，因而会失去其本来所具有的功能。所以恰到好处才是最为理想的。海岛四面临海，在空气中有水分过多之嫌，受水汽之害也较深。

另一方面，水汽还是具有对人体有益的功能。例如，身体必须会有一定程度的水分。但过量的水汽

则会导致人体发冷，这是很不理想的。因此，从口中进入体内的水分是必要的，而从皮肤进入体内的水蒸气则应尽量避免。

水汽和家居环境的平衡关系，这就要求必须慎重考虑家居环境周围湿地范围的大小，以及四周水池、河流流向等问题。

1.2.6 人类与大气的关系极为密切

人类如果缺乏空气，就不能生存。食物和水固然对人类也很重要，但不管怎样，人类一旦缺乏空气（大气），便会马上死亡。

大气与人类有着密切的关系。这是因为，在大气中包含着与人类生存息息相关的多种元素。

众所周知，若缺乏氧气，人会马上因窒息而死亡，到目前为止，尚未出现有人不需要氧气还能活下来的。可见氧气对于人的一生、扮演着极为重要的角色。

大气随一年四季的变化而相应地有所变化。

在传统的家居环境文化中将一年分成"阴季"和"阳季"两个方面。所谓"阳季"，是从冬至到次年夏至（即十二月二十二日到翌年的六月二十二日），也就是指太阳逐渐接近北极，白昼越来越长的这段时间。

春天的大气，氧气充足，适合万物成长；

夏天的大气次于春天，氧气也很充足，但由于阳光过于强烈，草木的呼吸旺盛，使水分中的氧气不断发散，故空气会比春天稀薄。同时由于阳光热度的蒸发，使得氧气容易上升，而地面上的氧气含量也就相对减少。这段时间是指七、八月，是各种危险比较容易发生的时段。

秋天的大气中，氧气较少，氮气较多，可说是属于氮性空气，它具有让事物凝结的作用。也即秋天的天气，会使养分产生凝结作用而使叶子飘落。人到这个时期，全身细胞组织会不断地成长，并且会产生要储存脂肪而进行凝结作用的指令。这是为了应付即

将来临的冬天所作的准备。由于一年四季体内的机能都会有所不同,因此告诫人们要有意识地去巧妙地摄取食物。如果秋天只摄取少量的粉质、脂肪类,则体内的脂肪会减少。那么,冬天一来临,就会特别怕冷,或者很容易就感冒,甚至引起各种机能障碍。这也是民间在立秋时节有着"贴秋膘"习俗的来源所在。

到了冬天,草木都处在冬眠状态,大气中的氧气成分会减少。水中的氧气也会因为气温较低而蒸发,使得氧气更稀薄。这段时间为一月、二月,是各种危险最容易发生的时段。

在一月、二月和七月、八月这两个时段,氧气都较稀薄,而外界温度的高低和人体体温有着明显的差异,所以人的死亡率也就提高,正因为这样,为了提醒人们并发生警告,将其分别称为"里鬼门"和"鬼门月"。

1.2.7 一年分为八季更为合理

通常,人们将一年分为春、夏、秋、冬四季。但是从实际情况,其实一年应该分为八季。也即在通常的春、夏、秋、冬之间,还各自有一段称为"土用"的转变时期,也就等于这四季之间的变化期。在这段变化期里,由于季节的变化,人们的适应能力较差,也是最容易发病和旧病复发的时段,如胃病患者就最容易在秋冬交换和春夏交换期间旧病复发,人类的健康及思考力在这个转变时期最容易受损。因此,"土用"这段时间,被提醒地称为"准鬼门"期间。

1.3 中华建筑文化的地势观察

中华建筑文化观察环境地势的方法可概括为如下六种:

1.3.1 地理条件的分析

要了解住宅周围的环境是否理想,必须从产业的发展,交通的发展,山地、森林、平地、田地、园地、水边等地域,以及地形是高台或是低洼,是否有倾斜的地势,马路的情形,是否有坡道等各种方面来思考。

根据这些地理条件,住宅的建筑方式及布局设计等,都会有所差异。

不能简单地只考虑眼前的状况,还需要深入地探究这块地以前是田地、森林或者是其他用地。同时,也必须了解其形成的过程及其社会性、道路的发展情况等,这些都是建房前不可忽略的。

(1)理想的土地

从地势来说,北边较高,而南边则呈平坦的开阔空地,这即是所谓四神相应的地势,这在各种地理中,是最为理想的一种地势。

若北边没有较高的山峰也无妨,只要土地倾斜,南边较低即可。这是因为以南方为中心的理想大气,可防御以北方为中心的阴性大气之故。但是,其倾斜若过于急陡,则是有问题的地势。

以东西的高低而言,是以西边高于东边较为理想。如果东、西两面都属于平坦的开阔土地,或者是缓和的倾斜,这样便可多吸取到来自东方的大气。

在广阔的平野,则很难获得北方有山峰的理想地势,因此在这种情况下,如果能在北边种些树,或者将北边的墙壁加厚,都是可以稍微弥补这种缺憾的方法。就算周围的条件不尽如意想中的理想,但希望能尽量地朝四神相应的目标,想办法就能改变附近的地理。

如果实在想不出任何可以防止北边冷气的方法时,那就不要将北边的窗户做得过大。

(2)不理想的土地

若南边地势较高,而北边较低的,则属于四神相应的逆相,是最为不理想的地势。由于高台可以鸟瞰四周环境,所以一般人会误认为是很理想的地势。但实际上,高台未必就是理想的地方,只有南边较低的情况，才可认为是理想的土地，而四面八方都可鸟瞰的高台，则属于不理想的地势。

如果长期住在这种土地上，会由于产生自己是居于高处的意识，而渐渐连性格都会变得很高傲，最后变成孤独无援的结局。因此，这是值得警惕的。

这种高台的地势，如果要建造住宅作为居家之用，实在不适当，但若要作为短时间居住的度假式别墅，则是再适合不过了。

相反的情况，如果四面八方都是较大的低洼地。像这种地势，则属于盆地的一种，容易引起火灾，以及容易发生水灾等各种不良的意外天灾。换句话说，凹地是具备水难及火难的土地。那是由于空气干燥，易引起火灾，不然就是由于下雨而积水成灾。但若是很宽的盆地，就不必担心，反而是福禄会集之地。

另外，还有一种被称为三愚的土地，即①前面较高，后面较低的土地；②东边较高，西北边较低的土地；③北边有水流的土地。

1.3.2 家居环境地势起伏的选择

（1）东方较高，其他三方较平坦的，属于不理想的地势。

（2）东方较低而开阔的土地，属于发展，繁盛的地势。

（3）东南方较高的土地属于不理想的地势。

（4）东南方开阔的土地属于理想的地势。

（5）北方较高的土地属于理想的地势。

（6）南方较高的土地属于不理想的地势。

（7）西南方较高的土地，虽然不算是绝对不理想地势，但亦可说是较不理想的地势。这种地势应根据房子的建造形式加以处理，如西南的阳光较强烈，可做一些合适的遮阳设备。但若连南方都完全遮断，则不甚理想。

（8）西南方较低的，属于半理想的地势。西方土地较高者，半吉。若东方土地较低，则是非理想的

地势。

（9）西方较开阔，其他地方则较高，而且被阻挡，属于不理想的地势。

（10）西北方较高的土地属于最理想的地势。

（11）西北方较低的土地属于不理想的地势。

（12）北方较高的土地属于理想的地势。

（13）北方较低的土地属于不理想的地势。

（14）东北方较高的土地属于理想的地势。

（15）东北方较低的土地属于不理想的地势。

1.3.3 道路对家居环境的影响

住宅前的道路，以具有3m以上的宽度为理想，但也并非愈宽愈好，只要适合于住宅区所需的路宽就可以。

道路如果和住宅正面呈平行之势，较为理想。其他则都不甚理想。其中特别不理想的是房子居于路箭之地，或者在转弯的位置，也不是很理想之处。

一般人都会认为道路只不过是让人行走的地方罢了。其实不只如此，我们绝对不可忘记它是风流动的通路。如果道路成为风的通路，而且可直接吹进住宅，这是不理想的地形。换句话说，所谓不理想的道路，即是成为风道的道路，或者是在低洼地区的时候，容易变成水道或河道的道路。像这种道路，由于容易遭受风害、水害的缘故，因此，是非常不理想的。

如果住宅正处于挡住路箭的地方，车辆会有撞进屋中的可能性。如果在此种地形建房子时，必须事先考虑到针对这种缺陷的对策。

至于在角落或十字路口建房子，视线的确比其他位置辽阔，虽然容易引人注目，但会让人们不愿意走近。关于这点，对于要作为商店的建筑地，必须特别注意。但不管如何，这里却无法避免交通事故的发生。同时，此处风力也较强。如果是在低洼地区，还有可能成为水路。当然，根据道路的方向等不同情况也会有所差异，不可一概而论。

从图 1-1 到图 1-4 都是在不理想的路段建造房子的例子。图 1-1 是房子正对路箭，若土地充裕的话，就要千方百计避开路箭建造房子。图 1-2 是房子处在十字路口，处在十字路口的地势也一样。图 1-3 是房子处于弓形路段的外侧，图 1-4 是房子处在交叉路口，这些都必须注意风路、水路、交通事故，以及过于醒目等的影响。

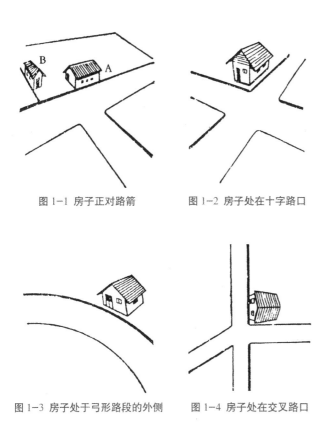

图 1-1 房子正对路箭　　图 1-2 房子处在十字路口

图 1-3 房子处于弓形路段的外侧　　图 1-4 房子处在交叉路口

1.3.4 水路对家居环境的影响

一般来说，是以河川在东方较为理想，但是，若在东南方也无妨。当然，以清澈的水流最为理想。因为若不是活水，水极容易腐臭。

东方如果有水池，也是属于理想的，但万一是停滞的水，即不可说是理想的。虽然河流在东方，但如果是河流弯曲的地点，则千万不可建筑房子。河流弯曲的地点，由于水流的冲突，容易遭受水害。当然，这也和不理想路段有同样的弥补对策，即只要土地很宽阔，可以将房子建在稍微远离河道的地方，

这样一来，则多多少少可防止水难的发生。

如果经济上充裕的话，沿着河岸种植树木或者建造河堤等，都是可弥补缺陷的方法。

不管哪种情况，由于水边会弥漫水汽，而无法避免潮湿之故，如果过于靠近水边建房子，总是不理想的。这时应根据河流两边土地高低的差异，采取不同措施。

1.3.5 树木和地势对家居环境的影响

由于树木会不断地往上生长，必须事前充分地考虑，将来是否会阻挡光线。同时，还有一点必须考虑到，由于从土地中上升的地气，会被树根所吸收，所以，树木不要种在过于靠近房子的地方。至于房子和树木的间隔，至少要有相当于树木高度的距离，这样一来，就不会妨害到采光。

种植树木的方式，必须根据四神相应的理念加以配合。较大的树木种植于北边，这样就不会挡住阳气，同时也能担任防御寒冷之气侵袭的功能。但是，如果树木种植过多，通风情况也会受到影响，所以，房屋四周也不能种植过密的树木。

有些树木本身含有相当高的湿气，所以必须根据树木的方位，有时候会产生灾害，尤其是梧桐树，很容易吸收水分，必须特别注意。

1.3.6 家居环境四周应重视的问题

（1）水池或贮水池

水池或贮水地是容易造成灾害的，所以不管在哪一个方位都不甚理想。

但是，若其位置是在东方或东南方，也会呈现和河流同样的功能之故，并不是绝对的不理想。

（2）不净物、墓地、其他腐败物，易腐败的东西

1）如果有不净物的土地，这种不良的土气会上升到大气中，而侵入室内，根据这种不净物所处方位的不同，其影响的意义也会改变。例如在西方，即

表示在黄昏或秋天，这种不净物的土气较容易吸入室内。

2）墓地也是属于腐败物中的一种，尤其是过去大部分都用土葬，古老的墓地之气，更为危险。由于在土中埋了尸体、骨头之故，不可能是好的地质。

3）有芦苇草的潮湿地。到了秋天，芦苇草会逐渐枯萎，而日积月累地囤积，不久即会变为腐败物。总的来说，不管哪种东西，只要会让土壤发生腐败情况的，都应该尽量避免。但是，如果阳光充足，容易干燥的地方，则情况又会有很大的差异，所以，不可一概而论。不管怎么说，还是以没有腐败物的地方最为理想。

1.4 中华建筑文化的择基要诀

1.4.1 选择基地的主要条件

土地中，有一种为中华建筑文化称之"四神相应"的土地，四神实际上指的是东、西、南、北四个方位。

像这种具有四神相应的土地，也可说是受四神守护的土地。这四种神的含义如下：

东方——青龙——水流

南方——朱雀——充满阳气的旷野

西方——白虎——交通之冲

北方——玄武——山的守护

四种方位的含义：

（1）东方有青龙的水流，是指清流，即清澈的流水，而非死水，是一种含有氧气的活水。水若停滞，即会失去氧气，而渐渐变为混浊。在这里，需要的是清流，而非浊水。

（2）南方是充满着阳气的旷野，这是指南方向阳，充满阳气的方位。千万不可在此方位有山，这样会阻止阳气的进入。不但是山，就是南方有较大建筑物也是不理想的。若充沛的阳气随时都对着自己的家里，大气流动的状态就会很理想。在我国人口众多、

土地紧缺和情况下，不能指望南方有一片旷野，但也须具有不会阻碍阳气的空间。

（3）西方一定要有完备的交通。

（4）北方被称为玄武之守，是指有山的守护。这是一种能防备寒风劲吹的地形。

如果具备这四神的土地，就叫四神相应之地，这是选择建地时的第一要件。

图1-5所示的北京门头沟区斋堂镇爨底下古村落便是一个极为典型的实例。

针对上述东、西、南、北四方位，应有灵活正确的处理。

房屋北边，最好有山峰或丘陵，因为山丘能给予我们来自大自然的养分。同时，山峰及丘陵也是大自然储存水分的最佳之处。此外，山还可防御寒风。所以，北边有山是最理想的。如果北边没有山，那只要有森林或较大的房子，也可在某些方面充当和山同样的功能。

图1-5 爨底下古村落全貌

东边需要的是清澈的流水。所谓清澈，是指清澈不会混浊的流水。清澈的流水具有发散氧气的机能，对于草木的成长有益，因此，最好是在东边种些草木。种树木时，必须考虑到光线的问题，要留下适当的间隔。在东方最好选用落叶的乔木，以保证冬天从东面获得更多的日照。

南边最需要的是开阔的视野，最理想的是让住宅的南方面对平原或者海面，这种才会有雄大开阔的感觉，千万不能被某种障碍物所阻挡。人如果不停地寻求或面对雄壮的事物，心胸自然会开阔。如果住宅的南方视野开阔，也能引发心境的开朗，而对人生产生希望。

西边所应注意，通常在于交通。但是，有时候如果通道一定要在西面，也会碰到些外在问题的阻碍。道路在西面，那么住宅的大门，自然会向西面。选择建地时，应注意西边是否面对市街的交通要冲。因为，若市街在西面，就不会阻碍了东边及南边所要求的条件。

因此，选择建地时，要仔细勘察附近是否有四神相应。有的单靠一般的目视是不能了解的，还应向当地老者请教，是否曾经受过任何灾难的损害，再加以确认。

此外，必须根据地形（如平地、山地，或处于水边地带，交通要冲、热带地区或寒冷地区），来改变建筑物的建造方式及方向。

1.4.2 选择基地的次要条件

选择基地时所必备的主要条件，是关系着全盘性的地理特征。相对而言，选择建地时所必备的次要条件，则是将范围稍微缩小的地形确认。也就是说，应该思考附近地形是否有起伏的情况，山势、河川、树木的状态，通风情况，排水系统，邻居类型等各种问题，这是选择土地建房子时所必备的次要条件。选择基地时必须考虑的因素很多，下面介绍最为密切的五个问题：

（1）起伏

四周若有起伏的地形，根据这种条件，则阳气的感受度、通风、水流等，当然会有所不同。

（2）山川

在哪一边有山，在哪一边有河，这对于住宅基址的选择有很大的影响。

如果在北边有山，就可以防止寒冷的北风侵袭。但是，若山的位置是在房子的南方，则应考虑是否会阻挡阳气。树木也具有山峰的机能。根据森林或者山峰在哪一个方位，来考虑会不会因此阻挡阳气。

对于附近河川的流向，必须考虑到此河川所产生的氧气，对人体有何作用；是否有发生洪水的危险；会不会山崩等。当然，这一切都必须配合地质来加以考虑，同时，还必须注意观察房子四周的环境的景观。

（3）污物

没有污物是最理想的生活环境，但是，人类生活就必定会产生垃圾，因此，就必须考虑设置废弃污物收纳场所的布置和安排。

蓄水池也是一个容易产生污物的地方，因为蓄水池的水不是流动的，会渐渐混浊，甚至产生腐败物。如果住宅附近有蓄水池，就值得深思。

（4）通风

所谓通风，即指风向而言。风向的问题，对住宅的影响是不可忽视的。例如有些地方或场所，当台风一来，便马上遭殃，有些则平安无事。

如果将住宅建在风道上，那么，很可能当台风来到时，邻居的住宅都安然无恙，只有自己的住宅受到损害。

（5）邻居（周围）

若自己的住宅被周围的大厦阴影所笼罩，或者附近有排出废气、污染空气的工厂。这些，都是日后容易产生问题的因素，必须多加注意。

1.4.3 地质的选择

（1）地质的分类

研究表明，地质和家居环境有着非常密切的关系。地质大约可分为以下七种：

1）水汽土质

所谓水汽土质，是指下层是黏土质，上层的水分不易渗透而一直保存在上层土中，这种土质的湿气较高，人容易着凉。应该尽量避免在这种土质上盖房子，但房子非盖在水汽土质上不可时，必须将地板加厚，将床铺垫高，使通风良好，只有这样才能改善水汽土质的不良影响。

2）干燥土质

干燥土质正好和水汽土质相反。其下层不是黏土质，水分便不断地渗透，由于上层无法保持水分，使得土质变得非常干燥。这种土质虽然排水性良好，但是，却也很容易引起灰尘。

3）岩石土质

当岩石含量超过百分之五十以上的，叫作岩石盘，或岩盘质。这种土质的缺点是地气不易上升。遇到倾盆大雨，很容易就会造成水灾，由于岩盘不容易吸收水分，在大雨来临时，无法完全排泄。将会导致积水流回低洼的地区。这种情况下，若房子正好建在斜坡上，即会遭殃。

4）黏土质

黏土质的地方，整个地面都很软，如果上层部分是黏土质形成的土地，则会有水分吸收不良的情况产生。若土质具有百分之五十以上的黏土质，则地面上随时都会有积水存在。而且会有雨季湿气很高，旱季却容易产生尘埃的恶劣现象。

水汽土质是土中含有水分，而且整年保持此种状态。但黏土质和岩石土质则是底层无法积水。黏土质的土地，水分会向上蒸发，也会向底层流失。有时变成水汽土质，有时却又变成干燥土质。要在这种土质上建住宅时，必须非常注意排水是否良好。

5）砂土质

砂土质是指含有百分之五十以上的砂质的土质，如果要在这种土质的土地上盖房子，必须将地基扩大，或者多填塞些小石块，使地盘坚固后方可再盖

房子。

6）荒土质

荒土质是荒地的意思。另外，也指废土、垃圾及其他物堆积而成的土质。

例如，从前是积水的芦苇草生长区，渐渐地芦苇草因腐败而埋在土中，久而久之，就变成了不良土质，这种地区容易变成充满废气的不毛之地。

7）优良土质

优良土质，即含有某种程度的砂土质和某种程度的黏土质。不会过于干燥，湿气也不会过度，这是一种最适合生存的土质。

优良土质以稍微带点红色较理想，因为，这种土质较适合植物的生长。要区别这种土质的方法，可以采用喜欢水分的植物、不喜欢水分的植物和需要适当水分的植物等，来作为判断的标准。

例如，柳树是一种近水性的植物，若土地附近有茂盛的柳树，就有水汽土质之嫌，因此不大理想。

植物如果要顺利成长，除了需要适当的水分外，还需要适度含碳的土质，这种碳质，在生命体中，具有很重要的机能。

如同人群中有好人、坏人一般，树也有好树、坏树，所谓的好树、坏树，是指对人而言。人类和植物之间，有其主观的特性存在，例如毒菌或毒草，即是和人类生存与健康不相适应的植物。如果将房子建在适合于毒草或毒菌生长的地方，人体当然会不知不觉地受其毒气的影响。

（2）结论

将以上的分类加以整理，可得如下结果：

1）利用植物的生长情况，来寻找适合于人类生存的地方，同时人类和植物间的相性亦是不可忽视的。

2）干、湿适度的土地最为理想。

3）草木过度茂盛的地区必须特别注意，因为如果乔木等很茂盛，会将良好的地气吸收，所以不很理想。如果在住宅附近有大树，因为大树会有长根的现

象，而上升到地表的地气，会被大树的树根所吸收。

草木的根伸展在土壤中，所以接受地气较容易。因此，草木过于茂密的地方需慎重考虑。另外，由于草木能迅速吸收水分，所以，草木茂盛之区，也较容易产生湿气，最好尽量避免在这种地区建造住宅。

1.4.4 地质的改造

当然，尽量把房子建在优良的土质上是最理想的，但是万一碰到不得不在恶劣的土质地区建造住宅时，最好的方法，便是利用换土法将拟建住宅四周的土质加以改变，使之成为较好的土质。

通常，遭受过火灾的土地，或者埋有树根、不净物、腐败物、污水池以及埋尸体的墓地等各种土地，都容易产生不良的大气。若要换土，其深度也较深。

火灾后的土地，因土质被焚烧过，已失去孕育生命的机能。像这种地方，虽然可以回复成原来的土质，但是，必须经过一段相当长的时间。但这还不算太严重，因为换土不用太深。例如，如果认为被焚燃过的泥土约90cm，那么只要换土深度约1m即可。

如果湿气较严重，只要用堆土的办法将地基增高即可。

至于倾斜很严重的山坡地，一遇到大雨，就会有发生水灾的可能。像这种情形，就必须有完整的排水设备。必须在房子四周挖掘能承受大量泄洪的排水沟，这绝不能疏忽。

1.4.5 地形的形式

地形所指的是土地本身的形式和几何学之间的关系，地形和地质之间，没有很直接的关系。

（1）土地平面形式的分类

土地平面形式可分为圆形、三角形、四方形三种，其中从住宅建筑的要求来看，最理想的地形是四方形，而且长方形比正方形更为理想。各种土地平面形式所具有的性格如下：

四方形会给人一种正直、勤勉的感觉。三角形是常见的地形，但却不是一种很理想的地形。四方形虽然也有四个角。但比起三角形的锐角，则缓和多了。有时候，90°以下的锐角，会让某些人引起很锐利的心理作用，这对人类的神经反应有极大的影响。就像将尖锐的钢笔笔尖对着自己的脸一样，自然会产生一种不安的情绪，甚至会感到恐怖，这和三角形所引起的心理作用是同样的。

前面已经谈到，人的顺应性很强，容易受四周的外来力量所影响。不但如此，甚至是马上就会习惯周围的环境。像这样的人，因为不管对或错，都能很快地顺应，立刻就习惯周围的环境。所以，如果没有把环境整理得很适当，很容易不知不觉地受到恶劣环境的影响。因此，顺应性越强的人，越要注意自己所处的环境。

（2）感官对平面形式的感受

下面从人具有的视觉、听觉、触觉、味觉和嗅觉五种不同的器官功能来加以分析。

视觉是指从眼睛所感受到的景观，如感觉地形是三角形或四方形而受其左右。视觉的另一个感觉要素是颜色。所以，室内的装饰、摆设，必须注意到形式及颜色的变化。

听觉是感受一切调和音及不调和音的器官。例如，工厂的噪声属于不调和音，处在这种噪声的环境里，虽然刚开始会很不舒服，但只要稍微经过一段时间，就会因本能的顺应性而对周围的噪声感到麻痹，接着便不将这些噪声放在心上。结果，不调和音会变成不是很令人讨厌的声音。实际上，这时噪声对人体的伤害已经形成了。像这种情况，对于身心健康有着很大的害处。

触觉主要散布在人们的肌肤表面，眉毛就像是触觉的天线。

味觉是指感受食物差异的器官。

嗅觉是担任感受外界味道差异的器官，如果一个人一直处在恶臭的环境里，大脑机能会因此退化，思考力也会逐渐减弱。

所谓入幽兰之室，久而不闻其香，实际上，香味依然存在，只是人类的顺应性掩住了器官的感受机能，对这点不可不多费心思。因为无形的影响，比有形的影响更令人难以防备。

以上五种器官，彼此之间，随时随地都有密不可分的关系。在日常生活中，担任着非常重要的作用。

人体中这五种器官的反应，最容易被环境所左右。因此，如果以这五种器官为中心来考虑土质的好坏，即可得到粗略的答案。

事物的形态，常常也会引起不同的心理反应，例如我们看到圆的事物，或者接触到圆的事物，心理上会引起圆满、明朗、雄大的感觉。但如果是本来就具有雄大圆满之心的人，再看到圆满的事物，结果就会有变成怠慢性格的危险。至于本来就具有神经质或个性顽固的人，若在身上佩戴有圆的饰物，或者房间具有圆形的东西，即很可能变得心情明朗开阔。

这就是说，同一件东西可引起各种不同的影响，根据各人的用法不同，可决定其好坏。

四方形本身具有正直、勤勉、正确、顽固、朴质的气质，有时也会呈现阴性的气质。

三角形所具有的气质，则是机智、精明、锐利，有时候甚至会被认为是充满怒气及狂傲的性格。

一般来说，三角形性格或四方形性格的人，多于圆形性格的人，尤其是我们中国人，一直都被认为属于四方形性格的民族。相对的，欧洲人通常是属于三角形性格。

由于圆形可使公共建筑物看起来更雄壮，因此，不少体育场所常被设计成一种浑圆的拱门。

从男女的感官反应来看，通常男性的视觉反应较强，而女性则是触觉反应较强。也就是说，女性比男性更容易受气氛的影响，这很明显地显示出女性的特性。

1.5 中华建筑文化的家居营造

《天隐子》说，所谓安处，并不是华堂深宅，重褥宽床，而是指能在南面静坐，东首安寝，阴阳适中，光线明暗相伴。屋不要太高，高则阳盛而明多；屋也不要太低，低则阴盛而暗多。因为明多会伤魂，暗多会伤魄，人的魂属阳，魄属阴，假如明暗不调，就会产生疾病。

住宅作为家居环境的主体，在中华建筑文化中认为住宅应该具有足够的户外空间、适度的居住面积、充足的采光通风、适宜的地球磁场、合理的湿度卫生、必要的寒暖调和、实用的功能布局、可靠的安全措施、和谐的家居环境和优雅的造型装饰十个方面的基本要求。

1.5.1 足够的户外空间

在崇尚"天人合一"有机宇宙观的中华文明孕育下的中华建筑文化，特别强调人、建筑与自然的和谐相生，住宅不应该仅仅是人们蜗居的场所，更应该注重营造人与人、人与自然以及人与社会的和谐关系。因此，户外空间是住宅不可缺少的功能空间，包括住宅底层的庭院、楼层阳台庭院和露台庭院都是住宅的户外空间。足够的户外空间不仅可以为住户提供晾晒衣被、夏季纳凉、家庭成员进行植物种植、品茗交谈等休闲活动场所，也是倡导邻里关怀密切邻里交往的重要空间，更是住宅沟通周围自然环境的户外过渡空间。因此，住宅的户外空间是住宅不可缺乏的必要空间，而且还应有足够的面积，如楼层阳台的进深不应小于1.8m。

住宅底层庭院、楼层阳台庭院和露台不仅是养花的地方，也可为人们带来惬意的生活体验，享受户外生活，与自然保持一份亲近，是人们的理想追求。因此，在住宅设计时，必须在恰当的方位认真布置与厅等室内公共空间有着密切联系的户外空间。

1.5.2 适度的居住面积

《吕氏春秋》曰："室大多阴，多阴则痿。"住宅居住面积的大小，应该和居住人数的多少成正比。人太多面积小，就会有拥挤的感觉使得每个人心烦气躁。人少而面积大，就会显得冷冷清清，孤独寂寞，就会让人的心理健康受到损害。房屋的剩余空间太多，很少有人走动，就会缺少"人气"，这也就是为什么久无人住的房子，一打开时，会有寒气逼人的原因所在。《黄帝宅经》早就有着宅有五虚，宅大人少，为第一虚的警告。按现代生态建筑学理论，一个成年人每小时约需要 30m³ 的新鲜空气，一般情况下，居室可每小时换 1～2 次空气，这个新鲜空气的全程可大致认为是居室的容积。这样以每人的居室容积 25～30m³ 和我国目前流行的住宅层高为 2.7m 左右计算，可得出每人应有居住面积为 9.3～11.1m²，达到这个面积就可以保证室内空气质量。因此，居住面积也就不必过大。

1.5.3 充足的采光通风

采光和通风是两件事。优良的家居室内环境卫生最具代表性的问题，就是采光和通风。

《洞灵经》曰："太明伤魂，太暗伤魄。"采光是指住宅接受到阳光的情况，采光以太阳直接照射到最好，或者是有亮度足够的折射光。阳光有消毒作用，不过，如果整个房间上午受阳光照射，过度的阳光，其紫外线反而会带来害处。夕阳照到的房子，入夜仍然很酷热，是会影响身体健康的。

通风是一个十分重要的问题，许多不理想的住宅，往往通风不良。特别是采用钢筋混凝土建造的住宅，本来就无法自行调节湿度，住宅中的各种房间空间又小，稍不注意通风，就容易造成湿度过大而导致身体小病不断。

清代曹庭栋在《养生随笔》卷三的《书室》中

称："南北皆宜设窗，北则随设常关，盛夏偶开，通气而已。""窗作左右开阖者，槛必低，低则风多。宜上下两扇，俗谓之'合窗'。晴明时挂起上扇，仍有下扇作障，虽坐窗下，风不得侵。"这说明先贤们对局室开窗颇有讲究。

1.5.4 适宜的地球磁场

地球磁场是地球上生命的一种保护性物质，它与空气、阳光、水及适宜的温度同样重要，被称为生命的第四要素。由于地磁场对地球上的生命，特别是对于人类具有多方面的有益效应，因此，就必须保证人们的居住环境具有对生命有益的适量磁场。

随着科学技术和经济的发展，人类赖以生存的自然环境也在发生变化，地球磁场对人体的正常作用受到影响。城市里高楼林立，钢筋混凝土的围护结构和楼板对地球磁场形成了屏蔽，纵横交错的电线、电缆、无线电波、川流不息的车流以及生态的严重失衡，干扰了大自然的磁场，使得城市的地球磁场发生严重的紊乱，从而造成人体磁力缺乏及磁紊乱，出现"磁饥饿症"和"磁紊乱症候群"。这使得生活于城市的现代人，体内往往磁力不足，不利于血液循环而患心血管病，加快细胞衰老导致新陈代谢紊乱等。对此，应特别引起足够的重视。

1.5.5 合理的湿度卫生

古人对家居环境的湿度要求已早有认识。

清代曹庭栋在《养生随笔》卷三的《书室》中亦称："卑湿之地不可居。"《黄帝内经》曰："地之湿气，感则害筋脉。"

现代城市里患风湿病的人愈来愈多，这都是由于住宅室内过于潮湿而引起的。厨房、卫生间又是产生水汽的地方，房间的通风不良，容易造成湿度过高，浴厕、厨房、垃圾桶处都易滋生细菌，危害人体。

1.5.6 必要的寒暖调和

住宅在家居环境中对于人来说，有如衣服的功能。住宅的围护结构就必须注意在一年内都能适应春、夏、秋、冬四季的变化。

《黄帝内经》指出："风者，百病之始也。""古人避风，如辟矢石焉。"清代曹庭栋在《养生随笔》卷四的《卧房》中指出："《易经》言'君子洗心以退藏于密，卧房为退藏之地，不可不密，冬月尤当加意。"

要让住宅能够具有冬暖夏凉的功能，就必须要有合理的设计。但是，如果住宅的冷暖设备过度的话，会使能量的新陈代谢变成不合理，甚至会因为体力损耗过大而导致衰退。因此，最好是以人体的体温为准，来调和住宅里温度的变化。

1.5.7 实用的功能布局

住宅虽然是供人居住的，但人是主体，住宅是附属体。住宅的布局一定要功能合理，使用方便，符合人的生活习惯和家居的行为轨迹。与此同时，也还应该考虑到方便于接受天地的恩惠，能够与自然和谐统一，达到"天人合一""人与自然共存"。因此，住宅的建筑除了方便使用外，还要合理地活用天地自然给予的恩惠，只有同时考虑到这两点，才能具有真正的合理性。同时，如果设计只重视眼前短期的实用性，而不考虑更广泛和可持续发展的实用性，那么，就很容易造成顾此失彼的结果。

1.5.8 可靠的安全措施

安居才能乐业，安全便是住宅的一个关键所在。住宅的安全除了在结构设计和施工中，对住宅的结构、抗震和消防等有周密的充分考虑外，还应该考虑防灾的问题。住宅的防灾应包括火灾、盗难以及家人不慎跌撞的伤害。

目前，人们把住宅的安全都集中在防盗问题上，安装防盗门已成为住宅必不可少的内容，与此同时，也几乎每家都做了封闭阳台，并在所有窗户上也都装了各式各样的防盗网，使得住宅都变成了鸟笼，这俨然是安全了，但一旦火灾发生等便会出现缺乏避难的所在，从而发生罹难的教训。因此，在考虑防盗的同时，也应考虑到防火等的避难和救难问题。住宅中的阳台防盗设施一定要加设便于避难的太平门，否则发生灾难和紧急事故时，将会后悔莫及。这也就是传统家居环境文化中指出住宅必须要有两个门的原因所在。

近期，人从窗户跌下挂在防盗网上的事故时有发生，从高层住宅上掉下致死亡的现象也常有报道。这都提醒人们，必须从各方面配套考虑住宅的安全问题。

1.5.9 和谐的家居环境

家居室外环境可分大环境和小环境。大环境指的是住宅所在大区域，而小环境即仅指住宅邻近周围的环境。"人杰地灵""孟母三迁""远亲不如近邻""百万买宅，千万买邻"等故事都充分说明了家居室外环境与人有着密切的关系。空气清新、绿树成荫、鸟语花香、莺歌燕舞以及邻里关怀，构成和谐的家居环境，这是人们所向往的，也是人类生存的共同追求。

1.5.10 优雅的造型装饰

造型是住宅的外观，而装饰则是住宅内部的装修和陈设。住宅的造型和装饰不仅应给人以家的温馨感，而且还应该具有文化品位。住宅立面造型单调和呆板令人感到枯燥乏味；而矫揉造作，又会令人心烦意乱。住宅内部的装饰，如果布置得像咖啡厅、酒吧和灯红酒绿的舞厅，不仅会失去家的温馨，久而久之，往往还会让家人濡染上庸俗的不良习气。

一般人很容易将优雅和奢侈混在一起，其实两者是有其差异的。虽然作为家居场所的住宅不一定要奢侈，但优雅却是不可或缺的条件。这是因为人是精神性的动物，如果想要拥有充沛的体力和蓬勃的生气，借助家居的优雅来培养是一个极为重要的因素。

善加利用室内装饰设计和色彩的调配，以及家具用品的配置，可以在相当的程度上改善住宅的室内环境，营造温馨的家居气息。

1.6 中华建筑文化家居精、气、神

我国传统的中医养生，强调养精、养气、养神之三宝。住宅的本意是静默养气、安身立命，其实质在中华建筑文化的家居理念中也就是讲究住宅的精、气、神。

1.6.1 人身三宝

生命物质起源于精，生命能量有赖于气，生命活力表现为神。

《黄帝内经》虽然没有把"精、气、神"三个字连在一起加以阐述，但"精气"和"精神"的概念却时常出现，这充分说明"精""气""神"三者的密切关系。比如，"阴平阳秘，精神乃治；阴阳离决；精气乃绝。"又如，"呼吸精气，独立守神"。后世道家把它归纳为"精、气、神"，并称"天有三宝，日、月、星；地有三宝，水、火、风；人有三宝，精、气、神"。又说"上药三品，神与气精"。

世界卫生组织提出养生的"四大基石"是合理膳食、心理平衡、适量运动、戒烟戒酒。我们中国人把它归纳为养生的三大法宝，即养精、养气、养神。对于怎样养精、养气和养神，几千年来，积累了极为丰富的养生经验，摸索出多种多样的养生方法，还特别提到了住宅的精、气、神对家居养生的重要作用。

其实，精、气、神三方面的养生不是孤立的，而是相互有着密切的联系。古人云"形神合一、精神合一、神气合一、动静合一"就是这个意思。古代所有善于养生的人都能做到精、气、神三者的相互结合，都能做到《黄帝内经》所总结的"恬淡虚无，真气从之，精神内守"和"呼吸精气，独立守神"。

1.6.2 住宅的精神

住宅的本意是静默养气，安身立命。这就要求住宅的功能首先必须做到阻隔外界、包容自我，使自己的家庭生活与精神气质有所依托。

住宅作为人生四大要素中的居住场所，对人的身心健康影响极大。因此，借鉴中华建筑文化做好布局至关重要。这就要求我们的住宅设计和室内外环境的营造都应该因地制宜，根据不同的气候条件努力做到防风、防热、防潮、防燥，选择良好的方位和朝向，以获得适当的日照时间和均匀的风力风向，从而调和四时的阴阳。

1.6.3 住宅的静默

静与动是一对矛盾的两个不同表现形式，作为一个社会的人首先必须与尘嚣共存，被动地接受喧哗，主动地制造喧哗，而在内心深处，动极而生静，渴望着在时光的流逝中静默，才能产生思想的升华，生命才能得以延续，人生也才能达到极致。住宅要达到阻隔外界，让人们能够在静默中使天地和自我澄明通达，让俗世的烦恼杂念被荡涤一空，在动态中生活，在静态中思考，从而构成完美人生，中华建筑文化的家居理念所讲究的"喜回旋，忌直冲"与造园学中的"曲径通幽"异曲同工。弯曲之妙、回旋之巧，均在于藏风聚气，不仅符合中国人传统的温婉中庸的文化思想，更可以指导人们营造一个温馨的家居环境。

《黄帝内经》指出："气者，人之根本也。"在社会的烦躁生活中，气息为外界干扰，易于涣散。静默的居所则令人的精神得到凝聚而养成浩然生气，因此，现代住宅应特别强调动静、功能、干湿的分区，这与优秀传统文化的中华建筑文化所强调的思想完全相符合。从住宅的位置能否避开喧嚣，其功能空间的布局是否舒展，能不能让人感到安全祥和、神清气爽，从而获得静默养气的效果，利于人们的身心健康，并以此辨别住宅之优劣。

1.6.4 住宅的气色

传统中医诊察疾病的四大方法是"望、闻、问、切"。把"望"放在首位，即从观察人的神色、形态上观察其健康与否。从住宅的气色，也很容易让人体察到住宅的优劣。清代学者魏青江在《辨宅气色》中说："祯祥妖孽，先见乎气色。屋宇虽旧，气色光明，精彩润泽，其家必定兴发。屋宇虽新，气色暗淡，灰颓寂寞，其家必落。一进厅内，无人，觉闹烘气象似有多人在内嚷哄一般，其家必大发旺。一进厅内，人有似无，觉得寒冷阴森、阴气袭人，其家必渐退败"。

这便说明充满生气的住宅给人带来了温馨、安全、健康、舒适的家居环境，可以让人达到养精蓄锐、精气旺盛，从而催人奋进。反之，阴气十足的住宅，即会导致人们难能安居，精神萎靡，造成身体罹患疾病，而难以发现。因此，在家居环境的营造中，必须对住宅的气色给予足够的重视。

1.6.5 弘扬传统，深入研究

对于现代住宅室内的空间格局、色彩运用、家具摆设、字画照片、植物饰品等，皆应弘扬中华建筑文化的家居文化，充分认识住宅的精、气、神对家居环境起着极为重要的作用。因此，在现代住宅的建筑设计和室内装修中，应积极和认真地借鉴住宅中华建筑文化的精髓，努力经营好住宅的精气神，并把它作为一个重要的课题，加以深入分析研究和运用。

2 城镇住宅的建设概况

2.1 城镇及其特点

2.1.1 城镇

城镇在我国是一个使用频率较高的通用名词，但我国对城镇概念的运用很不规范，因而在我国对城镇概念的覆盖范围，无论是理论工作者，还是实际工作者，往往存在着许多不同的看法。

概括地说，主要有以下四种观点：

（1）城镇 = 小城市 + 建制镇 + 集镇。显然，这一城镇概念分属城与乡两个范畴，从发展的观点看，集镇只宜称为"未建制镇"。

（2）城镇 = 小城市 + 建制镇。这一城镇概念指城镇范畴中规模较小、人口少于 20 万的小城市（县级市）和建制镇。

（3）城镇 = 建制镇。这一城镇概念属于城镇范畴，是建制镇（包括县城镇）在城镇体系中的同义词。

（4）城镇 = 建制镇 + 集镇。这一城镇概念属城与乡两个范畴，包括小于城市，从属于县的县城镇、县城以外的建制镇和尚未设镇建制但相对发达的农村集镇。

城镇，顾名思义即为较小的城镇。它介于城乡之间，地位特殊。归纳起来，不同的学科对城镇概念的理解可以有狭义和广义两种。

我国狭义上的城镇是指除设市以外的建制镇，包括县城。这一概念，较符合《中华人民共和国城市规划法》的法定含义。建制镇是农村一定区域内政治、经济、文化和生活服务的中心。1984 年国务院转批的民政部《关于调整建制镇标准的报告》中关于设镇的规定调整如下：①凡县级地方国家机关所在地，均应设置镇的建制。②总人口在 2 万以下的乡，乡政府驻地非农业人口超过 20% 的，可以建镇；总人口在 2 万以上的乡、乡政府驻地非农业人口占全乡人口 10% 以上的亦可建镇。③少数民族地区，人口稀少的边远地区，山区和小型工矿区，小港口，风景旅游，边境口岸等地，非农业人口虽不足 20%，如确有必要，也可设置镇的建制。

我国广义上的城镇，除了狭义概念中所指的县城和建制镇外，还包括了集镇的概念。这一观点强调了城镇发展的动态性和乡村性，是我国目前城镇研究领域更为普遍的观点。根据 1993 年发布的《村庄和集镇规划建设管理条例》对集镇提出的明确界定：集镇是指乡、民族乡人民政府所在地和经县级人民政府确认由集市发展而成的作为农村一定区域经济、文化和生活服务中心的非建制镇。因而集镇是农村中工农结合、城乡结合，有利生产、方便生活的社会和生产活动中心，是今后我国农村城市化的重点。

虽然《中华人民共和国城市规划法》确认建制镇属城市范畴，但是城镇的经济与周边农村紧密联系，大量居民由农民转化而来，还有一些仍在从事农业生产，因此有着城乡混合的多种表现。国家在解决农业、农民、农村问题的工作部署中，十分重视城镇的作用，视城镇为区域发展的支撑点。各级政府的建设行政主管部门虽然把"村"和"镇"并提，但也注意到城镇与狭义农村、大中城市核心区的差别。城镇是指人口在 20 万以下设市的城市、县城和建制镇。在建设管理中，还包括广大的乡镇和农村。就实际情况而言，所有县（县级市）的城关镇、建制镇和集镇都包括周边的行政村和自然村。为此，本书所介绍的城镇住宅包括县城关镇、建制镇、集镇和农村的住宅。

城镇建设是一项量大面广的任务。搞好城镇建设关系到我国九亿多村镇人口全面建设小康社会的重大任务。

最基础、最接近人民生活的是城镇。因此，搞好城镇建设对于广泛提高全体人民的生活水平和文化素质有着极为紧密的关系。

2.1.2 城镇的特点

（1）规模小，功能复合

城镇人口规模及其用地规模和城市相比，属"小"字辈，然而"麻雀虽小，五脏齐全"，一般大、中城市拥有的功能，在城镇中都有可能出现，但各种功能又不能像大、中城市那样界定较为分明、独立性较强，往往表现为各种功能集中、交叉和互补互存的特点。

（2）环境好，接近自然

城镇是介于城市与乡城之间的一种状态，是城乡的过渡体，是城市的缓冲带。城镇既是城市体系的最基本单元，同城市有着很多关联，同时又是周围乡村地域的中心，比城市保留着更多的"乡村性"。城镇具备着介于城市和乡村之间，优美的自然环境、地理特征和独特的乡土文化、民情风俗。形成了城镇独特的二元化复合的自然因素和外在形态。

城镇处于广阔的农村之中，接近自然，蓝天、白云、绿树、田园风光近在咫尺，有利于创造优美、舒适的居住环境。城镇乡土文化和民情风俗的地方性也更加鲜明。这对于构建人与自然的和谐，达到人与人、人与社会的交融，以营造环境优美、富有情趣、体现地方特色的城镇，都有着极为重要的作用。

（3）城镇，广阔农村

多数城镇处于广阔的农村之中，是地域的中心，担负着直接为周围农村服务的任务。在以农业为主的城镇，农业的发展、农民收入的增加都将促进城镇的发展，而城镇的发展又将带动农业的发展，加快农业现代化进程，吸引广大的农民进入城镇务工和兴办第三产业，从而促进了城镇化的发展。

2.2 城镇住宅建设的发展概况

我国的城镇住宅建设，从中华人民共和国成立以来大致已经历了三个阶段。

第一阶段为 1979 年以前，是一个低水平的发展阶段。尽管在侨乡也个别盖了"小洋楼"，但就全国而言基本上沿袭着传统形式，以平房为主。只是逐步把草房改为瓦房，20 世纪 60 年代至 70 年代，在江浙一带个别地方建筑了一批一样长、一条线、一样高的低标准二层行列式民居，建设分散。

第二阶段为 20 世纪 80 年代，是城镇住宅建设的高潮阶段，开始进行新型村镇住宅的探索。平房建设愈来愈少，逐渐为楼房所代替。宅基地面积逐步缩小，建筑面积却有所扩大，标准和质量由低到高，在江浙一带开始出现按照规划设计进行建设的小型村落。

第三阶段为 20 世纪 90 年代，是城镇低层住宅和多层楼房大量发展的阶段。尤其是在经济较为发达的我国东南沿海地带、平房建设已消失，成规模的楼房建设已成风尚。城镇住宅和住宅小区规划工作已引起普遍的重视。

衣食住行是人生的四大要素，住宅就必然成为一个人类关心的永恒主题。我国有 70% 以上的人口居住在城镇（包括农村）。解决好城镇住宅建设，对解决"三农"问题无疑具有重大的意义。城镇住宅的建设，不仅关系到广大城镇居民和农民居住条件的改善，而且对于节约土地、节约能源以及进行经济发展、缩小城乡差别、加快城镇化进程等都具有十分重要的意义。

经过多年的改革和发展，我国农村经济、社会发展水平日益提高，农村面貌发生了历史性的巨大变化。城镇的经济实力和聚集效应增强、人口规模扩大，住宅建设也随之蓬勃发展，基础设施和公共设施也日益完善。全国各地涌现了一大批各具特色、欣欣向荣的新型城镇，这些城镇也都成为各具特色的区域发展中心。城镇建设，在国家经济发展大局中的地位和作用不断提升，形势十分喜人。

进入 20 世纪 90 年代后，城镇住宅建设保持稳定的规模，质量明显提高。居民不仅看重室内外设施配套和住宅的室内外装修，更为可喜的是已经认识到居住环境优化、绿化、美化的重要性。

1990 ~ 2000 年间，全国建制镇与集镇累计住宅建设投资 4567 亿元，累计竣工住宅 16 亿 m²。人均建设面积从 19.5m² 增加到 22.6m²。到 2000 年底，当年新建住宅的 76% 是楼房，大多实现内外设施配套、功能合理、环境优美并有适度装修。

现在人们已经开始追求适应小康生活的居住水平。小康是由贫穷向比较富裕过渡相当长的一个特殊历史阶段。因此，现阶段的城镇住宅应该是一种由生存型向舒适型过渡的实用住宅，它应能承上启下，既要适应当前城镇居民生活的需要，又要适应经济不断发展引起居住形态发生变化可持续发展的需要，这就要求必须进行深入的调查研究和分析，树立新的观念，用新的设计理念进行设计，以满足广大群众的需要。

2.3 城镇住宅建设的主要问题

2.3.1 当前住宅设计的十个不良倾向

①小区规划超型化；②策划理念贵族化；③规划布局图案化；④道路交通绝对比；⑤铺地广场城市化；⑥景观绿化公园化；⑦建筑造型猎奇化；⑧空间尺度大型化；⑨装饰装修宾馆化；⑩城镇配套小区化。

2.3.2 原因分析

过去，对城镇住宅建设存在问题的分析，往往把造成高、大、空的弊端都认为是群众的互相攀比，将脏、乱、差都说是群众不重视规划，以此掩盖了很多实际工作不到位的问题。在城镇低层住宅建设中，高、大、空和脏、乱、差确实存在，但究其根源，都归为群众中的相互攀比和对规划不重视。这就十分值得深思。在深入基层进行反复的调查研究中，一些现象颇为值得思考。

为什么很多城镇低层住宅，出现一层养猪、三层养耗子、二层才能住人呢？这是因为新建低层住宅屋面多数为不加任何隔热、保温和防水处理的平屋顶，三层夏天闷热烘烤，且时有漏水，实在难居住，只好放空或堆放杂物，作为保证二层居住的隔热架空层，成了耗子的繁殖场所；而一层则由于施工技术不到位，造成地面墙体极为潮湿，不适宜人们居住，只能用作堆放杂物和个别的对外活动空间。由于缺少技术指导，简陋的平屋顶，不管是低层住宅或多层住宅都普遍采用，是一个十分值得认真解决的技术问题。

在一些城镇规划中，只做总体规划和用地分析，不做详细规划。而管理部门只管批地，却不管住宅问题，更不管层数控制，导致住宅间距太小、密度太大。这种情况，愈演愈烈，造成恶性循环，房子高度和间距没有得到很好的控制。居住环境的日照和通风得不到保证，导致人居环境恶化。

从中央到地方都搞了不少的住宅设计方案竞赛，甚至出了不少的标准图和施工图。由于脱离实际需要，得到推广应用的甚少。

不少按规划进行建设，但仍旧杂乱无章。究其原因，一是规划深度不够、规划布局单调或规划布局不合理；二是规划做了，但没有分析套用标准的住宅设计图，照搬城市住宅的设计方案，导致千层一面，百镇同貌，缺乏地方特色。

国家和地方制定了很多规范，规定和管理办法，但很少能真正得到执行。这主要是设计人员难能认真学习规范、规程和规定，同时缺乏审批监督的管理措施。

生态环境破坏严重。不少城镇的住宅建设，占用大量良田好土，把自然环境改变为人工环境，人为的影响和干预超出了生态系统的调节能力，打破了原有的生态平衡。

对于人文环境缺少保护，对于弘扬优秀传统文化更是缺乏应有的研究，许多优秀传统文化遭受了扼制，缺乏文化内涵。导致城镇建设失去了文化，造成杂乱无章的"千城一面，百镇同貌"。

针对上述情况，不少专家经常呼吁。当前，建筑界有种不良倾向，由于国外文化的影响，汲取一些先进的设计方法、理论，无可厚非，但有时似乎在宣传国外的东西，"拿来主义"最为简便，社会上流行的某某风，在某种意识驱使下得到泛滥。这种思潮的来源，很多专家都指出，由于建筑师在大环境影响下，失去自我价值的判定与责任心，致使国内官员和开发商不信任本国建筑师而造成的后果。"外来和尚会念经"，在各种干预下，建筑师的创作被扭曲了，也丧失了创作的自尊，这是一种可悲的结果！在这种思潮影响下，一时顶子、亭子、尖子、柱子、架子、帽子、飘窗等，在不同建筑上都有所反映，欧式、日式、英式、德式、中式（复古）各种形式杂陈，而假古董的所谓传统风貌古街也到处泛滥，这些与中国传统建筑文化究竟有多少关系，值得深思。

专家们还指出，不管是采用什么形式，以种种面目出现的城镇住宅，南北不分，如出一辙，单调乏味。几乎相同的功能、平面就涵盖了全国各地和所有的人们对住宅的需求。人的区别、地域的差异、几乎都不必加以表现，真实的需要被删减，甚至置换了，多数的城镇住宅建设仍是外立面的几个"符号"拼接加上绿地中央的仿古凉亭。这种几乎不需正规建筑师设计的住宅，如雨后春笋、东南沿海尤盛。

综上所述，不难看出，当前城镇住宅建设中出现的一些不良现象，根本问题应该是缺乏对规划设计重要性的正确认识和提高规划设计水平的问题。

城镇的住宅建设量大面广，是城镇建设的重中之重，比起城市来，其所占比重更大。因此，各级政府、各级领导也都十分关注城镇（包括农村）的住宅设计，全国性及地方性设计竞赛时有组织，个别地方甚至不惜重金开展国际性的设计竞赛，通过竞赛评比，也向群众推荐一些优秀方案，甚至编制成套的施工图。这一切努力，旨在帮助群众，本意很好。但从各地的反应来看，收效甚微。究其原因：

①缺乏专门从事城镇住宅研究的人才。当前由于种种原因，特别是由于城镇条件差、效益低、难度大，很难吸引研究设计人才对城镇住宅进行系统深入的研究，很多设计任务和设计竞赛，都是根据行政命令下达，作为政治任务，未加深入调查研究，依据个人的理解去应付完成的，很难适应群众的需要。

②某些专门从事城镇建设的研究人员目光短浅。他们认为眼前的城市就是未来的城镇，片面地认为城镇住宅设计只不过是简单化了的城市住宅设计。在观念上，又认为群众的认识水平低，自己比群众聪明，使得仍习惯于在高楼深院里进行研究，极少甚至长期不深入基层，也就难能对城镇住宅建设提出较为有益的研究报告，用以指导设计。

③设计期限短。任务急，即使想去调查研究，

根本也没有足够时间，但应该尽可能地安排。

④缺乏总结交流。理论水平难以提高，很难用于更好地指导规划设计实践。

2.4 城镇住宅建设的发展趋势

2.4.1 设计住宅就是设计生活

住宅作为人类日常生活的物质载体，为生活提供了一定的必要客观环境，与千家万户息息相关。住宅的设计直接影响到人的生理和心理需求。

成书于唐代的传统风水学说的《黄帝宅经》中指出："人宅相扶，感通天地。"《元元经》曰："地善即苗茂，宅吉则人荣。"英国前首相丘吉尔也说过："人造房屋，房屋塑造人。"这些都充分地总结了人与住宅的密切关系。

通过人类长期的实践，特别是经过依附自然 干预与顺应自然 — 干预自然 — 回归自然的认识过程，使人们越来越认识到住宅在生活中的重要作用。住宅文化的研究也随之得到重视。

住宅即生活。有什么样的人，就有什么样的生活；有什么样的生活，就有什么样的住宅。家不是作秀的地方，必须自然大方。经常生活其中的居家，也不是旅馆，必须可居可憩，可观可聊。要有生活的情趣变化。因此，设计住宅也就是设计生活。

随着研究的深入，发现住宅对人健康的影响是多层次的。在现代社会中，人们在心理上对健康的需求在很多时候显得比生理上对健康的需求更重要。因此，对家居环境的内涵也逐渐扩展到了心理和社会需求等方面。也就是对家居环境的要求已经从"无损健康"向"有益健康"的方向发展，因此，倡导居住安全、继续、舒适的传统环境风水学说又得到人们的青睐。人们也开始从单一倡导改善住宅的声、光、热、水、室内空气质量，逐步向注重室内家居环境对人精神上、心理上的影响，进行引导，并强化住区医疗条件

的完善，健身场所的修建、邻里交往模式的改变方向发展。在现代住宅小区中，对心理健康的培养与呵护主要体现在以下三方面：

①注意规划的科学性。努力使人们能够亲近大自然，让蓝天和绿树依然能够经常出现在视野之中。

②力求体现人性化。居住环境应根据不同的地方，建造花园或凉亭。营造非常轻松的氛围，以缓解疲惫的身心，缓放工作的压力，有益于身心健康。

③营造和谐的邻里关系，积极消除安全顾虑。通过对传统环境风水学中住宅文化的研究，必然进一步促进住宅设计的发展，也必然会为人们创造更加美好的家居环境。

2.4.2 更新观念 做好城镇住宅设计

在城镇住宅设计中普遍存在的问题可以概括为：规划设计简陋、设计理念陈旧、建筑材料原始、建造技术落后、基础设计薄弱、组织管理不善等。这一切最根本的关键是规划设计落后，严重缺少文化内涵。

针对这些问题，为了推进城镇住宅的建设，各地纷纷提出了"高起点规划、高标准设计、高水平管理"的要求，并且都十分积极和认真地组织试点，形势十分喜人。

通过研究和实践发现，只有改变重住宅轻环境、重数量轻质量、重面积轻设施、重现实轻科技、重近期轻远期、重现代轻传统和重建设轻管理等的旧观念。树立以人为本的思想，注重经济效益，增强科学意识，环境意识、公众意识、超前意识和精品意识，才能用科学的态度和发展的观念来进行城镇住宅建设。

多年来的经验教训，已促使各级领导和群众大大地增强了规划设计意识，当前要搞好城镇的住宅建设，摆在我们面前紧迫的关键任务就是必须提高城镇住宅的设计水平，才能适应发展的需要。

在城镇住宅设计中，应该努力做到：不能只用

城市的生活方式来进行设计；不能只用现在的观念来进行设计；不能只用自"我"的观点来进行设计（要深入群众、熟悉群众、理解群众和尊重群众，改变自"我"）；不能只用简陋的技术来进行设计；不能只用模式化进行设计。

只有更新观念，才能做好城镇住宅的设计。

2.4.3 住宅设计的发展趋向

（1）居住环境质量向科学化靠拢

在经济飞速发展的同时，人们对环境质量越来越重视，要求也越来越高，所谓的科学化发展趋势，也就是与自然和谐共处，生态才是最重要的。

（2）居住模式向舒适性发展

舒适性已成为当前住宅设计的重要课题。怎样使住宅变得更舒适，具备什么样的条件才能舒适。在设计中，应以人们的日常生活轨迹为依据，现在的动静分离、洁污分离、方正实用的户型是人们所欢迎的。厅带阳台、前厅后卧、厨卧分离、厨房带生活阳台是适应日常家居所需要的。房间最好方正实用。不仅通风、采光条件得到普遍的重视，而且对住宅的方位和门窗的开启方式以及家居环境在精神上、心理上的舒适性也已得到普遍的重视。因此：

①板式的单元组合得到普遍的欢迎，而点式或塔式向短板式发展。

②街坊式布置也正在取代常用的住区行列式布局。

③研究表明，现在所提倡健康住宅和生态建筑以我国传统环境风水学所推崇的安全、健康、舒适是十分一致的。因此，对传统环境风水学家居环境文化的研究将引起更为广泛的重视。

（3）居住功能向细化发展

居住功能更加强调可持续发展，增加居住气氛。居住功能的提高绝对不是扩大建筑面积，简单地把房间放大而已，而是要向功能的单一化、细分化、人性化发展。现在有些住宅已开始考虑书房、儿童室或者活动室、起居厅（也称家庭厅或影视厅）、景观门窗和阳台等的设计。

一套150m²的单元住宅，只有一个3m²的卫生间，厨房不到7m²，而厅却大到70m²，这样的房子住起来绝对不能舒服。如果主卧室能够有10m²的卫生间，劳累一天的主人可以在按摩浴缸中泡个澡，松松筋骨；狭小的厨房扩大到15m²，成为一个开放式的空间，那么主人的生活质量就可以大大提高，因此合理的户型设计，住起来才会让人感到舒适，这才是真正的物有所值。

①起居厅的面积只要舒适实用的就够了，太大的起居厅只会增加建筑面积（即增加很多不必要的走道面积），从而提高建筑总价。而单纯地缩小房间面积，平时休息也不会觉得舒适。一般情况下，三人之家的客厅和餐厅加在一起有25～40m²就已经差不多了。太大了不但不会给人带来舒适感，还会由于面积太大、高度太低而感到压抑，而做成挑空的吹拨也没有实用价值和必要性。

②主卧室要求方位必须做到采光、通风、景观和私密性好，并应尽可能附带卫生间和更衣室，条件许可时还可加带书房。较大的卫生间应尽可能做到淋浴和浴缸分开、干湿分区。一般主卧室在15～25m²左右已经是十分舒适了。

③宽敞好用的厨房，可以大大提高家庭的生活质量，从居住的功能角度分析，厨房的合理面积不应小于6m²。

（4）更加重视住宅的安全性

住宅的安全问题，不仅仅只局限于结构的安全和防灾、抗震性能。在住宅设计中还应注重邻里关系，强化厕所的安全理念和消防设施的布置（如增设烟雾报警和厨房灶具、燃气热水器的限时器等）以及建材产品的生态化。同时，对于住宅门窗安全防护网的设置也应有足够的认识，它不仅是为了防盗，而且也是为了避免居住者不慎跌落。因此对安全网的设置必须加以规范化。北京有幢楼房，小孩从八楼窗台爬出安全网，只有脑袋被夹在栏杆里。而2005年8月11日北京晨报在第六版报导，超低防盗栏撞破居民头，引起纠纷。还有的地方因为防盗栏，导致火灾没法逃生而亡。这些都说明住宅的窗户的安全防护应该是成为住宅设计的功能组成部分。否则，自行添加，杂乱无章，极为不雅。

（5）降低住宅的平均层数

多层住宅会更加普遍，低层的住宅会越来越多，高层住宅会向小高层发展。四、五层的多层住宅会成为一种导向性趋势。对于广大的城镇和乡村、平房住宅会受到限制，也将随着经济的发展向多层住宅和低层住宅发展。

罗哲文先生指出："高楼并不是现代化，现在有一种观点，认为高楼就是洋，洋就是现代化。其实并不然，高楼在中国自古有之，在几千年前，中国就有过高达数十米，上百米的高楼。在春秋战国时期，各诸侯相互以高台榭、美宫室相夸耀。秦始皇的鸿台高达百米，秦二世的云阁高与南山齐。汉武帝时期的井干楼、神明台、凉风台、凤朔高数十米、百余米。唐武则天的明堂、天枢、天堂也都高数十米、百余米。佛教传入之后，在高层建筑中增加了新的品种，高达一百多米的塔不计其数。现在还保存着千年古塔料敌塔，就有84m之高。可见高楼并非现代才有，也非外国才有。因而就不能认为高楼是现代化的标志。那么，高楼为什么在中国没有继续发展。因为它还有许多缺点，除了增加拥挤、上下困难、设施费用增大之外，最大的问题就是对人的身心健康不利。因而在2000年前的汉代经过一场大辩论之后，就以"远天地之和也"的结论做罢了。《北京晚报》《中国老年报》曾报道过，根据日本厚生省医学专家的调查，住在高楼上层儿童的身体和智力都比住在低层的儿童差得多。《中国老年报》上说，住在高层

楼上的老人身体也差，并奉劝带起搏器的老人不要住在高楼上。总之住高楼、对身心健康都是不利的，所以有人呼吁'救救孩子、救救老人、少建高楼'。难怪在一些国家的富豪阶层和一般有钱人家，都纷纷下楼出院，去住低层的花园别墅。"

（6）简约风格是现代先进文化的发展潮流

简约的设计不是简单化，而是要求更加精心、更加准确地进行设计、施工和选材。正如世界建筑大师密氏·温得罗所说的"少就是多"，这是更加复杂和简练；是更加精致和精华；是设计更高、更深、更精的层次。

简约可以说是现代的国际流行，是更加讲究人性化，是讲究材料的特性、质感、是讲求块面、阴影和尺度、比例的关系。

"简约即美"的说法并非空穴来风，这是艺术设计大师范恩哲留给我们的艺术启示，是经过许许多多经验教训的总结。

（7）实用性的住宅，科技引领住宅品质的提高

随着对传统风水学家居环境文化研究的深入，人们现在更加重视的是内在品质，而不是表面化的东西，以实用性的住宅科技引领住宅品质的提高，呈现出很好的势头。

2.4.4 健康住宅

健康住宅，真正引起社会的普遍关注，应该追溯到2003年春天那个非常时期，突发的疫情不但提升了人们对生存环境的关注程度，也转变了人们对住宅的选择标准。健康住宅得到认同，是与人的健康要素紧密地联系在一起的，是提高住宅品质的重要部分。健康住宅将会得到普及，私密性将得到保护，声、光、热和空气等环境质量将得到保证，居住的自然生态环境、营造密切的邻里关系和安全保障体系也将得到重视。

健康住宅是个循序渐进的过程，并非高档住宅专有，与花钱多少无关。

（1）健康住宅的概念

有关键康住宅的几种基本相同的说法。

①健康住宅是指在满足住宅建设基本要素的基础上，提升健康要素，以可持续发展的理念，保障居住者生活、心理和社会等多层次的健康需求，进一步完善和提高住宅质量与生活质量，营造出舒适、安全、卫生、健康的家居环境。

②人们把健康住宅归纳为：优良的生态环境是健康住宅的前提；卓越的产品设计是健康住宅的根本；环保的建筑材料是健康住宅的基础；健全的管理系统是健康住宅的保障。

③健康住宅总释意。根据世界卫生组织（WHO）的定义，健康是指人在身体上、精神上、社会上完全处于良好的状态。据此定义，健康住宅不仅仅是住宅＋绿化＋社区医疗保健，而是指在生态环境、生活、卫生、立体绿化、自然景观、降低噪音、建筑和装饰材料、采光、空气流通等方面都必须以人长期居住的健康性为本，它具体包括：

a. 规划方面。生态小区的总体布局、单体空间组合、房屋构造、自然能源的利用、节能措施、绿化系统以及生活服务的配套设计，都必须以改善提高人的生态环境、生命质量为出发点和目标；

b. 设计方面。注重绿化布局的层次、风格以及与建筑物的相互辉映；注重不种植物的相互补充、配合；注意发挥绿化在整个生态小区其他更深层次的作用，比如隔热、防风、防尘、防噪音、消除毒害物质、杀灭细菌病毒等；甚至从视觉感官和心理上能消除精神疲劳等作用。

c. 房屋构造方面。考虑自然生态和社会生态等多方面需要，注意节省能源，注意居住者对自然空间和人际关系交往的需求。

d. 健康管理方面。根据社区人群、文化和社会特点及存在的健康问题，制定和实施个人、社区的保健计划，并对实施过程做出评价。

（2）健康住宅的三大主题

①应能减少建筑对地球资源与环境的负荷和影响；

②应能创造健康、舒适的居住环境；

③应能与自然环境相融合。

（3）健康住宅的四大方面

①住宅产品本身，也即人居环境的健康性。包括平面设计软性要求，热环境质量、空气环境质量和光环境质量等硬件方面的要求。

②环境的亲和性，也即自然环境的亲和性。最大化地利用项目现状条件，充分给予住房能够享受到的阳光、空气、水，充分保持与自然的亲和性。

③环境保护，也即居住环境的保护性。我们享受大自然给予的东西，不可避免又有一些排弃物，只有对它们进行保护和重复利用，才会使我们生活得更健康。

④健康行为，也即健康环境的保障。强调软、硬件建设相结合。除了生病以后必须保障正常的医疗、保健外，还应培养好的行为准则，养成好的生活习惯，培养良好的社区文化。这一良性循环必须有赖于一套完善的健康管理系统。

（4）健康住宅八大指标

①能源系统。避免多条动力管道入户，对围护结构和供热、空调系统等要进行节能设计，建筑节能至少要达到50%以上。

②水循环系统。设计中水系统，雨水收集利用系统等。景观用水系统专门设计并将其纳入中水一并考虑。

③气环境系统。室外空气质量要达到二级标准，室内自然通风、卫生间具备通风换气设施。厨房设有烟气集中排放系统。

④声环境系统。采用隔音降噪措施，使室内声

环境系统日间噪音小于35dB，夜间小于30dB。

⑤光环境系统。室内尽量采用自然光。居住区内适宜温度：20～24℃，夏季22～27℃。

⑥绿化系统。应具备三个功能，一是生态环境功能；二是休闲活动功能；三是景观文化功能。

⑦废弃物管理与处置系统。生活垃圾收集要全部袋装、密闭容器存放、收集率达100%，垃圾实行分类收集，分类率达50%。

⑧绿色建筑材料系统。提倡使用"3R"材料（即可重复使用、可循环使用、可再生使用），选用无毒无害，有益人体健康的建筑材料和产品。

（5）健康住宅的十五项标准

①会引起过敏症的化学物质（如氡气等）浓度很低；

②为满足①的要求，尽可能不使用易散发化学物质的胶合板、墙体装修材料等；

③设有换气性能良好的换气设备，能将室内污染物质排至室外，特别是对高气密性、高隔热性来说，必须采用具有风管的中央换气系统，进行定时换气；

④在厨房灶具或吸烟处要设局部排气设备；

⑤起居室、卧室、厨房、厕所、走廊、浴室等要全年保持17～27℃之间；

⑥室内湿度全年保持在40～70℃之间；

⑦二氧化碳要低于1000PPM；

⑧悬浮粉尘浓度要低于0.15mg/m³；

⑨噪声小于50dB；

⑩一天的日照确保在3小时以上；

⑪设足够亮度的照明设备；

⑫住宅具有足够的抗自然灾害的能力；

⑬具有足够的人均建筑面积，并确保私密性；

⑭住宅要便于护理老龄者和残疾人；

⑮因建筑材料中含有有害挥发性的有机物质，所有住宅竣工后要隔一段时间才能入住，在此期间要进行换气。

（6）健康住宅有关环境质量的要求

在《健康住宅建设技术要点（2004版）》中，已对住宅的环境质量提出一系列的规定，以确保住区通风良好，防止室内空气污染，避免对人本健康的损害。

2.5 传承民居建筑文化营特色

传统民居建筑文化是一部活动的人类生活史，它记载着人类社会发展的历史。运用传统民居的文化是一项复杂的动态体系，它涉及到历史和现实的社会、经济、文化、历史、自然生态、民族心理特征等多种因素。需要以历史的、发展的、整体的观念进行研究，才能从深层次中揭示传统民居的内在特征和生生不息的生命力。研究传统民居的目的，是要继承和发扬我国传统民居中规划布局、空间利用、构架装修以及材料选择等方面的建筑精华及其文化内涵，古为今用，创造有中国特色、地方风貌和时代气息的新民居。

2.5.1 传统民居建筑文化的继承

我国传统聚落的规划布局，一方面奉行"天人合一""人与自然共存"的传统宇宙观，另一方面，又受儒、道传统思想的影响，多以"礼"这一特定伦理、精神和文化意识为核心的传统社会观、审美观来作为指导。因此，在聚落建设中，讲究"境态的藏风聚气，形态的礼乐秩序，势态的形势并重，动态的静动互释，心态的厌胜辟邪等"。十分重视与自然环境的协调，强调人与自然融为一体。在处理居住环境与自然环境关系时，注意巧妙地利用自然形成的"天趣"，以适应人们居住、贸易、文化交流、社群交往以及民族的心理、生理需要。重视建筑群体的有机组合和内在理性的逻辑安排，建筑单体形式虽然千篇一律，但群体空间组合则千变万化。加上民居的内院天井和房前屋后种植的花卉林木，与聚落中"虽为人作，宛自天开"的园林景观组成生态平衡的宜人环境，形成各具特色的古朴典雅、秀丽恬静的村镇聚落。

在传统的民居中，大多都以"天井"为中心，四周围以房间；外围是基本不开窗的高厚墙垣，以避风沙侵袭；主房朝南，各房间面向天井，这个称作"天井"的庭院，既满足采光、日照、通风、晒粮等的需要，又可作为社交的中心，并在其中种植花木、陈列假山盆景、筑池养鱼，引入自然情趣，面对天井有敞厅、檐廊，作为操持家务，进行副业、手工业活动和接待宾客的日常活动场所。天井里姹紫嫣红、绿树成荫、鸟语花香，其恬静、舒适的居住环境都引起国内外有识之士的广泛兴趣。

2.5.2 传统民居建筑文化的发展

传统民居建筑文化要继承、发展，传统民居要延续其生命力，根本出路在于变革，这就必须顺应时代、立足现实、坚持发展。传统聚落，作为人类生活、生产空间的实体，也是随时代的变迁而不断更新发展的动态系统。优秀的传统建筑文化之所以具有生命力，是在于可持续发展，它能随着社会的变革、生产力的提高、技术的进步而不断地创新。因此，传统应包含着变革。只有通过与现代科学技术相结合的途径，将传统居民按新的居住理念加以变革；只有通过与现代化科学技术相结合的途径，将传统民居按新的居住理念加以变革，在传统民居中注入新的"血液"，使传统形式有所发展而获得新的生命力，也才能展现出传统民居文脉的延伸和发展。综观各地民居的发展，它是人们根据具体的地理环境，依据文化的传承、历史的沉淀，形成了较为成熟的模式，具有无限的活力。其中的精髓，值得我们借鉴。

2.5.3 传统民居建筑文化的弘扬

要创造有中国特色、地方风貌和时代气息的城镇住宅，离不开继承、借鉴和弘扬。在弘扬传统民居建筑文化的实践中，应以整体的观念，分析掌握传统民居聚落整体的、内在的有机规律，切不可持固定、守旧的观念，采取"复古""仿古"的方法来简单模仿传统建筑形式，或在建筑上简单地加几个所谓传统的建筑符号。传统民居建筑的优秀文化是新建筑生长的沃土，是充满养分的乳汁。必须从传统民居建筑"形"与"神"的传统精神中吸取营养，寻求"新"与"旧"功能上的结合、地域上的结合、时间上的结合。突出社会、经济、自然环境、时间和技术上的协调发展，才能创造出具有中国特色、地方风貌和时代气息的新型城镇住宅。在各界有识之士的大力呼吁下，在各级政府的支持下，我国很多传统的聚落和优秀的传统民居得到保护，学术研究也取得了丰硕的成果。在研究、借鉴传统民居建筑文化，创造有中国特色的时代新型城镇住宅方面也进行了很多可喜的探索。要继承、发展传统民居的优秀建筑文化，还必须在全民中树立保护、继承、弘扬地方文化的意识，充分依靠社会的整体力量，才能使珍贵的传统民居建筑文化得到弘扬光大，也才能共同营造富有浓郁地方优秀传统文化特色的新型城镇住宅和宜人的居住环境。

3 城镇住宅的设计理念

住宅作为人类日常生活的生物载体，为生活提供了必要的客观环境，与千家万户息息相关。住宅的设计直接影响到人的生理和心理需求。通过人类长期的实践，特别是经过依附自然 — 干预与顺应自然 — 干预自然 — 回归自然的认识过程，使人们越来越认识到住宅在生活中的重要作用。住宅文化的研究也随之得到重视。家不是作秀的地方，必须自然大方。经常生活其中的居家，也不是旅馆，必须可居可玩，可观可聊，要有生活的情趣变化。因此设计住宅也就是设计生活。

随着研究的深入，人们发现住宅对人健康的影响是多层次的。在现代社会中，人们在心理上对健康的需求在很多时候显得比生理上对健康的需求更重要。因此，对家居的内涵也逐渐扩展到了心理和社会需求等方面。也就是对家居环境的要求已经从"无损健康"向"有益健康"的方向发展，从单一倡导改善住宅的声、光、热、水、室内空气质量，逐步向注重住区医疗条件的完善，健身场所的修建，邻里交往模式的改变方向发展。这与环境风水学中所推崇的"天人之和""人际之和"以及"身心之和"极为契合。

3.1 城镇住宅的特点及建筑文化

城镇介于城市和乡村之间，处在广阔的乡村包围之中，是地域的中心。因此，有着优美的自然环境、地理特征和独特的乡土文化、民风民俗。城镇的居民与农村仍然有着千丝万缕的关系，人际关系和亲属关系十分密切，对功能空间的要求除了日常的居住空间外，还要求有一定的接待空间、客人住宿及较多的储存空间，使得城镇住宅建设与大、中城市住宅有着不少的差异，所以不能套用一般的城市住宅或简单化了的城市住宅。城镇住宅与传统的农村独院式单层住宅也有着许多不同。传统的农村独院式单屋住宅，不仅占地大、基础设施差、人畜混居、环境条件差等，而且使用功能难能适应现代家居生活的需要。所以在城镇住宅建设中，一般不采用独院式单层住宅。

3.1.1 城镇住宅的特点

（1）贴近自然

为了与优美的自然环境和谐共处，在城镇的住宅设计中，应布置有较多、较大的室外活动空间，具有较好的接地性，并与周围环境融为一体。

（2）多代同堂

在城镇的家庭中，很多都是三代同堂，这就要求必须更多地考虑为老年人和小孩居住创造舒适、方便的条件，例如：

①起居厅、厅堂等应朝南布置，且与阳台或其他室外活动空间有着较为直接的联系。

②考虑到代际之间的关系，应考虑代际之间的亲切联系，又具有相对的独立性，以避免相互干扰，因此，代际型住宅的设计在城镇中比起城市更具现实意义。

③邻里交往、亲属探访比起城市更为频繁，因此更应重视楼梯设置的朝向和位置；要为户外邻里交往创造条件；要为亲友探访提供留宿的可能。

（3）尊重民俗

中华民族有着很多优良的民情风俗。崇尚吉祥、和睦和亲善。因此，有着很多民间禁忌，这就要求城镇住宅在平面布局以及造型设计中引起足够的重视，以适应居民的需要。比如，大门就要为喜庆和过年张贴春联留有位置，对餐厅、厨房的布置有较高要求，对卫生的位置和布置要求也都较为慎重等。

（4）方便经营

城镇有着很多颇具地方特色的传统家庭作坊，其服务设施规模小、布点多、距离近，以方便居民的生活。因此，在城镇的建设中，住宅一般都是呈街坊式布置。因此底商住宅既可便于生活，方便经营便成为城镇住宅设计中一种颇具独特的形式。在城镇的建设中，不可能像大、中城市那样，有着很多的办公楼、写字楼、大商号可作为临街建筑的情况下，这种底商住宅对于构成城镇的街道景观具有十分重要的意义。

（5）街坊布局

城镇的住宅多以街坊布局的方式来组织住宅组群，便于居民的生活组织街道景观。

（6）空间灵活

为了适应时代变化对生活形态的影响以及各种不同的要求，城镇住宅的室内空间应有较大变化的灵活性。如厅与阳台之间的围护最好是采用可拆卸的推拉门，以适应某些喜庆活动较多亲属、聚会之所需等。

（7）多设贮藏

城镇住宅对于贮藏空间都有着较多的要求，车库的设置不是一种时髦，而是实际生活之所需。

（8）区位差别

城镇住宅，即使在同一个城镇，也会因其所在位置的不同而有一定的差别。比如，贮藏空间越接近农村，其要求就越多越高，贴近自然的要求也就越高。

（9）特色鲜明

每个城镇、每个村庄，不管其历史的久远，在中国传统建筑文化精髓的熏陶下，其民宅和街巷都会随自然环境、文化传统和经济条件等影响有着各自独特的风貌，也比较适应广大群众的需要。因此，必须更加重视民居建筑文化，营造特色。

3.1.2 城镇住宅的建筑文化

长期以来，城镇周边的农村和广大农村一样，由于其自然环境和对外相对封闭的经济形式，使得从事农业生产的广大农民对赖以生存的生态环境倍加爱护，十分珍惜自然所赐予的一切，充分利用白天的阳光，日出而作，日落而歇，因此，除了田间劳动，在家中也使每一时刻都用在财富的创造之中，这种刻苦耐劳的精神使得城镇范围内的农民住宅和农村住宅一样，其居住形态与城市住宅有着很大的不同，表现在必须满足居住生活和部分农副业生产的双重功能、多代同居的功能、密切邻里关系的功能以及大自然互为融合的功能。由此而形成了独特的建筑文化，主要包括厅堂文化、庭院文化和乡土文化。

（1）厅堂文化

我国的城镇范围内的周边农村和广大村庄一样，多以聚族而居，宗族的繁衍使得一个个相对独立的小家庭不断涌现，每个家庭又形成了相对独立的经济和社会氛围，住宅的厅堂（或称堂屋）在平面布局上居于中心位置和组织生活的关系所在，是住宅的核心，是居民起居生活和对外交往的中心。其大门即是农村住宅组织自然通风，接纳清新空气的"气口"，为此，厅堂是集对外和内部公共活动于一体的室内功能空间。厅堂的位置都要求居于住宅朝向最好的方位，而大门需居中布置，以适应各种活动的需要。正对大门的墙壁即要求必须是实墙，在日常生活中用以布置展示其宗族亲缘的象征，如天地国亲师的牌位，或所崇拜的伟人、古人和神佛的圣像，或所祈求吉祥如意的中堂（图 3-1），尊奉祖先，师拜伟人，祈福求祥的追崇，以其朴实的民情风俗，展现了中华民族祭祖敬祖的优秀传统文化的传承。而在喜庆中布置红幅，更可烘托喜庆的气氛等，形成了独具特色的厅堂文化。厅堂文化在弘扬中华民族优秀传统文化和构建和谐社会有着极其积极的意义，在设计中应必须予以足够的重视。

(a)   (b)

(c)   (d)

图 3-1 厅堂主墙壁的布置

为了节省用地，除个别用地比较宽松和偏僻的山地外，城镇低层住宅和新农村住宅已由低层楼房替代了传统的平房农村住宅，但住宅的厅堂依然是人们最为重视的功能空间，传承着平房住宅的要求，在面积较大的楼房中住宅厅堂的功能也开始分为一层为厅堂，作为对外的公共活动空间和二层为起居厅为作为家庭内部的公共活动空间，有条件的地方还在

三层设置活动厅。这时，一层的厅堂要求仍继承着传统民居厅堂的布置要求，只是把对内部活动功能分别安排在二层的起居厅和三层的活动厅。

传统民居的厅堂都与庭院有着极为密切的联系，"有厅必有庭"。因此，在城镇低层住宅楼层的起居厅、活动厅也相应与阳台、露台这一楼层的室外活动空间保持密切的联系。

（2）庭院文化

传统民居的庭院，不论是有明确以围墙为界的庭院或者是无明确界限的庭院，都是优美自然环境和田园风光的延伸，也还是利用阳光进行户外活动和交往的场所，这是传统民居居住生活和进行部分农副业生产（如晾晒谷物、衣被，贮存农具、谷物，饲养禽畜，种植瓜果蔬菜等）之所需，也是家庭多代同居老人、小孩和家人进行户外活动以及邻里交往的居住生活之必需，同时还是贴近自然，融合于自然环境之所在。广大群众极为重视户外活动，因此传统民居的庭院有前院、后院、侧院和天井内庭，都充分展现了天人合一的居住形态，构成了极富情趣的庭院文化。图 3-2 是北方传统低层住宅的庭院，是当代人崇尚的田园风光和乡村文明之所在，也是城镇低层住宅设计中应该努力弘扬和发展的重要内容。特别应引起重视的是作为城镇低层住宅楼层的阳台和露台也都具有如同地面庭院的功能，其面积也都应较大，并布置在厅的南面，在南方阳台和露台往往还是培栽盆景和花卉的副业场地或主要的消夏纳凉场所。住宅由于阳台和露台的设置所形成的退台，还可丰富立面造型，使得与自然环境更好地融为一体。带有可开启活动玻璃屋顶的天井内庭，不仅是传统民居建筑文化的传承，更是调节居住环境小气候的重要措施，图 3-3 是城镇现代多层住宅底层的入户庭院，图 3-4 是带有可开启活动玻璃屋顶的天井内庭示意，得到学术界的重视和广大群众的欢迎，成为现代城镇住宅庭院文化的亮点。

图 3-2 北方传统低层住宅的庭院

(a) 种植菜蔬，邻里交往　(b) 晾晒谷物，种植菜蔬　(c) 堆存谷物，晾晒衣被　(d) 家禽饲养，堆放农具

图 3-3 城镇现代多层住宅底层的入户庭院

(a) 入户庭院鸟瞰　　(e) 入户庭院的浓荫　　(b) 入户庭院园路　　(c) 入户庭院石茶座　　(d) 入户庭院花架　　(f) 入户庭院原木茶座

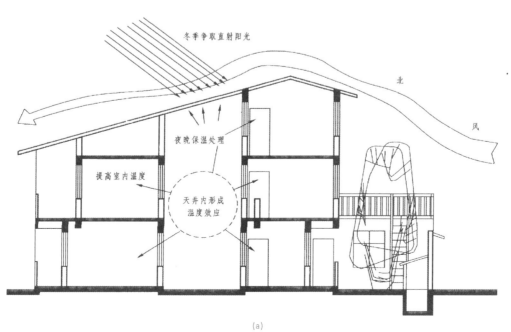

(a)

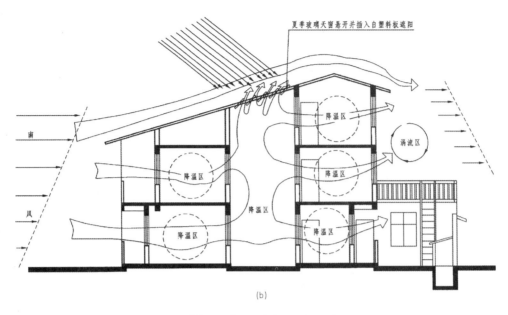

夏季玻璃天窗悬开并插入白塑料板遮阳

南

风

降温区 降温区 降温区 涡流区 降温区 降温区

(b)

图3-4 带有可开启活动玻璃屋顶的天井内庭示意
(a) 冬季遮挡北风示意图　(b) 夏季通风降温示意图

（3）乡土文化

在我国 960 万 km^2 的广袤大地上，居住着信仰多种宗教的 56 个民族，在长期的实践中，先民们认识到，人的一切活动要顺应自然的发展，人与自然的和谐相生是人类的永恒追求，也是中华民族崇尚自然的最高紧接，以儒、道、释为代表的中国传统文化更是主张和谐统一，也常被称为"和合文化"。

在人与自然的关系上，传统民居和聚落遵循风水顺应自然、相融于自然，巧妙地利用自然形成"天趣"；在物质与精神关系上，环境风水学之道下的中国广大聚落在二者关系上也是协调统一的，人们把对黄天厚土和各路神明的崇敬与对长寿、富贵、康宁、厚德、善终"五福临门"的追求紧密地结合起来，形成了环境优美贴近自然、明清风俗淳朴真诚、传统风貌鲜明独特和形式别致丰富多彩的乡土文化，具有无限的生命力，成为当代人追崇的热土。

我们必须认真深入的发掘富有中华民族特色的优秀乡土文化，在城镇建设中加以弘扬，使其焕发更为璀璨的光芒，创造融于环境、因地制宜、各具独特地方风貌的城镇。

3.2 城镇住宅的设计原则和指导思想

3.2.1 城镇住宅的设计原则

（1）建筑设计的基本原则

建筑设计的基本原则是安全、适用、经济和美观。这对于城镇的住宅设计同样是适合的。

①安全。就是指住宅必须具有足够的强度、刚度、抗震性和稳定性，满足防火规范和防灾要求，以保证居民的人身财产安全，达到坚固耐久的要求。

②适用。就是指方便居住生活，有利于农业生产和经营，适应不同地区、不同民族的生活习惯需要。它包括各种功能空间（即房间）的面积大小、院落各组成部分的相互关系，以及采光、通风、御寒、隔热和卫生等设施是否满足生活、生产的需要。

③经济。就是指住宅建设应该在因地制宜、就地取材的基础上，要合理的布置平面，充分利用室内、室外空间，节约建筑材料，节约用地，节约能源消耗，降低住宅造价。

④美观。就是指在安全、适用、经济的原则下，弘扬传统民族文化，力求简洁明快大方，创造与环境

相协调，具有地方特色的新型农村住宅。适当注意住宅内外的装饰，给人美的艺术感受。

城镇住宅由于使用功能上的要求，与大自然相协调的需要，为了方便生活，节省土地，城镇住宅应由多层公寓式住宅和二、三层为主的低层庭院住宅为主。因此，低层庭院住宅和多层住宅应是城镇住宅的研究重点，而小高层住宅乃至高层住宅即可参照城市住宅的同时，适当考虑城镇居民和城市居民不同的居住形态和乡土文化。

（2）城镇住宅设计的基本原则

①应以满足城镇不同层次的居民家居生活和生产的需求为依据。一切从住户舒适的生活和生产需要出发，充分保证城镇家居文明的实现。

②应能适应当地的居住水平和生产发展的需要，并具有一定的超前意识和可持续发展的需要。

③努力提高城镇住宅的功能质量，合理组织齐全的功能空间并提高其专用程度。实现动静分离、公私分离、洁污分离、食居分离、居寝分离，充分体现出城镇住宅的安全性、适用性和舒适性。

④在充分考虑当地自然条件、民情风俗和居住发展需要的情况下，努力改进结构体系，突破落后的建造技术，以实现城镇住宅设计的灵活性、多样性、适应性和可改性。

⑤功能空间的设计应为采用按照国家制定的统一模数和各项标准化措施所开发、推广运用的各种家用设备产品创造条件。

⑥城镇住宅的平面布局和立面造型应能反映城镇住宅的特点，并具有时代风貌和富有乡土气息。

3.2.2 城镇住宅设计的指导思想

（1）努力排除影响居住环境质量的功能空间

居住形态是指为满足人们居住生活行为轨迹所需要的功能及其组合形式。20 世纪 60 年代，日本的西山卯三先生在《住宅的未来》一书中提出"生活

社会化结构"理论认为，从建筑历史的演变来看，住居发展是从人类最初作为掩体的单一空间的初级住宅开始，生活的丰富带来了生活空间的复杂化，同时从住宅中排出了许多生活过程，分离成其他建筑，进一步发展又将居住生活许多部分社会化，诞生许多新的设施，从而使居住生活走向"纯化"。然而，近年来，随着科学技术的进步，家庭办公、家庭影院、家庭娱乐、家庭健身等设施的不断涌现，这就又将使居住生活再次走向"多元化"。但这是一个新的飞跃，它是在以提高居住生活环境质量为前提，在极大程序上是以不影响居住生活质量为条件的，也可以说是不会影响到居住生活的"纯化"。

千百年来，小农经济的生产模式导致我国城镇居民的居住形态极其复杂。城镇经济体制的改革促使经济飞速发展，农村剩余劳动力的转移，使得广大居民更多地接触到现代科学技术较为集中的城市，因而在观念上有了很大的变化。尤其是农业生产集约化和适度规模经营的推广，使得一些经济比较发达地区的城镇住宅已摆脱过去小农经济那种独门独院的农业户、庭院经济户、手工业户等亦农亦住、亦工亦住以及把异味熏天的猪圈、鸡窝同住宅组织在一起，严重影响居住环境质量的居住形态。那种猪满圈、鸡满院的杂乱现象已被动人的庭院绿化所替代，形成优雅温馨的家居环境。因此，要提高城镇住宅的功能质量，使其满足城镇居住水平和生活的需要，只有摆脱小农经济的发展模式，才能获得经济的高速发展，也才能促使思想意识的转变，进而在居住生活中排除那些影响居住环境质量的功能空间。

鉴于各地区城镇的发展情况极不平衡，在城镇边沿地带，当还需要饲养禽畜时，应努力实现"一池带三改"，即以沼气池带动低层住宅的改厕、改圈和改厨。在有条件的地方，应统一把禽畜的饲养集中在城镇住区的下风向，并与住宅小区有防护隔离的地段，设置集中饲养场分户饲养。

（2）充分体现以现代城镇居民生活为核心的设计思想

城镇住宅的设计应符合城镇居民的居住行为特征，突出"以人为核心"的设计原则。提倡住户参与精神，一切从住户舒适的生活和生产的需要出发，改变与现代居住文明生活不相适应的旧观念。因此，城镇住宅的设计必须建立在对当地城镇经济发展、居住水平、生产要求、民情风俗等的实态调查和发展趋势进行研究的基础上，才能充分保证家居文明的实现。为此，广大设计人员只有经过熟悉群众、理解群众、尊重群众，在尊重民情风俗的基础上，和群众交朋友，才能做好实态调查，也才能做出符合当地居民喜爱的设计。在设计中又必须留出较大的灵活性，以便群众参与，也才能在设计中充分体现以现代城镇居民生活为和生产为核心的设计思想。

（3）弘扬传统建筑文化 在继承中创新 在创新中保持特色

举世瞩目的我国传统民居，无论是平面布局、结构构造，还是造型艺术，都凝聚着我国历代先人们在顺应自然和适度改造自然的历史长河中的聪明才智和光辉业绩，形成了风格特异的文化特征。作为建筑文化，它不仅受历史上经济和技术的制约，更受到历史上各种文化的影响。我国地域辽阔幅员广大，民族众多，各地在经济水平、社会条件、自然资源、交通状况和民情风俗上都各不相同。为通风防湿和防御野兽蛇虫为害的傣族竹楼、外墙实多虚少的藏胞碉房、利于抵御寒风和拆装方便的蒙古包以及北京的四合院、安徽的徽州民居、福建东南沿海一带的皇宫式古民居、闽西的土楼等等都颇具神韵，各有特色。不仅如此，即便是在同一地区、同一村庄，能工巧匠们也能在统一中创造出很多各具特色的造型。同是起防火作用的封火墙，安徽、浙江、江西、福建的都各不相同，变化万千。建筑师们在创作中往往把它作为一种表现地方风貌和表现自我的手法，大加渲染。

在城镇住宅的设计时，对于我国灿烂的传统建筑文化，不能仅仅局限于造型上的探讨，还必须考虑到现代的经济条件，运用现代科学技术和从满足现代生活和生产发展的需要出发，从平面布局、空间利用和组织、结构构造、材料运用以及造型艺术等诸多方面努力汲取精华，在继承中创新，在创新中保持特色。因地制宜，突出当地优势和特色。使得每一个地区、每一个城镇、乃至每一幢建筑，都能在总体协调的基础上独具风采。

（4）努力改进结构体系，善于运用灵活的轻质隔墙

经济的发展推动着社会进步，也必然促进居住条件和生活环境的改善。城镇住宅必须适应可持续发展的需要，才能适应城镇生产方式和生产关系所发生变化的需要。同时，由于住户的生活习惯各不相同，也应该为住户参与创造条件。城镇住宅的设计就要求有灵活性、多样性、适应性和可改性。为此，必须努力改进和突破传统落后的建造技术，推广应用和开发研究适用于不同地区的坚固耐用、灵活多变、施工简便的新型城镇住宅结构。目前，有条件的地方可以推广钢筋混凝土框架结构，而仍然采用以砖混结构为主的，也不要把所有的分隔墙都做成承重砖墙，而应该根据建筑布局的特点，尽量布置一些轻质的内隔墙，以便适应变化的要求。外墙应确保保温、隔热的热工计算要求，并为创造良好的室内声、光、热、空气环境质量提供可靠的保证。

（5）必须对城镇住宅的室内装修善加引导

从我们老祖宗在上古时期所留下的壁画来看，他们也很懂得如何在简陋的洞穴里，经营出属于自己和家人的小天地。在文学名著《红楼梦》第四十回中，贾母于薛宝钗住的"蘅芜院"中所叙述的一段话，曾经被印证那时候的中国人，尤其大家贵族对室内摆设已有深刻的认识。

进入 21 世纪，人们的居住条件有了根本改变，

随着住宅硬环境的改善，一场家庭装修革命也随之悄然兴起。纵观人们对住宅室内软环境的营造，折射出种种截然不同的心态，在某种意义上说，这也反映了人们的文化素养和心理情趣。

改革开放以来，人们的生活节奏加快了，客观上需要一个良好的居住环境，人们已逐步开始摆脱传统的无需装修的旧观念，而不断追求一种具有时代美感的家居环境。

随着城镇居民收入的增加，对于家庭装修也特别重视。家庭装修应自然、简洁、温馨、高雅为居民提供安全舒适、有利于身体健康和节约空间的居住环境。但由于对城镇居民的装修意识缺乏引导。盲目追求欣赏效果、与人攀比、照搬饭店的设计和材料。造成了华而不实、档次过高、缺少个性，导致投入资金偏大，侵占室内空间较多，甚至对原有建筑结构的破坏较为严重及使用有毒有害的建筑材料等不良效果。住宅毕竟不是仅仅用来看的，对城镇住宅的室内装修应善加引导，本着经济实用、朴素大方、美观协调、就地取材的原则，充分利用有限资金、面积和空间进行装修，真正地为提高城镇住宅的功能质量，营造温馨的家居环境起到补充和完善的作用。

3.2.3 城镇住宅设计的基本要求

（1）套型设计

①住宅都应功能齐全，各功能空间应保持不同程度的专用性和私密性要求。

②充分吸收传统民居以客厅、起居厅作为家庭对外的内部活动中心的原则。合理布置客厅、起居厅的位置。用户楼梯应与客厅、起居厅有便捷的联系。

③应设置门厅作为每套住宅的室内外过渡空间，用来换鞋、换衣、放置雨具等。

④每套住宅应设置相对独立的餐厅，且应与厨房相邻并尽可能靠近客厅。

⑤室内空间分隔应根据功能要求尽可能采用可拆改的非承重的隔墙或灵活的推拉、折叠等隔断，以满足灵活性、可变性的要求。

⑥各功能空间应根据家居生活的各种要求及各地不同的生活习惯等特点，确定适宜的空间尺度和良好的视觉。合理安排设备、设施和家具，以保证各功能空间的相对稳定。

⑦套型设计各主要功能空间均应有直接对外的窗户，并应组织好自然通风。客厅、起居厅应有充足的光照和良好的视野，主要卧室（特别是老年人的卧室）应争取较好的朝向。

⑧应根据各功能空间的不同使用要求，增加相应的贮藏空间。

⑨每户应布置存放一辆小汽车或农机具的库房。

⑩应根据不同的地理位置和气候条件、选择适宜的朝向布置阳台、露台或外廊，为住户提供较多的私有室外活动空间。住宅庭院，应避免采用封闭围墙。

⑪每套住宅应有一个满足安装成套设备的厨房。占有二层以上的套型住宅应分层设置卫生间。

（2）厨卫及设施、管线设计

①厨房、卫生间应具有良好的通风和采光、并根据需要加设机械排烟通风设备或预留位置。

②厨房、卫生间应有足够的面积、采用整体设计的方法。综合考虑操作顺序、设备安装、管线布置以及通风、贮藏要求。

③城镇住宅的热水供应系统应首选各种太阳能集热器，以节约能源。

④各类管线系统应采取综合设计相对集中布置，设立管道井和水平管线区，并应隐藏一次敷设，便于维修、查表。

⑤合理配置电源，电容量应适当留有余地。装设漏电保护装置，采用节能电器及开关，提供数量足够、位置合适的电源插座，便于安装各种家用电器。

⑥城镇住宅设计均应考虑装设电话、电视光缆以及户内多台并联的可能。

（3）住栋设计

①根据节约用地的原则、确定住宅层数，城镇的低层住宅应尽可能采用并联式和联排式并应以多层住宅或多、高层结合为主。

②提倡住宅类型多样化，为丰富住栋形式创造条件。充分利用和发挥建筑各部分空间的特点，包括低层、顶层、阁楼层、尽端转角、楼梯间、阳台、露台、外廊、错层和入口等特殊部位，以丰富住栋内外空间，使其更富生活气息。

③吸取传统民居中优秀创作手法，使其具有地方特色。避免千篇一律，使住栋具有明显的识别性。

④应充分利用自然环境中的各种有利因素，努力把建筑与环境融为一体，从而为住栋创造舒适优美的具有田园风光的居住环境。

（4）结构设计

①为适应住宅空间的灵活性、多样性、适应性和可改性的设计要求、提倡采用新型结构体系。

②结构设计必须具有足够的抗灾性能，除了应确保安全性、合理性、经济性外，尚应做到适应当地的实际情况，施工简单、操作方便。

③提倡使用新型墙体材料，显著使用或进驻使用空心粘土砖。寒冷地区应采用新型保温节能外墙围护结构，炎热地区即应做好墙体和屋盖的隔热措施。

（5）室内装修

①实行建筑主体初装修和家居装修两阶段营造方式，组织装修专业队伍实施成套供应与服务，以确保家居装修的质量。

②实现绿色装修，确保居民安全入住。

③务必做好门、窗及阳台的安全防护设施，确保防灾和多、高层住宅的安全保障。

3.3 城镇低层住宅的特点

城镇低层是城镇住宅中一种最具特色、最能展现乡土文化的居住形态，主要用于城镇范围内周边的农业户。由于其使用功能较为复杂，所处的环境贴近自然和各具特色的乡土文化，因此具有如下五个特点。

3.3.1 使用功能的双重性

城镇范围内周边的农业户，主要从事农业生产以及各种副业、家庭手工业的生产，这其中不少都是利用住宅作为部分生产活动的场所。因此，城镇低层住宅不仅要确保居民生活居住的功能空间，还必须考虑除了很多的功能空间都应兼具生活和生产的双重要求外，还应该配置供农机具、谷物等的储藏空间以及室外的晾晒场地和活动场所。比如，庭院是这种住宅中一个极为重要并富有特色的室外空间，是室内空间的对外延伸。在城镇低层住宅建设大量推广沼气池中，平面布置就要求厨房、厕所、猪圈和沼气池要有较为直接、便捷的联系，以方便管线布置和使用。

3.3.2 持续发展的适应性

改革开放以来，农业经济发生了巨大的变化，居民的生活质量不断提高。生产方式、生产关系的急剧变化必然会对居住形态产生影响，这就要求城镇低层住宅的建设应具有适用性、灵活性和可改性，既要满足当前的需要，又要适应可持续发展的要求。以避免建设周期太短，反复建设劳民伤财。如设置近期可用作农机具、谷物等储藏间，日后可改为存放汽车的库房。又如把室内功能空间的隔墙尽可能采用非承重墙，以便于功能空间的变化使用。

3.3.3 服务对象的多变性

我国地域广阔，民族众多。即便是在同一个地区，也多因聚族而居的特点，不同的地域、不同的聚落、不同的族性也都有着不同的风俗民情，对于生产方式、生产关系和生活习俗、邻里交往都有着不同的理解、认识和要求，其宗族、邻里关系极为密切，十分重视代际关系。这在城镇低层住宅的设计中都必须针对服务对象的变化，逐一认真加以解决，以适应各自不同的要求。

3.3.4 建造技术的复杂性

城镇低层住宅不仅功能复杂，而且建房资金紧张，同时还受自然环境和乡土文化的影响，这就要求城镇住宅的设计必须因地制宜，节约土地；精打细算，使每平方米的建筑面积都能充分发挥应有的作用；就地取材，充分利用地方材料和废旧的建筑材料；采用较为简便和行之有效的施工工艺等。在功能齐全、布局合理和结构安全的基础上，还要求所有的功能空间都有直接的采光和通风。力求节省材料、节约能源、降低造价、创造具有乡土文化特色的城镇低层住宅，这就使得面积小、层数低，看似简单的城镇低层住宅显现了设计工作的复杂性。

3.3.5 乡土文化的独特性

城镇低层住宅，不仅受历史文化、地域文化和乡土文化的影响，同时也还受使用对象对生产、生活的要求不同而有很大的变化，即使在同一个聚落，有时也会有所不同。对农村住宅的各主要功能空间及其布局也有着很多特殊的要求。比如厅堂（堂屋）就不仅必须有较大的面积，还应位居南向的主要入口处，以满足家庭举办各种婚丧喜庆活动之所需。这是城市住宅中的客厅和起居厅所不能替代的，必须深入研究，努力弘扬，以创造富有地方风貌的现代城镇低层住宅，避免千屋一面，百里同貌。

3.4 城镇多层住宅的特点及设计要求

城镇多层住宅是目前我国城镇住宅建设的主要形式，根据我国城镇人口、土地等多方面因素综合考虑，这是比较适合国情的住宅形式，是一种可持续发展的途径。

3.4.1 城镇多层住宅的类型

（1）按照使用性质可分为商住型、居住型

①商住型：商业与居住混合在一起。常见的是底商住宅（图3-5），即临街底层为商业用途，以上为居住；也有SOHO模式，既可以商业办公，又可以居住使用。

②居住型：仅作为居住专用的多层住宅。

（2）按照平面布局可分为板式单元式、点式单元式

单元式住宅通常每一个楼梯可同时服务几户，每单元楼面只有一个楼梯，住户由楼梯平台直接进入分户门。每个楼梯的控制户数和面积称为一个居住单元。

单元式住宅是目前在我国大量兴建的城镇多层住宅中应用最广的一种住宅建筑形式。这类住宅与走廊式住宅的最大区别是每层楼面只有一个楼梯，可为2～4户提供服务，住户由楼梯平台进入分户门。不论是一梯二户，还是一梯三户，每个楼梯的控制面积称为一个"居住单位"。

单元式住宅又分为板式（图3-6）和点式（图3-7）两种形式。如果住宅的平面是板式（条形）设计，则一幢板式单元住宅可由几个单元并联或连拍组成。如果住宅设计为点式（或称塔式），即由一个单元独立构成，又称"独立单元式住宅"。

（3）按照剖面形式分为平层式、跃层式

①平层式：平层式是指一套住宅包括起居厅、卧室、卫生间、厨房等所有功能房间均处于同一水平层面上，各功能空间联系方便，可以满足无障碍设计。这是城镇住宅中最为常见形式。

②跃层式（图3-8）：跃层式是指一套住宅占有上下两层楼面，卧室、起居室、客厅、卫生间、厨房及其他辅助用房可以分层布置，上下层之间的交通不通过公共楼梯而采用户内独用小楼梯连接。跃层住宅

一般在首层安排起居、厨房、餐厅、卫生间和最好的一间卧室，二层安排一般卧室、书房、卫生间等。跃层住宅每户都有较大的采光面；通风较好，户内居住面积和辅助面积较大，布局紧凑，功能明确；相互干扰较小。常用作两代居住宅，但这种跃层式住宅有利有弊，如老人因腿脚问题，很难使用楼上空间。

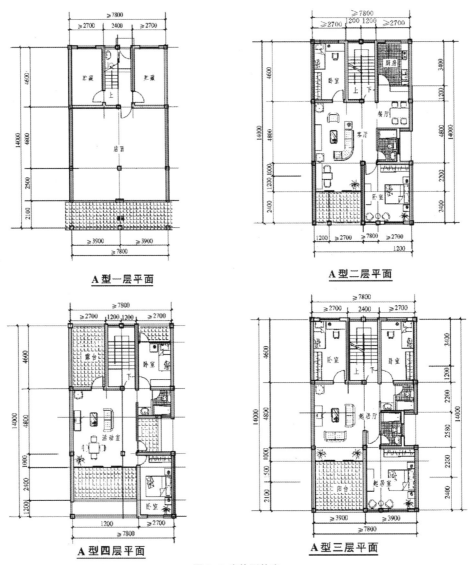

图 3-5 商住型住宅

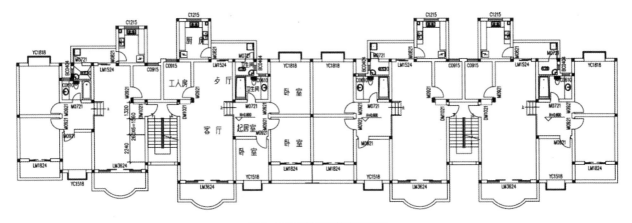

图 3-6 板式单元式住宅平面图

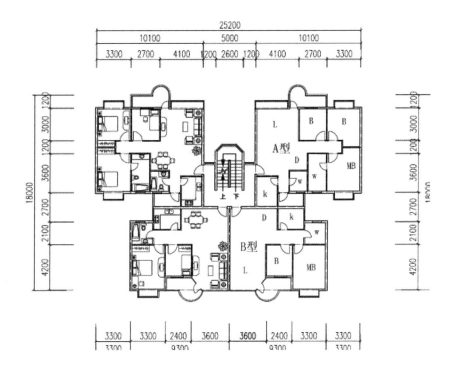

图 3-7 点式单元式住宅

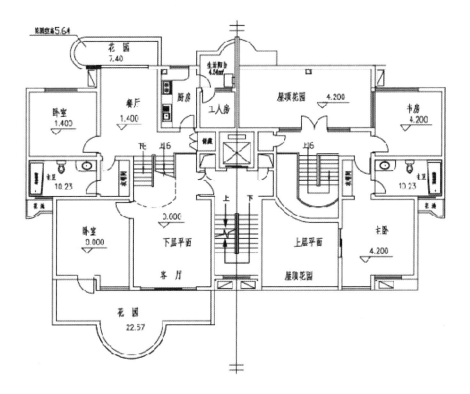

图 3-8 跃层住宅平面图

（4）按照楼梯位置分为南梯、北梯、外凸楼梯等

①南梯（图3-9）：楼梯布置在建筑平面内的南侧。该种楼梯布置的缺点是楼梯占用南向朝向，住宅少了一个开间的南向房间。但这种布置形式可以结合南向的采光将楼梯间作为公共花园平台，增进邻里交往。

②北梯（图3-10）：楼梯布置在建筑平面内的北侧。该种楼梯布置的优点是增加了一间住宅南向的

房间，多在更加需要阳光的北方地区使用。缺点是入口在北侧，冬季风大。

③外凸楼梯（图3-11）：楼梯凸出布置在建筑平面外。通常是四、五层的跃层住宅用得多，即一、二层为一户，直接从地面入户；三、四（五）层为一户，楼梯单独凸出布置在楼外，跨越楼下住户直接入户。造型有一定特色，较为美观，但占地面积较大。

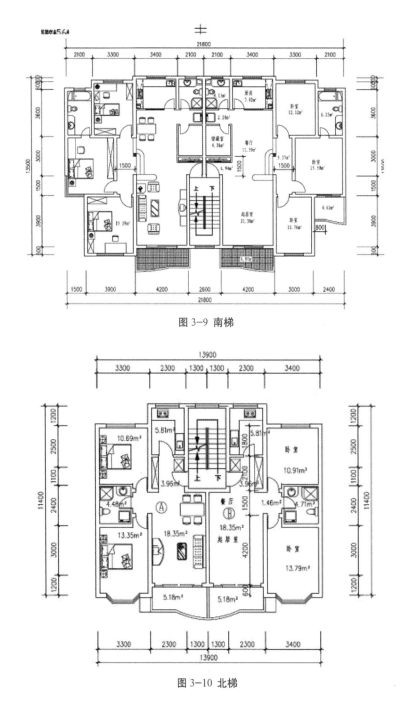

图 3-9 南梯

图 3-10 北梯

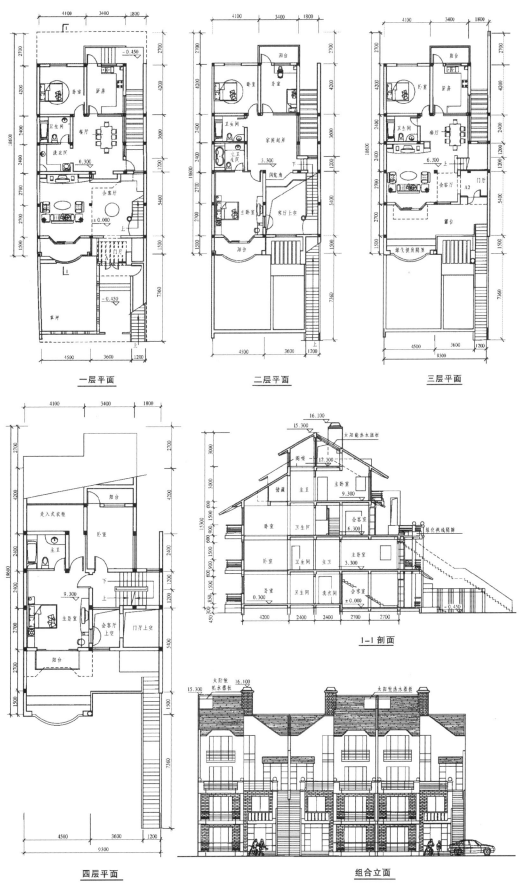

一层平面

二层平面

三层平面

四层平面

1—1 剖面

组合立面

图 3-11 外凸楼梯

（5）按照楼梯服务户数分为一梯一户、一梯两户、一梯三户、一梯四户等

①一梯一户：一部楼梯服务一户家庭，常为两代居等。

②一梯两户：一部楼梯服务两户家庭，这是多层城镇住宅最常见的形式。

③一梯三户：一部楼梯服务三户家庭，其中一户面积较小且通风较差。

④一梯四户：一部楼梯服务四户家庭，常为单跑楼梯。

（6）按照结构形式分为砖混、框架等

①砖混结构：主要由砖墙作为竖向承重构件，承受垂直荷载；用钢筋混凝土做水平承重构件，如梁、楼板、屋面等。这是目前我国城镇多层住宅中最为常用的结构。

②框架结构：由梁柱作为主要构件组成住宅的骨架，目前在城镇多层住宅建设中常用的是钢筋混凝土框架结构。

3.4.2 城镇多层住宅的设计理念

（1）城镇多层住宅设计现存问题

1）缺乏统一的规划和管理

我国大部分城镇缺乏统一、科学的规划，住宅建设的随意性很大，配套设施不够完善，居住环境质量不高。规划缺乏预见性，布局不合理。而且行政管理严重干预了城镇规划，大多数是一任领导一次规划。由于缺乏科学合理的城镇总体规划，限制了城镇的发展，造成人力、物力、财力的极大浪费。规划管理不严格，随意修改规划条件，使已有的规划成为一纸空文。城镇现有的规划设计常常是自由无序的，没有考虑可持续发展。

2）住宅缺少城镇特色设计

传统城镇的居住形态受到社会发展因素的影响，如生产方式、家庭结构、生活方式、居住需求对住宅发展提出相适应的类型和新功能的要求。传统地方民居与现代生活需要的矛盾，在"国际化""现代化"和盲目照搬城市住宅的冲击下，使得城镇住宅丧失了优秀建筑文化和地方特色，丧失了贴近自然的宜居环境。很多设计未考虑城镇居民需求，缺少密切的邻里交往空间，缺少必要的使用空间（如储藏间等）。

3）缺乏对弱势人群（包括残疾人、老年人和病人）的关爱设计

城镇多层住宅设计中的无障碍设计和通用设计还未落实，多数住宅没有考虑弱势人群的行为特点，只考虑了成年正常人的使用。对弱势人群的关爱是现代文明的重要标志。但城镇由于就医方面的条件远不如城市方便，因此在住宅设计中，更应注重弱势人群，为其生活提供方便。

（2）城镇多层住宅与城市多层住宅的差异性比较

国际化淹没了中国城市的特色，并严重殃及广泛的城镇，城镇特色正在消失。简单化的设计歪曲了简约设计的科学性，时代性否定了传统文化的传承。烦躁和张扬的社会风气使得住宅设计只讲求建筑面积的大小、结构质量的好坏，忽视了建筑功能的合理性和传统文化的科学性，破坏了立面造型的居住特性和地方风貌的表达，忽视了居住的安全性。例如，原本用以展现居住建筑性格的阳台，被飘窗替代，被全封闭的落地窗取代，失去了造型特色，降低了建筑的可识别性。

当前城镇多层住宅的设计不但未能根据自身的特点进行构思，做出适宜各地不同特点的住宅设计方案，而是照抄城市多层住宅设计。城市住宅设计所存在的严重问题，如远离自然，邻里关系疏远，面积过大，传统文化丧失等。在城镇多层住宅设计当中，问题更加严重。这必须引起足够的重视，努力加以避免，认真做出适宜的住宅设计。

城镇多层住宅的设计应注意和城市中的多层住

宅设计的差异，因为二者存在的场所环境和人文背景有着较大的区别。社会上可能多数人认为，城镇和大城市比起来，地理位置偏远，经济落后，住宅设计相应的会简单些。实际上，城镇中环境优美，就近从业，人际关系密切，生活空间丰富，更富生活气息，因而是较为理想的居住环境。住宅设计应当更为细致，更注重使用者的细节需求。基于这种理念，城镇中的住宅设计应当更加人性化、生态化。

城镇住宅与城市住宅相比，具有很多的优势。通过表3-1可以看出，城镇中土地资源相对丰富，人口较少，因而有较广阔的发展空间。因与农村相邻，自然环境优美，生态气息浓郁，污染较少，适合人类居住，是真正的宜居环境。目前，在国际化的影响下，城镇的特色风貌逐渐消失，应当引起重视。城镇中居民彼此熟识，人际关系亲切，交往多，因而对邻里公共空间的需求更加迫切。因为有"街道眼"的存在，邻里间相互照应，安全性较强。对于住宅设计来说，城镇住宅应当更加细致，更多地考虑当地居民特有需求，方便居民生活，考虑可持续发展空间。城镇住宅应以多层为主。

表 3-1 城市住宅与城镇住宅差异性比较

比较因素	城市住宅	城镇住宅
土地人口	土地紧张，人口稠密	土地相对宽松，人口较少
生态环境	自然环境不良，污染多	自然环境优美，污染少
地域特色	特色消失，城市风貌趋同	特色尚存，城镇风貌突出
邻里交往	人际关系淡漠，交往少	人际关系亲切，交往多
心理安全	邻里陌生，安全性差	邻里熟识，安全性好
住宅设计	条件简单，设计粗糙	要求较高，设计细致
住宅主要形态	中高层、高层为主	低层、多层为主

（3）关注城镇老年人住宅设计

城镇住宅建设要体现"以人为本"的思想，更要有"以人为善"的爱心，要体现对人的关怀，尤其是老年人的关怀，要充分考虑为老年人、儿童、残疾人和病人提供的生活便利。

为适应城镇人口老龄化的需要，在城镇住宅建设过程中应考虑家庭结构的变化和老年人的特殊需要的特点。"两代居"式一种较为适合城镇家庭结构的住宅类型，即一对老年夫妇和一对青年夫妇及孩子共同生活，住宅平面布局应能满足老年家庭和青年家庭可分可合的特点。"两代居"既符合中国传统的养老观念，又满足现代社会老少两（三）代人各自独立生活的愿望；既能互相照顾、共享天伦之乐，又有各自的私密空间。

目前，我国城镇老年人大多数持有传统的"在宅养老"的思想，除非迫不得已，一般都住在普通的住宅里，很少有人去住养老院等专门的养老机构。而现有的城镇住宅设计都是以正常人为依据，没有考虑到老年人在生理上、心理上和社会方面的特殊需要。这就要求在城镇住宅设计中更加需要充分考虑老年人的生活起居特点，做出相应设计或者相应的改造设计。如在既有高层住宅中加设可供电梯，楼道、房间中加设扶手和避免高差等。

3.4.3 城镇多层住宅的设计要求

城镇多层住宅以贴近自然、注重交流、追求生活气息等为设计目标，力图创造出宜人的生活环境，为城镇居民的生活创造更舒适的享受。城镇多层住宅设计中应当充分考虑居民居住特点，家庭结构，住宅空间的特殊需求等。

（1）贴近自然的生态设计

城镇的自然生态环境优于城市，包括自然环境优美、道路通畅、污染较少、交通噪音小、热岛效应小、绿地覆盖率高以及河流湖泊众多等。城镇多层住宅中应当积极引进自然的因素，如利用阳台、门厅等设计元素，将自然、生态带到城镇多层住宅中，以入户花园庭院为多层住宅楼上住户创造出更适宜人居住的空间。

（2）注重邻里交流的公共空间设计

城镇中的居民由于彼此熟识，更注重对交流空间的需求。公共交流空间可以是室外的，也可以是室内的。最为便捷的就是利用门厅和楼、电梯间公共交通空间共同组成作为邻里交往的公共空间。对这些部位的设计应当更加重视，充分营造出亲切的交往空间来，将原来仅作垂直交通的消极空间变为积极的空间，也可避免把阳台变成为堆放垃圾、储物的消极空间。

（3）注重生活品质的人性化设计

在大城市中，住宅建设用地紧张，人口密集，采用简单化的大进深等设计手法，牺牲一部分空间的采光和通风。而在城镇的住宅建设中，即应严格要求，充分考虑适合人居住的任性化设计。

1）全明设计

全明设计是最必要的一种设计手法。即所有的功能空间均应有直接对外的采光和通风，组织好自然通风。以满足生活舒适性的要求。通常在城市住宅中被忽视的卫生间采光和通风。由于卫生间是住宅现代文明的重要标志，是提高居住品质的最基本的要求，所以，在城镇多层住宅中，卫生间做成明卫是非常必要的。

2）起居厅南向设计

我国优秀的传统建筑文化特别强调对方位、朝向的要求，无论是从传统文化的弘扬还是实际生活需求方面考虑。老人和儿童居住活动的空间朝南，光照充足，阳气旺盛，这不仅符合我国大部分地区的观念，更为重要的是其有益于老人和儿童的健康。因此城镇住宅当中的核心起居厅类似于传统民居中的厅堂，应当朝向南。起居厅是全家的活动中心，是家庭成员共享天伦之乐的场所，应尽可能扩大面积。起居厅应采用传统民居堂屋的布置，与南面的阳台有直接的联系，采用可拆卸墙或推拉折叠门，做到室内外空间的渗透和因借，以满足不同使用要求的灵活性和可变性。

3）厨房设计

厨房是住宅的重要空间，流线功能复杂，卫生安全要求高，设备设施众多。施工安装复杂，因此厨房未来的发展方向是配套化、定型化、系列化，并且有整体设计的概念。城镇多层住宅设计中还应充分考虑到地方特色，在厨房的设计中，应重视城镇的燃料结构和堆放，以及炉灶的布置。

4）卫生间设计

卫生间设置应考虑弱势人群的安全使用设计，做到干湿分离，并且有足够的供轮椅转动的空间。

5）贮藏空间加大

城镇居民原来的生活场所中有院落、贮藏专用房等空间来存放各种杂物，当进入多层住宅楼时，缺乏放置杂物的空间，生活十分不便。因此在做城镇多层住宅设计时，应当尽可能多的设置贮藏空间。可以专门在楼下设置一间房间作为贮藏间，以满足居民存放自行车、三轮车、工具等的实际需求。

6）门厅设计

门厅是室内外空间的过渡。可以完成空间的转换，设置鞋柜和挂衣柜，为人们提供更换衣鞋、放置雨具和御寒衣帽的空间，还可以阻挡户外噪声、视线和灰尘，有助于提高私密性和改善户内卫生条件。

7）老年人使用空间设计

老人卧室应布置在底层，安静、阳光充足、通风良好、便于家人照顾的地方，且对室外公共活动空间和户外私有空间有较为方便的联系。在过道、卫生间等必要的地方设置扶手，考虑老年人的安全使用。

8）停车场所设计

随着经济水平的提高，小汽车进入家庭的趋势越来越明显，城镇中也应解决家用汽车停放的问题。

9）晾晒场所设计

城镇多层住宅中应考虑到晾晒场所的设计。满足晾晒衣物、谷物等需求。

3.4.4 实例分析

城镇接近自然环境，环境优美，住宅设计要充分利用这一点，在住宅中引入自然因素，设计出贴近自然的生活气息。阳台作为联系大自然和居室内部的过渡空间，是非常重要的设计元素。如何做好阳台的庭院设计，就成为关键。阳台具有绿化、美化生活环境的功能。在阳台上养花、种草都是贴近自然的重要手段，也使得室内的人能感受到自然的魅力。从室外来看，也增加了建筑的生态气息，如果各户都有郁郁葱葱的阳台绿植，那建筑的外观看起来也要增色不少，浓浓的绿意能装点得建筑立面更加丰富、生动。因此阳台设计应尽可能布置在南向，这样利于植物的生长。北面的阳台多用作服务性生活、活动空间，功能性更强（图3-12）。

楼梯通常是一个单元内所有住户共用的公共空间，也是邻里交往的重要场所。目前在城市住宅中普遍见到的都只是注重了楼梯的使用功能，而忽视了楼梯的公共交流功能。然而，在城镇中，邻里交往更加频繁密切，经常可以看到邻居们聚在街头巷尾，海阔天空的聊天。因而楼梯的公共交流功能更应该得到重视。如将常见的双跑楼梯改为单跑，则平台就可以成为人们逗留交往的空间（图3-13、图3-14）。还可进一步改造，如将平台的一端扩大，并将花草摆置其间，放置一些座椅等，则更可以吸引更多的邻里在此交往，从而营造出密切邻里关系的公共空间。

如果将各户的入口也改由阳台进入，则更加符合城镇居民入户的行为轨迹。传统民居多数是带有院落的居住方式，人们通常先进入庭院再进入室内。如果能重视把阳台改做入户花园庭院，首层以上楼层的住户也能享受到底层入户花园庭院的自然气息，可为住户创造宜居的环境，使城镇多层住宅的居民感到亲切。阳台就可代替原来的庭院，充满阳光，种满绿植，贴近自然，也成为真正意义上的"入户花园"。

图3-12 北向的阳台做花园实际上没有用处

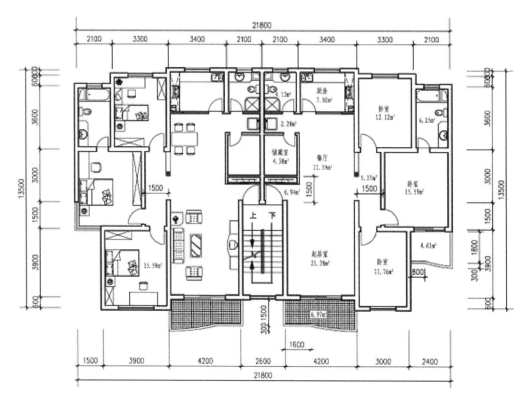

图 3-13 城市住宅中常见的双跑楼梯形式

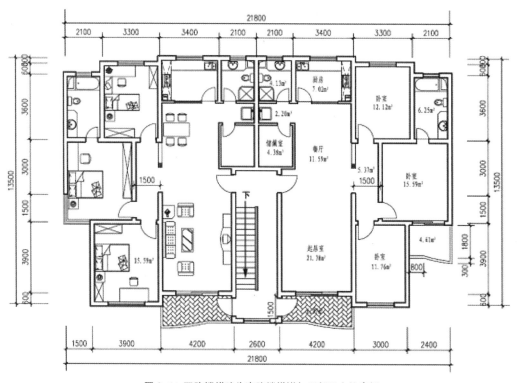

图 3-14 双跑楼梯改为直跑楼梯增加了邻里交往空间

　　这种设计还可以进一步改进，在平台的端部加设电梯，改成无障碍设计（图 3-15），方便老年人及残疾人使用。这样就为城镇住宅无障碍设计提供了可能，为今后的改建创造了可能性。如果考虑景观，还可以作为观光电梯，住宅的舒适性和品质就更加提高了。

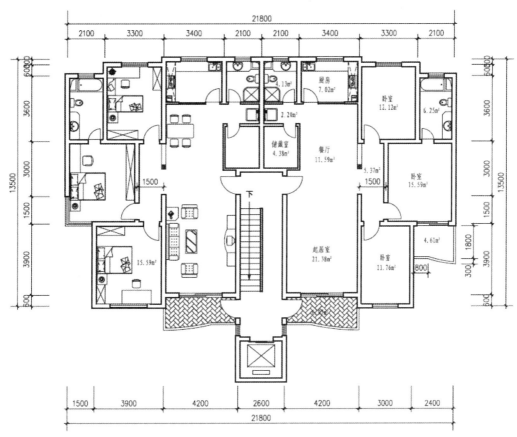

图 3-15 可增加电梯设置改做无障碍设计

起居厅南向设计，再加上从南向的阳台进入，则更像从自然的庭院中进入厅堂，满足了城镇居民的既有生活习惯。起居厅的室内陈设，也可考虑参照原来厅堂的设计，即正对南向的墙面尽量大些，用以摆放几案等，可以考虑中式风格的室内设计，从而体现城镇的当地特色。

3.5 城镇中高层和高层住宅的特点

城镇中的中高层住宅主要是增加了电梯，那么楼梯间的设计也成为重要的内容。可以结合候梯厅将公共交流空间设计得更加人性化，为邻里交往提供空间。

城镇中的高层住宅还不太常见，但在一些地少人多的地方也有设计。高层住宅楼中的电梯需设置为消防电梯，并有消防前室的设计。

中高层和高层住宅的户型设计要求类似于多层住宅，只是增加了高度后，还应当注意更多的方面，如通风、日照间距、阴影区等。本书不作详细介绍，可参考相关的城市住宅设计。

3.6 城镇住宅的功能及功能空间

3.6.1 城镇住宅的功能特点

（1）居住功能

城镇住宅是居民睡眠、休息、家人团聚的空间。室内的居住环境及设备，应能满足居民生理上的需要（如充足的阳光、良好的通风等）及心理上的安全感（如庭院布置、住宅造型等）。

（2）生产功能

对于城镇住宅来说，因为周边涵盖着大片农田，住宅除了是农业生产收成后的加工处理和储藏场所外，还是农村从事副业的地方。当今，各种产业快速发展，生产方式和生产关系也随之发生变化。这种生产功能的特点对于城镇住宅的设计必须引起足够的重视。

（3）社交功能

城镇住宅具有社会交往的性质。住宅是每一个家庭成员生活场所，也是与他人相处的社交空间，如接待客人，邻里相处等。它的空间分隔也在一定程度上反映出家庭成员的各种关系，同时还需要满足每个居住者生活上私密性及社交功能的要求。

（4）文化功能

城镇住宅应该配合当地的地形地貌、自然条件、科学技术及民情风俗等因素来发展，以使住宅及住区的发展能与自然环境融为一体，并延续传统的建筑风格，体现当地文化特色。

3.6.2 城镇住宅的功能空间特点

（1）厅堂和起居厅是家庭对外和家庭成员的活动中心

低层住宅中的厅堂（或称堂屋）从各个角度的标准来衡量，都是一个家庭首要的功能空间。它不仅有着城市住宅中起居厅、客厅的功能，更重要的还在于低层住宅中的厅堂应充分展现传统民居的厅堂文化，是家庭举行婚丧喜庆的重要场所，它负责联系内外，沟通宾主的任务，往往是集门厅、祖厅、会客、娱乐（有时还兼餐厅、起居厅）的室内公共活动综合空间。低层住宅厅堂的特殊功能是城市住宅中的客厅起居厅所不能替代的。在低层住宅中一般应布置在底层南向的主要位置。在设计中应充分尊重当地的民情风俗，注意民间禁忌。同时还应该考虑到今后发展作为客厅的可能，厅堂前应设置门厅或门廊，也可以是有着足够深度的挑檐。

起居厅是现代住宅中主要的功能空间，已成为当今住宅必不可少的生活空间。在低层住宅中，一般

把它布置在二层，是家庭成员团聚、视听娱乐等活动的场所，常为人们称为家庭厅。而对于多层公寓式住宅来说，它几乎起着厅堂和起居厅的所有功能，它除因满足家庭成员团聚、视听娱乐等活动外，还兼具会客的功能，设计中还往往又把起居厅和餐厅、杂务、门厅、交通的部分功能结合在一起。

厅堂和起居厅，由于使用时间长、使用人数多，因此不仅要求开敞明亮，有足够的面积和家具布置空间，以便于集中活动，同时还要求与其相连的室外空间（庭院或阳台、露台）都有着较为密切的联系。设计时，应根据不同使用对象和使用要求，布置适当的家具，并保证必要的人体活动空间，以此来确定合宜的尺度和形状，合理布置门窗，以满足朝向、通风、采光及有良好的视野景观等要求。

在《住宅设计规范》（GB 50096—2011）（以下简称《规范》）中要求保证这一空间能直接采光和自然通风，有良好的视野景观，并保证起居室（厅）的面积应在 $12m^2$ 以上，且有一长度不小于3m的直段实墙面，以保证布置一组沙发和一个相对稳定的角落（图 3-16）。

图 3-16 起居室的布置

对于城镇住宅中的厅堂和起居厅来说，更应该强调必须有良好的朝向和视野。充足的光照，其采光口和地面的比例应不小于七分之一。厅堂和起居厅宜设计成长方形，以便于家具的灵活布置。实践证明，平面的宽度最好不应小于3.9m，进深与面宽比不大于2。新农村住宅的厅堂，应该根据当地的民情风俗和用户要求进行布置。而起居厅则依需要可分为谈话娱乐区、影音欣赏区，甚至还有非正式餐饮区，餐厅应作相对的独立区域进行布置。但它的动线与家具配置，皆力求视觉上的宽敞感、更多的运动空间及生活居住的气氛，起到高度发挥每个角落的作用，避免过分强调区域划分。

厅堂和起居厅均应尽量保留与户外空间（庭院、阳台和露台）的灵活关联，甚至，利用户外空间当作实质或视觉上的伸展。加强室内外的联系，扩大视野，因此除正对厅堂大门的后墙外，应扩大窗户的面积，有条件时可适当降低窗台高度，甚至做成落地窗。厅堂的平面布置应采用半包围形或半包围加L形，并减少功能空间对着厅堂和起居厅开门（不要超过一个），留有较大的壁面或不被走穿的一角，形成足够摆放家具的稳定空间，以保证有足够的空间布置和使用家具，从而发挥更大的使用效果。当条件允许时，还可适当提高其层高，以满足空间的视觉要求。

（2）卧室是住宅内部最重要的功能空间

在生存型居住标准中，卧室几乎是住宅的代表，它还是在城市住宅中户型和分类的重要依据。原始人类挖土筑穴，构木为巢，目的是建筑一个栖身之室，他们平常的活动都在室外，只有睡眠进入室内。随着经济的发展和社会的进步，住宅从生存型逐步向文明型发展。在这个过程中，伴随着卧室的不断纯化和质量的提高，卫生、炊事、用餐、起居等功能逐渐地分出去，住宅开始朝着大厅小卧室的方向发展。但是卧室也不能任意地缩小，卧室的面积大小和平面位置应根据一般卧室（子女用）、主卧室（夫妇用）、老年人卧室等不同的要求分别设置。

卧室的最小面积是根据居住人口、家具尺寸及必要的活动空间来确定的。根据我国人民的生活习惯，卧室常有兼学习的功能，以床、衣柜、写字台为必要的家具，因此其面积不应过小。在《住宅设计规范》中规定，双人卧室的面积不应小于10m²，单人卧室的面积不应小于6m²。卧室兼起居室时不应小于12m²，卧室的布置如图3-17所示。

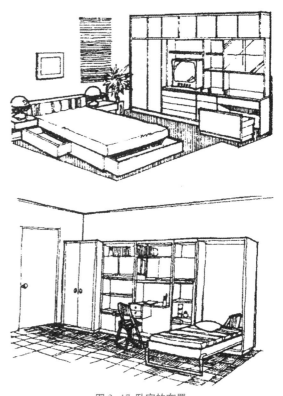

图 3-17 卧室的布置

卧室是以寝卧活动为主要内容的特定功能空间，寝卧是人类生存发展的重要基础。在城镇住宅中通常设置一至多间卧室，以满足家庭各成员的需要。卧室应能单独使用，不许穿套，以免相互干扰。卧室在睡眠休息的一段时间内，其他活动不能进行，也不能有视线、光线、声音和心理上的干扰。卧室是住宅中私密性、安静性要求最高的功能空间。因此应保证卧室不但与户外自然环境有着直接的采光、通风和景观联系，而且还应采取保证室内基本卫生条件和环境质量的有效措施，使卧室达到浪漫与温馨的和谐。

在设计中卧室应选取较好朝向，《规范》要求在每套住宅中至少应保证有一间卧室能获得冬至日（或大寒日）满窗日照，并满足通风、采光的基本要求。

现代生活虽然重视群体的和谐关系，但是个人生活必要的自由与尊严也必须维系，因此属于主人私人生活区的主卧室在设计中成为一个极为重要的内容。一般来说主卧室是夫妻居家生活的小天地，除了具有休息、睡眠的功能外，还必须具备休闲活动的功能。它不但必须满足婚姻的共同理想，而且也必须兼顾夫妻双方的个别需要。因此，主卧室显然必须以获得充分的私密性及高度的安宁感为根本基础，个人才能在环境独立和心理安全的维系下，暂且抛开世俗礼规的束缚，以享受真正自由轻松的私人生活乐趣，才能使主人身心松弛，获得适度的解脱，从而提供自我发展、自我平衡的机会。主卧室应布置在住宅朝向最好，视野最美的位置。主卧室不仅必须满足睡眠和休息的基本要求，同时也必须符合于休闲、工作、梳妆更衣和卫生保健等综合需要，因此主卧室必须有足够的面积，它的净宽度不宜小于3m，面积应大于12m^2。为了保证上述需要，往往把主卧室和封闭阳台联系在一起，以作为休闲聚谈、读书看报的区域。主卧室应有独立、设施完善及通风采光良好的卫生间，并且档次比公共卫生间要高，为健身需要也常采用冲浪按摩浴缸。主卧室的卫生间开门和装饰应特别注意避免对卧室，尤其是双人床位置的干扰。主卧室还应有较多布置衣橱或衣柜的位置。

老年人的卧室应布置在较为安静、阳光充足、通风良好、便于家人照顾，且对室内公共活动空间和室外私有空间有着较为方便联系的位置。

卧室内应尽是避免摆放有射线危害的家用电器，如电视机、微波炉、计算机等。特别是供孕妇居住的卧室更应引起特别的重视。

（3）餐厅是城镇住宅中的就餐空间和厨房的补充空间

从远古时代"茹毛饮血，只求果腹"的饮食形态，演变到今天讲究餐桌礼仪且重视情调感受的进餐形式。民以食为天，"吃"对中国人来说，一直是凌驾于其他方面的物质享受之上。然而在过去很长的一段时期，餐厅几乎还只是一个空洞的名词，只是随便在厨房或厅堂的角落，临时摆一张桌子，就能狼吞虎咽地吃将起来，此种不合生理卫生与科学观念的落后现象已随着生活水平的提高和住宅面积的扩大而改变。餐厅在现代人的生活中扮演着一个非常重要的角色，不仅供全家人日常共同进餐，更是对外宴请亲朋好友，增进感情与休闲享受的场所，尤其在比较特殊的日子，如逢年过节、生日和宴客等，更显现出它的重要性，因此，餐厅应有良好的直接通风和采光，且有良好的视野。常用的餐厅大概可分为与厨房合并的餐厅、与厅堂（或起居厅）合并的餐厅和独立餐厅等三种。依据动线的流畅性，餐厅的位置以邻近厨房，并靠近厅堂（或起居厅）最为恰当，将用餐区域安排在厨房与厅堂之间最为有利，它可以缩短膳食供应和就座进餐的交通路线。对于城镇住宅来说，设立独立式餐厅更显得十分必要，它除了便于对厨房的面积和功能起补充作用而不至于直接置于厅堂（或起居厅）之中外，对于低层住宅来说，还有利于组织厨房的对外联系。与厨房合并的餐厅最好不要使两个不同功能的空间直接邻接，能以密闭式的隔橱或出菜口等形式来隔间，使厨房设备与活动不至于直接暴露在餐厅之中。与厅堂（或起居厅）合并的餐厅则可以采取较为灵活的处理，无论是密闭式的橱柜、半开放式的橱柜或屏风，以及象征性的矮橱或半腰花台，乃至于开放式的处理等，皆各有其特色，应由住户根据个人喜好来抉择。

餐厅是一家人就餐的场所，家具设备一般有餐桌、餐柜及冰箱等。其面积大小主要取决于家庭人口的多少，一般不宜小于8m^2。在住宅水平日益提高的情况下，餐厅空间应尽可能独立出来，以使各空间功能合理、整洁有序。厨房按炊事操作流程布置，一般应设有白陶或瓷制洗涤水池、贴瓷砖面的操作案台和调理台、固定式碗橱或木质吊柜。适当考虑安排冰箱位置。有条件时，宜在建房同时配备包含炉灶、排烟罩、洗池、橱柜等多种功能的组合成套厨具（图3-18）。

图 3-18 餐厅的布置

一般小型餐厅的平面尺寸为 3m×3.6m，可容纳一张餐桌、四把餐椅；中型餐厅的平面尺寸为 3.6m×4.5m，足以设一张餐桌，六至八把餐椅。较大型餐厅的平面尺寸则应在 3.6m×4.5m 以上。

（4）厨房、卫生间是住宅的心脏，是居住文明的重要体现

厨房、卫生间的配置水平是一个国家建筑水平的标志之一。厨房、卫生间是住宅的能源中心和污染源。住宅中产生的余热余湿和有害气体主要来源于厨房和卫生间。有资料表明：一个四口之家的厨房、卫生间的产湿量为 7.1kg/d，占住宅产湿总量的 70%。每天燃烧所产生的为二氧化碳 $3.4m^3$，住宅内的二氧化碳和一氧化碳均来源于厨房和卫生间。因此，厨房、卫生间的设计是居住文明的重要组成部分，应以实现小康居住水平为设计目标。

1）厨房

自古就有把厨房视为一个家庭核心的观念，厨房是家庭工作量最大的地方，也是每个家庭成员都必须逗留的场所。然而过去乌黑呛人的油烟和杂乱的锅碗瓢盆曾经一度代表了厨房的形象，而清洁和平整则代表了现代厨房的特征。尽管从柴薪、煤炭到煤气、电力，从需要刮灰的黑锅、炉灶到锃亮耀眼的不锈钢餐具、厨具，从烟囱到排油烟机。厨房的设备和燃料改变了，但是只要烹调方式仍不改煎、炒、煮、炸，也就离不开油烟、湿气，也躲不掉噪声。因此厨房的设计就必须引起足够的重视。随着人们居住观念的不断更新，现在人们对厨房的理解和要求也就更多了。但其最为重要的还是实用性，厨房的设计应努力做到卫生与方便的统一。

城镇住宅的厨房一般均应布置在住宅北面（或东、西侧）紧靠餐厅的位置。对于低层住宅来说还应该布置在一层，并有直接（或通过餐厅）通往室外的出入口，以方便生活组织和密切邻里关系，同时还应考虑与后院以及牲畜圈舍、沼气池的关系。在设计中应改变旧有观念。注意排烟通风和良好的采光，并应有足够的面积，以便合理有序地布置厨具设备和设施，形成一个洁净、卫生、设备齐全的炊务空间。

厨房虽是户内辅助房间，但它对住宅的功能与质量起着关键作用。由于人们在厨房中活动时间较长，且家务劳动大部分是在厨房中进行的，厨房的家具设备布置及活动空间的安排在住宅设计中尤为重要。尤其是在居住水平提高的情况下，设备、设施水平也正在提高，厨房的面积逐渐增大。厨房应设置洗

涤池、案台、炉灶及排油烟机等设施，设计中应按"洗、切、烧"的操作流程布置，并应保证操作面连续排列的最小长度。厨房应有直接对外的采光和通风口，以保证基本的操作环境需要。在住宅设计中，厨房宜布置在靠近入口处以有利于管线布置和垃圾清运，这也是住宅设计时达到洁污分离的重要保证。

厨房面积的大小一般是根据厨房设备操作空间及燃料情况确定的。《规范》规定：采用管道煤气、液化石油气为燃料的厨房面积不应小于 3.5m²；以加工煤为燃料的厨房面积不应小于 4.0m²；以原煤为燃料的厨房面积不应小于 4.5m²；以薪柴为燃料的厨房面积不应小于 6.0m²。

厨房的形式可分为封闭式、开放式和半封闭式三种

①封闭式厨房。现在大多数厨房仍保持着传统封闭式厨房的设计思想——厨房与餐厅完全隔开。封闭式厨房应有合理的布局，厨具的摆放形式要符合厨房的基本流程，使操作者在最短的时间内完成各项厨务。厨务的流程概括地说就是储存、洗涤和烹调三个方面，而相应的厨房内的布局也应分为相应的三个区域，这就是通常所说的"工作三角地带"。这三个区域应合理布置以便顺序操作，也才能让操作者在这三点之间来去自如，能迅速而轻易地在这三点间移动，而不用冒着碰掉热气腾腾的沙锅或打翻刚洗完的盘子的危险。

封闭式厨房平面布局的主要形式：

a. 一字形。这种布局将贮存、洗涤、烹调沿一侧墙面一字排开，操作方便，是最常用的一种形式。单面布置设备的厨房净宽不应小于 1.50m，以保证操作者在下蹲时，打开柜门或抽屉所需的空间，或另一个人从操作者身后通过的极限距离（图3-19）。

b. 走廊形。这种布局将贮存、洗涤、烹饪区沿两侧墙面展开，相对布置。走廊的两端通常是门和窗的位置。相对展开的厨具间距不应小于 0.9m，否则

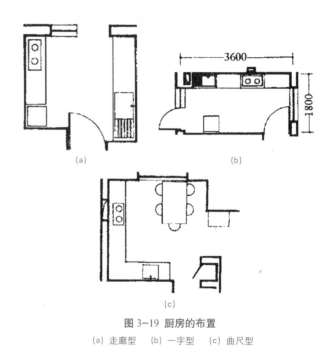

图 3-19 厨房的布置
(a) 走廊型　(b) 一字型　(c) 曲尺型

就难以施展操作，贴墙而作的厨具一般不宜太厚。

c. 曲尺型（也称"L"型）。它适用于较小方形的厨房。厨房的平面布局，灶台、吊柜、水池等设施布置紧凑；人在其中的活动相对集中，移动距离小，操作也很灵活方便，需要注意的是"L"型的长边不宜过长，否则将影响操作效率。

d. U 型。洗涤区在一侧，贮存及烹饪区在相对应的两侧。这种厨具布局构成三角形，最为省时省力，充分地利用厨房空间，把厨房布置地井井有条，上装吊柜、贴墙放厨架、下立矮柜的立体布置形式已被广泛采用。立体地使用面积，关键在于协调符合人体高度的各类厨具尺寸，使得在操作时能得心应手。目前一些发达国家都根据本国人体计测的数据，以国家标准的形式制定出各类厨具的标准尺寸。根据我国的人体高度计测，以下数据供人们确定厨具尺寸时参考：操作台高度为 0.80 ～ 0.90m，宽度一般为 0.50 ～ 0.60m，抽油烟机与灶台之间的距离为 0.60 ～ 0.80m，操作台上方的吊柜要以不使主人操作时碰头为宜，它距地不应小于 1.45m，吊柜与操作台之间的距离应为 0.50m。根据我国妇女的平均身高，取放物品的最佳高度应为 0.95 ～ 1.50m，其次

是 0.70～0.85m 和 1.60～1.80m。最不舒服的高度是 0.60m 以下和 1.9m 以上。若能把常用的东西放在 0.90～1.5m 的高度范围内，就能够减少弯腰，下蹲和踮脚的次数。

②开放式厨房。开放式厨房是厨餐合一的布置，即 OK 型住宅，使得厨房和餐厅在空间上融会贯通，使主厨者与用餐者之间方便地进行交流，而不感到相互孤立。这就丰富了烹调和用餐的生活情趣，又保持了二者的连续性，节省中间环节。这种布置方式，在过去的农村住宅中也颇为常见，随着社会的发展，技术的进步，清洁能源的采用，以及现代化厨具设备的普及（从换气扇到大功率抽油烟机等），由烹调所产生的各种污染已基本得到控制。同时由于厨房面积在增大，厨房与餐厅之间的固定墙逐步被取消，封闭的厨房模式将有被开放式厨房布局取代的动向。在有条件实行厨餐合一的厨房内，厨具（包括餐桌的配置）可采用半岛型或岛型方法。烹调正在中间独立的台面上，台面的一侧放置餐桌，洗涤及备餐则在贴墙的台面上进行。

③半封闭式厨房。半封闭式厨房基本上同封闭式厨房，只是将厨房与餐厅之间的分隔墙改为玻璃拉门隔断，这样更便于餐厅与厨房之间的联系，必要时还可以把玻璃推拉门打开，使餐厅和厨房融为一体。半封闭式厨房的布局，一般也就只能采用封闭式厨房中的一字型或曲尺型。

随着家用电器的日益增多和普及，厨房的电器布置应进行科学合理的定位，改变目前厨房家电随意摆放使用不便的情况。设计时应充分考虑厨房所需电器品种的数量、规格和尺寸。本着使用方便、安全的原则，精心布置、合理设计电器插座的位置，且应为今后的发展和适当改造留有余地。管线的布置应简短集中，并尽量暗装。

2）卫生间

卫生间是住宅中不可缺少的内容之一，随着人民生活水平的改善和提高，卫生间的面积和设施标准也在提高。习惯上人们将只设便器的空间称为厕所，而将设有便器、洗面盆、浴盆或淋浴喷头等多件卫生设备的空间称为卫生间。在现代住宅中卫生间的数量也在增加，如在较大面积的住宅中，常设两个或两个以上的卫生间，一般是将厕所和卫生间分离，方便使用。

住宅的卫生间，它与现代家居生活有着极其密切的关系，在日常生活中所扮演的角色已越来越重要，甚至已成为现代家居文明的重要标志。卫生间除了必须注意实用和安全问题外，还应该顾全生理与精神上的享受条件。随着现代家居卫生间的不断扩大，卫生间的通风和采光要求都较高，卫生间内从设备陈设、布置到光线的运用以及视听设备的配套和完善，处处都体现着现代家居的个性化、功能性、安全性和舒适性。在发达的国家和地区集便溺、涤尘、净心、健身要求的卫生间已成为一个新的时尚。

城镇住宅的卫生间设计，随着经济条件的改善和生活水平的提高。那种仅在室内楼梯间平台下设置一个简陋且不安全的蹲坑已不能满足广大群众的要求。在经济发达的地区，城镇住宅的卫生间的设计已引起极大的重视。但是由于城镇住宅的建设受经济的制约也十分明显，它不仅应考虑当前的可能性，也还应该为今后的发展留有充分的余地，也就是要有适度的超前意识。为此，在新建的城镇低层住宅楼房中至少应分层设置卫生间。主卧室应尽可能设专用卫生间。当主卧室没设专用卫生间时，公共卫生间的位置应尽量靠近主卧室。城镇住宅的卫生间应设法做到有直接对外的采光通风窗，条件限制时也应采取有效的通风措施。卫生间的布置应努力做到洗、厕分开。为了适应城镇住宅建设的特点，卫生间的隔断应尽可能采用非承重的轻质隔墙，尤其是主卧室的专用卫生间，其隔墙一定要采用非承重隔墙，这样在暂时不设专用卫生间时可合并为一个大卧室,当条件成熟时,就可以十分方便的增设专用卫生间当城镇住宅设置沼气池时卫生间的位置还应该尽量靠近沼气池。

在设计中,各层的卫生应上下对应布置。卫生间的管线应设主管道井和水平管线带暗装,并应尽可能和厨房的管线集中配置。多层公寓式住宅的卫生间不应直接布置在下层住户的卧室、起居室和厨房的上部,但在低层住宅、跃层住宅或复式中可布置在本套内的卧室、起居室、厨房的上层。卫生间宜布置有前室,当无前室时,其门不应直接开向厅堂、起居厅、餐厅或厨房,以避免交通和视线干扰等缺点。另外卫生间内应考虑洗浴空间和洗衣机的摆放位置。

卫生间的面积应根据卫生设备尺寸及人体必需的活动空间来确定。各种卫生间布置如图 3-20。一般规定,外开门的卫生间面积不应小于 1.80m²,内开门的卫生间面积不应小于 3.00m²;外开门的隔间面积不应小于 1.10m²,内开门的隔间面积不应小于 1.30m²,卫生间的最小尺寸见图 3-21。城镇住宅的卫生间应有较好的自然采光和通风。卫生间可向楼梯间、走廊开固定窗(或固定百叶窗),但不得向厨房、餐厅开窗。当不能直接对外通风时,应在内部设置排通风道。

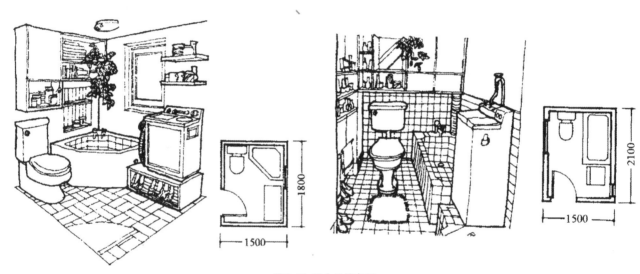

图 3-20 卫生间的布置

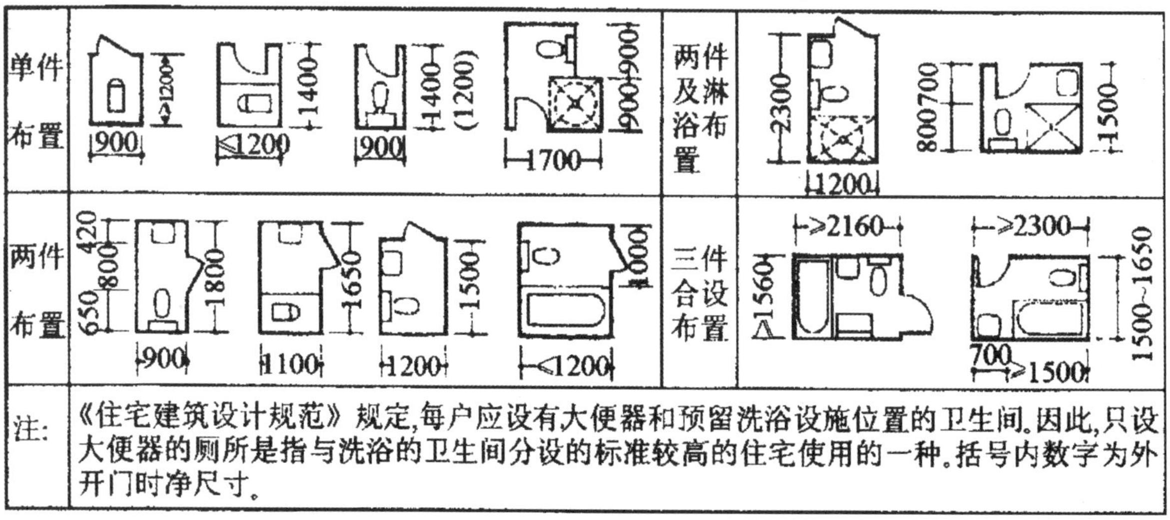

图 3-21 卫生间最小尺寸

（5）门厅和过道是住宅室内不可缺少的交通空间

在多层住宅和北方的低层住宅中，门厅是住宅户内不可缺少的室内外过渡空间和交通空间，也是联系住宅各主要功能空间的枢纽，南方的低层住宅即往往改为门廊。日本称门厅为"玄关"，在我国某些人也常把门厅称为"玄关"以示时髦，其实"玄关"原意是指佛教的入道之门，把门厅生硬地称为"玄关"是不可取的，也完全无此必要。门厅的布置，可以使具有私密性要求较高的住宅避免家门一开便一览无余的缺陷。门厅有着对客人迎来送往的功能，更是家人出入更衣、换鞋、存放雨具和临时搁置提包的所在。

门厅在面积较小的住宅设计中常与餐厅或起居厅结合在一起。随着居民居住水平的提高，这种布置方式已越来越少。即使面积较大的住宅，也应很好的考虑经济性问题。常常由于这一空间开门较多，设计中门的位置和开启方向显得尤为重要，应尽量留出较长的实墙面以摆放家具，减少交通面积，如图3-22是某住宅门厅平面示意图。在较大的套型中，门厅可无直接采光，但其面积不应太大，否则会造成无直接采光的空间过大，降低居住生活质量和标准。

走道是住宅户内的交通空间。过道宽度要满足行走和家具搬运的要求即可，过宽则影响住宅面积的有效使用率。一般地讲，通向卧室、起居室的过道宽不宜小1.0m，通往辅助用房的过道的净宽不应小于0.9m，过道拐弯处的尺寸应便于家具的搬运。在一般的住宅设计中其宽度不应小于1.0m。

（6）城镇低层住宅最好应有两个出入口

一般来说，低层住宅最好应有两个出入口。一个是家居及宾客使用的主要出入口；另一个是工作出入口。主要出入口是以连接住宅中各功能空间为主要目的的，它一般应位于厅堂前面的中间位置，以便于各功能空间的联系，缩短进出的距离，并可避免形成长条的阴暗走廊。主要出入口前应有门廊（也可是雨棚）或门厅。门廊（或门厅）是住宅从主要出入口到厅堂的一个缓冲地带，为住宅提供一个室内外的过渡空间，这里不仅是家居生活的序曲，也是宾客造访的开始。在城镇住宅中厅堂兼有门厅的功能，因此，门廊（也可是雨棚）的设置也就显得特别重要。它不仅是室内外的过渡空间，而且还对主要出入口的正大门起着挡风遮雨的作用。大门口的地面上应设有可刮除鞋底尘土及污物的铁格鞋垫，以保持室内清洁。

"门"是中国民居最讲究的一种形态构成，传

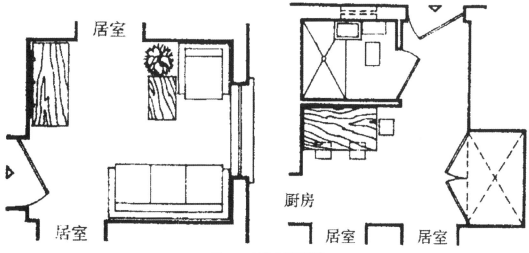

图 3-22 某住宅门厅平面

统民居的门是"气口"。农村住宅特别讲究门的位置和大小。"门第""门阀""门当户对",传统的世俗观念往往把功能的门世俗化了,家庭户户刻意装饰;作为功能的门它是实墙上的"虚",而作为精神上的意向和标志,它又是背景上的"实"。正大门,是民居的主要出入口,也是民居装饰最为显目的主要部位。在福建各地的民居中,大门口处都是设计师与工匠们才智与技艺充分发挥的重要部位。在闽南,俗语"人着衣装,厝需门面",因此在闽南古民居的大门口处,几乎都装饰着各种精湛华丽的木雕、石刻、砖雕泥塑以及书刻楹联、匾额,都费尽心机极力地显耀主人的地位和财力,并为喜庆粘贴春联、张灯结彩创造条件。直到近代的西洋式民居和现代民居也仍然极为重视大门入口处的装饰。民居随着经济的发展而演变,但大门处都仍然沿袭着宽敞的深廊、厅廊紧接的布局手法。

城镇低层住宅的正大门,应为宽度在1.5m左右的双扇门,并布置在厅堂南面的正中位置,它一般只有在婚丧喜庆等大型活动时开启。而为了适应现代生活的需要,可在主要出入口正大门的附近布置一个带有门厅的侧门,作为日常生活的出入口,在那里可以布置鞋柜和挂衣柜,为人们提供更换衣、鞋、放置雨具和御寒衣帽的空间,还可以阻挡室外的噪声、视线和灰尘,有助于提高住宅的私密性和改善户内的卫生条件。

工作出入口主要功能是为便于家庭成员日常生活和密切邻里关系而设置的,它通常布置在紧临厨房附近。在它的附近也应设置鞋柜和挂衣柜,并应与卫生间有较方便的关系。在工作出入口的外面也应布置为生活服务的门廊或雨棚。

(7)楼梯既是交通空间也是交往空间

对于多层住宅来说,楼梯是住宅户外公共垂直交通空间,多层住宅的公共楼梯通常都布置在北向,这不便作为公共的交往空间,所以应尽可能布置在南向,便于接受阳光,为人们提供愿意驻足交谈的邻里交往空间。城镇低层和跃层住宅的户内楼梯是楼层上下的垂直交通设施,楼梯的布置常因住户的习惯和爱好不同而有很大的变化,城镇低层和跃层住宅的楼梯间应相对独立,避免家人上下楼穿越厅堂和起居厅,以保障厅堂和起居厅使用的安宁。但也有特意把楼梯暴露在厅堂、起居厅或餐厅之中的,它既可以扩大厅堂、起居厅或餐厅的视觉空间,又可形成一个景点,使得更富家居生活气息,别有一番情趣。

低层或跃层式楼梯的位置固然应考虑楼层上下及出入的交通方便,但也必须注意避免占用好的朝向,以保障主要功能空间(如厅堂、起居厅、主卧室等)有良好的朝向,这在小面宽大进深的低层住宅设计中更应引起重视。

城镇低层和跃层住宅常用楼梯的形式,可以是一字型和L型,但有时也采用弧形的一跑楼梯,既可增加踏步的数量还可美化室内空间。楼梯间的梯段净宽度不得小于0.90m,并应有足够的长度以布置踏步和留有足够宽的楼梯平台,必要时还可利用楼梯的中间休息平台做成扇步,以增加楼梯的级数,从而避免楼梯太陡,影响家人上下和家具的搬运。楼梯间在室内空间处理时,常为厅堂、起居厅或餐厅所渗透,为此楼梯间的隔墙应尽量不做承重墙。

(8)为住户提供较多的私有室外活动空间

在城镇住宅的设计中,应根据不同的使用要求以及地理位置、气候条件,在厅堂前布置庭院,并选择适宜的朝向和位置布置阳台、露台和外廊,为住户提供较多的私有室外活动空间,使得家居环境的室内与室外的公共活动空间、大自然更好地融汇在一起,既满足城镇住宅的功能需要,又可为立面造型的塑造创造条件,便于形成独具特色的建筑风貌。

庭院、阳台、露台和外廊(门廊)都是为住户提供夏日乘凉、休闲聚谈、凭眺美景、呼吸新鲜空气,以及晾晒衣被、谷物的室外私有活动空间。

庭院和露台都是露天的，面积较大。庭院一般都布置在厅堂的前面，是住户地面上一个半开放的私有空间，可供住户栽花、种草和进行邻里交往，不应采用封闭的围墙，可采用低矮的通透栏杆或绿篱进行隔离。露台即是把部分功能空间屋顶做成可上人的平屋顶，为住户提供一个私有的屋顶露天空间，便于晾晒谷物、进行盆栽绿化和其他的室外活动。

阳台按结构可分为挑阳台、凹阳台、转角阳台以及半挑半凹阳台等；按用途阳台又可分生活阳台、服务阳台和封闭阳台。北向的阳台一般作为服务阳台，深度可控制在1.2m左右。而封闭阳台即往往是布置在主卧室或书房前面，有着充足的光照和良好的视野，以作为休闲、聚谈、读书的所在，在北方还可作为阳光室。它是主卧室或书房功能空间的延伸，因此通往封闭阳台的门应做成落地玻璃推拉门。生活阳台一般均布置在起居厅或活动室的南面，是起居厅或活动室使用功能向室外的延伸和补充，应尽量采用落地玻璃推拉门隔断，以满足不同使用的需要。生活阳台的进深应根据使用要求和当地的气候条件来确定。一般进深不宜小于1.5m，在南方气候比较

炎热的地区最好深至1.8~3.4m，以提高其使用功能。为保证良好的采光、通风和扩大视野，在确保阳台露台栏杆高1.1m时，应设法降低实体栏板的高度，上加金属的栏杆和扶手。垂直栏杆净空不应大于0.11m，且不应有附加的横向栏杆。以防儿童攀爬产生危险。另外，阳台应设置晾晒衣服的设施如晾衣架，顶层阳台应设雨罩（图3-23）。

外廊，通常都是门廊，不管是在底层或楼层，它都是一个可以遮风避雨的室外空间。用作厅堂主要出入口正大门前门廊深度一般不小于1.5m，而用做工作出入口的门廊即可为1.2m左右。

庭院是低层住宅或多层住宅首层设置的室外活动或生产空间，是人们最为接近自然的地方。尤其对于城镇低层住宅，它还具有许多生产功能，如饲养禽畜、堆放柴草和存放生产工具等。在我国耕地日益减少的情况下，住宅院落不应过大，在经济条件较好的地区应积极提倡兴建多层住宅。

（9）扩大贮藏面积，必须安排停车库位

在住宅中设置贮藏空间，主要是为了解决住户的日常生活用品和季节性物品的贮藏问题，这对于

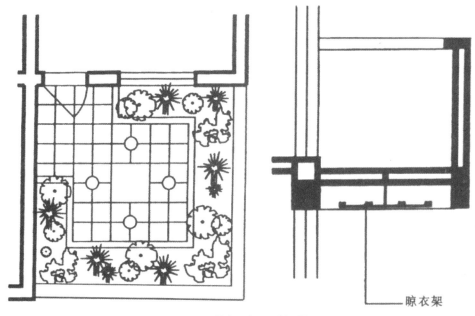

图3-23 住宅阳台平、剖面图

保持室内整洁，创造舒适、方便、卫生的居住条件，提高居住水平有着重要意义。《规范》规定，每套住宅应有适当的贮藏空间。住宅中常用吊柜、壁柜、阁楼或贮藏间等作为贮藏空间，其大小应根据气候条件、生活水平、生活习惯等综合确定。如全年温差大的地区，其季节性用品一般较多，贮藏空间就应大一些，反之，则可小些。为了最大限度地利用住宅空间，常通过设置吊柜、壁柜等方法解决物品的储藏问题。从方便使用的角度考虑，其尺寸不宜太小，一般吊柜净高不应小于0.4m，壁柜深度净尺寸不宜小于0.45m。紧靠外墙、卫生间、厕所的壁柜内应采取防潮、防结露直至保温等措施。

扩大贮藏面积对于城镇住宅来说是极其必要的。它除了保证卧室、厨房必备的贮藏空间外，还必须根据各功能空间的不同使用要求和城镇住宅的使用特点，增加相应贮藏空间。为适应经济发展的特点，城镇村住宅必须设置停车库，城镇周边的农村住宅近期可以用作农具、谷物等的贮藏或者作为农村家庭手工业的工场等，也可以存放农用车，并为日后小汽车进入家庭做好准备，这既具有现实意义，又可适应可持续发展的需要，所以在城镇住宅中设置车库不是一个可有可无的问题。

（10）其他用房也需要适量安排

为了适应可持续发展的需要，城镇住宅和面积较大的低层住宅，还将出现活动室、书房、儿童房、客房、甚至琴房等等功能空间。活动室可按起居厅的要求布置，而其他功能空间可暂按一般卧室布置，在进行室内装修时按需要进行安排。

4 城镇住宅的分类方法

城镇住宅的分类大致上可以按住宅的层数、按结构形式、按庭院的分布形式、按平面的组合形式、按空间类型以及按使用特点等进行分类。

4.1 按层数分类

根据《住宅设计规范》（GB 50096—2011）规定：住宅按层数划分如下：

低层住宅为一层至三层；

多层住宅为四层至六层；

小高层住宅为七层至十一层；

高层住宅为十二层及以上。

但是，后面的条文说明中又指出：

住宅层数的划分与原规范规定基本一致，《高层民用建筑设计防火规范》（GB 50045—2005）修订后，高层建筑已突破100m的限制，故本规范不再作高层住宅上限为三十层的限制。划分的依据主要是垂直交通和防火要求的不同。一至三层的低层住宅住户一般自用楼梯，四至六层住宅住户共用楼梯，七层以上应设电梯，GB 50045—2005规定十层及十层以上为高层住宅，要求设消防电梯和防火设施，但又规定十二层及十二层以上的单元式和通廊式住宅才设消防电梯，故这类住宅十一层以下可像小高层住宅一样设一般的电梯，但其防火设计仍须符合 GB

50045—2005 的要求。

所以本书中对于城镇住宅按照层数做出如下划分：

①低层住宅。城镇的低层庭院住宅，一般是1～3层的低层住宅，它不同与别墅。由于其接地性好，很受城镇居民欢迎。在群体组织中必须做好庭院的布置和组织，使其更方便邻里交往。

②多层住宅。城镇多层住宅，一般是4～6层住宅，采用一梯两户或三户的标准层平面。对于底层住宅一般带有花园或作为底商使用，应确保家居的私密性，兼顾经营的便利性，并应考虑沿街的建筑造型。

③小高层住宅。城镇小高层住宅，一般是7～11层住宅。主要用在经济比较发达的地区和用地比较紧张的城镇中心区，其设计基本上以城市住宅类同。

④高层住宅。城镇高层住宅，指12层及12层以上的住宅。现在由于土地使用的紧张性，在一些城镇中也出现了高层住宅，以充分利用土地。

本书涉及的城镇住宅主要是以低层住宅和多层住宅为主，小高层和高层住宅仅略提及。

4.1.1 低层住宅（1～3层）

（1）平房住宅

传统的城镇和农村一样，住宅多为平房住宅（图4-1），随着经济的发展，技术的进步和改革等，改善人居环境已成为广大居民的迫切要求，但由于受经济条件的制约，近期城镇周边农村建设仍应以注重改善传统住宅的人居环境为主。在经济条件允许下，为了节约土地，不应提倡平房住宅。只是在一些边远的山区或地多人少的城镇地区，仍开采用单层的平房住宅，但也应有现代化的设计理念。图 4-2 是一种新型平房住宅的设计方案。

（2）低层住宅

三层以下的住宅称为低层住宅，是城镇周边住宅的主要类型。他又可分为二层住宅（图 4-3）或三层住宅（图 4-4）。

图 4-1 传统平房住宅

图 4-2 新型平房住宅

一层平面

二层平面

图 4-3 二层住宅

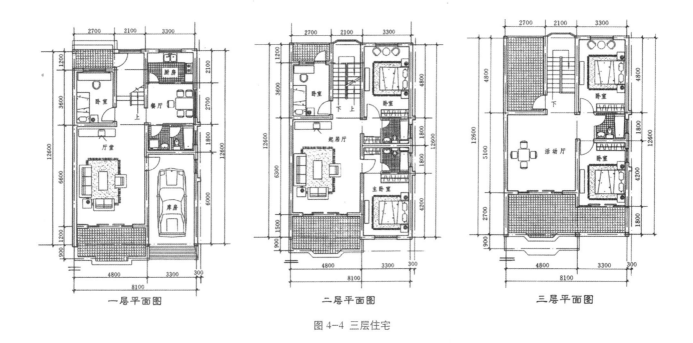

一层平面图　　　　二层平面图　　　　三层平面图

图 4-4　三层住宅

4.1.2 多层住宅（4～6层）

四至六层的称为多层住宅，这是城镇住宅建设的主要形式。

4.1.3 小高层住宅（7～11层）

城镇小高层住宅，一般是7-11层住宅，主要是指不设消防电梯的住宅。这种类型住宅居住密度较高，主要用在用地比较紧张的城镇中心区，住宅套型设计多样。

4.1.4 高层住宅（12层及12层以上）

城镇高层住宅，指12层及12层以上的住宅。现在在一些城镇中也建起了高层住宅，为了长远的可持续发展和节约土地，但是目前还不是城镇住宅建设的主要形式。

4.2 按结构形式分类

可用作城镇住宅的结构形式很多，大致可分为以下4种结构：

4.2.1 木结构与木质结构

木结构和木质结构是以木材和木质材料为主要承重结构和围护结构的建筑。木结构是中国传统民居广泛采用的主要结构形式（图4-5），但由于种种原因，如森林资源遭到乱砍滥伐，造成水土流失，木材严重奇缺，木结构建筑从20世纪50年代末便开始被严禁使用，而世界各国对木结构建筑的推广应用却十分迅速，尤其是加拿大、美国、新西兰、日本和北欧的一些国家，不仅木结构广泛应用，而且十分重视以人工速生林，次生林和木质纤维为主要材料集成材料的相继问世，各种作物秸秆的木质材料也得到迅速发展。我国在这方面的研究，也已急起直追，取得了可喜的成果。这将为木质结构的推广应创造必不可少的基本条件。图4-6是木质结构住宅。木质结构尤其是生物秸秆木质材料结构，由于采用大量的作物秸秆，变废为宝，在城镇住宅（尤其是城镇周边的低层住宅）中应用具有重要的特殊意义，发展前景看好。

4.2.2 砖木结构

砖木结构是以木构架为承重结构，而以砖为围护结构或者是以砖柱、砖墙承重的木屋架结构。这在传统的民居中应用也十分广泛。

4.2.3 砖混结构

砖混结构主要由砖、石和钢筋混凝土组成。其结构由砖（石）墙或柱为垂直承重构件，承受垂直荷载，而用钢筋混凝土做楼板、梁、过梁、屋面等横向（水平）承重构件搁置在砖（石）墙或柱上（图4-7）。这是目前我国城镇多层住宅中最为常用的结构。

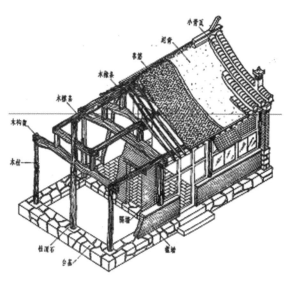

图 4-5 木结构

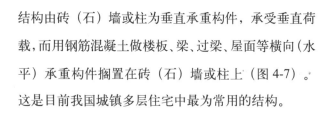

图 4-6 木结构住宅

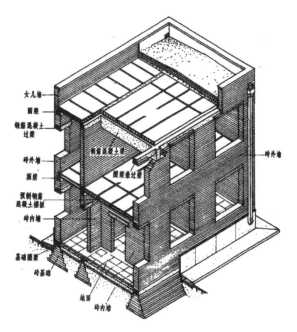

图 4-7 砖混结构

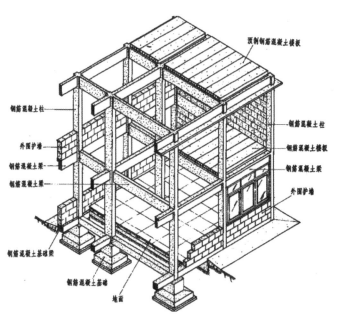

图 4-8 框架结构

4.2.4 框架结构

框架结构就是由梁柱作为主要构件组成住宅的骨架，它除了上面已单独介绍的木结构和木质结构外，目前在城镇住宅建设中常为应用的还有钢筋混凝土框架结构（图 4-8）。

4.3 按庭院的分布形式分类

庭院是中国传统民居最富独特魅力的组成部分。乐嘉藻先生早在 1933 年所撰的《中国建筑史》中便指出："中国建筑，与欧洲建筑不同，其分类之法亦异。欧洲宅舍，无论间数多少，皆集合而成一体。中国者，则由三间、五间之平屋，合为三合、四合之院落，再由两院、三院合为一所大宅。此布置之不同也。"梁恩成先生在所著《中国建筑史》一书中也写道："庭院是中国古代建筑的灵魂。"庭院也称院落，在中国传统建筑中所处的那种至高无上的地位，源于"天人合一"的哲学思想，体现了作为生土地灵的人对于原生环境的一种依恋和渴求。经济的飞速发展，过度地追求经济效益，造成对生态环境的冷漠和严重破坏，加上宅基地的限制，使得住宅建筑过分强调建筑面积，建筑几乎盖了全部的宅基地，不但缺乏了传统建筑中房前屋后的院落空间，天井内院更是被完全忽略和遗弃。

当人们无比痛苦地领受自然报复之时，开始对人类百万年来曾经走过的历程进行反思后，开始认识到必须适宜合理地运用技术手段来到达人与自然和谐共处。建筑师们通过对中国传统民居文化的深入探索和研究，在城镇和农村住宅设计中，纷纷借鉴传统民居的建筑文化，庭院布置受到普遍的重视，出现了前庭、后院、侧院多种庭院布置形式。近些年来，随着研究的深入，借鉴传统民居中天井内庭对住宅采光和自然通风的改善作用，运用现代技术对天井进行改进，充分利用带有可开启活动玻璃天窗的阳光内庭，使天井内庭能更有效地适应季节的变化，在解决建筑采光、通风、调节温湿度的同时，还能实现建筑节能。

由于各地自然地理条件、气候条件、生活习惯相差较大，因此，合理选择院落的形式，主要应从当地生活特点和习惯去考虑，一般分以下 5 种形式。

4.3.1 前院式（南院式）

庭院一般布置在住房南向发，优点是避风向阳，适宜家禽、家畜饲养。缺点是生活院与杂物院混在一起，环境卫生条件较差。一般北方地区采用较多（图 4-9）。

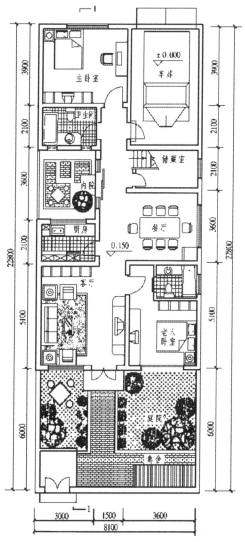

图 4-9 前院式住宅

4.3.2 后院式（北院式）

庭院布置在住房的北向，优点是住房朝向好，院落比较隐蔽和阴凉，适宜炎热地区进行家庭副业生产，前后交通方便。缺点是住房易受室外干扰。一般南方地区采用较多（图4-10）。

4.3.3 前后院式

庭院被住房分隔为前后两部分，形成生活杂务活动的场所。南向院子多为生活院子，北向院子为杂物和饲养场所。优点是功能分区明确，使用方便、清洁、卫生、安静。一般适合在宅基地宽度较窄，进深较长的住宅平面布置中使用（图4-11）。

4.3.4 侧院式

庭院被分割成两部分，即生活院和杂物院，一般分别设在住房前面和一侧，构成即分割又连通的空间。优点是功能分区明确，院落净脏分明（图4-12）。

4.3.5 天井式（或称内院式、内庭式、中庭式）

城镇住宅，无论是低层住宅还是多层住宅，将庭院布置在住宅的中间，它可以为住宅的多个功能空间（即房间），引进光线，组织气流，调节小气候，是老人便利的室外活动场地，可以在冬季享受避风的阳光，也是家庭室外半开放的聚会空间，以天井内庭为中心布置各功能空间，除了可以保证各个空间都能有良好的采光和通风外，天井内庭还是住宅内的绿岛，可适当布置"水绿结合"，以达到水绿相互促进，

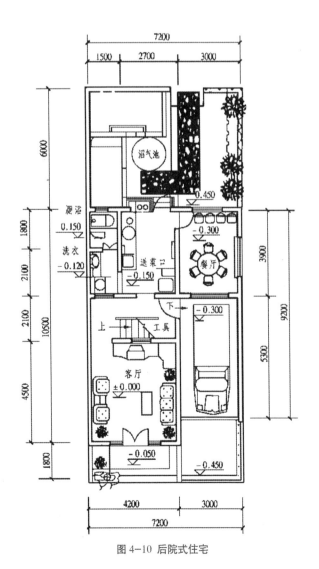

图4-10 后院式住宅

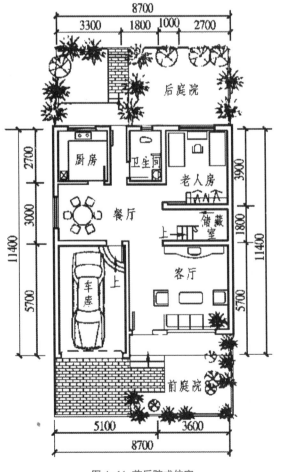

图4-11 前后院式住宅

共同调节室内"小气候"的目的，成为住宅内部会呼吸的"肺"。这种汲取传统民居建筑文化的设计手法，

越来越得到重视，布置形式和尺寸大小也可根据不同条件和使用要求而变化万千（图4-13）。

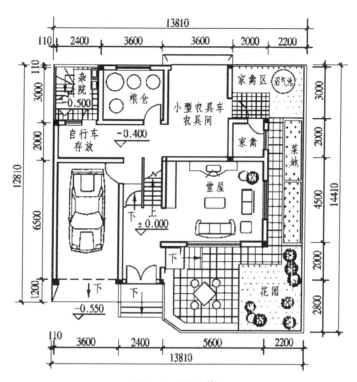

图 4-12 侧院式住宅

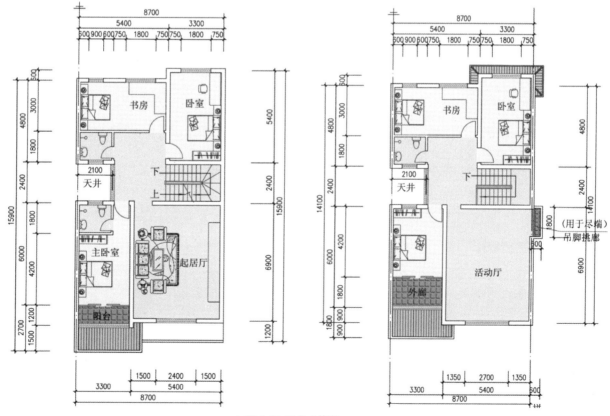

图 4-13 天井式住宅

4.4 按平面的组合形式分类

城镇和农村的低层住宅，过去多采用独院式的平面组合形式，伴随着经济改革和研究工作的深入，目前的低层住宅多采用独立式、并联式和联排式。

4.4.1 独立式

独门独院，建筑四面临空，居住条件安静、舒适、宽敞，但需较大的宅基地，且基础设施配置不便，不般应少量采用（图4-14）。

4.4.2 并联式

由两户并联成一栋房屋的形式。这种布置形式适用南北向胡同，每户可有前后两院，每户均为侧入口，中间山墙可两户合用，基础设施配置方便，对节约建设用地有很大好处（图4-15）。

4.4.3 联排式

一般由3~5户组成一排，不宜太多，当建筑耐火等级为一、二级时，长度超过100m，或耐火等级为三级长度超过80m时应设防火墙，山墙可合用。室外工程管线集中且节省。这种形式的组合也可有前后院，每排有一个东西向胡同，入口为南北两个方向，这种布置方式占地较少，是当前城镇住宅普遍采用的一种形式（图4-16）。

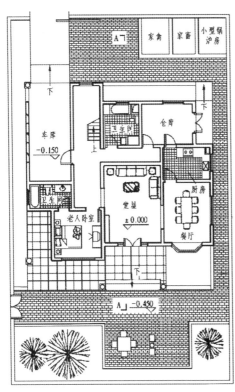

图4-14 独立式住宅

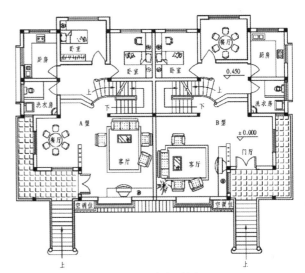

图4-15 并联式住宅

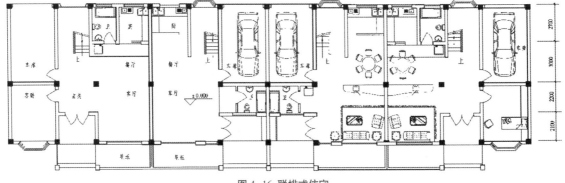

图4-16 联排式住宅

4.4.4 院落式

院落式是在吸取合院式传统民居优秀文化的基础上，发展变化而形成的一种低层住宅平面组合形式。它是联排式和联排式、联排式和并排式（独立式）组合而成的一组带有人车分离庭院的院落式，具有可为若干住户组成一个不受机动车干扰的邻里交往共享空间和便于管理等特点。在低层住宅建设中颇有推广意义（图 4-17、图 4-18）。

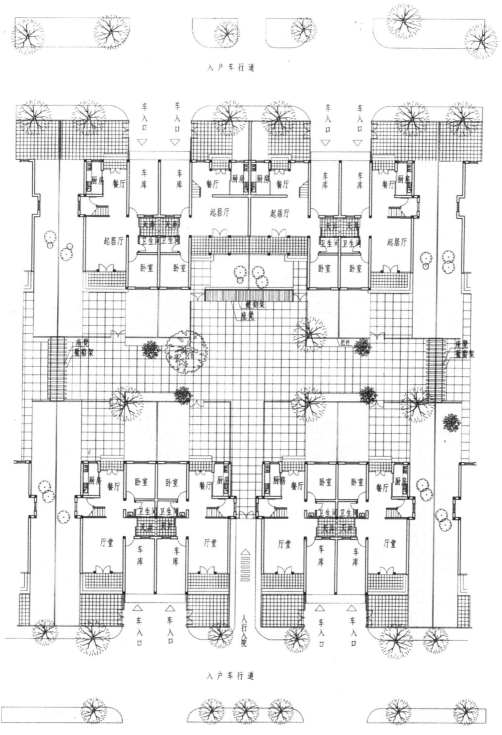

图 4-17 南入口的联排式和并联式组合院落

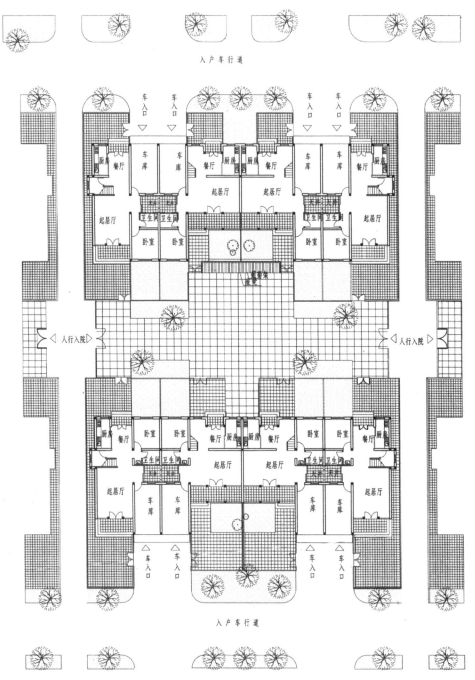

图4-18 侧入口的联排式和联排式组合院落

4.5 按空间类型分类

为了适应城镇住宅居住生活和生产活动的需要，在设计中按每户空间布局占有的空间进行分类。

4.5.1 垂直分户

垂直分户的住宅一般都是二、三层的低层住宅，

每户不仅占有上、下二（或三）层的全部空间，也即"有天有地"，而且都是独门独院。垂直分户的低层住宅具有节约用地和有利于农副业活动为主的城镇周边农村居民对庭院农机具储存和晾晒谷物等有较大需求的特点。而对于虽然已脱离农业生产的住户，由于传统的民情风俗和生活习惯，也仍然希望居住这种贴近自然按垂直分户带有庭院的二、三层底层住宅。

因此，它仍然是城镇周边住宅主要形式（图4-19）。

4.5.2 水平分户

水平分户的住宅一般有两种形式。

1) 水平分户平房住宅。它是每户占据一层的"有天有地"的空间，而且是带有庭院的独门独户的住宅，具有方便生活，便于进行生产活动和接地性良好的特点，但由于占地面积较大。因此，应尽量减少采用。

2) 水平分户的多层住宅。水平分户的多层住宅一般都是六层以下的公寓式住宅，由公共楼梯间进入，城镇多层住宅常用的是一梯两户，每户占有同一层中的部分水平空间。这种住宅除一层外，二层以上都存在着接地性较差的缺点。因此，在设计时应合理确定阳台的进深和阔度，并处理好其与起居厅的关系（图4-20）。

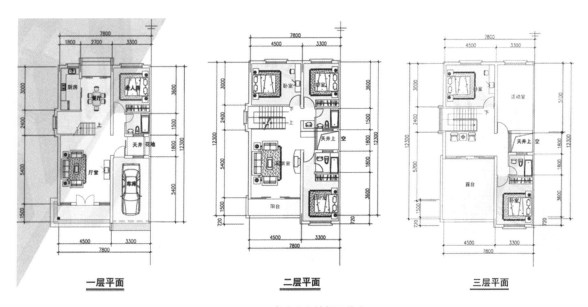

一层平面　　　　　　二层平面　　　　　　三层平面

图 4-19 垂直分户的低层住宅

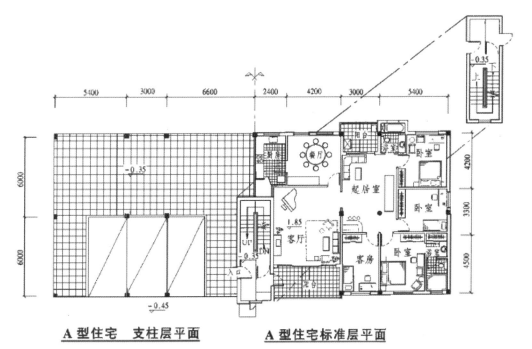

A型住宅　支柱层平面　　　　A型住宅标准层平面

图 4-20 水平分户的城镇多层住宅

4.5.3 跃层分户

采用跃户分户是城镇住宅中的一种颇受欢迎的形式，其具有节约用地的特点。一般是其中一户占有一、二层的空间，另一户则占有三、四层的空间。再者则占有五、六层空间。这种住宅在设计中为了解决二层以上住户接地性较差的缺点，往往一方面把二层以上住户的入户楼梯直接从地面开始，另一方面则努力设法扩大阳台的面积，使其形成露台，以保证二层以上的住户具有较多的户外活动空间。

4.6 按使用特点分

4.6.1 生活、生产型住宅

城镇周边生活、生产型住宅，它兼顾到城镇周边民居居住的生活和部分生产活动的需要，是我国城镇周边住宅的主要类型，如图4-21。而在城镇街道两旁的上住下店的多层住宅则是城镇住宅的主要特点。图4-22、图4-23是上宅下店的两种形式。

4.6.2 居住型住宅

居住型住宅是城镇核心区的主要居住型式，其住宅基本上以仅需要满足居住生活的要求的住宅形式（图4-24），是城镇及其周边农业集约化程度较高，居民已基本脱离了农业生产活动。图4-25是一般居

一层平面

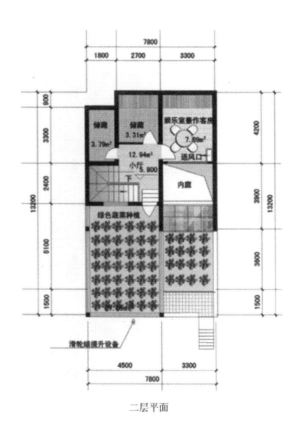

二层平面

图 4-21 生活、生产型农村住宅

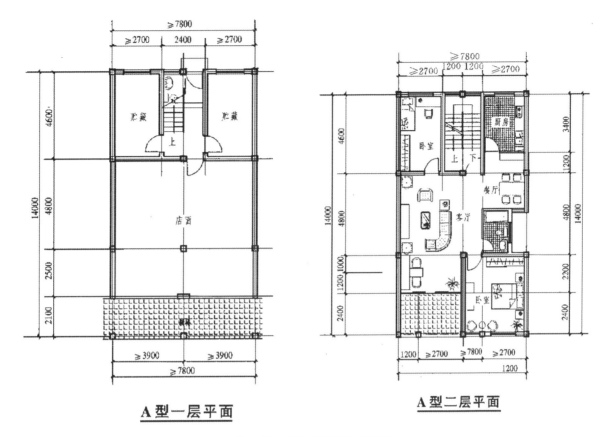

A型一层平面

A型二层平面

图 4-22 上宅下店的城镇低层住宅

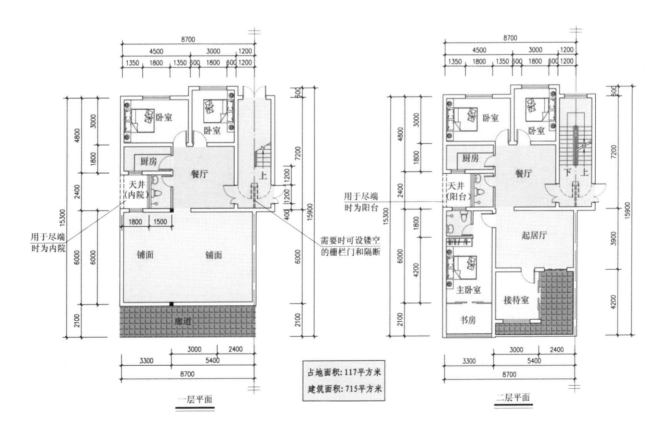

一层平面

占地面积：117平方米
建筑面积：715平方米

二层平面

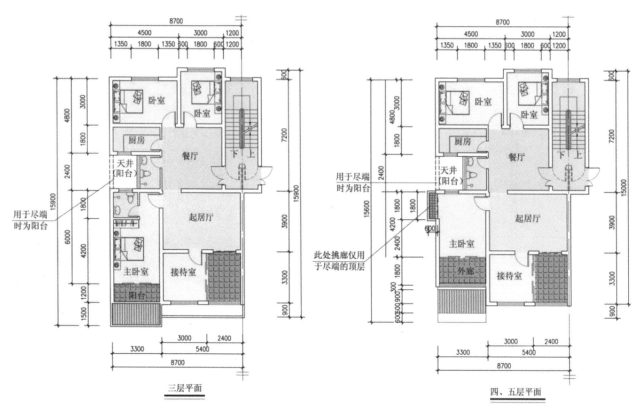

图 4-23 上宅下店的城镇多层住宅

图 4-24 居住型农村住宅

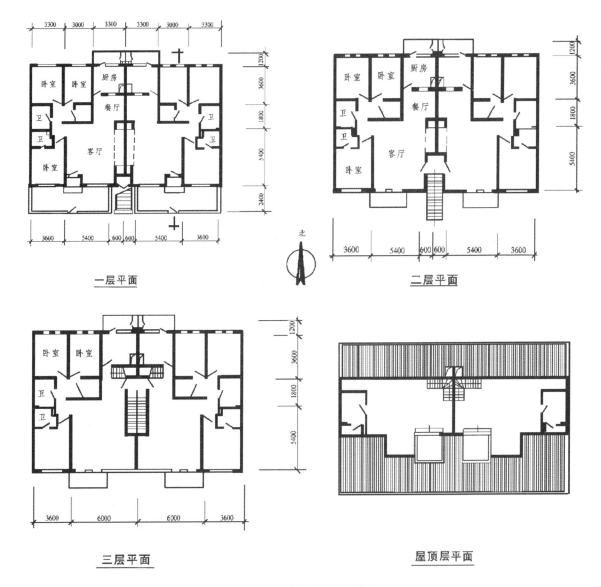

一层平面　二层平面　北

三层平面　屋顶层平面

图 4-25 城镇居住型多层住宅

住型的多层住宅。作为城镇住宅，应重视所居住的地方居住仍然是处于农村的大环境之中，因此其不仅应保持与大自然的密切联系，同时还应继承当地的民情风俗和历史文化。这也就使得其与城市住宅仍然存在着不少的差距，是不能简单地用城市住宅所能替代的。

4.6.3 代际型住宅

在我国，爷爷奶奶乐于带孩子，儿女也把赡养老人作为自己的义务。这种共享天伦的传统美德使我国广大城镇及其周边的农村普遍存在着三代同堂的现象。考虑到老年人和年轻人在新形势下对待各种问题，容易出现认识的分歧，因此也容易出现代沟，影响家庭的和睦。因此，代际型住宅也随之应运而生。代际型的住宅的处理方法很多，如在垂直分户的低层住宅中老人住楼下，儿孙住楼上（图 4-26）。而在水平分户一梯两户的多层住宅中，老人和儿孙各住一边（图 4-27）。代际型住宅的设计必须特别重视老人和儿孙所居住的空间既有适当合理的分开，又有相互关照的密切联系。

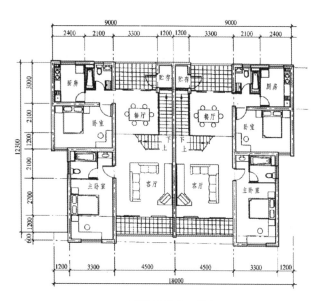

两代居住宅二层平面

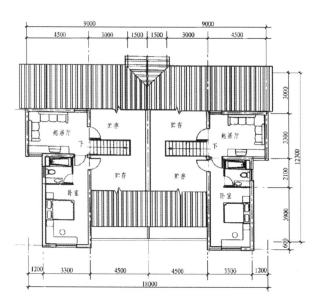

两代居住宅三层平面

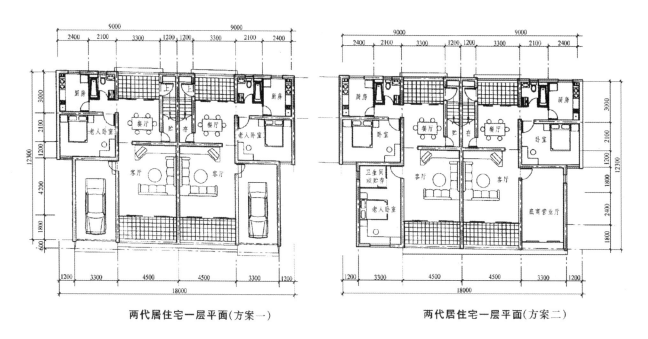

两代居住宅一层平面(方案一)

两代居住宅一层平面(方案二)

图 4-26 垂直分户代际型低层住宅

4.6.4 专业户住宅

改革开放给城镇和周边农村注入了新的活力，百业兴旺，形成了很多专门从事某种副业生产的专业户。专业户住宅的设计，除了必须注意满足住户居住生活的需要，还应特别注意做好专业户经营的副业特点进行设计（图 4-28）。

4.6.5 少数民族住宅

我国是一个拥有 56 个民族的国家，其中 55 个少数民族分布在全国各地。对于少数民族的住宅，除了必须满足其居民生活和生产活动的需要外，还应该特别尊重各少数民族的民族风情和历史文化（图 4-29）。

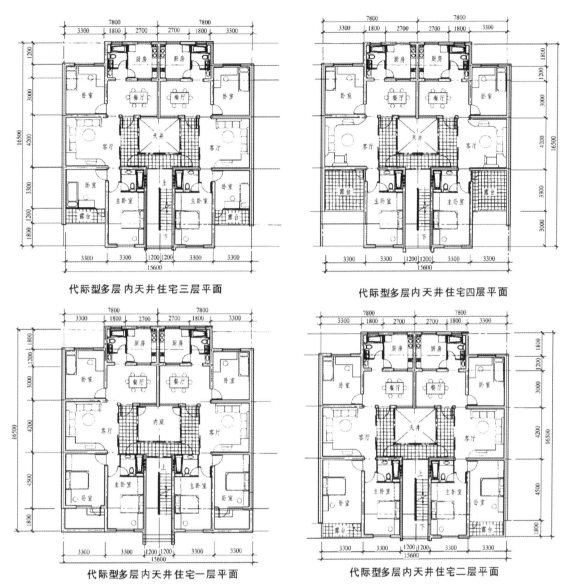

代际型多层内天井住宅三层平面

代际型多层内天井住宅四层平面

代际型多层内天井住宅一层平面

代际型多层内天井住宅二层平面

图 4-27 水平分户代际型多层住宅

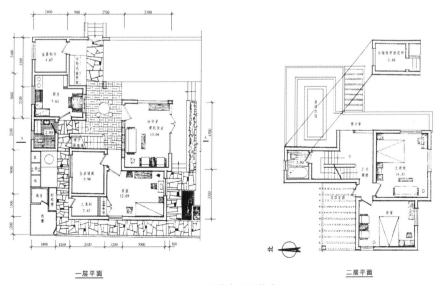

一层平面

二层平面

图 4-28 养花专业户住宅

图 4-29 中国台湾原住民住宅

5 城镇住宅的建筑设计

5.1 城镇住宅的平面设计

5.1.1 平面设计的原则

（1）应满足用户的居住生活和生产的要求，并为今后发展变化创造条件。

（2）结合气候特点、民情风俗、用户生活习惯和生产要求，合理布置各功能空间。

（3）平面形状力求简洁、整齐。

（4）尽可能减少交通辅助面积，室内空间应"化零为整"、变无用为有用。

（5）注重节能设计。

5.1.2 城镇住宅的户型设计

城镇住宅的户型设计是城镇住宅设计的基础，其目的是为不同住户提供适宜的居住生活和生产空间。户型要基于住户的家庭人口构成（如人口的多少、家庭结构等）、家庭的生活和生产模式等。户型是指住宅的结构和形状，目前在城镇住宅户型设计中普遍存在的问题是：功能不全且与住户的特定要求不相适应，面积大而不当，使用不得当以及生搬硬套城市住宅或外地住宅模式等。因此，必须认真分析深入研究影响城镇住宅户型设计的因素，才能作好城镇住宅设计。

（1）家庭人口构成

家庭的人口构成通常包括家庭的人口规模、代际数、家庭人口结构三个方面。

人口规模是指住户家庭成员的数量，如一人户、二人户、三人户等，住户的人口数量决定着住宅户型的建筑面积的确定和布局。从我国人口调查的情况看，城镇户均人口为 4 ~ 6 人左右。随着家庭的小型化，家庭人口呈逐渐减少的趋势。

代际数是指住户家庭常住人口的代际数量，如一代户、二代户、三代户等，代际关系不同，反映在年龄、生活经历、所受教育程度上，对居住空间的需求和理解上的差异。设计中应充分考虑到确保各自空间既相对独立，又相互联系，相互照顾。随着社会的发展进步，多代户城镇住宅设计中应引起足够的重视。

家庭人口结构是指家庭人口的构成情况，如性别、辈分等，它影响着户型内平面与空间的组合方式，在设计中进行适当的平面和空间的组合。

（2）家庭的生活模式和生产方式

家庭生活模式和生产方式直接影响着城镇住宅的平面组合设计。对于城镇住宅来说，家庭生活模式是由家庭的生活方式包括职业特征、文化修养、收入水平、生活习惯等所决定的。而生产方式即涉及到产业特征、生产方式和生产关系。

城镇居民不同的生产、生活行为模式，决定着不同的住宅类型及其功能构成。

1) **城镇居民的生产、生活行为模式**

城镇住宅的设计与城镇居民的生产、生活行为模式密切相关，根据生产、生活行为模式的特点，大致可分为三种类型。

①自生产及生活活动

自生产及生活活动是指为繁衍后代、延承历史文明所进行的活动，其包括自生产活动、生活活动和影响该活动的主要因素。在这些活动中，主要是实现自身劳动力的再生产过程，恢复精力及体力，用于其他生产活动。

②农业生产活动

当前，农业生产活动对于我国的大部分城镇的周边农村来说，依然是村域农民生产、生活的重要内容。随着农村经济体制改革的深化和发展，自20世纪80年代以来，在传统农业中的播、耕、牧、管等生产活动逐步为农业机械化所代替，使农村的生产活动逐渐向"副业化""兼业化"演变，出现各种"专业户"。城镇的周边农村大多也变为"亦工亦农"。

③其他活动

其他活动包括除从事农、副业等以外的工业、手工业、商业、服务业等活动，诸如各种手工业、运输业、采掘业、加工业、建筑业等。随着社会经济的发展，其愈来愈成为农村经济的主要增长点。

2) **生活、生产方式的多样化导致了户型的多样化**

户规模、户结构、户类型是决定住宅户型的三要素。

户结构的繁简和户规模的大小则是决定住宅功能空间数量和尺度的主要依据。由于道德观念、传统习俗和经济条件等多方面原因，家庭养老仍然是我国城镇住户的一种主要养老形式。因此，住户的家庭结构主要有二代户、三代户和四代户，人口规模大多为4~6人。在住宅户型设计中既要考虑到家庭人口构成状况随着社会的形态、家庭关系和人口结构等因素变化而变化。

住户的家庭生活、生产行为模式是影响住宅户型平面空间组织和实际的另一主要因素。而家庭生活、生活行为模式则由家庭生活、生产方式所决定。家庭主要成员的生活、生产方式除了社会文化模式所赋予的共性外，具有明显的个性特征。它涉及家庭主要成员的职业经历、受教育程度、文化修养、社会交往范围、收入水平以及年龄、性格、生活习惯、兴趣爱好等诸方面因素，形成多元化千差万别的家庭生活、生产行为模式。在户型设计中，除考虑每个住户必备的基本生活空间外，各种不同的户类型（不同职业）还要求不同的特定附加功能空间；而根据分析，其规律可见表5-1。

表 5-1　户类型及其特定功能空间

序号	户类型	主要特征	特定功能空间	对户型设计的要求
1	农业户	种植粮食、蔬菜、果木、饲养家禽家畜等	小农具贮藏、粮仓、微型鸡舍、猪圈等	少量家禽饲养要严加管理，确保环境卫生
2	专（商）业户	竹藤类编制、刺绣、服装、百货等	小型作坊、工作室、商店、业务客室、小库房等	工作区域与生活区域应互相联系，又能相对独立，减少干扰
3	综合户	以从事专（商）业为主，兼种自家的口粮田或自留地	兼有一、二类功能空间，但规模稍小、数量较少	以经济发达地区，此类户型所占比重较大
4	职工户	在机关、学校或企事业单位上班，以工资收入为主	以基本家居功能空间为主，较高经济收入户可增设客厅、书房、阳光室、客卧、家务室、健身房、娱乐活动室等	重视专用空间的使用与设计

3) **户型的多样化产生了多样化的户型和住宅类型**

按照不同的户型、不同户结构和不同户规模及城镇住宅的不同层次，对应设置具有不同的类型、不同数量、不同标准的基本功能空间和辅助功能空间的户型系列。

同时，为了达到既满足住户使用要求，又节约用地的目的，还应恰当地选择住宅类型，以便更好的处理建筑物的上下左右关系，随即妥善处理住宅的水平或垂直飞分户，并联、联排和层数等问题见表 5-2。

表 5-2 不同户类型、不同套类型系列的住栋类型选择

选择建议 住栋类型 户类型	垂直分户	水平分户
农业户、综合	中心村庄居住密度小、建筑层数低，用地规定许可时，可采用垂直分户	在确保楼层户在地面层有存放农具和粮食专用空间的前提下，可采用水平分户（上楼），但层数最多不宜超过 4 层，必要时，楼层户可采用内楼梯跃层式以增加居住面积
专（商）业户	此种类型的附加生产功能空间较大，几乎占据整个底层，生活空间安排在二层以上，故宜垂直分户	为保证附加生产功能空间使用上的方便并控制建筑物基底面积，不可能采用水平分户
职工户	跃层式多层住宅采用跃层垂直分户	为节约用地，职工户住宅一般均建多层住宅，少则 3、4 层，多达 5、6 层，宜采用水平分户

（3）各功能空间设计

1）居住空间的平面设计

居住空间是城镇住宅户内最主要的居住功能空间，主要应包括厅堂、起居厅、卧室、餐厅和书房等。在城镇住宅设计中应根据户型面积和户型的使用功能要求划分不同的居住空间，确定空间的大小和形状，合理组织交通、考虑通风采光和朝向等。

① 卧室平面尺寸和家具布置

卧室可分为主卧室、次卧室、客房等。主卧室通常为夫妇共同居住，其基本家具除双人床外，年轻夫妇还应考虑婴儿床，另外，衣柜、床头柜、梳妆台等也应适当考虑。当卧室兼有其他功能时，还应提供相应的空间。主卧室最好能提供多种床位布置选择，因此其房间短边尺寸不宜小于 3.0m。

次卧室包括双人卧室、单人卧室、客房等。由于其在户型中居于次要地位，面积和家具布置上要求低于主卧室。床可以是双人床、单人床、高低床等，

因此其短边尺寸不宜小于 2.1m（图 5-1）。

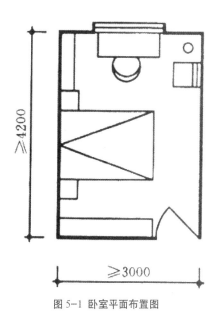

图 5-1 卧室平面布置图

② 起居厅平面尺寸和家具布置

起居厅是全家人集中活动的场所，如家庭团聚、会客、视听娱乐等，有时还兼有进餐、杂务和交通的部分功能。随着生活水平的提高，人们对起居空间的要求也越来越丰富。

起居厅的家具主要有沙发、茶几、电视音像柜等，由于起居室有家庭活动的需要。还应留出较多的活动空间，另外考虑视听的要求，短边尺寸应在 3.0～5.0m 之间（图 5-2）。

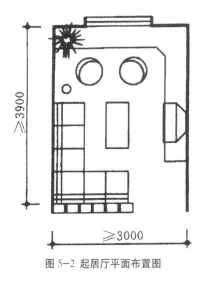

图 5-2 起居厅平面布置图

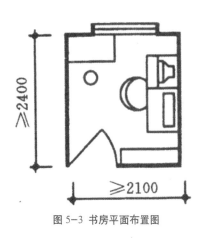

图 5-3 书房平面布置图

③ 书房

在面积条件宽裕的套型中，可将书房或工作室分离出来，形成独立的学习、工作空间，主要家具有书桌椅、书柜、电脑桌等，书房的最小尺寸可参照次卧室，其短边尺寸不宜小于 2.1m（图 5-3）。

2）居住部分的空间设计与处理

室内空间设计与处理包括空间的高低变化、复合空间的利用、色彩、质感的利用以及照明、家具的陈设等。在住宅设计中，由于层高较小，为了使室内空间不致感觉压抑，可在墙面的划分、色彩的选择方面进行处理。如为了减少空间的封闭感，可在空间之间设置半隔断，以使空间延伸，也可适当加大窗洞口，扩大视野，以获得较好的空间效果。

3）厨卫空间平面设计

厨卫空间是住宅设计的核心，它对住宅功能和质量起着关键的作用。厨卫空间内设备及管线较多，且安装后改造困难，设计时必须考虑周全。

① 厨房的平面尺寸和家具布置

厨房的主要功能是做饭、烧水，主要设备有洗菜池、案桌、炉灶、储物柜、排烟设备、冰箱、烤箱、微波炉等。厨房一般面积较小，但设备、设施多，因此布置时要考虑到其操作的工艺流程、人体工程学的要求，既要减少交通路线长度，又要使用方便。

厨房的平面尺寸取决于设备的布置形式和住宅面积标准，布置方式一般有单排式、双排式、L 型、U 型等，其最小尺寸见图 5-4，单排布置时，厨房净宽 ≥ 1.5m，双排布置时 ≥ 1.8m，两排设备的净距 ≥ 0.9m。

② 卫生间的平面尺寸和家具布置

卫生间是处理个人卫生的专用空间，基本设备包括便器、淋浴器、浴盆、洗衣机等，设计时应按使用功能适当分割为洗漱空间和便溺空间，方便使用，提高功能质量。在条件允许时，一户内宜设置两个及以上的卫生间，即主卧专用卫生间和一般成员使用的卫生间，其尺寸见图 5-5。

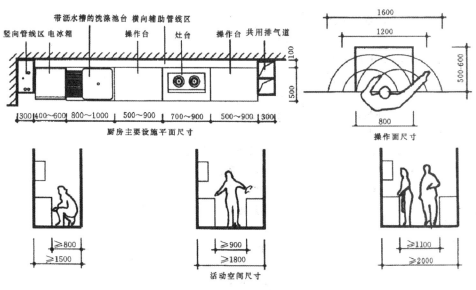

图 5-4 厨房最小尺寸要求

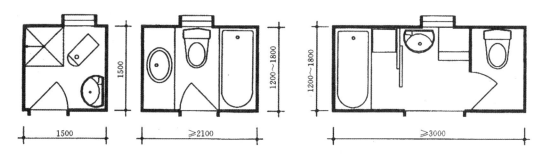

图 5-5 卫生间最小尺寸要求

③ 厨卫空间的细部设计

厨卫空间面积小、管线多、设备多，又是用水房间，处理不好，会严重影响使用。

首先，要做好防水处理。一般厨卫地面低于其他房间地面 20mm，减少其他房间积水的可能性。墙面通常也要做防水处理，贴面砖装修。其二，合理布置房间内管线。设计不当容易影响设备使用和室内美观。第三，要考虑细部的功能要求。如手纸盒、肥皂盒、挂衣钩、毛巾架等的位置。

4）交通及辅助空间的设计

① 交通联系空间

交通联系空间包括门斗、门厅、过厅、过道及户内楼梯等，设计中，在入户门处尽量考虑设置门斗或前室，起到缓冲和过渡的作用；同时还可作为换鞋、更衣、临时放置物品的作用，门斗的净宽不宜小于1.2m。过厅和过道是户内房间联系的枢纽，通往卧室、起居室等主要房间的过道不小于 1.0m，通往辅助房间时不小于 0.9m。

当户内设置楼梯时，楼梯净宽不小于 0.75m（一侧临空）和 0.9m（两侧临空），楼梯踏步宽度不小于 220mm，高度不大于 200mm。

② 贮藏空间

贮藏空间是住宅内不可或缺的内容，在住宅设计中通常结合门斗、过道等的上部空间设置吊柜，利用房间边角部分设置壁柜，利用墙体厚度设置壁龛等。此外还可结合坡屋顶空间、楼梯下的空间作为储藏间。

③ 室外空间

室外空间包括庭院、阳台、露台等，是低层和多层住宅不可或缺的室外活动空间。阳台按平面形式可以分为悬挑阳台、凹阳台、半挑半凹阳台和封闭式阳台。挑阳台视野开阔、日照通风条件好，但私密性差，逐户间有视线干扰，出挑深度一般为 1.0 ~ 1.8 米；凹阳台结构简单、深度不受限制、使用相对隐蔽；半挑半凹阳台间有上述两个的特点；封闭式阳台是将以上三种阳台的临空面用玻璃窗封闭，可起到日光间的作用，在北方地区经常使用。

露台是指顶层无遮挡的露天平台，可结合绿化种植形成屋顶花园，为住户提供良好的户外活动空间，同时对于下层屋顶起到了较好的保温隔热作用。

（4）功能空间的组合设计

户型内空间组合就是把户内不同功能空间，通过综合考虑有机的连接在一起，从而满足不同的功能要求。

户型内空间的大小、多少以及组合方式与家庭的人口构成、生活习惯、经济条件、气候条件紧密相关，户内的空间组合应考虑多方面的因素。

1）功能分析

户内的基本功能需求包括：会客、娱乐、就餐、炊事、睡眠、学习、盥洗、便溺、储藏等，不同的功能空间应由特定的位置和相应的大小，设计时必须把各空间有机的联系在一起，满足家庭生活的基本需要。

2）功能分区

功能分区就是将户内各空间按照使用对象、使用性质、使用时间等进行划分，然后按照一定的组合方式进行组合。把使用性质、使用要求相近的空间组合在一起，如厨房和卫生间都是用水房间，将其组合在一起可节约管道，利于防水设计等。在设计中主要注意以下几点：

① 内外分区：按照住宅使用的私密性要求将各空间划分为"内""外"两个层次，对于私密性要求较高的，如卧室应考虑在空间序列的底端，而对于私密性要求不高的，如客厅等安排在出入口附近。

② 动静分区：从使用性质上看，厅堂、起居厅、餐厅、厨房是住宅中的动区，使用时间主要为白天，而卧室是静区，使用时间主要是晚上。设计时就应将动区和静区相对集中，统一安排。

③ 洁污（干湿）分区：就是将用水房间（如厨房、卫生间）和其他房间分开来考虑，厨房卫生间会产生油烟、垃圾和有害气体，相对来说较脏，设计中常把它们组合在一起，也有利于管网集中，节省造价。

3）合理分室

合理分室包括两个方面，一是生理分室，二是功能分室。合理分室的目的就是保证不同使用对象有适当的使用空间。生理分室就是将不同性别、年龄、辈分的家庭成员安排在不同的房间。功能分室则是按照不同的使用功能要求，将起居、用餐与睡眠分离；工作、学习分离，满足不同功能空间的要求。

4）功能空间组合的布局要求

功能空间布局问题是住宅设计的关键。目前，城镇住宅功能布局中存在的问题有：生产活动功能混杂，家居功能未按生活规律分区，功能空间的专用性不确定以及功能空间布局不当等。因此，必须更新

观念，以科学的家居功能模式为标准，优化住宅设计。

按照城镇住户一般家居功能规律及不同户空间类型的特定功能需求，可以推出一个城镇住宅家居功能空间的综合解析图式（图5-6）。这个图式表达了城镇住宅家居功能空间的有关内容、活动规律及其相互关系。其特点是：

① 强调了厅堂、起居厅作为家庭对外和对内的活动中心的作用。

② 强调了随着生活质量的提高，各功能空间专用水平有着逐渐增强的趋势，如将对内的起居厅与对外的厅堂分设。

③ 由于居民收入和生活水平的提高，家居功能中增设了书房（工作室）、健身活动室和车库等功能空间。

④ 由于农业产业结构的变化，必须为不同的住户配置相应的功能空间，如为专业户和商业户开辟加工间、店铺及其仓库等专用空间；为农业户配置农具及其杂物储藏、粮食蔬菜储藏以及微型封闭式禽舍等。

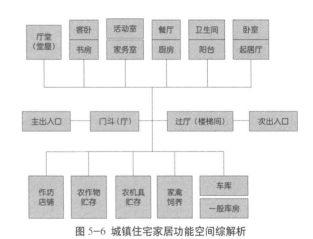

图5-6 城镇住宅家居功能空间综解析

5）功能空间的组合特点

根据城镇住宅各功能空间相互关系的特点，城镇住宅功能空间的布局应遵照如下原则：

① 城镇住宅必须有齐全的功能空间

随着物质和文化生活水平的不断提高，人们对

居住环境的要求也越来越高。住宅的生理分室和功能分室将更加明细合理,人与人、室与室之间相互干扰的现象将逐步减少。每套住宅都应保证功能空间齐全,才能保证各功能空间的专用性,确保不同程度的私密性要求。

根据城镇住宅的功能特点,考虑到城镇居住生活的使用要求,城镇住宅应能满足其遮风避雨、生产活动、喜庆社交、膳食烹饪、睡眠静养、卫生洗涤、储藏停车、休闲解乏和客宿休憩等功能。为了满足这些要求,城镇低层住宅要做到功能齐全,一般应设置厅堂、起居厅、餐厅、厨房、卧室(包括主卧室、老年人卧室及若干间一般卧室)、卫生间(每层设置公共卫生间、主卧室应有标准较高的专用卫生间)、活动室、门廊、门厅、阳台、露台、储藏(车库)等功能空间。在使用中还可以根据需要,通过室内装修把部分一般卧室改为儿童室、工作学习室、客房等。而多层住宅即应有门厅、起居厅、餐厅、厨房、卧室、卫生间、贮藏间、阳台等。

② 各功能空间要有适度的建筑面积和舒适合理的尺度

城镇住宅的建筑面积,应和家庭人口的构成、生活方式的变化以及居住水平的提高相适应。如果家庭人口多、社交活动频繁、在家工作活动较多,而居住面积太小,就会有拥挤的感觉,互相干扰严重,使得每个人心烦气躁;而家庭人口少,各种家居活动也少,面积太大就会显得的冷冷清清,孤独寂寞感就会侵袭心头,房屋剩余空间太多,很少有人走动,湿气重,阳光不足,通风不良,因此就缺乏"人气"。这也就是为什么久无人住的房子,一打开时会寒气逼人的原因所在。

各功能空间的规模、格局、合宜尺度的体型,即应根据各功能空间人的活动行为轨迹以及立面造型的要求来确定。这些功能空间可分为基本功能空间和附加功能空间。

城镇住宅的基本功能空间包括:厅堂、起居厅、餐厅、厨房、卫生间、卧室(含老人卧室和子女卧室)及贮藏间等,厅堂是接待宾客、举办喜庆家庭对外活动中心的共同空间,是城镇住宅最重要的功能空间,因此它所需的面积也是最大的,一般应考虑能有布置二张宴请餐桌的可能;起居厅是家庭成员内部活动共享天伦的共同空间,对于城镇住宅的起居厅在婚丧、喜庆的活动中还得起到招待客人的作用,因此,也应有较大的空间,当起居厅前带有阳台时,应布置全墙的推拉落地门,当必要时,卸下落地门,以便扩大起居厅的面积,达到可以同时布置二张宴请的餐桌。如果没有足够大的起居厅,就难能做到居寝分离,更谈不上公私分离和动静分离。卫生间在现代家居的日常生活中所扮演的角色越来越重要,已成为时尚家居的新靓点,体现现代家居的个性、功能性和舒适性,卫生间的面积也需要扩大。为了使得厨房能够适应向清洁卫生、操作方便的方向发展,厨房必须有足够大的面积以保证设备设施的布置和交通动线的安排。而卧室由于功能逐渐趋向于单一化,则可适当的缩小。这也是现在所流行的"三大一小"。

在国家住宅与居住环境工程中心出版的《健康住宅建设技术要点(2004年版)》中提出住宅功能空间低限净面积指标(表5-3)。

表 5-3　住宅功能空间低限净面积指标

项目	低限净面积指标 /m²
起居厅	16.20　(3.6m×5.5m)
餐厅	7.20　(3.0m×2.4m)
主卧室	13.86　(3.3m×5.2m)
次卧室(双人)	11.70　(3.0m×3.9m)
厨房(单排型)	5.55　(1.5m×3.7m)
卫生间	5.50　(1.8m×2.5m)

根据我国目前一般居民的家庭构成和生活方式，并对今后一定时期进行预测，同时还参考了一些经济发达的国家和地区的资料，提出城镇住宅基本功能空间建议性建筑面积的参考（表5-4）。

表5-4　城镇住宅各功能空间合宜尺度及建筑面积参考值

功能空间名称		厅堂	起居厅	餐厅	厨房	卧室			卫生间	储藏车库	活动室	楼梯间
						主卧室	老年人卧室	一般卧室				
合宜尺度	宽/m	≤ 3.9	≤ 3.9	≤ 2.7	≤ 1.8	≤ 3.3	≤ 3.3	≤ 2.7	≤ 1.8	≤ 2.7	≤ 3.9	≤ 2.1
	长/m									≤ 5.1		
建筑面积/m²		20 ~ 30	20 ~ 25	12	8	20	14	9 ~ 12	5 ~ 7	16 ~ 24	20	10

注：主卧室的建筑面积包括专用卫生间。

③ 城镇住宅应有足够的附加功能空间

根据城镇居民所从事生产经营特点以及住户的经济水平、个人爱好等因素，附加功能空间可分为生活性附加功能空间和生产性辅助功能空间。

生活性附加功能空间包括门厅（或门廊）、书房、儿童房、家务房、阳台、晒台、外庭院、内庭天井、客房活动厅（健身房）、阳光室（封闭阳台或屋顶平台）。

门厅（或门廊）是用以换鞋、放置雨具和外出御寒衣物的室外过渡空间。在传统民居中，为了节约建筑面积，较少设置，随着经济条件的变化，家居生活水平的提高，必须注意门厅（或门廊）的设置。

④ 平面设计的多功能性和空间的灵活性

住宅内部使用空间的分配原则，是以居民生活及工作行为等实用功能的需要来考虑的，这些需要随着居住人口和居住形态的变化、生活水平的提高、家用电器的设置而随时可能要求发生变化。这在城镇住宅的设计中应引起重视。为了适应这种变化，住宅的使用空间也需要重新调整。所以在城镇小康住宅的设计中，必须考虑如何实现空间灵活性的使用问题，以适应变化的需要。卧室之间、主卧室与专用卫生间之间、厨房与餐厅之间以及厅堂、起居厅、活动室与楼梯之间及卫生间的隔墙都应做成非承重的轻质隔墙，这样，才能在不影响主体结构的情况下，为空间的灵活性创造条件，以适应平面设计多功能性需要。

⑤ 精心安排各功能空间的位置关系和交通动线

城镇贴近农村，接触大自然，在这种大尺度的环境下成长的人们，习惯在较大的空间下生活及工作，因此城镇住宅一般都较为宽敞。面积较大的城镇住宅，如果未能安排好其与居住质量密切相关的"动线设计"，则易导致工作时间延长并增加身心疲惫的感觉。因此，城镇住宅居住质量不能仅以面积大小为依据，而更应重视各功能空间的位置关系、交通动线等的精心安排。根据城镇住宅的功能特点可以行下列分类。

a. 按照功能空间的不同用途分为生活区、睡眠区和工作区：

（a）生活区。工作后休闲及家人聚会的场所，包括厅堂、起居厅、活动室及书房等。

（b）睡眠区。这里是纯供睡觉的地方，但现在也是读书、做手艺及亲子交谈的场所。

（c）工作区。居民日间主要活动场所，如厨房、洗衣及家庭副业。

b. 按照功能空间的性质分为公共性空间、私密性空间和生理性空间。

（a）公共性空间。家庭成员进行交谊、聚集以及举办婚丧喜庆的场所，也是招待亲朋的地方，它是家庭中对外的空间，主要包括厅堂、餐厅、起居厅、活动室。

（b）私密性空间。它指的主要是卧室区。这一空间随着休闲时间的增加和教育的普及，越来越重要。它也是为居住者提供学习、从事休闲活动以及做手工家务的地方。

（c）生理性空间。主要是指为居住者提供生理卫生便溺，除主的卫生间等。

c. 按照功能空间的特点可分为开放空间、封闭空间和连接空间：

（a）开放空间。一般是指厅堂、起居厅和活动室等供家庭成员谈话、游戏与举办婚丧喜庆、招待客人的场所。从这里可以通往室外，他是家庭中与户外环境关系最密切的地方。

（b）封闭空间。封闭空间能使居住者身在其中而产生宁静与安全的感觉。在这里无论休息或工作均可不受人干扰或影响别人，是完全属于使用人自己的天地，这些空间有卧室、客房、书房及卫生间等。

（c）连接空间。它是室内通往室外的联结部分，这一空间具有调节室内小气候的功能，同时也可调节人们在进出住宅时，生理上及心理上的需求。门廊（或雨棚下）及门厅都属于这一空间范围。

通过以上的分析，区与区之间、各功能空间之间应根据其在家居生活中的作用及其互相间的关系进行合理组织，并尽可能使关系密切的功能空间之间有着最为直接的联系，以避免出现无用空间。在城镇低层楼房住宅中，把工作区和生活区连接布置在底层，提高了使用上的便捷性，而把睡眠区布置在二层以上，这样把家庭共同空间与私密性空间分为上、下两部分，可以做到动静分离和公私分离。

在平面布置中，由于家庭共同空间的使用效率高，应充分吸取传统民居以厅堂和起居厅分别作为家庭对外和家庭成员活动中心的原则，对于低层住宅来说，底层把生活区的厅堂放在住宅朝向最好及最重要的位置，后侧即布置工作区，既保证生活区与工作区的密切联系，更由于布置着二个出入口，这样就可以做到洁污分离。在二层即把起居厅安排在住宅朝向最

好及最重要的中间位置，背侧即绕以布置私密性空间，这样可以使每个房间与家庭共同空间的起居厅直接联系，使生活区得到充分的利用。"有厅必有庭"这是传统福建民居的突出特点之一，也是江南各地带有天井民居的常用手法，这种把敞厅与庭院或天井内庭在平面上的互相渗透，使得人与人、人与自然交融在一起，颇富情趣。

为了使住宅中的家庭共同空间宽敞舒适和层次丰富，还可以采取纵横分隔与渗透的手法。

在城镇低层住宅设计中，横的方向是底层的厅堂与庭院、餐厅与庭院（或天井内庭）、楼层的起居厅（或活动室）与阳台露台，均应有着直接的联系，两者之间可用大玻璃推拉门分隔，使能达到既可扩大视野，给人以宽敞、明亮的感觉，又便于与室外空间联系，密切邻里关系，还可便于对在户外活动的孩子、老人的照应。为了适应现代家居生活的需要，为扩大视觉空间，创造生活情趣，还应重视厅堂、起居厅、活动室、餐厅与楼梯之间以及厅堂与餐厅之间的互相渗透。在纵的方向，即可通过楼梯间把底层的厅堂和楼层的起居厅、活动室取得联系和渗透，这时就应该把作为楼层垂直交通的楼梯尽可能组织到客厅和起居厅、活动室中，既可在垂直方向扩大视觉空间，更能加强这些家庭共同空间的垂直联系，增加生活气息，活跃家居气氛。

在楼层的布置时，由于各层相对独立，只要把楼梯间的位置布置合适，就能较为方便地组织上下关系。但应注意不要让上层卫生间设备的下水管和弯头暴露在下层主要功能空间室内，最好是各层卫生间上下垂直布置。这在城镇低层楼房住宅的平面布置中是较难完全做到的。这时可以在底层是厨房、餐厅、洗衣房及车库等的上面一层布置卫生间，管道可以用吊顶乃至露明（如车库内）处理都较容易解决，应尽量避开在厅堂、起居厅、活动室及卧室上层布置。当实在避不开时，即应靠在墙角，结合室内装修和空

间处理或局部吊顶或做成夹壁、假壁柱等将水平及立管隐蔽起来。

在布置齐全的功能空间、提高功能空间专用程度的基础上，通过精心安排各功能空间的位置关系和交通动线，就能够实现动静分离、公私分离、洁污分离、食居分离、居寝分离，充分体现出城镇小康住宅适居性、舒适性和安全性。

5.1.3 城镇低层住宅的户型平面设计

二、三层的低层住宅是城镇住宅的主要类型之一。近 20 年来，各方面都对它进行了大量的研究。下面就其设计中的一些主要问题，分别进行探讨。

（1）面宽与进深

小面宽、大进深具有较为明显的节地性，城镇低层住宅应努力做到所有的功能空间都具有直接对外的采光通风，因此当进深太大时，一些功能空间的采光通风将受到影响。因此，在设计中必须科学地处理城镇住宅面宽与进深的关系。

①一开间的低层住宅。这种住宅只有一开间为了满足建筑面积的要求，只好加大住宅的进深，加大住宅进深后，将导致很多功能空间的采光通风受到影响，因此多采用 1～3 个天井内庭来解决功能空间的采光通风问题（图 5-7）。

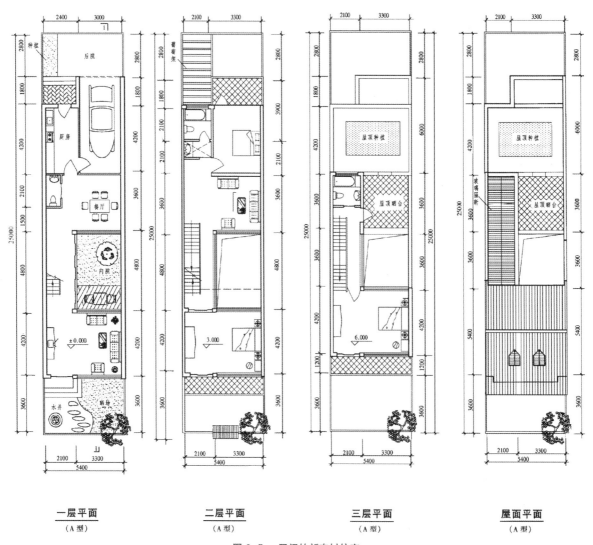

一层平面（A型）　　二层平面（A型）　　三层平面（A型）　　屋面平面（A型）

图 5-7 一开间的新农村住宅

②两开间的低层住宅。这种住宅是目前广为采用的低层住宅，平面布置紧凑，其基本上可以保证所有的功能空间都能有较好直接对外的采光和通风（图5-8）。但如果建筑面积较大时，进深也会随之加大，也就难免会出现一些功能空间的采光问题又能解决。随着对传统民居建筑文化的研究，在低层住宅的设计中内天井得到广泛的运用（图5-9）。内天井不仅可以解决其相邻功能空间的采光通风问题，还可为住户提供贴近自然的住宅内部露天活动空间，采用加可开启的活动天窗还可起到调节住宅内部的气温，是一种得到广泛欢迎的住宅方案。

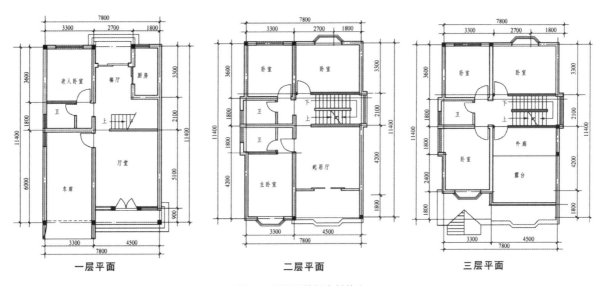

图 5-8 两开间的新农村住宅

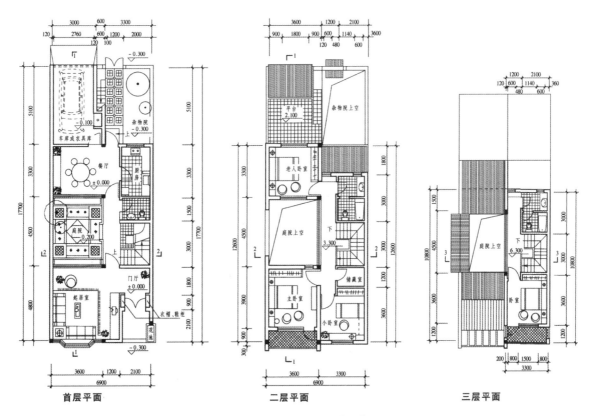

图 5-9 两开间的内天井新农村住宅

③三开间的低层住宅。低层住宅当采用三开间时，其进深不必太大，一般在进深方向只在布置二个功能空间，便能满足需要。基本上可以完全做到各功能空间都有直接对外的采光通风，平面布置也较为紧凑（图5-10）。为了提高家居环境的生活质量和与大自然更为和谐的情趣，不少三开间住宅也都采用内天井的处理手法（图5-11）。

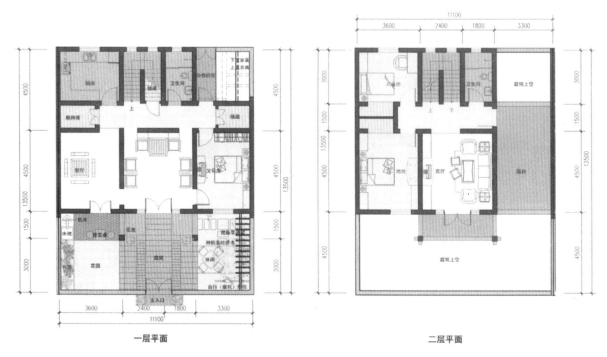

图 5-10 三开间新农村住宅

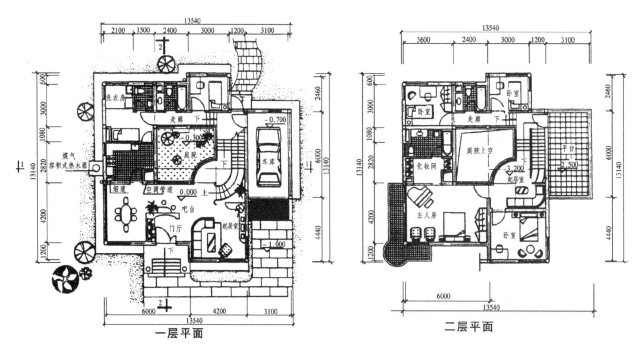

图 5-11 三开间的内天井新农村住宅

④多开间的低层住宅。多开间住宅面宽较大，占地较多。在城镇住宅建设中，只有在单层的平房住宅采用，对于二、三层的低层住宅基本上是不提倡的。

（2）厅与庭

传统的民居"有厅必有庭"。传统民居不论是合院式、天井式和组群式，由于大部分都是平房，所以厅与庭的联系都十分密切。城镇低层住宅应以二、三层为主，底层的厅堂（或堂屋）应尽量布置在南向的主要位置，其与住宅的前院都能有较好的联系。楼层的起居室和活动厅等室内公共空间在设计中则应尽可能地与阳台、露台也有较密切的联系。楼层的阳台和露台实际上也起着庭的作用，为此，城镇低层住宅应设置进深较大的阳台，并应根据南北不同的地理区位，确定阳台的不同进深。北方不应小于1.5m，南方可为2.1～2.4m，为了确保阳台具有挡雨遮阳的作用，又便于晾晒接受足够的阳光，对于南方进深较为大的阳台，可以采取阳台一半上有顶盖，一半露天的做法（如图5-12）。以外廊作为厅与露台的过渡空间，不仅加强了厅与露台的关系，而且更便于炎热多雨的农村，为农民提供一个室外洗衣晾衣的外廊，深受欢迎（图5-13）。城镇多层住宅也应吸取传统民居厅与庭的关系，处理好住户起居厅与阳台的关系。

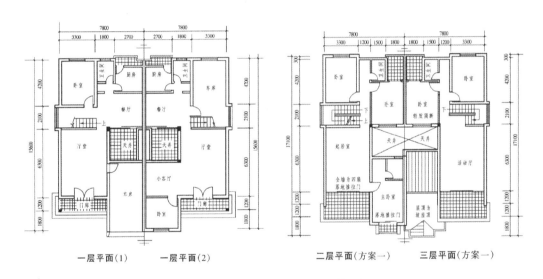

图 5-12 一半上有顶盖　一半露天的阳台

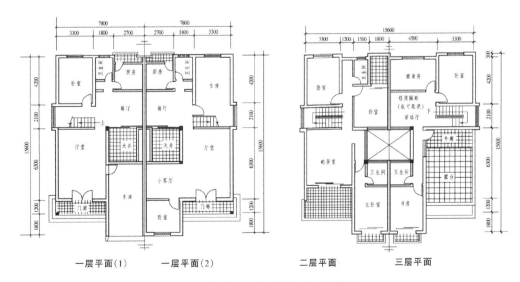

图 5-13 厅与露台之间有外廊作为过渡空间

（3）厅的位置

传统的民居特别重视厅堂（堂屋）的位置，基本上都应布置在朝南的主要位置，以便于各种对外活动的使用，厅更是家人白天活动的主要功能空间，应有足够的日照和通风，不仅老人和儿童需要朝南的公共活动空间，即便是年轻人在家庭副业和手工业等生产活动中也应以朝南的功能空间为最佳选择。因此，城镇住宅中无论是低层或多层，厅堂（堂屋）、起居厅，甚至活动厅最好都应朝南布置。

（4）楼梯的位置

住宅内部的楼梯是低层住宅和跃层式住宅的垂直交通空间，楼梯是楼房的垂直交通空间，其布置直接影响到同层的功能空间以及楼层之间各功能空间的联系。楼房楼梯的位置应避免占据南向的位置。

① 楼梯布置在前后两个功能空间之间（图5-14），不仅可方便住宅室内公共活动空间之间的联系，并与其他功能空间联系也较为方便，而且还能扩大厅的视觉空间和充满家居的生活气息。

② 楼梯布置在住宅东（西）一侧（图5-15）。

③ 楼梯布置在住宅的后部（北面）（图5-16）。

④ 楼梯布置在住宅的中部（图5-17）。

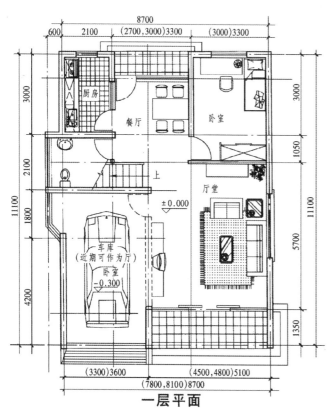

一层平面

图 5-14 楼梯布置在前后两个功能区之间

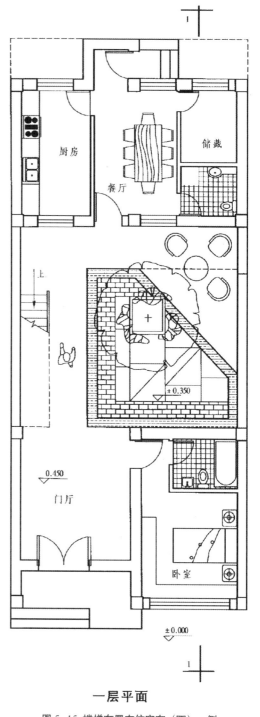

一层平面

图 5-15 楼梯布置在住宅东（西）一侧

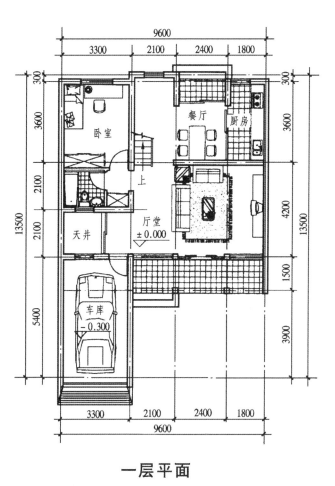

一层平面

图 5-16 楼梯布置在住宅的后部（北面）

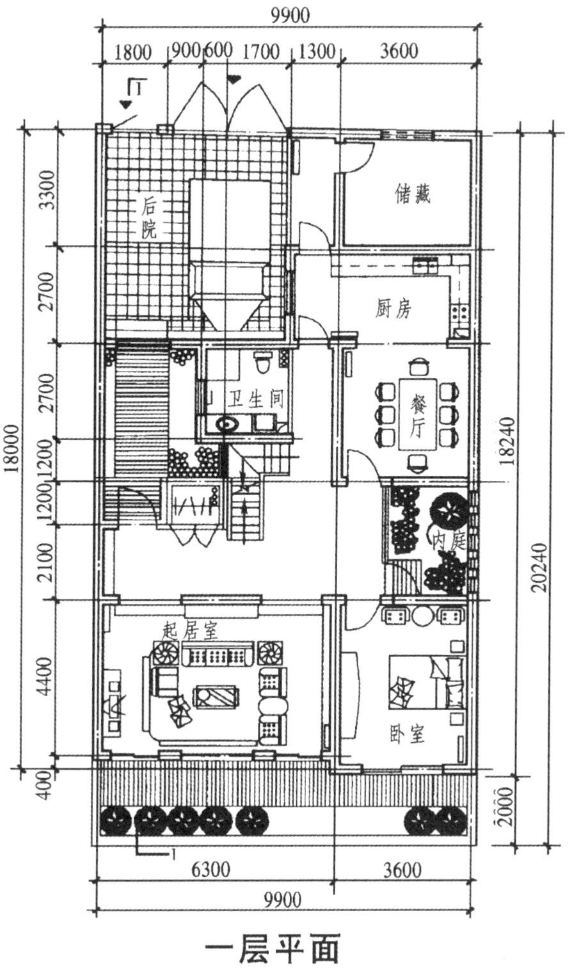

一层平面

图 5-17 楼梯布置在住宅的中部

（5）厨房与餐厅

在城镇住宅中，餐厅是与厨房功能扩大的临时空间，因此二者应紧邻，厨房一般应布置在住宅的北面。并最好应与猪圈、沼气池也有较方便的联系。而餐厅即可紧邻厨房一起布置在北面，或面向天井内庭，也可与厅堂（堂屋）合并在一起。

5.2 城镇住宅的立面造型设计

住宅建筑受功能要求、建筑造价等方面的限制较多，其立面形式通常变化较少。一般是在住宅的套型、平面组合、层高、层数、结构形式确定后建筑立面和体型就基本形成了，也就是说住宅的功能性在很大程度上决定了它的立面造型，这也是造成住宅面貌千篇一律的主要原因。

立面造型设计的目的是让人造的围合空间能与大自然及既存的历史文化环境密切地配合，融为一体，创造出自然、和谐与宁静的城镇住区景观。城镇住区的整体景观往往需要运用住宅及其附属建筑物组成开放、封闭或轴线式的各种空间，来丰富自然条件，以达到丰富城镇住区景观的目的。

城镇住宅的立面造型是城镇生活范围内有关历史、文化、心理与社会等方面的具体表现。影响城镇住宅造型的主要因素是当时居民居住需求的外在表现，其随时间的流逝，建筑造型也会产生不同的变化。

城镇住宅的立面造型应该是简朴明快、富于变化、小巧玲珑。它的造型设计和风格取向不能孤立地进行，应能与当地自然天际轮廓线及周围环境的景色相协调，同时还必须兼具独特性以及能与住宅组群乃至住区取得协调的统一性，构成一个整体氛围，给人以深刻的印象。

5.2.1 城镇住宅立面造型的组成元素

建筑造型给人的印象虽然具有很多的主观因素，但这些印象大多数是受许多组成元素所影响，这些外观造型基本上是可以分析并加以设计的。

（1）建筑体形。包括建筑功能、外型、比例以及屋顶的形式等。

（2）建筑立面。建筑立面的高度、宽度、比例关系、建筑外型特征的水平及垂直划分、轴线、开口部位、凸出物、细部设计、材料、色彩及材料质感等。

（3）屋顶。屋顶的型式及坡度，屋顶的开口如天窗、阁楼等，屋面材料、色彩及细部设计。

5.2.2 影响城镇住宅立面造型的因素

（1）合理的内部空间设计

造型设计的形成是取决于内部空间功能的布局与设计，最终反应在外型上的一种给人感受的结果。住宅内部有着同样的功能空间，但由于布局的变化以及门窗位置和大小的不同，因而在建筑外型上所反应的体量、高度及立面也不相同。所以造型设计不应先有外型设计，而应先设计住宅内部空间，然后再进行外部的造型设计。

（2）住宅组群及住区的整体景观

城镇住宅的设计应充分考虑住宅组群乃至住区的整体效果，而且仍然应以保持传统民居原有尺度的比例关系、屋顶形式和建筑体量为依据。

（3）与自然环境的和谐关系

城镇较为贴近自然，容易感受到的自然现象，如山、水、石、植物、泥土及天空等，都比城市来得鲜明。对可见可闻的季节变化、自然界的循环，也更有直接的感受。因此为了使得城镇住宅能够融汇到自然与人造环境之中，城镇住宅所用的材料也应适应当地的环境景观及生活习惯。为了展现城镇独特的景象及强调自然的色彩，城镇住宅的立面造型应避免过度的装饰及过分的雕绘，以达到清新、自然和谐的视觉景观。

（4）立面造型组成元素及细部装饰的设计

立面造型的组成元素很多，城镇住宅的个性表现也就体现在这些地方，许多平面相同的住宅，由于多种不同的开窗方法，不同的大门设计，甚至小到不同的窗扇划分，均会影响到住宅的立面造型。所以要使城镇住宅的立面造型具有独特的风格就必须在这方面多下功夫。

5.2.3 城镇住宅立面造型设计的风格取向

建筑风格的形成，是一个渐进演变的产物，而且不断在发展。同时各国之间、各民族之间，在建筑形式与风格上也常有相互吸收与渗透的现象。所以，在概括各种形式、风格特征等方面也只能是相对的。尽管人们对建筑形式和风格的取向，也是经常在变化的，前些年人们对"中而新"的建筑形式颇感兴趣，但是盖多了，大家不愿雷同，因此，近年来欧美之风又开始盛行。但是现代人们大多数对建筑形式的要求还是趋向于多元化、多样化和个性化，并喜欢不同风格之间的借鉴与渗透。因此，在城镇住宅的立面造型设计中，应该努力吸取当地传统民居的精华，加以提炼、改造，并与现代的技术条件和形态构成相结合，充分利用和发挥屋顶型式、底层、顶层、尽端转角、楼梯间、阳台露台、外廊和出入口以及门窗洞口等特殊部位的特点，吸取小别墅的立面设计手法，对建筑造型的组成元素，进行精心的设计，在经济、实用的原则下，丰富城镇住宅的立面造型，使其更富生活气息，并具地方特色（图 5-18）。

(a)

(b)

(c)

(d)

(e)

(f)

(g)

(h)

(i)

(j)

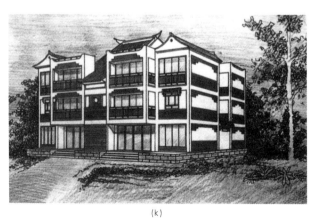

(k)

图 5-18 城镇特色住宅造型设计实例

5.2.4 城镇住宅立面造型的设计手法

在住宅设计中，立面造型设计的主要任务是通过对墙面进行划分，利用墙面的不同材料、色彩，结合门窗和阳台的位置等布置，进行统一安排、调整，使外形简洁、明朗、朴素、大方，以取得较好的立面效果，并充分体现出住宅建筑的性格特征。

（1）利用阳台的凹凸变化及其阴影与墙面产生明暗对比（图5-19）

住宅阳台是建筑立面设计中最活跃的因素，因此，它的立面形式和排列组合方式对立面设计影响很大。阳台可以是实心栏板、空心栏杆、甚至是落地玻璃窗；从平面看可以是矩形，也可以是弧形等。阳台在立面上可以是单独设置，也可以将两个阳台组合在一起布置，还可以大小阳台交错布置或上下阳台交错布置，形成有规律的变化，产生较强的韵律感，丰富建筑立面。

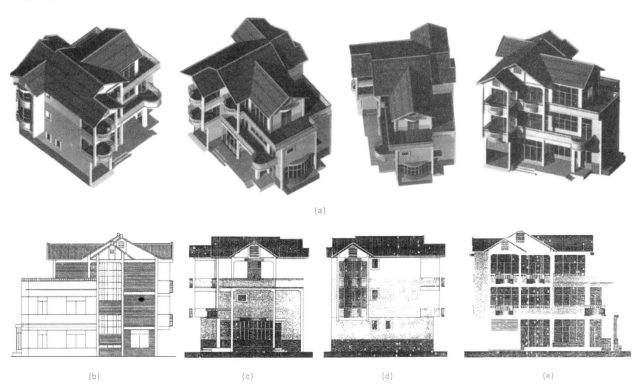

(a)

(b)　　　　　　(c)　　　　　　(d)　　　　　　(e)

图5-19 利用阳台的凹凸变化及其阴影与墙面产生明暗对比的实际实例

(a) 多视角与效果　　(b) 北立面　　(c) 东立面　　(d) 西立面　　(e) 南立面

（2）利用颜色、质感和线脚丰富立面（图5-20）

在城镇住宅外装饰中，利用不同颜色、不同质感的装饰材料，形成宽窄不一、面积大小不等的面积对比，亦可起到丰富立面的作用。

① 墙面材料的选用。我国优秀的传统民居墙面材料多为立足于就地取材，因材致用，大量应用竹木石等地方材料，这不仅经济方便，而且在建筑艺术上具有独特的地方特色和浓郁的乡土气息。城镇住宅仍应吸取传统民居的优秀处理手法，使其与传统民居、

自然环境融为一体。一般可充分暴露墙体、材料所独特的质地和色彩是可以取得很好的效果。在必须另加饰面时，即应尽可能选用耐久性好的简单饰面做法，如1:1:6水泥石灰砂浆抹粗面，其具有灰黄色的粗面，不仅耐久性好，而且施工简单，造价低。或者也可采用涂料饰面，应特别注意避免采用贴面砖、马赛克等与城镇自然环境不相协调的装饰做法。

② 墙面的线条划分。外墙面上的线条处理，是建筑立面设计的常用手法之一，它不仅可以避免过于

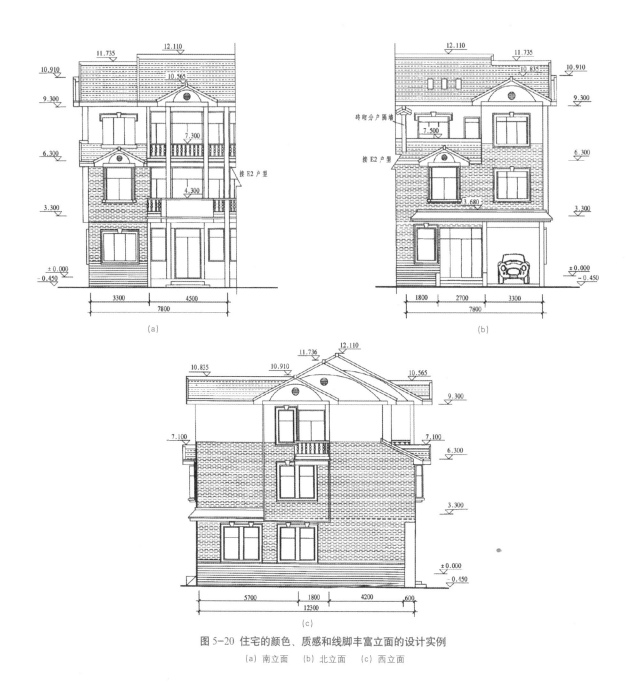

图 5-20 住宅的颜色、质感和线脚丰富立面的设计实例

(a) 南立面　(b) 北立面　(c) 西立面

大面积的粉刷抹灰出现开裂，同时还可以取得较好的立面效果。一般的做法是将窗台窗楣墙裙阳台等线脚并加以延伸凹凸，加水平或垂直引条线等各种线条的处理方法，也有按层设置水平的分层线的。

③ 墙面色彩的运用。传统的民居在立面色彩上都比较讲究朴素大方，突出墙体材料的原有颜色。南方常用的是粉墙黛瓦或白墙红瓦。而北方常用灰墙青瓦。这种处理手法朴实素雅、色泽稳定、质感强、施工简单、经济耐用。这在城镇住宅设计中应加以运用。

为了使城镇住宅的立面设计更为生动活泼，也可采用其他颜色的涂料进行涂刷，但要注意与环境的协调，而且颜色不宜过多，以避免混杂。一般可以用浅黄浅米色、奶油、银灰、浅桔色等比较浅颜色作为墙体的基本色调，再调以白色的浅条和线脚，使其取得对比协调的效果，可以获得活泼明快的立面效果。也可以采用同一色相而对比度较大的色彩作为墙面的颜色，都可以取得较好的装饰效果。总之，建筑立面色彩运用是否得当，将直接影响到立面造型的艺术效果，应力求和谐统一，在统一的前提下，适当注意材料质感和色彩上的对比变化，切忌在一栋建筑物的立面上出现过于繁杂多样杂乱无章的现象。

（3）局部的装饰构件

在住宅立面设计中为了使立面上有较多的层次变化，经常利用一些建筑构件、装饰构件等，取得良好的装饰效果。如立面上的阳台栏杆、构架、空调隔板以及女儿墙、垃圾道、通风道等的凹凸变化等丰富立面效果（图 5-21）。

另外，在住宅立面设计中，还可以结合楼梯间、阁楼、檐角、腰线、勒脚以及出入口等创造出新颖的立面形式。住宅立面的颜色宜采用淡雅、明快的色调，并应考虑到地区气候特点、风俗习惯等做出不同的处理。总的来说，南方炎热地区宜采用浅色调以减少太阳辐射热。北方地区宜采用较淡雅的暖色调，创造温馨的住宅环境。住宅立面上的各部位和建筑构件还可以有不同的色彩和质感，但应相互协调，统一考虑。

5.2.5 城镇住宅的屋顶造型

在我国传统的民居中，主要以采用坡屋顶为主，坡屋顶排水及隔热效果较好，且能与自然景观密切配合。坡屋顶的组合在我国民居中极是变化多端，悬山、硬山、歇山；单坡、双坡、四坡；披檐、重檐；顺接、插接、围合及穿插，一切随机应变，几乎没有任何一种平面、任何一种体形组合的高低错落可以"难倒"坡屋顶。所以，城镇住宅的屋顶造型也就尽可能以坡屋顶为主。为了使城镇住宅拥有晾晒衣被、谷物和消夏纳凉以及种植盆栽等的屋顶露天平台，也可将部分屋顶做成可上人的平屋顶，但女儿墙的设计应与坡屋面相呼应或以绿化、美化的方式处理，以减少平屋顶的突兀感。

5.2.6 城镇住宅门窗的立面布置

传统的民居中，尤为重视大门的位置，环境风水学中称大门为"气口"，因此大门一般布置在厅堂（或称堂屋）的南墙正中央。城镇住宅的设计也应该吸取这一优秀的传统处理手法，以利于组织自然通风。对于低层城镇住宅，在厅堂的上层一般都是起居厅，并在其南面设阳台，这阳台正好作为一层厅堂（堂屋）的门顶雨篷。不少城镇住宅为了便于家具陈设和家庭副业活动，常将其偏于一侧布置，这时可采用门边带窗的方法，以确保上下层立面窗户的对位，也可采用在不同的立面层次上布置不同宽度的门窗，以避免立面杂乱。

立面开窗应力求做到整齐统一，上下左右对齐，窗户的品种不宜太多。当同一个立面上的窗户有高低区别时，一般应将窗洞上檐取齐，以便立面比较齐整且利于过梁和圈梁的布置。当上下房间门窗洞口尺寸有大小之别时，可以采用"化整为零"或"化零为整"的办法加以处理，也可采用分别布置在立面不同的层次上，来避免立面的紊乱。

门窗的分格和开启方法，不仅影响到在夏季引进清凉的季风，而冬季又能阻挡寒风的侵袭。同时，还影响到造型的组织和处理，颇为值得引起设计的重视。当前，在住宅设计中，飘窗的应用十分普遍，但应注意实际效果，不可滥用。

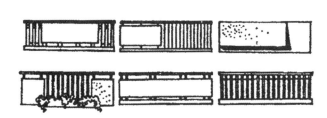
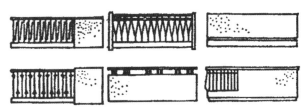

图 5-21 住宅阳台立面装饰

5.3 城镇住宅的剖面设计

一般说来，城镇住宅空间变化较少，剖面设计较简单。住宅剖面设计与节约用地、住宅的通风、采光、卫生等的关系十分紧密。在剖面设计中，主要是解决好层数、层高、局部高低变化和空间利用等几个问题。

5.3.1 住宅层数

住宅层数与城镇规划、当地经济发展状况、施工技术条件和用地紧张程度等密切相关。本书中住宅层数划分为低层（1～3层）、多层（4～6层）、中高层（7～11层）和高层（12层即12层以上）。在住宅设计和建造中，适当增加住宅层数，可提高建筑容积率，减少建筑用地，丰富城镇形象。但随层数增加，由于住宅垂直交通设施、结构类型、建筑材料、抗震、防火疏散等方面出现了更高的要求，会带来一系列的社会、经济、环境等问题。如七层以上住宅需设置电梯，导致建筑造价和日常运行维护费用增加，层数太多还会给居住者带来心理方面的影响。根据我国城镇建设和经济的发展状况，城镇的住宅应以多层住宅为主，在城镇周边的农村即应以二、三层低层住宅为主。有条件的中心区可提倡建设中高层住宅。

在建筑面积一定的情况下，住宅层数越多，单位面积上房屋基地所占面积就越少，即建筑密度越小，因而用地越经济。就住宅本身而言，低层住宅一般比多层住宅造价低，而高层的造价更高，但低层住宅占地大，如一层住宅与五层相比大3倍；对于多层住宅，提高层数能降低造价。从用地的角度看，住宅在3～5层时，每增加一层，每公顷用地上即可增加1000m²的建筑面积，但6层以上时，则效果不明显。一般认为，条形平面6层住宅无论从建筑造价还是节约用地来看都是比较经济的，因而在我国的城镇中应用很多。

5.3.2 住宅层高

住宅的层高是指室内地面至楼面，或楼面至楼面，或楼面至檐口（由屋架时之下弦，平顶屋顶至檐口处）的高度。

影响层高的因素很多，大致可分归纳为以下几点：

（1）层高与房间大小的关系。在房间面积不大的情况下，层高太高会显得空旷而缺乏亲切感；层高过低又会给人产生压抑感，同时，在冬季当人们紧闭窗门睡觉时，低矮的房间容积小，空气中二氧化碳浓度也相对提高，对人体健康不利。

（2）楼房的层高太高，楼梯的步数增多，占用面积太大，平面设计时梯段很难安排。

（3）层高加大会增加材料消耗量，从而提高建筑造价。

合理确定住宅层高，在住宅设计中具有重要意义。适当降低层高可节省建筑材料，减少工程量，从而降低造价。在严寒地区还可通过减少住宅外表面积，降低热损失。由于住宅中房间的面积较小，室内人数不多，在《住宅设计规范》中规定室内净高不得低于2.40m。在《健康住宅建设技术要点（2004年版）》中提出居室净高不应低于2.50m，根据城镇住宅的实际情况，由于建筑面积一般也较大。因此城镇住宅的层高应控制在2.8～3m左右。北方地区有利于防寒保温，层高大多选用2.8m。南方炎热地区则常用3.0m左右。坡屋顶的顶层由于有一个屋顶结构空间的关系，层高可适当降至2.6～2.8m。附属用房（如浴厕杂屋畜舍和库房）层高可适当降至2.0～2.8m。低层住宅由于生活习惯问题可适当提高，但不宜超过3.3m。

此外住宅层高还会影响到与后排住宅的间距大小，尤其当日照间距系数较大时，层高的影响更为显著，由于住宅间距大于房屋的总进深，所以降低层高比单纯增加层数更为有效，如住宅从五层增加到 7 层，用地大致可节约 7%～9%，而层高由 3.2m 降至 2.8m 时，可节约用地 8%～10%（日照间距系数为 1.5 时）。因此在城镇住宅设计时应遵照住宅设计规范，执行有关层高的规定。

5.3.3 住宅的室内外高差

为了保持室内外干燥的和防止室外地面水侵入，城镇住宅的室内外高差一般可用 20～45cm，也即室内地面比室外高出 1～3 个踏步左右。也可根据地形条件，在设计中酌情确定。但应该注意室内外高差太高，将造成填土方量加大。增加工程量，会提高建筑造价。如果底层地面采用木地板，即除了考虑结构的高度以外尚应留出一定高度，便于作为通风防潮空间、并开设通风洞，为此室内外高差不应低于 45cm。在低洼地区，为了防止雨水倒灌，室内地面更不宜做得太低。

5.3.4 住宅的窗户高低位置

城镇住宅在剖面的设计中，窗户开设的位置同室内采光通风和向外眺望等功能要求相关。根据采光的要求，居室的窗户的大小可按下面的经验公式估算：

窗户透光面积 / 房间面积 =1/8～1/10

当窗户在平面设计中位置确定后，可按其面积得出窗户的高度和宽度，并确定在剖面中的高低位置。居室窗台的高度，一般高于室内地面为 850～1000cm，窗台太高，会造成近窗处的照度不足，不便于布置书桌，同时会阻挡向外的视线。有些私密性要求较高的房间（如卫生间），即为了避免室外行人窥视和其他干扰，常常把窗台提高到室外视线以上。

在确定窗户的剖面时，还必须考虑到其平面设计的位置，以及与建筑立面造型设计三者间的关系，

进行统一考虑。

5.3.5 住宅剖面形式

剖面可有两个方向，即横向和纵向。对于住宅楼横剖面来说，考虑到节约用地或限于地段长度，常将房屋剖面设计成台阶状（即在住宅的北侧退台）以减少房屋间距，这样剖面就形成了南高北低的体型，退后的平台还可作为顶层住户的露台，使用方便。对城镇低层住宅来说，在保证前后两排住宅的间距要求时，北面的退台收效不大，应该采用南面退台做法以为住户创造南向的露台，更有利于晾晒谷物衣被和消夏纳凉。城镇的底层住宅楼层的退台布置可使立面造型和屋顶形式更富变化，使得住宅与优美的自然环境更好的融为一体。对于坡地上（或由于地形原因）的住宅，可以利用地形设计成南北高度不同的剖面。对于纵剖面来说，可以结合地形设计成左右不等高的立面形式，也可以设计成错层或层数不等的形式。另外还可结合建筑面积、层数等建设跃层或复合式住宅。

5.3.6 住宅的空间利用

在我国当前的经济条件下，对于城镇住宅，空间利用就显得尤为重要，这就要求在设计中应尽量创造条件争取较大的贮藏空间，以解决日常生活用品、季节性物品和各种农产品的存放问题。这对改善住宅的卫生状况，创造良好的家居环境具有重要意义。

在城镇住宅的剖面设计中，常见的贮藏空间除专用房间外主要有壁柜、吊柜、墙龛、阁楼等。壁柜（橱）是利用墙体做成的落地柜，它的容积大，可用来贮藏较大物品，一般是利用平面上的死角、凹面或一侧墙面来设置。壁柜净深不应小于 0.5m。靠外墙、卫生间、厨房设置时应考虑防潮、防结露等问题，（图 5-22）。

吊柜是悬挂在空间上部的贮藏柜，一般是设在

走道等小空间的顶部，由于存取不太方便，常用来存放季节性物品。吊柜的设置不应破坏室内空间的完整性，吊柜内净空高度不应小于0.4m，同时应保证其下部净空（图5-23）。

（1）坡屋顶的空间利用

对于坡屋顶的住宅，可将坡屋顶下的空间处理成阁楼的形式，作为居住和贮藏之用。当作为卧室使用时，在高度上应保证阁楼的一半面积的净高在2.1m以上，最低处的净高不宜小于1.5m，并应尽可能使阁楼有直接的通风和采光。联系用的楼梯可以陡一些，以减少交通面积，楼梯的坡度小于60度，对于面积较小的阁楼，还可采用爬梯的形式（图5-24）。

（2）楼梯上下的空间利用

在室内楼梯中，楼梯的下部和上部空间是利用的重点。在楼梯下部通常设置贮藏室或小面积的功能空间，如卫生间。上部的空间则作为小面积的阁楼或贮藏室等（图5-25）。

5.4 城镇住宅的门窗设计

环境风水学对住宅门窗的设置十分讲究。西方人注重单幢的建筑和门窗，我国的先人们注重建筑和景观。南齐谢朓有诗云："窗中列远岫，庭际俯乔林。"唐代白居易有"东窗对华山，三峰碧参落。"凭借门窗观赏自然风光，可以陶冶情操，颐养身心。传统的住宅环境风水学讲究门窗对着"生气"一方，就是为了采景、采光和通风。

从我国所处地理环境的特点来看，常年盛行的

图 5-22 厨房的贮藏空间

图 5-24 坡屋顶的空间利用

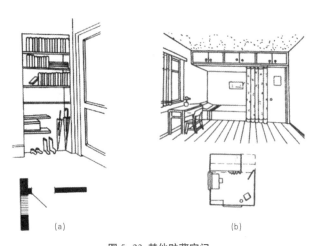

(a)   (b)

图 5-23 其他贮藏空间

(a) 壁龛   (b) 卧室中的吊柜

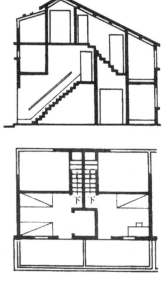

图 5-25 楼梯上下空间的利用

主导风向对住宅环境风水的形成影响很大。我国的主导风向一个是偏北风，一个是偏南风。偏南风是夏季风，温暖湿润，有和风拂煦，温和滋润之感；偏北风是冬季风，寒冷干燥，且风力大，有凛冽刺骨伤筋之感。因此，避开寒冷的偏北风就成为中国人普遍重视的问题。

5.4.1 住宅的门

门是中国传统民居中极其重要的组成部分，尤其是大门。住宅环境风水认为大门是民居的颜面、咽喉、是兴衰的标志，是"气口"。它沟通住宅内、外空间，通过大门，上接天气，下接地气，大门根据环境风水学"聚气"的要求，既要能"纳气"，又要能"聚气"，还要不能把"气"闭死，因此总要设法引起"生气"。传统民居的大门多是朝南、东南、东开，总是面向秀峰曲水。大门内往往有一屏墙，使宅外不见宅内，宅门在方向上适中，又能"聚气"。室内曲幽，既通达又受到抑制。

现在人们通称的门户，其实在住宅风水中对门和户是有分别的，房屋的门扇是双扇的为门，单扇的为户。前面的双扇大门为门，为阳。后面单扇的门为户，为阴。主张阳门宜张，阴户宜翕。前门常开，而后门常闭。门是住宅的"气口"，房屋建筑于地面之上气应从门口进入，就好像人的嘴巴、鼻子，是饮食呼吸之处，其重要性可想而知。

现代家居中多、高层住宅的入户门与传统民居的大门在功能上已有所变化，绝大部分几乎仅起到联系宅内外的通行作用。而厅（起居厅）通往朝南、东南、东方向阳台的门（或窗）即又起着传统民居大门的作用，这在现代家居中应引起重视。在家居环境文化中，门主要分为外门和内门，至于门洞的大小，材料和构造的选择等即应根据不同的要求进行选择和布置。

门是联系和分隔房间的重要部分，其宽度应满足人的通行和家具搬运的需要。在住宅中，卧室、厅堂、起居厅内的家具体积较大，门也应比较宽大；而卫生间、厨房、阳台内的家具尺寸较小，门的宽度也就可以较窄。一般是入户门最大，厨、卫门较小。

5.4.2 住宅的窗

现代住宅的窗户不仅有与传统民居窗户相同的功能和作用，同时也还具有住宅环境风水中"气口"的作用。

人们喜欢把住宅也赋予生命，常常把窗户比喻为住宅的眼睛。因此要保持干净、完整，要经常开闭，要倍加爱护。窗户应置于能获得新鲜空气的地方，并要使居住者免受光和热的直接辐射。窗户大小要适当，而且一个房间不宜开启太多的窗户，窗户太多难以聚气、聚神。

对于住宅来说，窗户有着日照采光、通风换气和眺望远景的三大功能，这就要求窗户应尽量开大一些。但其大小应根据功能和朝向加以考虑。

窗户是住宅采光和通风的主要途径。窗户位置与大小的决定，要依方向来考虑。南面、东面可开大窗，以能多接受一些阳光和夏季的凉风；而西向、西北向、北向则开小窗，以减少太阳西晒与冬季西北寒风的侵袭。

（1）窗的大小

窗的大小，一般标准是：窗户的面积约为居室地面的 1/7 ~ 1/8。

开窗的大小与居室的进深有关，单面开窗采光的居室，进深不应大于窗顶高的 2 倍；两面开窗采光的居室，进深也不应大于窗顶高的 4 倍。一般规定是 15m² 以下房间开两扇窗，15m² 以上的房间开三扇窗。窗的具体大小主要取决于房间的使用性质，一般是卧室、厅堂、起居厅采光要求较高，窗面积就应大些，而门厅等房间采光要求较低，窗面积就可小些。

（2）窗户的高度

窗户要尽量开高一些。开窗高，能使室内光线均匀，而开窗低，则会使光线集中在近窗处，而远窗处较差，不利于光线扩散。窗顶的高度一定要比门顶高。

（3）窗户朝向

1）窗户朝东

住宅朝东的窗户，能接受所谓"紫气东来"，使祥瑞之气，笼罩着房间，东方是太阳升起的地方，是新开始的象征。朝东的窗户，使得生长、发展、发达等等涌入住宅。每当早上起床，看到从东面冉冉升起的太阳，充满生命的活力，就会感受到一种欣欣向荣的气息。

2）窗户朝南

住宅朝南的窗户，夏天有凉风吹拂，冬天有阳光，对营造温馨的家居环境十分有利。但由于白天的阳光强烈，容易导致人的身心躁动不安。所以应设计具有一定深度的水平遮阳板，避免夏季太阳直射，时间过长。

3）窗户朝北

窗户朝北，寒冷的西北风就会大量地吹进住宅，使屋内阴寒而不舒服。寒冷的环境，女性会月经不顺，而且易患妇女病。因此住宅朝北的窗户在满足房间采光通风的情况下，不宜开得太大，并应根据气候条件对窗户的选材和构造采取防寒保温措施。

为了减少朝北窗户的寒冷感觉，还可在窗内设暖色调的厚重窗帘，窗户还可排放抗寒耐阴的花草盆栽，以减轻心理上对气候寒冷的敏感。

4）窗户朝西

住宅的窗户朝西，午后必有西晒，好处是干燥不易潮湿，家具衣物不易发霉，但对体质躁者则有如火上加油，较难安居。朝西的窗户应加设活动的垂直遮阳板，并加挂窗帘，避免午后的太阳直射室内。朝西的窗户秋冬季易受寒风侵袭，可利用活动的垂直遮阳板，挡住北面的寒风，也可在春夏接纳和风。面对西下的夕阳，老人会产生不良的心理感受。因此，老人卧室不宜开设朝西的窗户。

（4）窗户的安全

从实际使用的要求，窗户设置防护栏是住宅必不可少的安全措施。居民从楼上窗口、阳台坠落时有发生。因此，窗户防护栏的设置不仅仅是为了防盗，对于日常生活的防患也是十分必要的，是家居室内环境安全的保障，应该作为住宅的必要构件加以设置，它既要符合安全要求，便于开启并还应是一个艺术小品。安装时不仅要保证住户安全，还应避免突出外墙造成对过往行人的伤害。

窗户上装的安全铁栅栏，磁场频率高于的磁场，在窗户上形成磁力线编织的网，好像是设置的屏障，挡住了旺气的进入。窗户是气口，旺气从窗户进入室内，安全铁栅栏的磁场过强，把生气阻隔在窗外。所以安全铁栅栏最好不要用铁质材料。在气口，不应有任何遮挡，树、电线杆、安全栅栏挡光线和视线，会给人增加压抑感。

5.4.3 住宅的采光与通风

住宅中的房间主要是卧室、起居厅（客厅）、餐厅、厨房、卫生间。如果阳光照射不到，通风不好，室内就会潮湿，卫生间会有异味，影响人的健康，健康情况差，工作就会受到影响，事业也就难有发展。

（1）住宅的采光

采光是指住宅接受阳光的情况，采光以太阳能直接照射到最好，或者是有亮度足够的折射光。

住宅环境风水对室内采光，也强调阴阳之和，明暗适宜。所谓"山斋宜明净不可太敞，明净可爽心神宏，敞则伤目力。"

万物生长靠太阳，住宅环境风水很重视住宅的日照，古语称"何知人家有福分？三阳开泰直射中""何知人家得长寿？迎天沐日无忧愁""何知人家贫又贫？背阴之地是寒门"。有句谚语说："太阳不来的话，医生就来"这充分说明了住宅采光的重要性。

阳光具有孕育万物的动力和杀菌力。阳光的好处很多：一是可以取暖，二是参与人体维生素D合成，小儿常晒太阳可以预防佝偻病，老人即可减缓骨质疏松；三是阳光中的紫外线具有杀菌作用，四是可以增强人体免疫功能。

直接射入室内的阳光不仅使人体发育健全，机能增加，而且使人舒适、振奋，提高劳动效率，还具有一定的杀菌作用和抗佝偻病的作用，所以窗户朝南的房间适合作为儿童和老人的卧室。但如果照射过度，对生物还是有某种程度的杀伤力。

过度的阳光，其过多的紫外线反而会带来害处。西晒及夕阳照射的房间，在夏天不仅白天温度过高，入夜仍然很酷热，也会影响身体的健康。

具体地说，要考虑南面、东南面和西南面等三个方面的阳光。在这三种不同方位的阳光中，以西南面的阳光最热。冬天虽然以能照射到西面或西南面的阳光最为理想，但是到了夏季，这两个方向的阳光，却是很令人困扰的问题。综合一年四季来考虑，以东南方及南方的阳光最为理想。因此，应该正确理解，阳光并非必须特别充足。

对于窗户来说，应经常开窗。单层清洁的窗玻璃可透过波长约为318～390mum的紫外线，但有60%～65%的紫外线被玻璃反射和吸收。有积尘的不清洁的玻璃又减少40%的光线射入。因此，要经常保持窗玻璃的清洁，以使在关窗的状态下，也有足够的阳光射入。

（2）住宅的通风

通风可以促进住宅里的新陈代谢，防止腐败。风不但是人类不可缺的东西，对植物也会产生各种不同的作用。在环境风水学中，即有所谓的中庸、过、不及。不及是指无风。相反的，过则指会产生灾害的大风和寒风。因此，这两种情况都是不理想的，唯有中庸，也就是适度，才是最适于人类生存的环境。

在考虑通风问题时，不能单纯地认为只要有窗户，通风就会良好，这是十分不够的。还应考虑风是从哪一个方向吹来的、都能吹进房子的哪一个角落、应该在那里留窗户较为合适等问题。为此，在住宅环境风水中也特别重视其"气口"的方位朝向和尺寸大小。同时还特别重视大气的关系。

5.4.4 住宅门窗的设计要求

门是联系和分隔房间的重要构件，其宽度应满足人的通行和家具搬运的需要。在住宅中，卧室、厅堂、起居厅内的家具体积较大，门也应比较宽大；而卫生间、厨房、阳台内的家具尺寸较小，门的宽度也就可以较窄。一般是入户门最大，厨、卫门最小。门洞的最小尺寸参见表5-5。

表5-5 住宅各部位门洞口的最小尺寸

类别	门洞口宽度 / m	门洞口高度 / m
共用外门	1.20	2.00
户门	0.90	2.00
起居室门	0.90	2.00
卧室门	0.90	2.00
厨房门	0.90	2.00
卫生间、厕所门	0.70	1.80
阳台门	0.70	2.00

窗的作用是通风采光和远眺，窗的大小主要取决于房间的使用性质，一般是卧室、厅堂、起居厅采光要求较高，窗面积就应大些，而门厅等房间采光要求则较低，窗面积就可小些。窗地比是衡量室内采光效果好坏的标准之一，它是指窗洞口面积与房间地面面积与房间地面面积之比，一般为1/7～1/8。在满足采光要求的前提下，寒冷地区为减少房间的热损失，窗洞口往往较小；而炎热地区为了取得较好的通风效果，窗洞口面积可适当加大。另外，窗作为外围护构件时，还要考虑窗的保温、隔热要求。当外窗窗台距楼面的高度低于0.9m且窗外没有阳台时，应有防护措施，与楼梯间、公共走廊、屋面相邻的外窗，

底层外窗、阳台门以及分户门必须采取防盗措施。

5.4.5 通过门窗营造室内清凉世界

大热天，人人都渴求凉爽。现在人们崇尚通过空调和电风扇等来获得舒爽。不少专家学者都指出，长期在空调环境生活和工作，极容易出现空调病。其实，如果能组织住宅的自然通风，不但可获得清新凉爽的空气，也还能节约能源。

拥挤使人烦躁，空旷使人凉爽。在城镇住宅设计中，各功能空间应在为室内布置安排家具的同时，留出较为宽绰的活动空间，给人以充满生机的恬淡情趣，也自然会使人们感到轻松愉快，心情舒畅。

以南向的厅堂为主，把其他家庭共同空间沿进深方向布置，一个一个开放地串在一起，便可以组织起穿堂风，给人带来凉爽。在南方还可以吸取传统民居的布置手法，在大进深的住宅中利用天井来组织和加强自然通风。

热辐射是居室闷热的直接原因。应在向阳的门窗上设置各种遮阳措施，避免阳光直射和热空气直接吹进室内。屋顶和西山墙应做好隔热措施。把热辐射有效地挡在室外，室内自然也会清爽许多。

此外，还可以通过加强绿化，以便更好地遮挡阳光，吸收热辐射，以营造室内清凉世界。

5.5 城镇山坡地住宅设计

在城镇用地中，由于地形的变化，住宅的布置应当与地形相结合。地形的变化对住宅的布置影响很大，应在保证日照、通风要求的同时，努力做到因地制宜，随坡就势，处理好住宅位置与等高线的关系，减少土石方量，降低建筑造价。通常可采用以下三种方式：

5.5.1 住宅与等高线平行布置

当地形坡度较小或南北向斜坡时常采用这种方式，其特点是节省土石方量和基础工程量，道路和各种管线布置简便，这种布置方式应用较多（图5-26）。

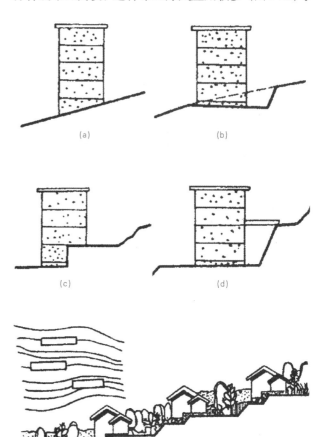

图 5-26 住宅与等高线平行布置

5.5.2 住宅与等高线垂直布置

当地形坡度较大或东西向斜坡时常采用这种方式，其特点是土石方量小，排水方便，但是不利于与道路和管线的结合，台阶较多。采用这种方式时，通常是将住宅分段落错层拼接，单元入口设在不同的标高上（图5-27）。

5.5.3 住宅与等高线斜交布置

这种布置方式常常是结合地形、朝向、通风等因素综合确定，它兼有上述两种方式的优缺点。另外，在地形变化较多时，应结合具体的地形、地貌，设计住宅的平面和剖面，既要统筹兼顾，考虑地形、朝向，又要预计到经济和施工等方面的因素。

图 5-27 住宅与等高线垂直布置

5.6 城镇住宅的民居建筑文化研究

我国的各地民居集中体现了传统城镇住宅的精髓。南北方民居各有特色，风格迥异。本节以北京四合院和闽南古大厝民居为例，介绍传统城镇住宅的特点。各地民居因受到历史文化、民情风俗、气候条件和自然环境等诸多因素的影响，以其深厚的建筑文化形成了具有鲜明地方特色的建筑风格。现代城镇住宅的设计，在充分体现以现代城镇居民生活为核心的设计思想指导下，传承民居建筑文化，探索城镇住宅设计的新途径。

传统城镇住宅中功能齐全，各种空间联系方便，并有直接对外的采光通风，平面布置有较大的灵活性，满足了动静分区、洁污分区、居寝分区等基本要求，并且在总体组合、平面布局、空间利用、结构构造、材料运用以及造型艺术等方面传承了传统民居的精华，在继承中创新，在创新中保持特色。传统城镇住宅因地制宜，突出地域特色。每一个地区、每一个村庄乃至每一幢建筑，都能在总体协调的基础上独具风

采。因此，传统城镇住宅是现代城镇住宅设计的模范，应当从中汲取更多设计灵感。

5.6.1 北京四合院建筑文化与细部设计

北京四合院民居（图 5-28、图 5-29）是北方地区代表性的民居建筑，其严谨的布局体现了我国传统文化的精髓，达到了天人合一，以人为本的境界。

自元代正式建都北京，大规模规划建设都城时起，四合院就与北京的宫殿、衙署、街区、坊巷和胡同同时出现了。据元末熊梦祥所著《析津志》载："大街制，自南以至于北谓之经，自东至西谓之纬。大街二十四步阔，三百八十四火巷，二十九街通。"这里所谓"街通"即今日所称胡同，胡同与胡同之间是供臣民建造住宅的地皮。当时，元世祖忽必烈"诏旧城居民之过京城老，以赀高（有钱人）及居职（在朝廷供职）者为先，乃定制以地八亩为一分"，分给迁京之官贾营建住宅，北京传统四合院住宅大规模形成即由此开始。

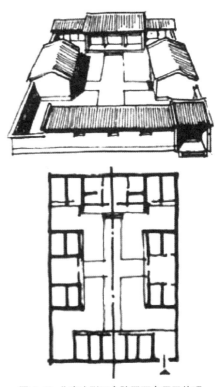

图 5-28 北京小型四合院平面布局及外观

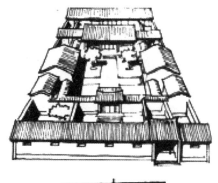

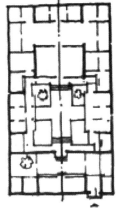

图 5-29 北京三进四合院平面布局及外观

（1）四合院的文化

北京四合院，天下闻名。旧时的北京，除了紫禁城、皇家苑囿、寺观庙坛及王府衙署外，大量的建筑便是那数不清的四合院民居。

《日下旧闻考》中引元人诗云："云开闾阖三千丈，雾暗楼台百万家。"其中"百万家"的住宅，便是指的北京四合院。它虽为居住建筑，却蕴含着深刻的文化内涵，是中华传统文化的载体。四合院的营建是极讲究环境风水的，从择地、定位到确定每幢建筑的具体尺度，都要按环境风水理论来进行。

北京四合院最大的特点就是以院落为中心组织建筑，形成了严谨的序列空间。大门、影壁、外院、垂花门、内院、厢房、正房、耳房、后罩房等，都按照秩序排列在轴线上，形成了内外有别、尊卑有序的居住文化。

（2）四合院的格局

四合院在中国有相当悠久的历史，根据现有的

文物资料分析，早在两千多年前就有四合院形式的建筑出现。因为北京四合院的型制规整，十分具有典型性，在各种各样的四合院当中，北京四合院最具代表性。

所谓"四合"，"四"指东、西、南、北四面，"合"即四面房屋围在一起，形成一个"口"字形的结构。经过数百年的营建，北京四合院从平面布局到内部结构、细部装修都形成了北京特有的京味风格。

北京正规四合院一般以东西方向的胡同而坐北朝南，基本形制是分居四面的北房（正房）、南房（倒座房）和东、西厢房，四周再围以高墙形成四合，开一个门。大门辟于宅院东南角"巽"位。房间总数一般是北房3正2耳5间，东、西房各3间，南屋不算大门4间，连大门洞、垂花门共17间。如以每间 $11 \sim 12m^2$ 计算，全部面积约 $200m^2$。

四合院有正房（北房）、倒座（南座）、东厢房和西厢房四座房屋在四面围合，形成一个口字形，里面是一个中心庭院，所以这种院落式民居被称为四合院。

首先，北京四合院的中心庭院从平面上看基本为一个正方形，其他地区的民居有些就不是这样。譬如山西、陕西一带的四合院民居，院落是一个南北长而东西窄的纵长方形，而四川等地的四合院，庭院又多为东西长而南北窄的横长方形。

其次，北京四合院的东、西、南、北四个方向的房屋各自独立，东西厢房与正房、倒座的建筑本身并不连接，而且正房、厢房、倒座等所有房屋都为一层，没有楼房，连接这些房屋的只是转角处的游廊。这样，北京四合院从空中鸟瞰，就像是四座小盒子围合一个院落。

而南方许多地区的四合院，四面的房屋多为楼房，而且在庭院的四个拐角处，房屋相连，东、西、南、北四面房屋并不独立存在。所以南方人将庭院称

为"天井"，可见江南庭院之小，犹如一"井"。

四合院中间是庭院，院落宽敞，庭院中植树栽花，备缸饲养金鱼，是四合院布局的中心，也是人们穿行、采光、通风、纳凉、休息、家务劳动的场所。四合院是封闭式的住宅，对外只有一个街门，关起门来自成天地，具有很强的私密性，非常适合独家居住。院内，四面房子都向院落方向开门，一家人在里面和和美美，其乐融融。

由于院落宽敞，可在院内植树栽花，饲鸟养鱼，叠石造景。居住者不仅享有舒适的住房，还可分享大自然赐予的一片美好天地。

（3）四合院的细部设计

四合院的檩、柱、梁、槛、椽门窗以及隔扇等均为木制，木制房架子周围则以砖砌墙。梁柱门窗及檐口椽头都要油漆彩画，虽然没有宫廷苑囿那样金碧辉煌，但也是色彩缤纷。墙习惯用磨砖、碎砖垒墙，所谓"北京城有三宝……烂砖头垒墙墙不倒"。屋瓦大多用青板瓦，正反互扣，檐前装滴水，或者不铺瓦，全用青灰抹顶，称"灰棚"。

1）大门

四合院的大门一般占一间房的面积，其零配件相当复杂，仅营造名称就有门楼、门洞、大门（门扇）、门框、腰枋、塞余板、走马板、门枕、连槛、门槛、门簪、大边、抹头、穿带、门心板、门钹、插关、兽面、门钉、门联等，四合院的大门就由这些零部件组成。大门一般是油黑大门，可加红油黑字的对联。进了大门还有垂花门、月亮门等。垂花门是四合院内最华丽的装饰门，称"垂花"是因此门外檐用牌楼作法，作用是分隔里外院，门外是客厅、门房、车房马号等"外宅"，门内是主要起居的卧室"内宅"。没有垂花门则可用月亮门分隔内外宅。垂花门的漆饰十分漂亮，檐口椽头椽子漆成蓝绿色，望木漆成红色，圆椽头漆成蓝、白、黑相套如晕圈之宝珠图案，方椽头则是蓝

底子金万字绞或菱花图案。前檐正面中心锦纹、花卉、博古等，两边倒垂的垂莲柱头根据所雕花纹更是漆得五彩缤纷。四合院的雕饰图案以各种吉祥图案为主，如以蝙蝠、寿字组成的"福寿双全"，以插月季的花瓶寓意"四季平安"，还有"子孙万代""岁寒三友""玉棠富贵""福禄寿喜"等，展示了北京人对美好生活的向往。

2）窗户和槛墙

窗户和槛墙都嵌在上槛（无下槛）及左右抱柱中间的大框子里，上扇都可支起，下扇一般固定。冬季糊窗多用高丽纸或者玻璃纸，自内视外则明，自外视内则暗，既防止寒气内侵，又能保持室内光线充足。夏季糊窗用纱或冷布，这是京南各县用木同织出的窗纱，似布而又非布，可透风透气，解除室内暑热。冷布外面加幅纸，白天卷起，夜晚放下，因此又称"卷窗"。有的人家则采用上支下摘的窗户。

3）门帘

北京冬季和春季风沙较多，居民住宅多用门帘。一般人家，冬季要挂有夹板的棉门帘，春、秋要挂有夹板的夹门帘，夏季要挂有夹板的竹门帘。贫苦人家则可用稻草帘或破毡帘。门帘可吊起，上、中、下三部分装夹板的目的是为增加重量，以免得被风掀起。后来，门帘被风门所取代，但夏天仍然用竹帘，凉快透亮而实用。

4）顶棚

四合院的顶棚都是用高粱杆作架子，外面糊纸。北京糊顶棚是一门技术，四合院内，由顶棚到墙壁、窗帘、窗户全部用白纸裱糊，称之"四白到底"。普通人家几年裱一次，有钱人家则是"一年四易"。

5）采暖

北京冬季非常寒冷，四合院内的居民以前均睡火炕，炕前一个陷入地下的煤炉，炉中生火。土炕内空，火进入炕洞，炕床便被烤热，人睡热炕上暖融融

的。烧炕用煤多产自北京西山，有生煤和煤末的区别，煤末与黄土摇与煤球，供烧炕或做饭使用。

以前室内取暖多用火炉，火炉以质地可分为泥、铁、铜三种，泥炉以北京出产的锅盔木制造，透热力极强，轻而易搬，富贵之家常常备有几个炉子。一般人家常用炕前炉火做饭煮菜，不另烧火灶，所谓"锅台连着炉"，生活起居很难分开。炉子可将火封住，因此常常是经年不熄，以备不时之需。如果熄灭，则以干柴、木炭燃之，家庭主妇每天早晨起床就将炉子提至屋外（为防煤气中毒）生火，成为北京一景。

6）排水

四合院内生活用水的排泄多采用渗坑的形式，俗称"渗井""渗沟"。四合院内一般不设厕所，厕所多设于胡同之中，称"官茅房"。

7）绿化

北京四合院讲究绿化，院内种树种花，确是花木扶疏，幽雅宜人。老北京爱种的花有丁香、海棠、榆叶梅、山桃花等，树多是枣树、槐树。花草除栽种外，还可盆栽、水养。盆栽花木最常见的是石榴树、夹竹桃、金桂、银桂、杜鹃、栀子等，种石榴取石榴"多子"之兆。至于阶前花圃中的草茉莉、凤仙花、牵牛花、扁豆花，更是四合院的家常美景了。清代有句俗语形容四合院内的生活："天棚、鱼缸、石榴树、老爷、小姐、胖丫头"，可以说是四合院生活比较典型的写照。

5.6.2 闽南红砖古大厝建筑文化

地处闽南泉州湾畔的惠安，是著名的侨乡和台、港、澳同胞的祖籍地之一。

出自惠安工匠营造的富丽堂皇、古色古香的五间张古大厝（图 5-30），通常被人们称为"皇宫起"或"双燕归脊"。它遍布在闽南语系的各个乡村，是这一带民间最富有特色的传统民居。闽台语言相通，

图 5-30 富丽堂皇、古色古香的"古大厝"

本是一家，台湾的民居也多仿照。这也成为海外侨胞和外出乡人思念故土、追寻根祖的寄托。远望这一座座红瓦屋面、红砖白石相映衬的屋宇，都有高啄的檐牙，长龙似的凌空欲飞的雕甍和双燕归脊的厝脊。近瞻一家家白石门廊，都镶满镏金石刻的题匾、门联、书画卷轴。精美的木雕和各种人物、花卉、飞禽走兽的青石浮雕，两旁是大幅衬有青石透雕窗棂的红砖拼砌花墙，墙基柱础也尽是珍禽异兽、花卓鱼虫浮雕，就连那檐部也缀满一出出白垩泥彩戏文塑像，更使人大有满目琳琅，美不胜收之感。登堂入室，则见雕梁画栋，"雕玉填以居楹，裁金壁以饰铛""发五色之渥彩，光焰朗以景彰"。不但梁木斗拱雕工十分精细，厅堂门屏窗饰尽都镂空雕花，而且一种是大红砖地，一种是石砌的庭阶栏楯，真可谓"朱门绮户""雕栏玉砌"。每一座古大厝，简直都是一件凝固着时代精神典雅华贵的雕刻精品，是用独特的建筑艺术语言写成的一首感人肺腑的诗，是一曲使人心感荡的赞歌，是用雕刻艺术塑造起凝固的故乡魂。

古大厝的典雅华贵，精美绚丽，在中国传统民居建筑中独树一帜。

（1）优美的传说

据载，唐朝末年，王审知随兄唐威节度使王潮入闽，光化庚申（公元900年），唐昭宗封王审知为闽王。不久，审知聘惠安黄田（锦田）唐朝工部侍郎黄纳裕的侄女黄厥为妃。黄氏聪慧贤德，进宫后，能保民女本色，明后妃之德，戒浮奢，倡耕织，对王劝谏恳切，深得王审知的宠爱与信赖，实为王审知治闽的得力助手。她生了两个儿子，长子叫延钧，次子叫延政。后王延钧以时乱在闽称帝，建立了五代十国的闽国。年号龙启，尊黄妃为太后。黄氏在宫中，常思念家人，每当风雨交力之夕，便秀眉深锁。有一天早晨，北风怒号、瓦霜棱棱，她见此状想到家乡父老，茅舍难安，也便伤心流泪起来，闽王见她如此，问她有何心事。她说道："我家地处海边，虽序属秋日，也如同冬天一样，屋瓦常被海风刮走，父母兄嫂居住破屋，不像我们住在都市，深宫内院，有城廊围护，生活过得那么舒适。"于是闽王下诏："赐汝母房屋可依照王宫模式建造"，这时黄氏立即跪谢圣恩道："谢君王赐我府房屋可依照王宫模式建造。"因闽南方言"母"与"府"谐音，黄氏故意把"母"念成"府"，闽王听后，急更改道："我说的是'赐汝母'，不是'赐汝府'"。黄氏立即正色言道："君无戏言，适才君王说的确是赐汝府，焉可更改。"闽王没有办法，只好照办。这便是五代以来，泉州府一带房屋檐牙高喙，屋顶许用瓦粘的王宫模式建筑的由来。泉州一带的建筑自古以来，确实以极其精美的独特风格深受赞誉。

（2）惠安人倔强的意志、创美的本性、精湛的技艺，是"古大厝"的创作源泉

人类艺术发展史告诉我们，任何艺术最高成就的产生都需要该种艺术的群众性艺术行为作为它的基础土壤，大的艺术氛围环境培养和孕育了其中的佼佼者。世界现代建筑大师莱特也指出："唯一真正的文化是土生土长的文化。"

建筑在生成过程中凝结了意念与追求，它的实体形态绝非自然界中的任意物象，而是经过设计者的立意构思。并通过某种方法表达出人的精神愿望、理想追求和审美意境，使人通过对建筑的解读而有所感悟。因此，一座卓越的建筑绝不是建筑师胸无感触的东西，它必然出自时代精神和建筑师的灵魂深处，它是有感而发的诗。这是一种直接的，不可抗拒的和无法躲过的视觉语言符号。它出自内心，所以才能进入千百万人的内心。只有第一等的襟抱、第一等学识和第一等激情，才会有蓝天之下、大地之上第一等的建筑艺术，即便是一堵墙、一扇门窗，也会有震撼人心的力量。

只有建筑师具备了崇高的思想、感情和想象力，才有可能创作、设计出崇高的建筑。不是所有具备崇高思想感情的建筑师都会设计出崇高建筑，但凡是创作出了崇高建筑的人，无一不具备了崇高的思想感情。

满山遍野的石头，水瘦山寒、冷落沉寂。在那过去的年代，故乡惠安曾到处呈现着一片贫困的景象。石形成的"臭头山"也曾与番薯并列为惠安贫困落后的标志。在严峻冷酷的困难面前，先民们以不屈不挠的精神，凭着"木板再坚硬，钉子自有路"和"有心吃仙桃，哪怕西天高"的坚韧精神和谋生能力。信奉"只有冻死的苍蝇，没有累死的蜜蜂"，抱着"输人不输阵，输阵番薯面"的思想，鄙视那些"船头怕鬼，船尾怕贼"，不敢出远门的懦夫和游手好闲的懒汉，瞧不起那些只说不做的"言语巨人，行动矮子"。以"三分天注定，七分靠拼命"和"敢拼才会赢"的坚强信念，使得"手工吃不会空"的观念深入人心。男人需从小学习一门手艺，出外打工。否则，会让人鄙视，这便成了惠安民间的一种风俗。

贫瘠的土地造就了惠安人艰苦奋斗、善于拼搏、

勤俭节约的风尚。先民们迫于生计，为了养家糊口、建家立业，他们带上"灶心土"辞亲别祖，或背井离乡，或漂洋出海。怀着思乡的情结，流着相思泪，过着"日头炎爆爆，石头硬鹄鹄，饮糜（稀）漉漉，菜脯咸笃笃"的艰苦生活，不忘"摇篮血迹"地记挂着父母、妻儿，挣得"当夫卖团钱"寄回家。广大的惠安工匠经过长期的生活磨炼，赋予他们倔强的意志，巨大的力气，用他们的亲身经历和内心感受，激发起创美的本性，练就了精湛的技艺，形成了推李周为"宗师"的五峰石雕、尊王益顺为"大木匠师"的溪底木雕和靠着祖传技艺远走他乡的龙西泥水匠为代表的惠安崇武建筑三匠。深入人心的"起厝功，居厝福"，使得他们用不断发展的高超技艺建筑起来的古大厝，美轮美奂，流光溢彩，赢得了人们的赞誉。

（3）古大厝是传统民居中建筑艺术与雕刻艺术有机结合的典范

建筑艺术是一门实用性很强的艺术。建筑具有双重性，它既是一门技术科学，同时也是一门艺术，两者是统一的，不可分割的。

世界美术史通常包括绘画、雕刻、建筑和工艺美术四个部分，本来它们都属于视觉造型艺术，需要运用某些手段和方法，借助特定的工具和材料以实现艺术创作的目的。

黑格尔在关于从事物中物质与艺术含量的多寡来确定其艺术层次的看法中有一个著名的观点，他认为："在艺术的发展系列当中，最早的艺术，也是处在最低层次的艺术，往往包含着较多的物质内容，而较高层次的艺术，则更多地具有精神性的内容。依此标准，艺术高低层次排列的次序是：建筑——雕刻——绘画——诗歌——音乐。"从物质形象来看，这是一种从具象到抽象，由物质到精神的进阶。的确，在这个序列中，音乐和诗歌的表现形式和手段比绘画和雕刻自由丰富。而建筑是最不自由的艺术，

建筑师是"带着镣铐跳舞的舞蹈家"。结构、材料、功能等物质技术因素以及政治、经济、宗教、伦理、法规等社会因素紧紧地制约着建筑师审美理想的自由表现。因此，建筑师的大功就在于审美的目的尽管从属于不相干的目的，仍能加以贯彻，使其达成审美的目的。而这正是由于他能够巧妙地用多种方式，使审美的目的配合每一实用目的。由此可以看出，出现在建筑形体中的绘画和雕刻，虽然是纯美术形式，但在建筑艺术家的巧妙组织下，它们也具备了实用性很强的装饰功能。

建筑装饰是依附于建筑实体而存在的一种艺术表现形式。它与建筑造型是不可分割的有机整体。建筑造型也含有建筑装饰的内容，为建筑装饰提供了条件，而建筑装饰是建筑造型的发展和深化。建筑作为艺术的形式出现，建筑装饰起着很重要的作用。正如我国建筑学家梁思成先生所著《中国建筑史》中说："建筑也引起人们的感情反应，但它只能表达一定的气氛，或是庄严雄伟，或是明朗轻快，或是神秘恐怖等，这也是建筑和其他艺术的不同之点。"人们从视觉体验中感受到建筑的形式、建筑的横向体量和竖向发展，其形体的比例、尺度、色彩或给人以和谐优美、开朗、自信、亲近；或者以庄严、肃穆、崇高、权威、气势、分量给人以威慑；或者以神秘、不安、恐怖的形象和气氛令人心惊肉跳。而优秀的雕塑作品仿佛是一个能量团，总是在向周围辐射能量，使空间充斥着运动气息，弥漫着生命活力。

建筑艺术和雕刻艺术的结合，可以通过人们的视觉唤起人对事物表面的视觉经验，唤起知觉记忆，唤起美感，于是，人对事物的形象特征就有了视觉以外的意象。

古大厝的魅力所在就是由于建筑艺术与雕刻艺术的完美结合，用其独特的造型语言，通过视觉传达、表现情感，唤起情感。它超越实用，以美观理想的视

觉形象与高品位的艺术环境感化人，激发人们对于自然、生活的美好想象，提高环境的生存质量和民众的素养。

1）凌空疾返的"双燕归脊"

利用各种屋顶的形式和屋脊的变化，使得建筑的天际轮廓线丰富多姿是我国传统民居的一大特点。喜用灰塑雀鸟的屋脊装饰，有如真鸟栖息，生动有趣。这种屋面装饰手法，是汉代建筑的特征之一。在我国各地民居中，至今仍采用龙、凤、鱼和雀鸟装饰或作为鸱吻。但以"归燕"作为脊角者，即是故乡古大厝极为独特的所在。

用泥灰塑造的双燕凌空疾返所形成优美柔和的曲线，其中间低而两侧逐步向上弯曲高高翘起的"双燕归脊"，大大地丰富了古大厝的天际轮廓，使得立体感更加丰富强烈，其"如翚斯飞"的形象更加发人深思。被专家、学者们誉为"翘脊文化"，这优美柔和的曲线也常为建筑师们在现代建筑的设计中加以运用。

对于这一独特的建筑形象也特别引起我的兴趣，激发起我追源求索的情感。为什么要用与众不同的"归燕"呢，为什么屋脊要起翘呢，又为什么要叫"双燕归脊"呢？这一切常常使人迷惑，需要不断地向乡人、老工匠请教，和专家、学者、同行探讨，但都未能得到令人较为确切的答案。经过多年苦苦思索，通过对故乡亲人深厚的感情体验和对民情风俗的深入探讨，得到了一个大家比较认同的答案。

燕子，是一种极受故乡人们喜爱的有益候鸟，常被比喻为外出的亲人。因此，燕子在古大厝高大的厅堂墙壁上构筑归巢，被认为是一种吉祥的预兆，备受人们的欢迎并大加保护。不仅如此，匠师在两侧的山墙上还砌筑了一条为避免山墙过于高大构思独特的鸟踏线（对位线），这也是古大厝最为独特的处理手法之一。它可为归燕和鸟雀提供短暂的憩息地。

而那不设内窗门的通风防潮栋尾窗（山墙通风窗）也为燕子归巢提供了方便，就连那为了"遮阴纳阳"的"反宇向阳"屋顶曲线也都与燕雀的飞翔曲线相似。

用泥灰塑造栩栩如生的双燕是对外出亲人的人性化比拟。用"双燕归脊"来表达在家父母、妻儿以一种"意恐迟迟归"的特殊心情，期盼着外出亲人能够早日平安回归。凌空疾返所形成的曲线具有强劲的力量，如同那远在他乡的亲人归心如箭的思乡之情。由一座座"双燕归脊"的古大厝组成的村落，屋顶起伏的曲线与那万顷碧波、起伏连绵的山冈融为一体，互为呼应，相映成趣。这村落，这古大厝镶嵌在山水之间，与大自然彼此紧密的结合，形同山水的儿子，这都显示了外出亲人对故土的眷恋。

正是用这泥灰塑造的"双燕归脊"传递了父母盼儿归的信息，呼唤着外出亲人的乡思，才使得古大厝充满着无限的生气和魅力。

2）典雅华贵的面前堂（正立面）

在中国传统民居中，大门位于人们视线最为集中的部位。因此，"门"是中国传统民居最讲究的一种形态构成。"门第""门阀""门当户对"，传统的世俗观念往往把功能的门精神化了，家家户户都刻意装饰；作为功能的门，它是实墙上的"虚"，而作为精神上的意象或标志，它又是实墙上的"虚"，背景上的"实"。中国传统民居，不论是徽州民居、浙江民居、山西民居、北京四合院等，大多数都会突出大门实用功能和精神上的意象或标志。因此，除了着重对门进行重点装饰外，墙面即多为厚实简单。

乡人们俗话说："人着衣装，厝需门面。"这里的人们很讲排场。故乡的古大厝，不仅沿袭传统民居重视大门入口的装饰外，而且更加注重面前堂的装饰，这就使得古大厝更具感染力，更富风采，从而成为夸富争荣之处，以其"露富"而有别于其他地方"藏富"的风俗。

图 5-31 古大厝的 "门厝路"

古大厝的大门，称为塌寿式的"门厝路"（图5-31）。从它的表现形式，就可分辨出厝宅所有者的身份、族系、地位及财力的厚薄。古大厝在"门厝路"内设仅供重大典礼使用的正大门和供日常家居进出的两边角门。大门一般采用花岗岩雕制而成，并镌刻对联，多数嵌有起厝者名字的冠头联。大门之上，另雕横匾一方，上面镌刻厝主姓氏之郡望、人望或意望。雕刻郡望的如蔡姓多刻"济阳衍派"、刘姓多刻"彭城衍派"、陈姓多刻"颖川衍派"、骆姓多刻"内黄衍派"、郑姓即刻"荥阳衍派"，等等；雕刻人望的，如王姓多刻"开闽衍派"、林姓即刻"九牧衍派"，等等。雕刻意望的，如陈姓多刻"飞钱传芳"、黄姓即刻"紫云流芳"、丁姓即刻"聚书世家"，等等；且有兴建年月的上下款。大门楣的两侧，各嵌一枚雕花短圆柱体的"门乳"（在宫庙或祠堂即多称五员目）。

从前墙凹进大门这片小天地的塌寿式"门厝路"，这里有大门、两角门和门厝路壁垛通常用石板或木材雕刻花鸟或名人诗词及人物故事，也有用水灰、剪五色瓷片粘成花卉图案。这个"门厝路"是"古大厝"跨富斗巧之处，有钱人常花巨资雇请石、木名匠精工雕刻。

"门厝路"的装饰，有全用石雕的或木雕的。也有下部用石、上部用木雕的（即在角门前方转角石

柱上，用两段短木柱衔接，上面挑出木制半拱、半拱末端垂下两段精雕加工的木吊筒，如同北京四合院垂花门上的垂花），上面雕刻花瓣或人物，然后油漆安上金箔，极为华丽，使得"门厝路"更为精湛华丽，令人叹为观止。

这"皇宫起"古大厝，不仅以塌寿式"门厝路"装饰那独特的精湛雕刻艺术而享誉海内外，面前堂的整体装饰，更是令人赞不绝口。典型的"五间张古大厝"，由檐部、墙壁和须弥座的垂直三段和以"门厝路"居中的水平五段组成（图5-32），其立面的划分和黄金比例的几何尺寸，似乎也和西方文艺复兴的古典建筑甚为相似，其中有些柱子甚至采用了欧洲的古典柱式。尽管这样，但采用各种独特的雕刻艺术装饰起来的古大厝面前堂，依然是那么传统的古色古香。古大厝以其独特的面前堂，依然给人们对故乡无限眷恋的感受。古大厝面前堂的须弥座常以虎脚兽足起座式"马季垛座"石雕的勒脚（图5-33）和裙垛石雕组成。

图 5-32 古大厝的 "面前堂"

图 5-33 古大厝的虎脚兽足起座式 "马季垛座"

由"垂珠瓦""花头瓦当"组成锯齿状、起伏变化、富有节奏、整齐美观的檐口和运路，水车堵组成了装饰华丽、层次丰富的檐部。

水车堵在壁堵的上部，檐口的下面，特别砌了一道凹堵，因整道堵长如水车，故俗称"水车堵"。堵内装塑了人物故事、花鸟树木，是泥水师傅精细工艺集中表现的天地，塑成后，再加彩绘，真正惟妙惟肖，栩栩如生。堵外用玻璃密封保护。这种装饰多为豪富之家采用。最具代表性的是泉州亭店村杨阿苗的古大厝，整道"水车堵"均用辉绿岩精雕人物故事，且多镂空细雕，须眉毕现，为石雕工艺精品（图5-34）。

运路。常用几种不同规格的砖块，錾砌不同花纹，逐行向墙外挑出，以增加屋檐外伸的长度，并丰富了立面造型。整条"运路"围绕四周，为古大厝创造了一条风格独特而优美厚重的檐口线。

墙壁由壁堵和角牌组成（图5-35）。壁堵是位于古大厝正面须弥座以上和檐部下面的砖壁。由于穿

图5-34 古大厝的"水车堵"

图5-35 由壁堵和角牌组成的古大厝墙壁

斗木构的古大厝，其墙体仅仅是围护结构，能工巧匠们充分利用这非承重外墙的结构特点，利用当地独特的红砖，发挥其精湛的技艺。在这里，工匠们对红砖封堵的外墙采用拼、砌、嵌工艺的古钱花堵、海棠花堵、梅花封堵、葫芦塞花、龟背、蟹壳以及人字体、工字体等花样，展现其追求吉祥如意，富贵长寿的期盼。而在角牌（壁柱）上的红砖壁柱即常用红砖錾砌成隶书或古篆书的对联。整堵墙壁用几种不同规格的红料，经泥水工横、竖、倒砌筑，白灰砖缝黏合成红白线条优美的拼花图案，其色泽古雅艳丽，光洁可爱。常为专家、学者们赞誉为最具特色的"红砖文化"。

每当我看到或脑海中浮现这与其他中国传统民居所不同的面前堂，就感到有必要去追寻被专家、学者们誉为"红砖文化"的文化内涵所在。

历史上政治、经济和文化的多种反复影响，势必在建筑形式和风格等方面得到反映。

① 竞争的需要

从唐至宋、元时代，在惠安所处的泉州，因海外贸易的逐渐发展而一跃成为"民夷杂处""梯航万国"的东方贸易大港，成为中世纪我国对外贸易的四大海港之一，被著名的意大利旅行家马可·波罗誉为可与埃及亚历山大港并称的"东方巨港"。在这样国际性贸易的大都会中，所有的艺术作品都很难完全保持自身"纯正"的风格，而体现出一种艺术融合的特征。在这里，各国、各地区、各民族的艺术家们，一方面，力图表现自身的艺术才华与本民族的文化特色，以提高本民族、本地区的商业贸易可信度，增强其内部的凝聚力；另一方面，在人才云集贯通交融的氛围中，又常常不自觉地受到外来文化的深刻影响，特别是宋元鼎盛时期的宽松气氛，也加强了这种相互学习的特征。因此，出现争相展现其雄厚实力的风尚。

② 勤奋的表现

在故乡惠安与闽南一带，长期受贫困煎熬的人们，惧怕贫困，努力排除贫困。富裕是勤奋敢于拼

搏的表现，受到人们的尊重和敬仰；而贫穷则是"没本事"的懒汉、懦夫的反映，受到人们的鄙视。因此，富裕便成为人们竞相追求的愿望。典雅华贵的面堂前，正好是人们展示勤奋致富的表现。

③ 幸福的期盼

古大厝面前堂所采用的各种雕刻、泥塑和砖砌拼花图案，都是琴棋书画、八仙渔鼓、梅兰菊竹、花鸟鱼虫和故事人物等用以祈求丰登、人财两旺和消灾灭病的良好愿望，寄托对外出亲人吉祥平安的祝福，也是外出亲人对家乡父母妻儿的思念。那水车垛有如经过努力而达到财源滚滚来。而那兽足虎脚的马季垛是稳固基础的展现，红色的墙壁更使得整幢古大厝光彩夺目，尽显喜庆的气氛，以满足人们对幸福的期盼。

④ 聚族的象征

由于外出的游子大多是在族人、亲朋的提携和照顾下，与当地群众和睦相处，通过艰苦奋斗，求得生活出路，兴旺发达，以接济贫困的家庭，报效父母先祖，努力为家中的父母妻儿创造美好的家居环境，用以展现其勤劳奋斗的雄厚财力。他们的成功都时时感念着先辈的养育之恩。因此，在门额上门的横匾上多是用以显示本家族的宗族渊源，起到了追本溯源的作用，它时刻向族人强调家庭血缘的观念。以助家族内部团结与协作。

3）雕梁画栋的厅堂

厅堂是家族最主要的室内公共活动场所，也是举行婚丧寿庆和佳节盛会宴请宾客的重要场所，是集中体现古大厝文化的核心。因此，为了显耀主人的社会地位、财力、文化教养等，人们常常把所有的风俗习惯、文化信仰、荣誉财富等统统堆集在厅中。有名人题写的匾额诗词，有松鹤延年、牡丹富贵、福禄寿喜、盛世升平的年画挂图，还有家谱、神位、佛龛，作为供奉祖先神灵的祭坛，也是满目生辉、堂皇高雅。对于厅堂中的梁枋、椽头、托拱、柱础、门窗及屏风隔扇，甚至家具陈设也都尽力地精雕细刻，加以表现

他们通过勤奋努力"报得三春晖"，光宗耀祖的孝心。

4）含情遥望的"绣球狮"

惠安石雕技艺源于黄河流域，又融会糅合了通过古代"海上丝绸之路"传入的外来技艺的精华，形成独特的风格。在历史上被誉为"南匠"的惠安石雕艺人，经受长期外出谋生的苦难生活，情感受到极大的冲击。将期望也寄托在所有雕刻作品中，使得原本作为守护狮的北狮变为独具特色的惠安蹲坐石雕南狮（绣球狮）。

北狮在外貌神态上虽然有异于唐宋蹲坐狮，但还是威然蹲坐在石座上，脚长爪利，龇牙咧嘴，低眉怒目，眼不斜视，头部微侧，两耳长垂，神态肃然，依然保留凶悍本色，给人以凛然不可侵犯之势，就连雌狮对爪下戏耍的幼仔也未流露出温顺的仪容。而南狮（绣球狮）中的雄狮蹲坐在雕花石座上，胸披彩带，前足抱一彩球，头部向右仰侧，双目含笑斜视着遥遥相对的雌狮；雌狮前爪抚摸着两只衔尾戏耍的幼仔，头向左仰侧，脉脉含情地望着"郎君"（图5-36）。

图5-36 出自惠安名匠的绣球狮

这万兽之王的狮子，原本为人们用作功能单一的守护狮，但在惠安石雕艺人的手下，把大门两侧雄雌一对石狮，喻同天上的牛郎织女。为了生活，夫妻只能天各一方，丈夫在外辛勤的做工，妻子在家精心地照顾着孩子。那神态，双方都似乎有说不尽的万般恩爱和无限的思念。这独特的南狮是惠安石匠们的感

情寄托。正是这样，每年农历的七月初七日，在天上牛郎织女相聚的日子，在故乡惠安以前几乎家家都要举行敬拜活动。

（4）弘扬古大厝的传统建筑文化，再创建筑艺术的辉煌

故乡的古大厝以其优美柔和的曲线、富于变化的层次，吉祥艳丽的色彩和精湛华丽的装饰所形成的独特风格而备受赞誉。这其中，惠安的工匠们匠心独运的石雕、木雕、砖雕、泥塑和红砖拼砌等堪称一绝的技艺，充分展现了先民们亲身的感受，并创造了这颇富文化内涵的古大厝。

尽管受到文化交融、社会发展和技术进步的影响，新建的民居，虽然已不再是"双燕归脊"的古大厝，但不管是合东西方建筑文化于一体的"洋楼"，还是既注重美观又注重实用的现代建筑。它们仍然都保存着传统砖石结构的精湛技艺，保留着喜饰石刻题匾、门联的风俗，激励着人们勤奋拼搏，唤起人们怀念故土的乡思。

古大厝，用雕刻艺术塑造起凝固的故乡魂。它是一首用建筑艺术的特殊语言诗，就像孟郊（唐）笔下的"游子吟"；是一曲崇尚忠孝、仁义、吉祥、平安、富贵、和睦的千古绝唱。

由于古大厝有着深厚的文化内涵，使其成为传统民居中的一朵奇葩。只有对传统民居文化进行深入探讨，树立高尚的情操，才能在对新材料和多种科技进行创造性地运用中，努力发挥雕刻艺术在建筑中的作用，也才能使现代建筑不仅反映出时代精神，而且更富有耐人寻味的文化内涵。

5.6.3 福建华安县台湾原住民民俗村住宅

台湾原住民，是原住台湾少数民族的总称。根据专家考证，台湾原住民是我国古代百越族的一部分，是台湾现存最早的土著民族，他们的祖先从东南沿海漂洋过海，在台湾阿里山山麓及东部山地扎根繁衍，安居乐业。台湾原住民可细分为雅美人、泰雅人、赛夏人、鲁凯人、曹人、布农人、阿美人、卑南人、排湾人等所谓的"九族"。

目前，共有150多位第一代台湾原住民同胞散居在祖国大陆各地，而定居在福建省华安县的就有35户119人，华安成为祖国大陆台湾原住民聚居最多最集中的县份，他们主要分布在沙建、仙都、华丰和良村4个乡镇的偏远山村。

各级党委政府认真贯彻党的民族政策，在政治、经济、生活方面给予了他们无微不至的关怀。为发展旅游业，促进地方经济发展，华安县建立了台湾原住民民族风情园、风情歌舞厅、台湾原住民同胞民俗器具展览馆，并组建了一支台湾原住民表演队及台湾原住民运动队。每逢游人到来，台湾原住民民俗表演队身着鲜艳的台湾原住民服装、跳起激情奔放的舞蹈，成为华安生态之旅一道亮丽的风景线。为了更好地帮助台湾原住民同胞发展经济，促进华安旅游业的发展。2000年，福建省漳州市华安县各级政府决定投资400多万元，在华安县城关规划占地约30亩山地作为台湾原住民同胞迁入新居后种菜、发展果竹等生产项目的用地。

当委托笔者负担这一设计方案的创作时，深感建设供台湾原住民同胞居住的民俗村是一项创举，但由于与台湾原住民同胞的接触极少，对台湾原住民同胞的居住情况更是一无所知。因此，完成这一任务压力极大。通过翻阅资料和调查研究，使笔者对台湾原住民的建筑形式有了初步的认识。

台湾大学韩选棠教授指出："在中央山脉、台东花莲纵谷与兰屿岛等近三分之二的土地面积上，台湾原住民克服种种逆境，顺应自然的条件而摸索出适合自己生活及居住的模式。这种模式表现在建筑上的是建筑材料、屋宇形式、建筑空间等。台湾原住民

家居因为是在满足生活方式及实质环境的需求下构建的，因此富有强烈的地域性。"因此，即使在巢、穴的源头之一，中国台湾原住民的九族也就有着九种个性鲜明的居住模式。

梁思成先生《中国建筑史》一书中指出："建筑之始，产生于实际需求，受制于自然地理，非着意于创新形式，更无所谓派别。其结构之系统及形制之派别，及其材料环境所形成。"

纵观台湾原住民的住屋，可以清晰地发现，他们不仅提供了同一个地域兼有"穴""巢"原生居住模式的基因，而且还提供了同一个民居聚落乃至同一个单栋民居之内也兼有"穴""巢"之特点。独特的自然地理条件和生产方式，使其在一家一户的构成上"穴""巢"兼备，"阴""阳"结合；多元的自然条件、多元的生产和生活需求，也就带来多元的空间和多基因的模式。可综合其典型特点为：

（1）干栏式建筑

台湾原住民与越人居住完全一样，是采用干栏式建筑。最主要的作用是避免动物、昆虫以及湿气的侵袭、继而发展成为住宅室内向室外的过渡空间，这对于夏季闷热的气候有采凉的作用，同时也是聚会交谊的地方。

（2）形式特色

① "舌"式进口。"舌"进口及门在山墙面是台湾原住民的住屋特色。

② 鸟尾巴式屋顶。越人崇拜鸟神，以鸟为图腾，把鸟作为至上的象征物饰于器物。台湾原住民同胞也有崇鸟风俗，传说中"鸟神"曾为台湾原住民同胞取来火种，在如今台湾原住民同胞房屋的屋脊上，仍然点缀有鸟形的饰物。

③ 倒梯形的墙壁。台湾原住民同胞住屋的墙壁是用芦苇编制的，外抹灰泥，墙面做成倒梯形的斜面，水在斜面上不能渗进室内，而直接滴落地面，从而起到防水的作用。

④ 红色玻璃珠的装饰。据有关资料介绍，台湾原住民对红色玻璃球相当重视。据记载："当任何人生病，巫医在病人身上挥动香蕉叶，亲吻与吸吮痛苦的部分，不管生与死，巫医唯一的报酬是红色玻璃珠""把槟榔放进一个红色玻璃珠，放在掌心，在神的脸前挥动，希望能帮助并保佑他们的追猎""提供槟榔与珠的人，往往被认为可能在向对方寻求和平"。他们往往把象征吉祥的红色玻璃珠作为家居的装饰物。

（3）宗教

台湾原住民的宗教信仰为祖灵信仰，在他们的祖灵里，布施与降祸的几乎都是由同一灵魂所造成，这种没有清楚界定的灵魂主宰着他们的生命观。因此，祖灵是时刻与活着的人在一起的。

在台湾原住民的生活习俗中，没有汉族过年的习俗，但却维持着过年在厨房祭祖的巴律令仪式。当天年夜全家聚集在厨房，女主人先准备一块干净的板子放在厨灶上，由家中最年长的女性开始，先在两个酒杯中分别斟上白酿酒和一般米酒，由主祭者念祈文。巴律令仪式后，一般都还有一个围炉团聚的活动，在屋内升起火，祖灵在此时会回到家中，与家人团聚，共度一个温馨的夜晚。

（4）方案设计

根据以上的认识可以看到，台湾原住民在千百年的生活体验中，已发展出一套适应潮湿多雨的建筑文化。福建省的华安县也是一个潮湿多雨的地方，因此在华安台湾原住民民俗村的住宅设计中，应从台湾原住民的建筑文化出发，采用现代建筑技术进行建造。

通过反复推敲，笔者创作了三个设计方案供华安的台湾原住民同胞选择。这三个设计方案的共同特点是：

① 为了适应华安的气候特点和地处山坡地建筑场地，采用底层架空作为敞开空间的干栏式建筑。

② 入口楼梯为布置在山墙面的"舌"式楼梯。

③ 在平面布置中，较为宽敞的厨房，可供炊事及在厨房举行祭祖的巴律令仪式。可供家庭自用的卧室和卫生间，一般均布置在二层，而供游客居住的客房一般布置在三层，并有宽敞的车库。为了适应游客相对独立的需要，C型住宅布置了自室外直达三层的室外楼梯。此外，布置了露天的挑廊和露台，以满足游客参加及欣赏各种台湾原住民同胞富有特色活动的愿望，如露天石板烧烤、中心顶竿球、陀螺及广场的歌舞和体育活动比赛等。

④ 在立面造型上采用了带有鸟尾造型屋脊的双坡顶或歇山顶及倒梯形的墙面，并以红色玻璃珠作为山墙面的装饰。

华安台湾原住民民俗村的三种住宅以其颇富传统的风貌展现了独具特色的台湾原住民建筑文化，而那简洁明快、通透轻巧的立面造型又极富时代气息。

5.6.4 畲族与建筑文化

（1）渊源历史

畲族是我国东南沿海的一个古老民族。至迟在公元6世纪末7世纪初，以广东省潮州凤凰山为中心，在闽、粤、赣三省交界地区出现了畲族的先民，形成一个比较稳定的群体。史籍中称为"南蛮""百越""峒僚"或"畲瑶"等。"畲民"的称呼最早出现在南宋末年刘克庄的《后村先生大全集·漳州谕畲》。畲族自称"山哈"。1956年12月国务院正式公布畲族为单一民族。

畲族聚落以山地为主，与山地结下不解之缘。

畲族有自己传统的信仰，主要是盘瓠图腾和祖先崇拜，绘有"祖图"，刻有"祖杖"，编有称赞其始祖称盘瓠（盘瓠也称为"龙麒""盘护""高皇""盘大护""盘古大王"和"龙猛"）为高皇的《高皇歌》，印有《开山公据》或《抚瑶券牒》。祭祖是畲族最崇高的宗教活动，它是团结本民族的精神支柱。

畲族是喜爱唱歌的民族，认为"歌是山哈写文章，大小男女学点唱，谁人不学山哈歌，好比学子断书堂"。畲族"俗不离歌"，各种民俗事项中都能体现出朴实、热烈、真诚的生活艺术化倾向。

畲族是开发我国东南沿海的先驱者，具有坚贞不屈百折不挠的民族性格和诚挚、友善、团结、谦让的精神。

畲族人以自身的聪明才智缔造独特而灿烂的精神文化、物质文化。在我国东南沿海的文明史中有着畲族极其辉煌而为世人瞩目的篇章。

畲族的族称，与"畲"字含义密切相关。"畲"字来历甚古，《诗经·周颂》的"新畲"，《周易·无妄》的"菑畲"，这里的"畲"是指将荒地垦治成为可以种植的畲田。而《集韵》和《漳州谕畲》的所谓"畲，火种也"，其含义是用火烧去地里的杂草后种植农作物，其田称为火烧田。二者都含开天辟地、刀耕火种的意思。

而在广东一带有一俗字"輋"，其音she（奢）。汉化檀萃《说蛮》云："輋，巢居也。"这说明"輋"的含义是侧重于居位形式，反映了畲族的山居特点。正如清光绪时《龙泉县志》所载："名义畲名，其善田者也。"可见，"畲"字是很美好的字眼。

1) 祖先崇拜

畲族始祖盘瓠征服番王有功，高辛皇帝赐其为"忠勇王"，并招为三公主之驸马。盘瓠与三公主成婚后，入居深山，开山种田。生下三男一女，帝赐姓"长子姓盘，名自能；次子姓蓝，名光辉；三子姓雷，名巨佑；女称淑女，许配钟志深。还封了爵号领地，盘自能封武骑侯处南阳郡，蓝光辉封护国侯处汝南郡，雷巨佑封立国侯处冯翊郡，女婿钟志深封敌国侯处颖州郡。后蓝、雷、钟成为当今畲族三大姓，并在其祖宗牌位上落款标明相应的地望"汝南郡""冯翊郡"和"颍州郡"。

畲族图腾的"祖图"，图文并茂，以盘瓠传说为依托，展示畲族历史发展、社会生产、文化习俗等。"祖杖"又称"龙手杖""法杖"，是畲家显示远祖权威的象征物。"祖图"和"祖杖"是畲家传世之宝，平时秘而不露。唯有祭祀仪式才得以展示。

三公主是畲家的女始祖。她不贪婪宫廷富贵、随夫携子，举家迁往岭南、躬耕陇亩、开发山区。由于她是宇宙之神，最终辞别子孙，变为凤凰，踏上彩云、升上青天。因此，三公主作为畲族的女性象征，得到畲家子孙的爱戴和崇拜，畲族将她的石像或牌位奉以尊位。畲家女头饰的凤冠和各种双凤朝阳的图案饰物，都展现了畲族以凤凰图腾，来展示对三公主的崇敬。

2）民间信仰

畲族宗教信仰是以氏族神灵与世俗神灵相结合的崇拜对象的多神崇拜。畲族民间信仰的世俗神灵：

a. 神圣化的族内英雄与历史传统人物。

b. 职业性神灵。如猎神、农神崇拜。

c. 神格化的自然体。如谷神、谷娘、谷仙以及石母、树神崇拜。

d. 汉族社区深入的民间俗神。如供奉灶神、土地公。每家厅堂都供奉着"天地君亲师位"的牌位。

e. 世俗化的道释诸教尊神。

f. 鬼魂幽灵。

3）畲寮演变

畲家宅舍称为"寮"。寮的主要形式有：

a. 茅寮。畲族游耕时期或初迁阶段的宅舍，茅寮分为山棚（山寮）和泥间（土寮）。

（a）山棚（山寮）。以树丫架上横条为主架，上盖茅草或杉树皮。

（b）泥间（土寮）。寮内以数根竹木为支柱与主架。以泥土夯成围墙，或以小竹、菅草、芦秆编成篱笆墙，再涂上泥巴。俗称"千枝落地"墙。

b. 草房。山棚与泥间的混合体，畲族定居的最初一批宅舍样式，是由茅寮向瓦房转化的过渡性宅舍。整体为以"个"字形、"介"字形和复合"介"字形结构为主的木结构，屋面多为双坡悬山顶，茅草为盖。筑土为墙、墙体低矮、内多统间、门户极小、无特制烟囱。范绍质在《瑶氏纪略》中云："结庐山谷，诛茅为瓦，编竹为篱，伐荻为户牖，临清溪栖茂树，有翳翳郁自然深曲。"

c. 瓦房，俗称"瓦寮"。是当今畲族最主要的宅舍样式。以木为柱梁，榫合结构，屋架为抬梁式，上铺木橼，橼上覆瓦，屋面多为悬山顶。四周筑以围墙，土墙前后各开一门。前门正对前厅稍大，后门偏小。

4）聚落布局

畲家所居均为山地，按农耕文化的特点，聚落择基主要凭借经验，选择山水田俱佳之处。畲村传统聚落布局和畲寮的特点是：

a. 村多为集聚型村庄。散村因极为分散且户数少，故也称为"单座寮"或"几栋厝"。

b. 少有拘束。虽然没有严格地按中华建筑文化理念进行畲寮的内部布局，但十分讲究宅门和灶门的朝向。

c. 注重实用。畲寮重实用，朴实无华，极少装饰。大多随势建造，少见斜门、假窗等。

d. 重视种树。畲村的村前屋后注重栽培树木。认为树木能"培荫风水"。畲谚云："造成风水画成龙。"为此，畲村的村口、后门山或者紧靠村旁的厝兜山都留有拔地参天的松、杉、樟、榕、柯、枫等大乔木。很多宗谱中都有严格要求护卫风水林，不得任意砍伐的家训。

5）居住形态

畲寮居住形态注重人畜之别、长幼之别与喜丧之别。畲寮内突出厅堂的重要位置，厅堂居中，卧室都置在厅堂两侧的前后间，前间叫"厅堂间"，后间叫"后厅间"。一般户主多住在前间，一旦年老，后辈继任户主，老人便退居后间。新婚洞房设在前间，而病人临危多移至后间，一旦死亡，遗体便安放于后厅。

畲民居住山地，畲寮多为两层。为防野兽侵害，底层土墙围舍较为封闭，用作牲畜和家禽饲养。二层敞开的木构架和大挑檐利于通风遮阳，用作家人居住。随着发展，现在畲寮均用作居住，而把禽畜饲养另辟与居住分开专门用作饲养的屋寮。

6）建造工艺

畲家泥瓦匠、大木师傅手艺高明，北京紫禁城的建设便是出自畲民样式雷之手。畲家建房以族内的大木师傅为主。凭经验绘草图，在家备料，择日进行。一户建房，亲邻相助，责无旁贷，农闲多干，农忙少干，只管酒饭，不付工钱，一派和谐气氛，展现了畲民的凝聚精神。

（2）安国寺畲族乡村公园住宅小区住宅的设计创作

1）感动与压力

2011年8月12日，笔者随郑建福、蓝晓丹伉俪踏上建瓯市东游镇安国寺自然村，那山环水抱、层层梯田、绿树成荫、竹涧流水的优美自然环境和丰收的景象，真令人陶醉；畲民的热情接待，屋寮顷刻进入了为盼新村建设的热议之中。有位淳朴的山哈拿出自酿的蜂蜜加以馈赠，以表期盼的激情。郑建福、蓝晓丹夫妇之举使笔者心动，特拟"蓝天气爽中秋时，晓光旭日照大地，丹心为月献慈悲，君临故里乡人期"和"建设通途福运至，晓理善行丹心施"加以赞扬，并拟拙句作为鞭策："岗峦叠翠安民心，稻菽丰硕国富强。佛祖慈怀寺中供，善施祈望村换颜。"

感动之时，却也为由于对畲乡文化之无知和畲族建筑文化无处可寻而深感压力巨大。"无限乡思催求索"，促使笔者在众多亲朋支持下，收集和日夜翻阅了有关畲族文化的知识。

2）苦寻与立意

在苦苦的寻找和推敲中，从对畲族优秀的历史文化和居住形态中得到启迪，笔者斗胆地提出了时代畲寮的创作立意："功能齐全类型多，邻里关爱情意浓，庭院风光楼层化，人天和谐融自然。忠勇传芳四龙柱，颂扬公主凤吻脊，素雅淡妆添木韵，屋寮展现畲乡魂。"

3）设计与展现

畲族是我国56个少数民族中人数较少，且分布地域较广的一个少数民族，居住在福建的畲族同胞占总人数的一半。但长期以来，由于较为分散，其住宅形式随着时间流逝，特点也不突出。为了保护和弘扬畲族文化，近期在福建建瓯市东游镇安国寺畲族乡村公园住宅小区的规划设计中，开创性地对住宅设计的文化性做了较为深入的研究。由于畲族同胞多数分散居住于山地，畲寮底层饲养家禽、牲畜，为避免各种侵害，常采用较封闭的做法，上面二层或者三层即利用木构架作了较为开放的布置方法。福建省建瓯市东游镇安国寺乡村公园居住小区的设计，旨在努力展现畲族民居文化的特点。

a. 平面布置。以厅堂和起居厅分别作为家庭对外和内部活动的中心，并尤其重视厅堂民居的作用和布置要求。

b. 功能齐全。为了提高居住的舒适性和卫生性，设计中都确保所有的功能空间均能有直接对外的采光通风。

c. 厨房的布置以及前、后门的设置都能确保方便邻里往来。

d. 立面造型。特别重视畲族文化的展现，以忠勇传芳四龙柱，突出畲族先祖是为高辛皇帝所赐的忠勇王，后裔分别为盘、蓝、雷和钟四个姓氏，设计中在厅堂的门廊处设四根柱并饰以经简化的龙纹线雕。畲族女始祖三公主之贤惠、善良为畲族同胞所拥戴。因此，双凤朝阳成为畲族的图腾，设计中特借鉴中国传统民居吻脊的处理方法，于屋脊处设置双凤吻脊。同时在立面造型设计中充分展示畲寮底层封闭、上部开敞木结构的造型特点。

4) 兴奋与期待

历经十个月的创作研究，福建省建瓯市东游镇安国寺乡村公园居住小区的设计方案在众多同行的协助下得以完成。2012 年 6 月 23 日，时值壬辰端午，送图再赴安国寺村，畲民的热忱、期盼、理解和支持，更使我十分感动地拟句："雕肝琢胆勤耕耘，十月苦寻现畲魂，鞭炮齐鸣迎新寮，端午山村飘彩云。"并在全村大会上，向畲族同胞讲述建新村仅是开始，应该抓紧做好安国寺畲族乡村公园的规划，以推动安国寺村的经济发展，促进城乡统筹发展。兴奋之时，又拟拙句，随记二首："端午时节赛龙船，山乡喜迎丹凤还。畲寮宾朋众呈现，商建桃源求祥安。""安得广厦乐万业，国旺韶光沐畲乡，寺显灵气济世间，村人翘首梦桃源。"

5) 住宅设计效果图

图 5-37 甲型住宅

6 城镇住宅的室内设计

家居室内设计，应体现出一种风格，这种风格特征可以无言地展示出居住者社会阶层、生活方式、文化素养等。当你走进农家小屋里，窗框上挂一串大蒜，箱柜上一排红暖瓶和满墙镜框里密密麻麻的家庭照以及火炕上色彩艳丽的被褥，无不显示出主人朴实、亲切的农家气氛；当你走进堆满各色家电、奢华而色彩零乱的居室里时，你会有种生硬的感觉，这种故意摆阔而毫不实用的居室风格，只能给人感觉居室主人修养不高的印象；当你置身一个风格协调的居家居，内心会有一种轻松和美的享受。

6.1 门厅

6.1.1 门厅的布局文化

门厅是家居中的过渡空间，它是从主要入口到其他厅、房的缓冲地带，这里不仅是家居生活的序曲，也是宾客造访的开始，它的美与不美，会给人构成深刻的印象。门厅，在日本就是所谓的玄关，由于日本人的居住形态，一进门便是地铺榻榻米，这便是他们睡觉和接待客人的地方，如同我国的北方的炕，因此，一进门就得脱掉鞋子，玄关便是他们脱鞋和整装的场所。在我国传统的民居中，登阶跨过门槛便能登堂入室，由于坐有椅子，睡有床铺，因此并没有换鞋和脱鞋的必要和习惯，也就无所谓门厅了。大的民居设置

门厅也仅仅是迎宾送客和家人出入的地方，直到近代公寓式多、高层住宅的出现，户户相对，没有庭院，没有缓冲的台阶和门槛，而生活品质又日渐受到重视的同时门厅才被逐渐受到重视。在很多住宅里，门厅只是一个没有特色，甚至空白的过道，更有许多房子根本没有门厅的空间，如此一来，大门一开，起居空间便暴露出来，家居生活必然会受到影响，如果没有适当的地方来处理鞋子，就只好让门边一片零乱了。

20世纪90年代初，在一次住宅设计的研讨会上，一位日本专家竟提出："你们中国人进门有没有换鞋的习惯。"笔者便十分从容坦率地回答："由于居住形态的不同和处于经济较为落后时，一般是没有换鞋的习惯和必要，但随着居住形态的改变，以及经济的发展，入门换鞋已逐渐成为一种习惯和必然，也要求在住宅设计中必须给予足够的重视。"这个回答使日本专家也只好诚恳地用他小时候洗澡时牛还伸着舌头舔他的肩膀，说明由于当时的经济并不发达，他只好在牛棚里洗澡来进行解脱。这虽然是一个小插曲，但却时时为笔者所铭记，也促使笔者对居住形态进行了种种探索。

在欧美，由于气候条件和生活习惯，在冬天里，进了门总要脱掉外衣和帽子，因此设置门厅，并还常有衣架、橱柜，甚至有一组桌椅。

门厅虽然空间不大，但不管是传统的看法和实

用的说法，却不应限制个人的想象力。在留出充分的活动空间和动线外，只要经过适当的处理，比如放一张照片、一些工艺品、一组屏风、一瓶花卉都可以产生很好的效果及变化，而达到表现自我的目的，实际上深刻印象的建立，也是设立门厅，在舒适明亮之外的主要目的。

（1）门厅的布局要求

根据住宅环境风水的要求，住宅的门厅是迎宾纳气之处，宜有转折而不宜直通，可设柜、屏或者用盆栽作为隔断。门厅面积较小，应以高雅大方为佳，切忌浮华矫饰和阴暗肮脏。

门厅应满足以下要求：

① 门厅不宜太窄，应能满足沙发及钢琴等，大件家具搬运方便的要求。

② 门厅的物品应摆放有序，让人一进屋就有一种神清气爽的感觉，愉悦心灵。因此，鞋柜的布置对于门厅就起着十分重要的作用。

在门厅放置鞋柜供主客换鞋、储存。"鞋"与"谐"同音，鞋又必定是成双成对的，因此，有着和谐、好合的象征意义。家庭最需要的和谐的氛围，为避免把室外地面灰土带进家居，为此入门便需换鞋，入门见鞋就是吉利。

（2）鞋柜的布置

① 鞋柜的大小。鞋柜的大小应适中，高度不宜超过房屋空间高度的三分之一，也更不宜超过主人的身高。因为上为"天才"，中为"人才"，下为"地才"，鞋子是给足部穿着保护脚部的物品，故属于地。如果鞋柜的高度超过房屋空间高度的三分之一，必须注意不要把已穿过的鞋子摆放在"天才、人才"的位置。而把未穿过的鞋子，放在鞋柜的上半部，已穿过的鞋子带有地气，可以把其放在"地才"的位置。

② 鞋柜的位置。鞋柜虽然有实用价值，但毕竟不是可供鉴赏的陈设。因此鞋柜的位置不宜摆放在正对入门处，应该尽可能把其布置在入门的两侧。

③ 鞋柜的设计。鞋子宜藏不宜露，这才符合归藏于密之道。设计巧妙的带门鞋柜，显得典雅自然，不易让人一眼看出它是鞋柜，也可避免鞋子摆放乱七八糟，影响观瞻。对穿过的鞋子要经常洗刷，去除异味，以免污染家居的空气。

④ 鞋柜的分层。鞋柜内分层搁板应倾斜。摆放时应把鞋头向上，意味着步步向上。

（3）照明

门厅空间较小，不应设吊灯，并要避免开门时背光。

① 门外的照明是非常需要的，它应能为晚归的家人很容易看到钥匙孔，也能为来访的客人感到一分欢迎的暖意。

② 门厅的灯光，最好在进门前就能把它打开，并可用装在屋内的一支双向开关来控制。

③ 为了使眼睛有充分的时间准备，以适应从暗到亮的变化，温暖而不太亮的光线是比较好的，用白炽灯会比日光灯来得合适。

④ 从顶棚均匀投射的灯光，如嵌顶灯、投射灯、或是壁灯，都可以节省空间，减少吊灯的压迫感。

（4）色彩的应用

原则上，对于空间不大、光线不足的门厅，宜采用反光性强的暖色、明度大和彩度大的色彩，色彩只是理论上的参考，应根据家居装修的整体效果以及个人的喜好来决定，希望能让客人通过门厅中就能感到家庭的气息。

6.1.2 门厅的装修设计

（1）门厅的功能

在登堂入室第一步的所在位置，在建筑上术语叫作"门厅"。门厅在日本称为"玄关"，其实玄关原指佛教的入道之门，被引用到住宅入口处的区域，还是应称其为门厅（图6-1）。门厅是给客人第一印象的关口，如果对小小的门厅认真地加以设计，把它迎来送往的功能强化出来，会给你一个小小的惊喜。
住宅是具有私密性的"领地"，大门一开，有门厅作
为过渡空间，便不会对家居一览无余，起到一个缓冲
过渡的作用。就是家里人回家，也要有一块放雨伞、
挂雨、换鞋、搁包的地方。平时，门厅也是接收邮件、
简单会客的场所。

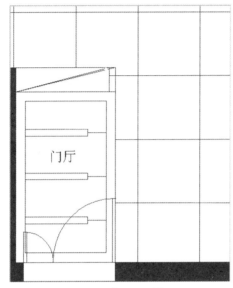

图 6-1 门厅平面图

（2）门厅的设计方法

门厅的变化离不开展示性、实用性、引导过渡
性的三大基本功能。

1）常见的设计方法

① 低柜隔断式（图 6-2）是以低形矮台来限定空
间，既可储放物品杂件，又起到划分空间的功能。

② 玻璃通透式（图 6-3）是以玻璃作装修遮隔
或既分隔大空间又保持大空间的完整性。

③ 格栅围屏式（图 6-4）主要是以带有不同花格
图案的透空木格栅屏作隔断，能产生通透与隐隔的互
补作用。

④ 半敞半隐式（图 6-5）是以隔断上下部或左右
有一半为完全遮蔽式设计。

⑤ 顶、地灯呼应的中规中矩，这种方法大多用
于门厅比较规整方正的区域。

图 6-2 低柜造型不仅起到分隔空间的作用，更有实用功能

图 6-3 雕花玻璃及木格的搭配令空间更加丰富

图 6-4 中式的格栅屏风富有中式韵味

⑥ 实用为先装修点缀，整个门厅设计以实用为主。

⑦ 随形就势引导过渡，门厅设计往往需要因地制宜随形就势。

⑧ 巧用屏风分隔区域，门厅设计有时也需借助屏风以划分区域。

⑨ 内外门厅华丽大方，对于空间较大的住宅门厅大可处理得豪华、大方一些。

⑩ 通透门厅扩展空间，空间不大的玄关往往采用通透设计以减少空间的压抑感（图6-6）。

图6-5 下方为鞋柜，上方为冰裂玻璃及木作搭配

图6-6 利用顶和面的呼起到扩展空间的功能

2）设计要点

① 间隔和私密。之所以要在进门处设置"门厅对景"，其最大的作用就是遮挡人们的视线。这种遮蔽并不是完全的遮挡，而要有一定的通透性。

② 实用和保洁。门厅同家居其他空间一样，也有其使用功能，就是供人们进出家门时，在这里更衣、换鞋，以及整理装束。

③ 风格与情调。门厅的装修设计，浓缩了整个设计的风格和情调。

④ 装修和家具。门厅地面的装修，采用的都是耐磨、易清洗的材料。墙壁的装修材料，一般都和客厅墙壁统一。顶部要做一个小型的吊顶，门厅中的家具应包括鞋柜、衣帽柜、镜子、小坐凳等，门厅中的家具要与整体风格相匹配。

⑤ 采光和照明。门厅处的照度要亮一些，以免给人晦暗、阴沉的感觉。

⑥ 材料选择。一般门厅中常采用的材料主要有木材、夹板贴面、雕塑玻璃、喷砂彩绘玻璃、镶嵌玻璃、玻璃砖、镜屏、不锈钢、花岗石、塑胶饰面材以及壁毯、壁纸等。

6.2 起居厅

6.2.1 起居厅的布局文化

在传统的中国民居大宅院中，门厅、起居厅、祖厅和佛厅都是分开的，起居厅属于半开放的公共空间，在一般的民居中，起居厅即是神厅、佛厅、厅堂、内厅和餐厅的综合体，在有限的空间中，扮演了多种不同的角色，而且经济有效的利用着空间。在现代的生活中，起居厅反映出来的却是具有会客室、起居室、娱乐室等功能。招待宾客在会客室，气氛较为正式，自家人欢聚休憩，共享天伦在起居室，气氛则较温馨。但在现实中，有条件把起居室及会客室独立配置的家庭并不多，只能在低层庭院住宅或特大套的公寓住宅里才有此可能。大多数的住宅，尤其是多、高层的公寓式住宅，更是一个兼有门厅、起居、会客、娱乐、餐厅等的一个综合大空间，对于有特别要求时，甚至还是祖厅和佛厅。这就使得传统起居厅讲求的宁静祥和，保守及私密性，也在某种程度上为西方起居厅讲求的观念所渗透，形成了跨越时空、融合古今中外的现代中国起居厅。在东西知识、科技、文化及历史意识交融冲击的情况下，现代的起居厅实难独立某一文化背景、历史阶段，或民族风格。于是，现代起居厅成了家居生活的重心及家人的休闲处所，在友人来访时，也能感到舒适愉快。同时也讲求已越来越倾向非正式轻松、自由、开放的气氛了。

起居厅是主人把自己的生活风格部分展现给客人之处，故有"家庭名片"之称。它除了应具有公共空间的宽敞、明快外，更应具有浓厚的家庭性格，这种家庭性格是很多先天条件及后天因素长久熔铸而成的，不仅与一个家庭的历史、地域等传统因素关系密切，而且也深深地受到教育、职业、信仰及现实条件的影响。因此，在其表现上，不但可以传达鲜明的家庭形象，甚至模塑了家庭性格的缺失。

良好舒适的起居厅，不但要家具的选配与色彩表现得当、来往通行方便，而且，还应充满实用之美，而非虚伪、表面化的形式美。

掌握实用美观的原则，配合各自的生活形态，于是，便能为您的生活营造带有无限意趣、希望及生命活力的起居厅。

起居厅住宅环境风水中具有极其重要的作用，应注意随时保持干净整齐，避免堆放垃圾杂物。此外，还应注意具备如下条件。

1）起居厅的位置。起居厅是家人白天生活活动最为频率的场所，应尽可能设在朝向最好的位置，以便接受足够的太阳光和较好的自然通风。同时还应设在住宅的前面部分，即一进门就是起居厅，才能避免客人穿越卧室，从而保证卧室和书房的私密性和宁静性。

2）起居厅。起居厅是家庭的门面，在装修时应以少而精和画龙点睛为雅，以多而杂和琳琅满目为俗。在家具配置时以整齐简洁为雅，以凌乱肮脏为俗。在色彩方面，以明快浅淡的色彩为雅，以五颜六色斑驳离奇的色彩为俗。在挂画方面，以山水写生画为雅，以尽是女人画像为俗。

3）起居厅家具切忌过大过多，应确保动线流畅。沙发应面向大门，忌背门布置。

4）起居厅的地面以木地板为最佳，感觉坚硬冰凉的石材、瓷砖地面应用装修块的地毯加以改善，使其具有温馨感。

5）起居厅的顶棚及墙面色彩宜采用淡雅、稳重序列，起居厅顶棚切忌横梁压顶，同时应尽可能避免复杂而炫目的色彩和悬垂的吊灯，以避免压迫感。摆放沙发的顶棚处不得安装投射的筒灯。

起居厅的色调一般可用浅粉米黄、浅粉橙黄、浅粉玫瑰红等暖色调，以使人感到温馨舒适。讲究一些的也可按起居厅方位所暗示的金白、木绿、水兰、火红、土黄来作为色彩基调。

根据"气"的原理，清气轻而上浮，浊气重而下降。因此，有天清地浊的说法。顶棚都务必比地板和墙壁的颜色浅，以避免给人一种头重脚轻的压抑感。

设在北面的起居厅，墙面可刷淡绿色或水蓝色，窗帘布也不宜太鲜艳。

设在东北面的起居厅，墙面可刷淡黄色，沙发可用咖啡色调，窗帘布可以黄色为底，配以咖啡色或其他深色花纹。

设在西北面或西面的起居厅，墙面可刷白色，或在白色背景中绘一些浅色花纹，窗帘可用金黄色，并衬以白色透明的薄纱。

设在南面的起居厅，墙面仍可用浅绿色，但可悬挂大红的百福图或百寿图。

设在西南面的起居厅，墙面可用浅黄色；与东北边的起居厅类似。

设在东南面的起居厅，墙面可用草绿色，窗帘布可选用带有花木或翠竹的图案。

设在东面的起居厅，墙面可用淡紫色或淡蓝色。

客厅的色彩基调最好还是根据主人的爱好加以选用。因为色调的选择也充分反映出主人个性，暖色调反映出主人的个性开朗、热情、坦诚、外向；冷色调反映出主人的个性沉静、安详、稳重、内向。这说明色彩能表现斤性还能塑造一个人的个性。有时可以有意识地利用色彩来矫正自己或家人性格上的某些缺陷。

6）起居厅与卧室、书房应相对分开，以实现动静分离，保证足够的私密性。

7）起居厅的污染及其防治。现在的起居厅一般都配置有彩电、录像机、音响等家用电器以及沙发和茶几，有的还有着鱼缸或鸟笼。再加上书画等艺术品点缀，使得客厅显得高雅与安逸。但也应充分了解它们所带来的污染。

① 电离辐射污染。电视机产生电离辐射污染的预防方法：一是要经常开窗通风以降低家居空气中的辐射离子浓度；二是座位要距离电视机 2 ~ 3m 以上；三是要平视或把电视机摆入略低于人的平行视线。

② 噪音污染。听音响时应把音量尽量控制地小声点，避免音量太大所造成的污染。

③ 吸烟污染。烟雾中含有 300 余种有毒化合物，其中多种是致癌物质。因此应设法减少在家居吸烟，经常开窗通风，减少烟气污染，最好在客厅配置空气清新器。

④ 笼鸟污染。笼鸟的毛尘和排泄物，被人吸入肺部后，人体的免疫机能易受损害而导致老年肺癌，因此在客厅养鸟，一定要加强通风，最好是白天为了观赏放在客厅，晚上转移到阳台去，以减少家居空气的污染。

8）盆栽水景等物不可太多，否则阴湿太重。

9）起居厅的装修挂物摆放不可选用奇形怪状的木偶或艺术品以及各种动物标本。

6.2.2 起居厅的装修设计

（1）起居厅的功能

目前在大多数普通家庭的起居厅（图 6-7），不仅是接待客人的地方，更是家庭生活的中心，是家人欢聚时活动最频繁的地方。忙碌一天之后，全家人团聚在这个小天地里，沟通情感，共享天伦，享受家庭的舒适。因此，在家庭装修中，起居厅的设计和布置不但是不可置疑的重点所在，而且起居厅的设计也对整套住宅的家居装修设计定位起主导作用，在起居厅确定下基本调后其他房间应与之相协调。

（2）起居厅的设计要点

目前除低层住宅外，绝大部分高层住宅的家庭有条件将起居及接待空间分室设置的并不多。因此起居厅白天可能是儿童的嬉戏地，家庭成员的工作室，晚上便又成了家人聚集、畅叙或看电视、听音乐，接待来访宾客的空间。也就是说由于空间的限制，许多家庭无法依用途将起居厅区分为会客区、视听区、娱乐区等。起居厅便成为现代家庭多功能综合性的活动场所，住宅中没有一个空间像起居厅这样具有如此多的用途。设计上除一般展示、接待功能外，有时还要兼具阅读、写作和非正式餐饮等功能，多数起居厅还兼有门厅的功能。总之，起居厅是住宅中用途最广泛的空间。

起居厅的基本构成形式在设计时，首先应围绕以人为中心，在位置和尺度上考虑具备通风、光照的朝南方位和宽敞自如的空间条件。起居厅的形式还要根据家庭的结构、年龄、社会状况、生活习性及个人喜好等多种因素，使功能形式、陈设构成、空间区划及平面布置等都能达到物尽人意、宽舒适宜的效果。

1）风格的确定

在起居厅的装修上有不同风格（图 6-7、图 6-8），不仅有中式（古典）风格、欧式（西式古典、现代）风格、日式（东方）风格和现代风格，还有回归自然的田园风格、简朴典雅或富贵华丽的都市风格等。这些风格都凝聚了不同民族的文化个性与艺术特点，并融入了不同时代的风尚与色彩，也反映了主人的个性。选择了哪一种风格的起居厅，就意味着选择了哪一种独特的生活方式。在了解了居室设计大体的风格后，便要对需要的风格应有一个概念。然后，根据家庭成员的喜好和居住条件选定起居厅的设计风格。一般说来，如果居住面积不太大，适宜选择简洁大方的现代风格和小巧温馨的田园风格。如有条件，也可选择东西兼容、现代与古典的混合式风格。

图 6-8 利用壁炉及墙纸演绎欧式风格

如果房间宽阔，天棚很高，选择新古典主义设计较为适宜，因为这种空间环境与新古典主义陈设的高贵典雅、丰富庄重相得益彰，成为适宜表现成功人士的身份和大家气派。而如果选择现代设计，则需注意选择家具和饰物线条柔和一些，色彩丰富一些，质地柔软一些，着意营造温馨的氛围，否则宽大的房间会产生空旷和单调呆板的感觉。

① 色调的选择

确定了风格也就基本上确定了色调，起居厅的色调要与选定的风格相一致。如新古典风格的居室宜选用和谐的色调，且多以米色或浅棕色为基调。现代风格的起居厅可选择白色或纯度较高的黄、蓝、绿甚至红光等鲜艳色彩来加以装修，但要注意颜色的正确搭配（图 6-9）。

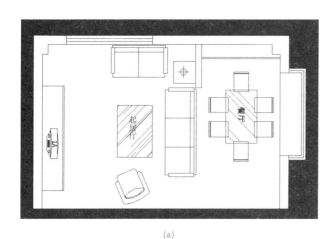

(a)

(b)

图 6-7 简约而不失温馨的起居厅

(a) 平面图　(b) 效果图

图 6-9 利用黄色背景及线条，不锈钢等材质来诠释现代空间

② 式样随功能而变

式样总是随着功能的需求而改变，起居厅的面貌也正在发生着改变，它们变得舒适、热情。通常靠近厨房或家庭办公室，色彩丰富，充满了装饰品和家具，反映着它们新的状态。沙发是起居厅家具核心，也是一般起居厅的中心部分，皮座套以及带套的沙发和椅子都很流行（图6-10）。

起居厅可以装饰得非常漂亮，但舒适是最重要的。松软、毛茸茸的靠垫，像天鹅绒一样的织物创造柔软舒适的气氛，显示主人的品位与热情。

如果喜欢朴素，那么自然的简约风格是十分适合的。天然纤维，如亚麻、棉和羊毛是用于沙发罩、窗帘和地毯非常流行的材料。淡绿色、黄褐色、米色和灰褐色窗帘都是深受欢迎的。

近年来也有一种用媒体室、锻炼室、家庭办公室或台球厅来取代传统的起居厅。但是对大多数人来说，起居厅仍承担着它一直以来承担的任务，多功能、实用和时尚的起居厅正逐步跟上时代的步伐。

（3）起居厅的主题墙

主题墙就是指起居厅中最引人注目的一面墙，是放置电视、音响的视听背景墙，也是家人与客人常常要面对的墙。通常在装修起居厅时一般都会在这面主题墙上大做文章，采用各种手段来突出个性的特点。

主题墙的做法非常灵活，传统的家庭起居厅主体墙的做法，都是采用装修板或文化石将电视背后的墙壁铺满。进入新世纪，起居厅主体墙已不仅仅局限于视听背景墙的概念，所使用的装修材料也丰富起来。以下是几种起居厅主题墙的装修手段。

① 利用文化石作主题墙。但不必满铺满贴，只要错落有致地点缀几块，同样能达到不同凡响的装修效果（图6-11）。

② 利用各种装修材料，如木材、装修布、毛坯石，甚至金属等在墙面上做一些造型，以突出整个房间的装修风格（图6-12）。

③ 采用装修板及木作搭配，也是主题墙的一种主要装修手法（图6-13）。

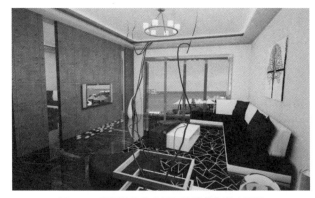

图6-12 利用装修艺术板营造现代家居主题墙

图6-10 具有传统风格的客厅

图6-11 利有文化石点缀主题墙

图6-13 利用木作装修凹槽及壁布营造舒适现代家居主题墙

④在视听综合柜的墙面与天花均以深色木材收边，边缘一直延伸至门厅拐角处。木边以及电视柜使墙面产生立体感，木边下方的射灯利用光源使进深感增加，再搭配紫色的艺术墙漆，突出了墙面上的效果（图6-14）。

⑤主题墙通过设置壁炉来装饰。白色的壁炉及两旁实用的装修柜，使得整体设计极具欧式韵味（图6-15）。

起居厅中有了主题墙，其他墙壁就可以简单一些，或刷白或刷其他单一的颜色。这才更能突出主题墙效果，而且也不会产生杂乱无章的感觉。另外，家具也要与主题墙壁的装修相匹配才能获得完美的效果。

图6-14 利用木边使电视柜墙面产生立体感

图6-15 极具欧式韵味的主题墙

（4）起居厅内的设置

1）起居厅的休闲区

起居厅的休闲区主要是指一般家庭摆放沙发和茶几的部分，它是起居厅待客交流与家庭团聚畅叙的主区，沙发和茶几的选择与摆放就十分重要。

①沙发的选择：选购沙发前，应对空间大小尺寸、摆放位置等做详细考虑，要根据起居厅面积与风格、自己的爱好选择、沙发款式色彩、舒适与否，对于待客情绪和气氛都会产生很重要的影响。

②茶几是摆置盆栽、烟缸及茶杯的家具，亦是聚客时目视的焦点，茶几形式和色泽的选择既要典雅得体，又要与沙发及环境协调统一（图6-16）。

2）起居厅的视听区

视听区是指放置电视与音响的地方。人们每天通过视听区接收大量的信息，或听音乐、或看电视、看录像，以消除一天的疲劳。在接待宾客时，也常需利用音乐或电视来烘托气氛、弥补短暂的沉默与尴尬。因此，现代住宅越来越重视起居厅视听区的设计，视听区的设计主要根据沙发主座的朝向而定。通常，视听区布置在主座的迎立面的斜角范围内，也就是主题墙一侧，还要能达到最佳声学、美学的效果（图6-17）。

图6-16 沙发与整体氛围相互呼应

图6-17 具有现代中式风格的视听区

设计起居厅视听区必须考虑到以下几点。

① 预留视听空间。一般家庭大都把视听器材（如电视、环绕立体声音响等）放在起居厅里，因而在起居厅装修前，一定要先看看自己家里有哪些视听设备，还准备添换哪些设备，这些设备的尺寸大小是多少，然后将这一切情况告诉设计师，并与设计师共同协商，做出一个全景的规划，为视听器材预留出合适的空间位置。

② 不要忘记预埋必需的线路。特别是要装环绕式立体声音响的家庭，预埋音箱信号线更是必不可少的工作。因为一般的组合式环绕立体声音响均有至少五个音箱，即一只中置音箱、两只主音箱和两只环绕音箱。两只环绕音箱应放在与电视屏幕相对的墙面上，这样就需预埋暗线，如果不预埋暗线，只能走明线，那将会破坏起居厅的整体视觉效果。信号线要用专用的音箱信号线，并用 PVC 管包好，然后在地上和墙面上剔槽走管。预埋线路时要注意将音箱信号线与冰箱、空调的线路分开，独立走线，因为空调、冰箱的启动会对音频系统产生影响。

③ 音箱的位置也很有讲究。中置音箱应放在电视屏幕的正下方或正上方，两个主音箱分别放在屏幕的旁边，这样声音才真实，而两个环绕音箱应正对两个主音箱，高度应比人坐下时的耳朵高 30 ～ 50cm。

④ 墙面的质地要适当。电视墙宜用木质，大部分的视听器材，如 VCD 机、DVD 机、功放和主音箱一般都集中在电视机的周围。有的人喜欢"四白落地"，不想对电视墙进行任何装修。但是由于电视机会产生高压放电现象，使用一段时间后就会造成电视机后部墙面变黑，反复擦洗也无法除去黑印，使墙面很难看。较好的办法是对这一部分进行以便日后清理的适当装修，如用饰面板或软木做出一个简洁大方的造型，并刷上油漆等。

⑤ 造就一个好的声音环境。天棚最好不用大面积的石膏板吊顶，那样会引起振荡的空洞声。总之家居各种平面与家具的装修安置要注意软硬材质的平衡。硬质物体表面反射声音的能力较强，如果大功率音响播放的声音被吸收地较多而导致音响效果降低。近来被人们广泛采用的文化石，由于它对声波的反射较强，会对音响效果产生一定影响，一般不宜大面积使用。电视柜材质最好选用各种实木和复合板材，这样共鸣效果较好。

为了适应人们的这种需求，最近装修行业出现了一个新的家装概念，即家装视听一体化服务。家装视听一体化服务，就是在做家庭装修时，在起居厅的装修与视听器材的配置安装进行统一规划，通盘考虑，起居厅的设计、材料的选择、家具的配置等都尽量与视听器材相配合，以达到装修与视听器材相得益彰的效果。这种家装视听一体化服务在中国才刚刚开始，而在欧美等发达国家，则已非常普遍，而且已向智能化方向发展。

3）起居厅的角落

起居厅的角落总是较难以处理的。有以下几种方法可供参考。

① 在角落处可以直接摆放有一定高度的工艺瓷器或用玻璃瓶插上干花。

② 可摆放一个高 0.7 ～ 0.8m 的精品架，架上可摆一盆鲜花或一尊雕像。精品架造型宜选择简洁大方的。可以是全木质的，也可配少量金属，或者是完全是金属架（图6-18）。

图 6-18 起居厅精品架的摆放

③ 在角落上方离地面 1.8 ~ 2m 处挂个两边紧贴墙体的花篮，插上您喜欢的干花或绢花；或者选择挂一个与起居厅风格一致的壁挂式木雕；还可以挂上一串卡通小动物饰物等。

④ 设置角柜。下角柜高度在 0.6m 左右，上角柜高度在 0.4m 左右。中间部分设置 0.9m 左右。扇形玻璃隔层板，间距任意选定，层板上搁置工艺品；或者在上下角柜间做造型；甚至可将下角柜做成花池，种些造型独特的植物。

⑤ 在经过处理的角落上方加射灯，会让角落更富生气。

(5) 起居厅家具与摆设物

1) 家具的选择

起居厅家具及摆设物的选择需要有一定的审美素养和一些常识，但最基本的原则还是应根据房间大小和所要营造的风格、氛围来选择。

① 家具选择时要根据房间的大小，大房间宜选择庄重、大气的；小房间宜选择小巧、轻盈的。

② 家具一定要注重品质，样式以简洁为上；如果没有满意的宁可先暂空缺，日后再逐渐添置。

③ 家具的材质要协调，材质不宜多，多必繁乱。有几种搭配方法可供参考：全部用木质家具；皮（或布艺）沙发配木质茶几与电视柜；皮（或布艺）沙发配金属玻璃茶几与电视柜；还有全部或部分采用藤制家具。

④ 为了使空间摆设活泼不呆板，沙发的组合宜以一种样式（风格）为主，配以其他和谐搭配的样式（风格）；电视的陈列架样式应有独到创意，避免千家一律的套路。

⑤ 起居厅里的摆设物，应注重文化内涵，格调高雅，宜少不宜多，更不宜以低俗的、杂七杂八的东西随意充斥。

2) 家具物品的摆放

① 如果是单独的起居厅，另设视听室，可将沙发朝向展示柜、壁炉等，也可多张沙发围设，还可将主座背对窗外或朝向窗外（图6-19）。

图 6-19 充满阳光的起居厅

② 若房间大，沙发可摆设于房间中央，或摆设两组沙发、座椅。沙发一侧留出行走过道，不走人处还可摆设书架、展示架等，也可在沙发后设立一靠墙桌，靠墙桌上方墙面可悬挂装修画、工艺品或镜子等。但无论如何，入座后应有一视觉焦点。这个视觉焦点可以是一个陈列架，也可以是一个壁炉，还可以是一幅画。总之，用视觉焦点来起到稳定情绪的作用。

③ 如果是综合功能的起居室，一般则是将电视置于视觉焦点。

(6) 起居厅的照明

1) 利用灯光创造独特意境

起居厅和卧室的照明设计是有着不同的要求。起居厅的照明设计功能完备应富有层次，最好选择两三种不同的光源。比如一间较大的起居厅应装有调光器的吊灯、台灯、壁灯或阅读灯，可以增添房间个性又创造出独特的情调（图6-20）。

图 6-20 简洁大方的不锈钢地灯

2）用灯光扩展小起居厅

起居厅的顶棚以前流行的做法普遍是做出不同层次或圆或方的假吊顶，再挂上一盏大吊灯，使起居厅具有一种豪华、大气的感觉。现在这种装修顶棚的模式正在改变。引起这种变化的原因一是目前许多起居厅都有着顶棚过低的问题，吊顶会浪费很多空间；二是体积大的吊灯容易使空间显得压抑。设计师们在设计吊顶时，已经开始借助照明等方式，利用有限的空间使房间看起来更高、更宽敞也更明亮。

① 在所有的灯具开关上安装调光器，可以很容易地改变家居的气氛。

② 利用桌灯作为辅助照明，创造出更深入的亲密感。

③ 在个别的家具、植物与地面之间的空处加入一些可移动式朝天灯，可以让整个房间看起来大一些。

④ 借着可移动式与镶壁式朝天灯，将光线投射向天花板与墙面，便可以增加它的高度。

⑤ 没有繁琐的吊顶、没有大体积的吊灯，利用简单的造型、大胆的设计和点光源的配合，起居厅同样有了宽敞、舒适的效果（图6-21）。

⑥ 利用带彩绘的玻璃大棚突出了门厅的特定区域，起居厅边缘凹进的灯槽成为屋顶的亮点。

图6-21 灯光柔和、宽敞清晰的大厅

（7）起居厅的装修设计技巧

1）增加起居厅采光的办法

许多起居厅处于住宅的中心，没有窗户，因而造成光线不足。例如一间面积18m²左右的起居厅，可采用浅色的沙发和条纹靠垫，配以立体造型的电视背景墙，勾画出一个温馨的会客空间。在视听区的一面墙上打通一部分墙体，做上磨砂玻璃和铁艺造型，将隔壁厨房的光线引入起居厅，既增加了起居厅采光，也可使电视背景墙具有独特个性。

2）地台的分隔作用

进深比较长的起居厅，为使它不至于显得空旷，可以在分区上进行精心构思。如在会客区用实木地板打造了一个地台，地台上放置沙发、电视柜，休闲十足。

3）营造休闲空间

① 布置一个休闲角。一个舒适而柔软布艺沙发，后边一盏落地灯，沙发旁边一个小型的书报架或一个圆形小茶几，茶几上摆放一份耐人寻味的工艺品，形成家人读书看报、喝茶养神的好场所（图6-22）。

图6-22 富有个性的休闲角

② 清理藏书营造轻松。一些人家中常有书满为患的感觉，其实有许多的书白白占用着空间，不妨清理一下，把一些不常看的书打包装箱，然后在空下的书橱里放几件精美的工艺品，如奇石、木雕、瓷器、

铜器、玻璃器皿等。

③ 地毯铺出娱乐空间。地毯在家庭休闲中极富"凝聚力"，平时，可卷起来放在屋角，休闲娱乐时铺开，一家人席地而坐，显得亲近又放松，对孩子来讲更是玩耍的好地方。

（8）让起居厅更宽敞的装修手法

很多人往往认为一定要有宽敞的空间、昂贵的材料、高雅的陈设才能装修好。其实不然，家居装修是表达个人风格的一种方式，最要紧的是做到量体裁衣、就势造形，应因人而异、因物而异。目前许多城市的住宅面积都不大，而同样面积的住宅，由于装修和摆设不同，得出的感觉效果也会有很大的差别。以下几种方法，可以将起居厅装修布置得宽敞些。

1）增加采光

阳台是供家庭成员享受空气阳光的地方。如条件允许，可以把起居厅与阳台间的隔墙打掉，改成落地窗户，在一定程度上扩大了起居厅的面积，同时由于起居厅光线充足可使视觉空间增加，从而让人觉得房间面积变大了许多。有人甚至连落地窗都不设，但一定要做好阳台及阳台窗的保温和安全防护。如阳台的墙壁加保温层，窗户做成中空玻璃的，使家居仍能保持冬暖夏凉。

2）巧用空间

有些住宅层高较低，切忌吊顶，以喷涂为宜。有些层高3m左右的起居厅空间比较高，可以在房顶边四周制作一圈吊柜，使家具高空化；或建几平方米的小阁楼，可用来睡觉或放置一些不太频繁使用的物品。但要与房顶装修巧妙结合，能使其中成为整体装修的一部分，达到实用而且美观的目的。

3）空间共用

去掉一些不必要的隔墙（非承重墙，要经过物业部门同意），把几个小房间变成一间大房间，如有人把除了厕所以外的墙统统去掉，只在厨房与起居厅之间做了一道玻璃的推拉门；这样由于去掉隔墙已经增加一部分面积，加上没有了隔墙与许多的门，家居光线充足了；而且起居厅与卧室，起居厅与餐厅的空间既有分工又可以共用，一切都变得宽敞明亮了。必要时可以在起居厅与卧室之间设一道帷帘。

4）壁画可增视野

选择适当的墙面上布置画面深远、优美逼真的风景画，仿佛开启了自然之窗，不但可使起居厅格调高雅，而且视觉上增加了视觉上开阔度（图6-23）。

图 6-23 墙上的壁画增加了空间延伸性

5）运用色彩调节

家居色彩的处理是一种有明显效果的装修手段。不同的色彩能赋予人以不同的距离感、空间感和重量感。例如：红、黄、橙等色使人感觉温暖，蓝、青、绿等色使人感觉寒冷；高明度的色彩使人感觉空间扩大，低明度的色彩使人感觉空间缩小；暖色调感觉空间凸出，冷色调感觉空间后退。此外，色彩还有重量感，耀眼的暖色调感觉重，淡雅的冷色调感觉轻。正确利用色彩的特有性质，可使小面积空间在感觉上比实际面积大得多。比如窗帘、墙壁、家具的颜色宜用亮度高的淡色做主要装修色，使起居厅空间因明亮而显示得开阔，达到理想的效果。

6）用镜子延伸视线

用镜子来造成扩大空间的效果，是较为常用的办法，最简单的是在起居厅整面墙上安装一面大镜子。其实，镜面可以更加灵活地运用。比如，它可以是窄窄的一条，镶在门框边上、镶贴在两件家具之间剩余的墙面上、或者镶在正对窗户或淘汰的地方，用以折射光线；或用在房间中的暗角处，使这个角落变亮以达到扩大空间的效果（图6-24）。

图6-24 墙上的镜子使空间变得丰富及宽敞

7）采用活动家具

采用活动式家具（如折叠床、折叠椅等），用时可放开，不用时可折起，这样可大大减少家具的占地面积。有条件的，还可将房门做成左右推拉式的，也可使居室变大。此外，每隔一段时间，将家具位置合理地移动一下，会增进视觉上的空间扩大感。

8）巧用窗帘壁帘

没有窗户的墙上也可以挂窗帘，这种做法也叫壁帘。墙面不做其他装修，只在上方安装滑轨，装上所喜欢的各种壁帘，可使墙面变得气派。如安上透明的窗纱，会产生一种朦胧虚幻的感觉，令房间更加温馨，还可以随时拉开、变换视觉感受。在不同的季节，可以换不同颜色的纱幔，这种装修手法可以用在卧室和儿童房中，另外将起居厅窗帘扩大至与整个一面墙的大小，使人有一种窗大概与房一样大的感觉（图6-25）。

9）不装吊灯

为每一间居室，尤其是起居厅配上华丽的吊灯、吸顶灯是以往装修当中的常规项目。而现在市场上各种造型的台灯、落地灯、射灯渐渐替代了吊灯、吸

图6-25 窗帘扩大至同墙面一样大的效果

顶灯的重要位置。由于家庭中住宅的房间净高较低，面积又都不太大，吊灯容易造成压抑感。另外，吊灯的照明效果并不好，在居室局部空间活动时，往往还需要借助其他光源。因此，住宅中不装吊灯，干干净净的顶棚会使房间显得更大些。而利用壁灯、落地灯、台灯、小射灯完成在局部空间活动的照明任务，这些光源更能营造家庭的温馨氛围。

（9）起居厅和饰物、植物的色彩搭配

角落处放置特制的角柜，既可储物又可放些小物件，有利于调整布局和气氛。

起居厅是全家的活动中心，又需接待来客，因而是色彩设计上最富挑战，最能体现主人的追求，一般家庭也特别重视。若希望在此能与来客激起活泼有趣的谈话，增添黄色会有好的效果；若想在紧张工作一天后，在此一起双脚窝在椅子里休闲放松时，柔和的蓝色与绿色将更适宜；若习惯于在起居厅中深思冥想，则可在色彩中增添点紫色，不仅使你感到宁静，更能启迪人的智慧。沙发是起居厅中主要的家具，不同款式、不同的质地能显示不同的风格。沙发与地

面、墙面的色彩应注意明度上的距离；靠垫、茶几、饰物要注意色彩纯度上与主要色的区别，它们是整体色调的点缀。总之，强调对比与谐调才能达到赏心悦目的效果（图6-26～图6-28）。

图6-26 米色墙纸和白色线条相称让空间更具温馨感

图6-27 橘黄色的主题墙与咖啡色木色相对比使空间更具观赏性

图6-28 米色与浅绿色相搭配的主题墙同蓝色沙发相对比让空间更加活泼

6.3 餐厅

6.3.1 餐厅的布局文化

餐厅的设置已成为现在家居生活不可或缺的空间功能，餐厅应设在空气清新、清洁干爽的场所，心情舒畅愉快对人体健康至为重要。如何使餐厅的设置完善，至少应把握格局动线流畅、家具坚牢耐久、照明与色彩妥善搭配和装修物巧妙的配置四个原则，将这些原则灵巧的融洽处理，便能设计出功能性与装修性互为完美搭配的餐饮空间。

（1）餐厅的家具

餐厅的家具主要是餐桌椅、餐具柜、酒柜和餐具车等。餐桌椅是整个餐饮空间的主体，餐厅少了这个主角，就分辨不出其功能性，也失去意义，所在餐桌椅的线条、材质和色彩足以影响整个空间的格调。为了配置呈统一的系统，最好是先决定餐桌椅的造型，再搭配其他的家具和照明灯具等。

（2）餐厅的色调

通常，餐厅的色彩采用最多的是黄色、橙色系统，因为柔和的暖色系不仅能带给人们温馨感，而且还具有能间接地促进食欲的作用。所以，餐厅空间的色彩宜以明朗轻快的格调为主，使能有效地提高用餐情绪。

（3）餐厅的照明与灯具

一般餐厅的灯光应尽量讲求柔和与靓美，为了强调气氛的创造，最好以间接采光为主，所以餐厅的采光有一个共同的特色，就是家居采用一盏吊灯，而且恰好在餐具的上方，以增添浪漫的情调，但切忌在座位上空有吊顶。一盏低悬在餐具上方的灯看来很动人，但是悬挂的高度，吊灯的灯罩，灯球都必须小心选择，以避免造成令人不舒服的眩光，最好是能选用一只能上下升降的灯具，以便于调整与选择自己所喜欢的高度。

（4）餐厅的摆设

餐厅的摆设以绘画和雕塑等艺术品或观赏花卉为最佳。

6.3.2 餐厅的装修设计

一日三餐，对于每个人都是不可或缺的，那么进餐环境的重要性也就不言而喻了。在住房紧张的城市，许多家庭还很难在有限的居住面积中辟出一间独立的餐厅。但是与起居厅或客厅组成一个共用空间，营造一个小巧开放的实用的餐厅还是完全可行的。当然，对于居住条件大有改善的家庭，单独的餐厅才是最理想的。

在设计餐厅时，要注意与居室环境的融合，应充分利用各种家具的功能设施营造就餐空间，这样的餐厅才能给人以方便与惬意。

（1）餐厅的空间设置

餐厅的布置方式主要有四种：

① 厨房兼餐厅；

② 客厅兼餐厅；

③ 独立餐厅；

④ 过厅布置餐厅（图 6-29 ～图 6-32）。

图 6-29 厨房兼餐厅图

图 6-30 客厅兼餐厅（单位：mm）

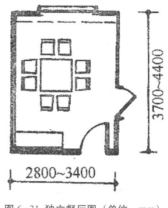

图 6-31 独立餐厅图（单位：mm）

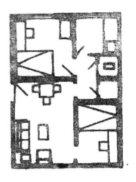

图 6-32 过厅布置餐厅

餐桌、椅和餐饮柜等是餐厅内的主要家具，合理摆放与布置才能方便家人的就餐活动，这就要结合餐厅的平面与家具的形状安排。狭长的餐厅可以靠墙或窗放一长桌，将一条长凳依靠窗边摆放，桌另一侧摆上椅子，这样看上去，地面空间会大一些，如有必要，可安放抽拉式餐桌和折叠椅。

独立的餐厅应安排在厨房与起居厅之间，可以最大限度地缩短从厨房将食品摆到餐桌的距离以及人们从起居厅到餐厅就餐的距离。如果餐厅与起居厅设在同一个房间，应尽可能在两厅之间，空间上有所分隔。如可通过矮柜或组合柜等做半开放式的分隔，餐厅与厨房设在同一房间时，只需在空间布置上有一定独立性就可以了，不必做硬性的分隔。

（2）餐厅内装修材料

餐厅的地面、墙面和天棚材料的品种、质地、色彩既要与居室其他地方相协调，又要相对有点自身的特点。

① 地面一般应选择表面光洁、易清洁的材料，如大理石、花岗岩、地砖。

② 墙面在齐腰位置要考虑用些耐碰撞、耐磨损的材料，如选择一些木饰、墙砖，做局部装修的护墙处理。

③ 顶棚宜以素雅、洁净材料做装修，如乳胶漆、局部木饰，并用灯具作烘托，有时可适当降低顶棚高度，可给人以亲切感。

整个就餐空间，应营造一种清新、优雅的氛围，以增添就餐者的食欲。若餐家居就餐空间太小时，则餐桌可以靠着有镜子的墙面摆放，或在墙角运用一些镜面与装修，餐具柜相结合，可以给人以宽敞感（图6-33）。

图6-33 简洁却不失情调的用餐空间

（3）餐厅的色彩

餐厅环境的色彩会影响到就餐人的心情：一是食物的色彩影响人的食欲；二是餐厅环境色彩影响人就餐的情绪。餐厅的色彩因个人爱好和性格不同而有较大差异。但总的说来，餐厅色彩宜以明朗轻快的色调为主，最适合用的是橙色以及相同色相的姐妹色。这两种色彩都有刺激食欲的功效，它们不仅能给人以温馨感，而且能提高进餐者的兴致。家具颜色较深时，可通过明快清新的淡色或蓝色、绿色、红色相间的台布来衬托，桌面配以绒白餐具。整体色彩搭配时，还应注意地面色调宜深，墙面可用中间色调，天花板色调则浅，以增加稳重感。

（4）餐厅的灯光

在不同的时间、季节及心理状态下，人们对色彩的感受会有所变化，这时，可利用灯光来调节家居的色彩气氛，以达到利于饮食的目的。灯具可选用白炽灯，经反光罩以柔和的橙光映照家居，形成橙黄色环境，给人生机勃勃的感觉。夏季，可用冷色调的灯，使环境看上去凉爽；冬季，可选用烛光色彩的光源照明，或选用橙色射灯，使光线集中在餐桌上，会产生温暖的感觉（图6-34）。

图6-34 暖色调灯光使餐厅倍感温馨

（5）餐厅家具的选择

1）餐厅的家具类型

餐厅的家具从款式、色彩、质地等方面要特别精心地选择（图6-35）。

图6-35 简约的餐桌椅赋予餐厅全新的定义

① 餐厅家具式样。最常用的是方桌或圆桌，近年来，长圆桌也较为盛行。餐椅结构要求简单，最好使用折叠式的。特别是在餐厅空间较小的情况下，折叠起不用的餐桌椅，可有效地节省空间。否则，过大的餐桌将使餐厅空间显得拥挤，所以有些折叠式餐桌更受到青睐。餐椅的造型及色彩，要与餐厅相协调，并与整个餐厅格调一致。

② 餐厅家具更要注意风格处理。显现天然纹理的原木餐桌椅，充满自然淳朴的气息。金属电镀配以人造革或纺织物的钢管家具，线条优雅，具有时代感，突出表现质地对比较果。高档深色硬包镶家具，显得风格优雅，气韵深沉，富含浓郁东方情调。在餐厅家具安排上，切忌东拼西凑，以免让人看上去凌乱又不成系统。

③ 餐厅家具应配以餐饮柜，即用以存放部分餐具、用品（如酒杯、起盖器等）、酒、饮料、餐巾纸等就餐辅助用品的家具。

④ 餐厅中还可以考虑设置临时存放食品用具（如饭锅、饮料罐、酒瓶、碗碟等）的空间。

2）餐桌的类型与选择

① 方桌

760mm×760mm 的方桌和 1070mm×760mm 的长方形桌是常用的餐桌尺寸。如果椅子可伸入桌底，即便是很小的角落，也可以放一张六座位的餐桌，用餐时，只需把餐桌拉出一些就可以了。760mm 的餐桌宽度是标准尺寸，不宜小于 700mm，否则，对坐时会因餐桌太窄而互相碰脚。桌高一般为 710mm，配 415mm 高度的坐椅。

② 圆桌

在一般中小型住宅，如用直径 1200mm 餐桌，常嫌过大，可定做一张直径 1140mm 的圆桌，同样可坐 8～9 人，但看起来空间较宽敞。如果用直径 900mm 以上的餐桌，虽可坐多人，但不宜摆放过多的固定椅子。如直径 1200mm 的餐桌，放 8 张椅子，

就很拥挤，可放 4～6 张椅子。在人多时，可取用折椅。

③ 开合桌

开合桌又称伸展式餐桌，可由一张 900mm 方桌或直径 1050mm 圆桌变成 1350～1700mm 的长桌或椭圆桌（有各种尺寸），很适合中小型住宅使用。这种餐桌从 15 世纪开始流行，至今已有 600 多年的历史，是一种很受欢迎的餐桌。不过要留意它的机械构造，开合时应顺滑平稳，收时应方便对准闭合。

圆桌比方桌更方便，它可获得较好的空间调整。使用圆桌就餐，还有一个好处，就是坐的人数有较大的宽容度。只要把椅子拉离桌面一点，就可多坐人，不存在使用方桌时坐转角们不方便的弊端。

④ 折叠桌

折叠桌当然最适合于小户型，最早出现的折叠桌一般是圆桌，它是靠钢管制作的可折叠的腿实现闭合的。不用的时候，它的桌面能竖立起来可靠墙而立。还有一种椭圆形折叠桌，当把它两侧的半圆桌面落下去后，它便成为一个窄长的条桌，在它的腹腔里还可以放置四把配套的折叠椅，它的底部配有方向轮，可以随意把它轻松地推向别处。

（6）餐厅陈设布置

1）就餐区视觉氛围（图 6-36）。

家人围坐在餐桌边吃饭，视线以平行为主，且各个方向均等。因此，对就餐区周围的墙壁装修应以统一色调和风格为基本原则。

要注重从地面到 1.8m 这一范围的装修，应给人以温馨洁净的感觉。

2）餐厅的陈设

餐厅的陈设应简单、美观和实用。设置在厨房中的餐厅的装修，应注意与厨房内的设施相协调（图 6-37）；设置在起居厅中的餐厅的装修，应注意与起居厅的功能和格调相统一；若餐厅为独立型，则可按照家居整体格局设计得轻松浪漫一些，相对来说，装修独立型餐厅时其自由度较大。

① 餐厅的软装修。桌布、餐巾及窗帘等，应尽量选用较薄的化纤类材料，因厚实的棉纺类织物，极易吸附食物气味且不易散去，不利于餐厅环境卫生（图 6-38）。

图 6-36 富有西式情调的餐厅

图 6 -37 餐厅与厨房完美地结合

图 6-38 富有中式格调的餐厅

② 花卉。花卉能起调节心理、美化环境的作用，但切忌花花绿绿，使人烦躁而影响食欲。例如在暗淡灯下的晚宴，若采用红、蓝、紫等深色花瓶，会令人感到过于沉重而降低食欲。同样这些花，若用于午宴时，会显得热情奔放。白色、粉色等淡色花卉用于晚宴，则会显得很明亮耀眼，使人兴奋。瓶花的插置宜构成三角形，而圆形餐桌，瓶花的插置以构成圆形为好。应该注意到餐厅中主要是品尝佳肴，故不可用浓香的品种，以免干扰对食品的味觉。

③ 绿化。餐厅可以在角落摆放一株喜欢的绿色植物，或用垂直绿化形式，在竖向空间上点缀以绿色植物。

④ 灯具。灯具造型不要太烦琐，但要有足够的亮度。可以是安装方便实用的上下拉动式灯具，也可运用发光孔，通过柔和光线，既限定空间，又可获得亲切的光感。

⑤ 音乐。在餐厅的角落可以安放一只音响，就餐时，适时播放一首轻柔美妙的背景乐曲，可促进人体内消化酶的分泌，促进胃的蠕动，有利于食物消化。

⑥ 其他装修品。如字画、瓷盘、壁挂等，可根据餐厅的具体情况灵活安排，用以点缀环境，但要注意不可以太多而喧宾夺主，让餐厅显得杂乱无章。

6.4 厨房

6.4.1 厨房的布局文化

厨房在现代家居生活中的位置越显重要，它是家庭工作量最大的地方，它是一家煮食之处，全家老少的食物均是从这里烹煮出来。因此，厨房也是卫生要求最高的地方。

厨房应有足够的采光和通风换气。

厨房是住宅内自我空气污染的发源地，从这里不断排放出二氧化硫、二氧化碳、烟尘和苯并芘等有毒害物质，因此，厨房一定要有直接对外的窗户，并加装抽油烟机，以确保良好的自然通风。此外，还应尽量少做油炸煎炒的烹调，多蒸煮。有条件的应避免用煤直接作为燃料，而使用石油液化气、管道煤气和电磁灶、微波炉等电炊具。用微波炉烹调食物，既节省时间，又能保持食物营养。但要预防中毒，其方法是，烹调时间到了以后，不要急于拿出食物来，而要继续放置一段时间，以便微波有足够的时间杀菌。例如，大块的鸡肉在经过 38min 的烹调后，还要再过 20min 才能使里层的鸡肉达到 72 ~ 85℃ 的温度，从而使鸡肉中含有的沙门氏菌被杀死。

（1）厨房的布置应注意的问题

① 厨房不可是密闭式的空间。厨房切不可是密闭式的空间，而一定要开设有直接对外的窗户。不然的话，厨房的炉灶在燃烧时所产生的废气对人体有害，尤其是狭窄的小面积住宅，如果门窗紧闭烹煮食物，长期下来会造成慢性中毒而罹患多种疾病。

② 厨房不宜设在住宅的中央。厨房设在住宅的中央很不好。厨房有水、有火、有各种烟气，还有锅碗瓢盆交响曲所形成的热浪和声波等气流，极易对住宅的宁静和温馨造成强烈的干扰。

③ 厨房门不宜与卧室门相对。卧室是睡眠休息的场所，需要和谐、安全、宁静。厨房对着卧室门，因空气对流，厨房里烹调时排放油烟、热气和各种燃烧时所产生的有害气体都会钻进卧室，破坏卧室空气的洁净，引起主人的烦躁情绪。厨房潜藏着火灾的危险，特别是煤气泄漏，因此，卧室离厨房应远一点，会显得相对安全。当住宅布局不得已出现厨房门与卧室门相对时，首先应努力增加厨房门与卧室之间的距离，同时应把卧室门经常关闭，特别是在烹调时，更应注意，同时关好卧室和厨房门。

④ 厨房门不宜与卫生间门相对。厨房门千万不可与卫生间的门相对，如果相对，卫生间的排出污秽湿气通过空气对流直接排向厨房，令人恶心，会污染食物，严重影响到全家人的健康。

⑤ 厨房不宜与卫生间共用一门。在一些住宅设计时，为了节省空间，把厨房与卫生间共用一门出入。这样不论是先经厨房才进入卫生间还是经过卫生间后进入厨房。厨房都会遭受卫生间污秽湿气的影响。因此，应尽可能地避免厨房与卫生间共用一门。

⑥ 厨房不宜兼作门厅或过道。厨房是烹调食品的重要场所，为了保证烹调食品的清洁卫生，应尽可能避免遭受到各种不良污染的干扰。过去在小面积住宅中，常有把厨房兼作门厅或过道的设计，是不可取的，应尽量避免。

（2）厨房炉灶的摆放

① 炉灶不宜直对厨房门。在厨房，炉灶（除了电器炉灶）是直接明火燃烧的地方，如果厨房门直对炉灶，开放的气流直冲炉灶很容易吹灭灶火，以各种煤气作为燃料的灶火一旦被吹灭，在不留意时，煤气的泄漏，很容易造成中毒和火灾的危险，后果不堪设想。因此，炉灶不宜直对厨房门，更不宜把住宅的入户门和厨房门布置在一直线并直对炉灶。

② 炉灶不宜紧挨洗菜盆。洗菜盆的湿气太重，下水道的气味也易上反，如果紧挨炉灶，其污秽之气易进到锅里污染食物，对健康不利。

③ 炉灶不宜正对冰箱门。冰箱门不宜正对炉灶。冰箱受油烟所污，导致冰箱内食品易受其污染而变质。冰箱外面烟熏火燎，也会缩短使用寿命。

④ 炉灶不宜夹在冰箱和洗菜盆之间。炉灶夹在冰箱和洗菜盆之间，除了会有上述的污染外，还会造成下面的影响。因此，炉灶夹有冰箱和洗菜盆之间更是不宜。

⑤ 炉灶应尽量避免悬空。厨房面积较小时，也有将炉灶置于外飘窗的窗台上或防盗网外挑处的上面，这样会造成操作不便，是应尽量避免。

⑥ 炉灶采光不宜被人影遮挡。炉灶应有良好的自然采光或人工照明，但光源不宜把人影投身到锅里，以避免看不清锅里的食物。

⑦ 炉灶不宜"西晒"。炉灶不宜放在受"西晒"阳光直接照射的位置，会导致煮熟的食物受西斜的夕阳照射，容易变质，食后易生病。

⑧ 炉灶不宜背靠窗户。炉灶背后应靠墙，不宜空旷。如若背后无遮挡或靠窗户，则火势及油烟均不易控制也不安全。如果背后用玻璃遮挡，也会因为光线折射，影响操作，无论从实用，还是现代心理学的角度来看，都是不适宜的。

⑨ 厨房炉灶的位置不宜贴近卧床。炉灶如若贴近布置着床的卧室隔墙，也会因为炉灶在煎炒油炸时会产生炽热和油烟。而影响睡眠和休息，同时也较为不安全，应该尽量避免。

（3）厨房中炊具、杂物的储存和摆放

美味健康的食品需要新鲜的材料、精美的做工、整洁明亮的环境以及合理的布局四位一体才能达到。

① 锅不宜挂在墙壁或摆放在外面，应洗擦干净后放入厨柜内。

② 刀具应放在专用刀架，并不宜外露，以防意外。

③ 餐具与调味料、食品均应分开存放。

④ 冰箱每周应检查一次，处理掉腐烂和过期食物，并用抗菌抹布等将脏污擦拭干净。

6.4.2 厨房的装修设计

厨房是作为家庭烹饪的场所，是住宅中使用频率最高、家务劳动最集中的地方，它在人们的日常生活中占有很重要的位置，因此是住宅中应该精心设计的地方。如果我们把以往晦暗、繁乱的厨房变成一个独具匠心，体现出温馨浪漫情调的舒适工作间，便会为生活增添无限的情趣（图6-39）。

（1）厨房的设计要求

1）现代厨房的设计原则

在住宅总体空间布局上，厨房应该邻近餐厅、起居厅，并能顺利排放杂物，清理垃圾。厨房应遵循

图6-39 可享受阳光的厨房

交通便利、材料牢固、充分利用储存空间的原则仔细进行设计布局。由于住宅面积各不相同，厨房的大小、长度不同，门窗、煤气、管道等差异很大，设计形式都要遵循功能要求的基本因素。从菜蔬进入厨房，到冰箱、储物柜储存，再到工作台洗、切、料理，清理残余，各项配备位置要合理，制作流程要顺畅。

2）厨房的布置模式

就目前国内住宅条件，厨房所占面积有限，大约为 4 ~ 8m²，因此，如何利用有限空间，容纳最多的家具，就显得十分重要。根据厨房所占面积和形状等具体条件，布置模式大体有以下几种形式。

① 一字型。顾名思义即是把所有的工作区都安排在一面墙上，通常在空间不大、走廊狭窄情况下采用。此种设计优点在于将储存、洗涤、烹饪归集在一面墙壁空间，贴墙设计。所有工作在一条直线上完成，节省空间。但工作台不宜太长，否则易降低效率。在不妨碍通道的情况下，可安排一块能伸缩调整或可折叠的面板，以备不时之需。这是最简单的一种模式，但不是最理想的设计方案。

② 走廊式，也叫并列式、双墙型、二字式。这种设计适宜面积较大或方形的厨房，沿相对的两面墙进行设计，通常洗涤和储物组合在一面墙，而用于烹调的备案台和灶台设计在相对的另一边，人在中间的

走廊区活动，因为两个工作区分开，因此走廊间距最好在80cm左右。如有足够空间，餐桌可安排在房间尾部（图6-40）。

③ 曲尺型。这种设计适宜宽度在1.8m以上且较长的厨房。将储物、洗涤等工作依次配置于相互连接的曲尺型墙壁空间。最好不要将曲尺型的一面设计过长，以免降低工作效率。这种设计是采用最普遍、最让人们接受的一种形式，优点是可以方便各工序的操作。较大一点的厨房还可以在曲尺的对角设计餐桌，如图6-41所示。

④ U型。这种设计适用于面积较大且接近方形的厨房，储物、洗涤、烹饪等工作区沿三面墙展开，操作空间大，可同时容纳几个人操作，是比较理想的一种设计方式。其工作区共有两处转角，和曲尺型的功用大致相同。水槽最好放在U型底部，并将配膳区和烹饪区分设两旁，使水槽、冰箱和炊具连成一个正方角型。U型之间的距离以1200～1500mm为准，使三角形总长、总和在有效范围内，此设计可增加更多的收藏空间（图6-42）。

⑤ 变化型。根据四种基本形态演变而成，可依空间及个人喜好有所创新。将厨台独立为岛型，是一款新颖别致的设计。所谓岛形，是沿厨房四周设立柜，并在厨房中央设置"中央岛"。这个岛包括了小型的料理台、就餐区域和一个小型的小槽。"中心岛"可用早餐、熨衣服、插花、调酒等（图6-43）。

图6-40 走廊型厨房布置

图6-42 "U"型厨房布置

图6-41 "曲尺"型厨房布置

图6-43 变化型的厨房布置

3) 厨房的色调选择

住宅的装修，不可忽视。而厨房装修最重要的莫过于色彩的选择，可根据个人的喜好进行选择。

① 厨房选择暖色，能突出温馨、祥和的气氛，总体如果用较深的颜色，局部则应配以浅黄、白色等淡雅的颜色。地面宜采用深红、深橙色装修（图6-44）。墙壁的色彩可多样化。

图6-44 橘黄色的厨房，给人以温馨感

② 红色作为橱柜与地面的主色调，用黑色加以点缀，沉稳却不显厚重，配上白彩带可避免单调的感觉。再配上一盆绿色植物，更能使狭小的厨房变成生动、多彩的空间。

③ 粉色系也较易为人接受，欢快而柔美的粉色主格调，年轻主妇们在装修厨房时不妨一试。

④ 绿色系活泼而富有朝气和生命力，若再配以黄色，更可使黄色系热情中充满温馨。

⑤ 可以选择平淡的色彩，稳定平和家人情绪。如以棕灰色做主色色调，比较适合多数人的爱好。大面积采用浅棕色则具有明亮感；白色或茶色色调的偏中性色不仅灵活雅致，而且容易与其他色调协调；白色使空间通透宽敞，给人一尘不染的洁净感。

⑥ 用一些清新、淡雅的颜色，可以给人一种清爽的感觉，而且也为了更容易清理。如蓝色系清丽浪漫，具有凉爽感。

⑦ 当然还有木质的天然本色，它能给人回归自然的美好感觉。

4) 厨房的设计提要

① 应保证通风、良好的通风采光。炉口不应对着厨房门，这是因为空气对流易使炉火熄灭造成危险。厨房门也应避免面对卫生间门，避开潮湿、雾气。如果厨房使用频率高，就要选择吸力强的抽油烟机。

② 厨房设计会影响家庭行为，应考虑到使用者与厨房的关系，实现空间与人的互动。通常健康、开放的家庭，厨房会设计得比较平等开放，运用玻璃砖、可开关的玻璃拉门（外部可喷砂玻璃）。选择浅色系、明度高的涂料，同色系的冰箱、厨具、洗碗机。减轻因空间小而带来的压抑感，让空间显得明亮，视野开阔。

③ 小空间可以巧妙利用，如将微波炉放在吊柜下方空间，特别设计的抽取式工作台、角落转盘。运用叠、嵌和用具多功能的用途，努力扩大活动空间，以便于至少二人边做菜边聊天，营造亲情的空间。

（2）厨房装修设计的准备

1) 准备工作

① 装修前量好厨房的尺寸。从多个不同的点去测量厨房的长宽高（例如地板到天花板的高度、墙到墙之间的宽度），检查是否有凹凸不平之处。切记要考虑所有的突出物，如水管、煤气表和水电表等的位置以及水管、电源插座的位置等，为设计人员提供准确的数字。

② 规划设计厨房。用餐人数较少的家庭对厨房功能性要求不高，应加强厨房的储物功能规划，特别是冷藏设备；若家庭人数较多的，应重视作业板面的设计及空间规划，按厨房主人的习惯规划厨房用具的摆放，以便于管理，使用起来也才能得心应手。

③ 根据空间的尺寸设计橱柜。橱柜是厨房中集储物及操作台于一体的主要家具之一。厨房再大，空间也是有限的，而厨房的设施总在不断地增加，如电饭锅、电烤箱、微波炉、消毒碗柜、洗碗机、饮水机、榨汁机等，由于设备的大小、形状的不一致，使得厨房很难做到整齐美观。为此，整齐划一的橱柜就成了

多数厨房装修方式的首选。橱柜外观整齐划一,橱柜内间空间布局应尽量多样化,最好多设活动沟槽,让隔板可根据需要随时调整。在空间允许的前提下,上面做吊柜、下面做低柜,可以预留出一定的空间给未来新增设备提供方便。

④ 选用合适的工作台面。厨房工作台是家庭主妇洗菜做饭,完成洗、切、烧等一系列工序的工作台面,需要使用水、火、电,因此对工作台面的材料提出了很高的要求。大多采用天然、人造大理石或防火板作为工作台的主要材料。无缝人造石依旧是中高档橱柜台面的主打材质,其无缝拼接的独特优点使之有取代天然石材和防火板的趋势。

2) 材料选择

① 地板材料。厨房地面大理石及花岗石是经常被使用的天然石材,这些石材的优点是坚固耐用、永不变形,并有良好的隔声效果。但它们也存在诸如价格较贵,不防水而且具有吸热、吸冷的缺点,在气候较潮湿的地区,就不适合采用。人造石材及防滑瓷砖,价格较天然石材便宜,且具有防水性,最适合厨房地面。由于饮食结构的改变和厨具的花样翻新,现在的厨房不会有太大的油腻,因此,强化木地板在厨房中也已得到青睐。

② 墙壁材料。厨房的壁面材料以清洁方便、不易受污、耐水、耐火、抗热、表面柔软和视觉美观者为最佳。塑胶壁纸、有光泽的木板、经过加工处理或涂上透明塑胶漆的木材、瓷砖及强化石棉板等。瓷砖因具多样的色彩和花色,能活跃视觉效果,极受青睐。其中木质护墙板、玻璃和金属的局部点缀,更给现代厨房增添了诱人美感。

③顶棚材料。厨房顶棚可以刷涂料,也可以选择塑料板材或铝塑板吊顶。如果在厨房装设天窗,须用双层玻璃,以保证使用安全。

3) 厨房的通风与采光照明

① 厨房应该有直接对外通风。现代化的厨房应该具有良好的通风。一般来说即使厨房有不错的自然通风条件,也必须借助于抽油烟机、排风扇等现代化通风设备,才能避免一部分蒸汽和油烟飘散在家居。当然为了更好地直接排除蒸汽与油烟,抽油烟机应安置在炉灶的正上方适当的距离。

② 厨房的采光。良好的自然采光是在厨房操作必须具备的条件。如果厨房有一两扇窗户,不但能提供良好的自然通风和自然采光,还能边操作边欣赏室外的景色,获得一点轻松。

a. 灯具种类的选择。厨房中的照明设计,要能为每一角落提供有效而明亮的灯光,这对自然采光不足的厨房尤为重要。厨房用灯一般有白炽灯、日光灯和投射灯。白炽灯适用于一般照明,特别是在厨房里进餐时是很好的选择;日光灯在厨房里被大量使用,小型日光灯可布置在吊柜下方,能清晰地照亮工作台面;投射灯主要用于重点区域的局部照明。灯具没必要选择豪华型的,但灯具的亮度一定要足够,不仅可以方便操作,还能给厨房的主人增添愉悦的心情。

b. 灯具要耐用。厨房使用的灯具应遵循实用、耐久的特点。由于厨房的特殊环境使得灯具和灯泡损坏得很快。尤其是天天点火做饭的厨房,其灯具使用半年左右就已出现灯头锈斑,开始接触不良,甚至已经锈蚀得无法再用。这主要是因为厨房中烧水做饭时经常产生的水蒸气和二氧化硫对灯具有很强的腐蚀作用。

c. 要安全方便安装。厨房灯具的位置要尽可能地远离炉灶,不要让煤气、水蒸气直接熏染。厨房需要安全、方便的灯具开关,由于灯头容易被油污和二氧化硫所污染,所以不宜使用灯头开关。灯头最好用卡口式,在轻度生锈后它比螺口灯泡更容易卸下。另外,在更换厨房灯泡时常会碰到由于灯头使用日久,锈蚀严重,使灯头和灯座锈牢,很难卸下更换,所以在安装灯泡时,在灯头上涂一点医用凡士林就可以防锈,下次更换灯泡时就不会碰到锈死而旋不开的情况了。

（3）厨房的模式

1）整体厨房

整体厨房系列产品充分体现了人性化设计理念，为人们日常的厨房操作提供了极大便利。它以家电为基础，通过将厨房家具与电器巧妙融合，实现了厨房家电一体化、功能多样化，一改传统厨房简单烹饪功能，集储物、保鲜、速解、烹饪、净化、热水供应六大功能于一体。

在设计上，充分考虑了空间与人的需要。使厨房空间得到最大限度的利用，冰箱、洗碗机、电子干燥柜、米柜、灶台柜、调料柜、餐具分类抽屉、多功能挂架、不锈钢垃圾桶等专用器具，使厨房里的所有物品都有了容纳之所，一切都显得整洁和和谐、井然有序，富有层次的厨房家具及电器组合为厨房平添了几分空间的韵律感（图6-45）。

运用人体工程学原理设计而成的整体厨房，厨房中的各种操作更加符合人的需要，橱柜中都装有可推拉式滑轨，使得取放物品更加轻松方便。水槽柜采用静音式水槽，流水无声，不易迸溅。调料架近灶台设计，可随手取用。嵌入式灶台采用不粘油设计，易于清洁整理。米柜具有防潮、防蛀、防蚀等性能，定量取米设计使取米准确方便。位于高处的橱柜下部装有下拉式滑道，使不同身高的家庭成员都可以轻松拿到所需物品。为解决厨房拐角不易取物问题，特地设计了180度转篮，轻轻一转，便可将里面的物品呈现出来。

2）敞开式厨房

敞开式厨房（图6-46）说起来很简单，就是取消厨房与餐厅（或起居厅）相连的一面非承重墙，使厨房与餐厅（或起居厅）合二为一。由于敞开式厨房与其他空间相通，便使之在空间上融为一体，一方面开阔了视野，空间上有区分又可互为借用，扩大了空间感；另一方面，正因为与其他空间相通，就更加要求提高装修水平，以便通过相互借景，达到相映成趣的效果。

敞开式厨房一般把打掉的墙垛做成一个小小的吧台或做成一个递送饭菜的小操作台，这样既充分利用了空间，又增添了些许情调。敞开式厨房在橱柜的色彩选择上一般也较大胆，大红、湖蓝、翠绿等鲜艳色彩都被搬进厨房，使厨房的景观为整个住宅增色，给人以活泼、现代的视觉享受。

敞开式厨房完全是舶来品，近年来在国内才开始尝试，但使用效果并不十分理想。欧美国家对厨房极为讲究，厨房不仅面积大，而且装修也很有品位。厨房不光是做饭，而且还是孩子做作业，家人游戏聊天的场所。外国人做饭主要是烤、烹、煮，而且很多

图为6-45 富有层次的厨房家具及电器组合

图6-46 敞开式厨房

是冷食，所以厨房很少油烟，敞开式厨房没什么问题。

从中国的国情来看，则不太适合，因为中国人烹饪讲究煎炒烹炸，油烟极大，再加上辣椒、葱、姜、蒜等气味极具刺激性，就是吸力再大的抽油烟机，也难保油烟气味不往外扩散。所以敞开式厨房极容易污染家居环境。目前只有一小部分住宅面积大，人口少又很少在家做饭的人士适合做敞开式厨房。为吸收敞开式厨房通透效果好的优点，又避免油烟扩散，可利用玻璃加以分隔，或做一个折叠式隔断或布帘等。这样既可以达到有效控制油烟扩散，又可达到通透的效果。

3）乡村厨房

乡村的人们都向往大城市，而如今大城市的人们却向往着回归自然，回到返璞归真的乡村。因此，诸如亲手制作的打褶布帘、滚化墙面、仿"风剥雨蚀"的橱柜以及油漆地板等应运而生，造就一个乡村厨房

的气息就可以天天感受到乡土的韵味。目前，乡村厨房已日趋完善，它不仅承袭了原有的乡村风格，而且将在乡村度假的感受融进家居。遮光帘、百叶窗或是自然风光替代了打褶窗帘，墙面都铺上瓷砖，橱柜看上去年代久远，但不一定是风剥雨蚀，地面仍旧油漆，但被刷上更为雅致的几何图案。

色彩的作用仍然至关重要，因为如果不使用色彩就无法将乡村风貌带进家居来。田园风光的各种绿色，秋天树叶的温暖红色，甚至池塘的色彩，无论是用在橱柜、油漆地板还是瓷砖上，都能唤起对户外生活的联想。色调单一的厨房有时也可以利用搁板上或窗台上的收藏品来增添各种色彩。

引进户外感觉效果最佳，也更富挑战性，但又难以实现，这是因为直接使用砖石铺地，用原木而不是木板做墙面或顶棚，自然，这样做是不现实的，材料也是很难找到的。

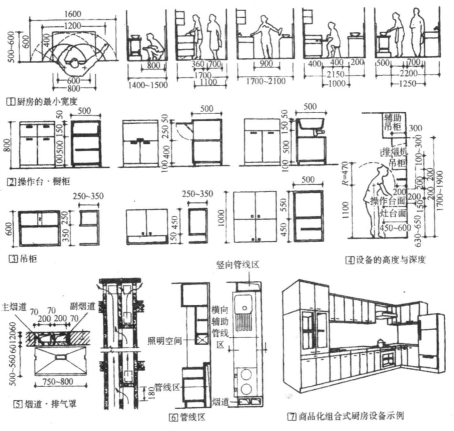

图 6-47 家用厨房设计的主要参考尺寸（单位：mm）

（4）厨房的设计准则

国外一些研究者通过对高效能以及功能良好的厨房从设计上进行了总结，提出了一些厨房设计的准则，被认为是家用厨房设计主要参考尺寸（图6-47）及所应考虑的较重要因素：

1）交通路线应避开工作三角；

2）工作区应配置全部必要的器具和设施；

3）厨房应位于儿童游戏场附近；

4）从厨房外眺的景色应是欢乐愉快的；

5）工作中心要包括有储藏中心、准备和清洗中心、烹饪中心；

6）工作三角的长度要小于6～7m；

7）每个工作中心都应设有电插座；

8）每个工作中心都应设有地上和墙上的橱柜，以便储藏各种设施；

9）应设置无影和无眩光的照明，并应能集中照射在各个工作中心处；

10）应为准备饮食提供良好的工作台面；

11）通风良好；

12）炉灶和电冰箱间最低限度要隔有一个柜橱；

13）设备上安装的门，应避免开启到工作台的位置；

14）应将地上的橱柜、墙上的橱柜和其他设施组合起来，构成一种连续的标准单元，避免中间有缝隙，或出现一些使用不便的坑坑洼洼和突出部分。

6.5 卧室

6.5.1 卧室的布局文化

住宅最大的空间除了供家人吃饭的餐厅外，就是供睡觉的卧室。我们古代的祖先，在狩猎时代，也就是农耕初期，他们打猎、农耕、吃食等生活活动都在户外，夜晚睡觉时，则必须进入洞穴，这就是卧室的由来。在现代社会的进步中，由农业社会进入工业

社会，家庭形态由大家庭发展到小家庭。虽然饮、食、工作、娱乐还是在外面的时间多，但是，睡觉必须在住宅内，这和古代并无不同。因此，卧室是住宅最重要的地方。

人生有三分之一的时间是在睡眠中度过的，卧室是人们由醒觉功能态进入睡眠功能态，再到醒觉功能态的"过渡"空间，要求温馨、柔美、休闲、舒服、私密。如果是低层的楼房，卧室的布置，应从晚辈到前辈，由小往下排，即小孩在顶层，大人在中间，老人在底层，以便更利于接受地气。

卧室的布局应注意以下问题。

（1）卧室形状宜方忌圆

因为方主"静"，合乎卧室安静的要求；而圆主"动"无论在心理上、视觉上都有运动的态势，给人不稳定、不安宁的感觉，好的睡眠环境应该是和谐宁静的，圆形造成的躁动与宁静相矛盾，对心理环境的健康不利，不合乎卧室安静的要求。因此，卧室的形状应该是方形的，不要做成圆形的。卧室的墙体以及床、衣柜等主要家具，也不宜做成圆形或圆弧形。而为采光和取景，设计有大的圆形或弧形窗，只要整个卧室的墙体不是以圆形或弧形为主，不会造成眩光和给人不安的感觉。还能创造良好的视野和采光，能给人以愉悦，因而不失为好创意。

（2）卧室家具宜简忌繁

卧室的空间有限，布置过多的家具会造成活动不便。为了争取时效，减少时间浪费，在现代生活处处以方便为原则的情况下，大都把衣柜、化妆台、婴儿床和床同时摆放在卧家居，这就要求应尽可能将衣柜、梳妆台等排成一线，不要有凹凸不平的现象产生，避免给人杂乱的感觉。

卧室的家具，特别是床，标新立异的采用圆形是极不可取的，应以直线为宜，给人以稳定、平和、安静的感觉、利于休息睡眠。

卧室的沙发最好以单独的两张为宜，不可过多，

以免拥挤。

（3）卧室房门不宜直对入户门

卧室是住宅最重要的睡眠休息空间。卧室的配置，首先要考虑到安全和宁静这两个最基本的条件，尤其是安全更是绝对需要的条件。卧室靠近门厅，接近入户门容易受到外来的袭击和骚扰，是比较危险的。如果卧室靠近门厅，而卧室的房门又与入户门相对成一直线，一进门就直通卧室，自然也缺乏私生活的安全感。而且容易受到外来噪声、汽车废气等公害扰乱，使人难以安眠。

（4）卧室不可布置得琳琅满目

卧室的色调切勿太过鲜艳，尤其忌用红色为基调。因为红色会使人心跳加快，血压升高，脑电波活跃，而影响就寝。同时也不要布置得琳琅满目，过度豪华。闪闪发光的饰物尤为不宜。

卧室的色调以素雅温馨为宜，墙面一般宜用淡绿、浅蓝、乳白等冷色。至于青少年的卧室，考虑到其朝气蓬勃的性格和容易入睡的特点，墙面可用中性色或中性偏暖的色调，如橙黄色之类。

（5）卧室顶棚不应变化太多

卧室环境应方便人们经过白天的辛劳后，容易入睡，以保证旺盛的精力。因此卧室顶棚应平整简洁，切不能有太多的变化，尤其是顶棚的灯具更要简洁，绝不能采用各种花灯，以免积灰，方便清洁卫生，也可避免躺卧在床上引发各种幻觉而影响睡眠质量。

（6）卧室中不可过多盆栽

盆栽可以制造新鲜的氧气，家居中多有利用，但也要注意适量，因为绿色植物在夜晚会要吸收氧气，释放二氧化碳，所以在供人们睡眠休息的卧室中，最多也只能是几盆，切不可多放，尤其不可摆放如仙人掌、玫瑰等带刺的植物，以免在夜晚与睡眠的人们争夺氧气和被刺伤，有损健康。

（7）卧室不宜摆放兵器和雕像、兽头

卧室陈设不宜摆放刀剑等兵器。刀剑属"凶器"，有暴戾不祥之气，与卧室应有的祥和安宁气氛相矛盾，而兵器对人的生理磁场亦有负面影响。

卧室也不宜摆放雕像、兽头、面目狰狞面具和木刻工艺品。以免午夜梦醒，迷迷糊糊中看到而触目惊心。

（8）卧室的朝向

目前，一般家庭的卧室都兼具了睡眠休息和更衣化妆的功能。因此，卧室不但关系着人的健康，还与夫妻生活的和谐、家庭和睦有着密切的关系。卧室窗户朝向，对于升起的太阳充满活力的景象，特别适宜居住，尤其是适合于老年人居住。

① 东方。每天迎着朝阳，能使人朝气蓬勃、精神振奋、工作勤奋。

② 西方。西照留下过热的景象，使人容易得心脏病及头痛，对健康不利、窗户朝西的卧室应注意做好防晒的措施。面对落日，尽管有着夕阳无限好的晚景，但落日很快地消失，不利于老年人的身心健康。因此，西晒房不宜作为老年人的卧室。

③ 南方。阳光充沛，充满生机适合居住，但也应采取适当的遮阳措施，避免夏季过于强烈阳光，影响午间休息。

④ 北方。光线均匀，较为宁静，适宜居住。北向卧室，比较阴冷，居住者容易引起胃病、痔疮、身体衰弱。女性易患妇女病。因此，应注意做好防寒保温措施。

（9）卧室中的床

日常生活中，人们有三分之一的时间是在床上，人必须通过睡眠获得休息和能量，经过一天的体力、脑力活动后，身体处于疲劳状态，如果晚上睡不好，很容易导致大脑的缺血缺氧，脑细胞随之加速死亡。身体抵抗力跟着也急剧下降。研究表明，人的睡眠时间与寿命长短有明显的关系，每晚平均睡眠7至8小时的人寿命最长，而平均睡眠不到4小时的人，有80%是短寿者。长期失眠者至少减寿18年。睡眠的质量严重地影响人的生活质量、工作效率和健康水平，床是每天休息睡眠的地方，所以卧室与床位的关系就显得极为重要。睡床的摆放也就必然会引起人们的普遍关注。

1）床的方位

睡床是用来休息睡眠的地方，所以应该摆在与自己身体信息相适应的方位，才能睡得舒适安宁，睡醒后则能感到精神好。

床向不宜正北、正南、正东或正西，这是为了不与地球的磁力产生不协调。这一问题在住宅建造时一般要加以考虑，因此对于在矩形的卧室里摆床就不必再考虑了。

人们经常认为"床头朝西"不好，这主要有三种说法。

一是佛教信奉者认为极乐世界相传是在西方，所以往往用"归西"来形容人的逝世。因此，世俗便认为头部向西睡觉不吉利，甚至意味着疾病和死亡。

二是日出于东而落于西，西方是日暮所在，故此认为不宜向着这暮气沉沉的方位睡觉，否则会导致损害身体。

三是夏日西斜的阳光最毒最凶，所以向西的睡房和睡床特别酷热，身处其中的人容易感染暑气而病倒；而秋冬的寒气也是西方最甚，身处其中又易染风寒。所以认为床头不宜朝西。

事实真是如此吗？这是见仁见智的问题，其实这三种说法都有些牵强，尤其是第一、第二种说法，至于第三种说法，只要在靠西面外墙床头采取措施避免风寒和受西方斜阳直射的影响便无大碍。

美国科学家有关地球磁场对人体影响的实验表明，卧向头北脚南比其他方向睡得更香甜。然而，武汉市第一医院做的脑血栓患者床铺摆设方位调查结果却表明，头北脚南床位的老人，其脑血栓发病率却高于其他方向床位的老人。地球上密布着南北走向的磁力线，人体也是一个小宇宙，也存在着一个磁场。

头和脚就是南北两极，人在睡眠的时候，最好能采取东西向，和地球磁力钱相剪，能使人在睡眠状态中重新调整由于一天劳累而变得紊乱的磁场，对身体有好处。如果住在方向不正的住宅里，磁力线必然是斜着切割你的身体，对健康不利。所以，我国多数养生家反对北首而卧，而主张东西向设床和东西向寝卧为好。

我国古代养生家对寝卧方向的四种观点：

第一，寝卧东西向。根据《黄帝内经》"春夏养阳，秋冬养阴"的养生原则确立的《千金要方·道林养性》认为"凡人卧，春夏向东，秋冬向西。"即主张春夏两季，头向东，脚向西；秋冬两季，头向西，脚向东。

第二，寝卧恒定东向。《老老恒言》引《记玉藻》说："寝恒东首，谓顺生气而卧也。"这是说四季头朝东卧，可得东方升发之气。

第三，寝卧按季节东南西北向。春季头向东，夏季头向南，秋季头向西，冬季头向北，秉其旺气，顺乎自然。

第四，寝卧忌北向。《千金要方·道林养性》说："头勿北卧，及墙北亦勿安床。"《老老恒言·安寝》亦说："首勿北卧，谓避阴气"。这是因为北方主水主寒，为阴中之阴，最能伤阳，而头部为人体诸阳之会，因此忌北向而卧。

总之，床向和卧向要根据地磁场（即南北极磁场）方向、人本身的磁向类型、人的性别、年龄和健康状况等因素而进行综合抉择。最后还是应以自我感受良好为宜，当睡床的主人感到某方位摆放床睡觉轻松、舒服，睡觉质量高，那么这个床的方位可能就是最好的，目的是顺乎自然，调和阴阳。

科学研究证明，鸽子能辨别方向是由于其血液中所含的铁质是有极性的，因此鸽子能感受到磁场作用，能辨别方向。

人体的血液也含有铁质，睡觉八九个小时血液在某一磁场长期作用下也会对健康有所影响的。由于人的适应性，搬迁时，睡床的方位改变，容易引起不适应，尤其是老年人。因此，住宅家居环境文化反对经常搬家，搬迁时应特别注意老年人睡床的方向，应尽可能以搬迁前同一方向，以减少不良反应。

2）床的位置

① 床不宜正对门窗。床宜摆在通风的地方，而不要摆在死角。头顶与脚心均不能对着门或窗，以免头顶的百会穴或脚的涌泉穴遭受风凉。如果受地方的限制，床不得不要对门的话，最好能加个屏风以避免床直对着门或窗。

② 床不宜太接近窗户。在晴天，从窗口进入的阳光直射床头，而在雨天，风雨会从窗缝渗入，影响睡眠。一旦遇到刮大风或雷鸣闪电，因为会有窗口跌落玻璃弄伤的可能，所以床头贴近窗户便有危险，为了睡眠安宁及家居安全，应该尽量避免床头贴近窗户。床头尤其不能有落地窗。

③ 床的摆放以安宁为主。床背门则易受干扰、惊吓。

④ 床上不宜横梁压顶。卧床上方的顶棚有横梁，称为"横梁压床"或"抬梁床"，对床形成压迫感。因此，应尽量避开或在有横梁外露的顶棚，加设吊顶，以确保床上的顶部平整、简洁。

⑤ 床的上方顶棚不可垂悬吊灯、吊扇、风铃和任何饰物。这样不但危险，增加压迫感，也还会造成心情不安而影响睡眠。

⑥ 床头应有靠。把床头靠着坚固的墙，如同保护家宅的山丘和山脉一样，给睡者以坚实的感觉。床头若空，比如放在玻璃窗下，称之为"太阳不着星"，由于心理感受不好不利于睡眠。

⑦ 床不宜对着镜子。镜子有反射光，这是一种不良的射线。对着身体，刺激人的神志而易产生幻觉和恐慌，常做噩梦而影响睡眠，从而导致产生神经衰弱等不良后果。过去迷信认为镜子对床会招魂。其实床正对镜子，往往是被自己在镜中的反映吓一跳，尤其是夜晚起床，镜中影子的晃动，会让睡得迷迷糊糊的家人觉得鬼影幢幢，而产生幻觉和恐怖。确实有因为镜子对着床，夜间起床后出现上述情况而砸破镜子的实例。因此，应尽量避免，如果避免不了，不妨在镜前设一布帘，睡觉时把布帘拉上。

卧室不宜摆放太多的镜子，最理想的是在衣柜门的内边装镜子。这样平时看不到镜子，但要穿着衣服及打扮时打开柜门便有镜子可用。女士们为了化妆方便，往往需要在卧室中摆入带镜子的梳妆台，只要小心避免镜子正对着床也是无妨的。

⑧ 床不宜对着卫生间的门。因为污秽潮湿之气直冲身体，有碍健康，此外卫生间的噪声、灯光亦会影响同住之人的休息睡眠。

⑨ 床不宜紧挨卫生间、厨房，卫生间是排泄污秽和洗涤污垢之所，坐便器更是排污最为频繁的地方，所以床后不宜靠着卫生间与卧室的隔墙，更不能靠着摆放坐便器的隔墙，以免受水冲噪声的干扰。同样，厨房水、电、燃气都有潜在危险，而且容易滋生虫蚁，特别是可燃气体泄漏更有危险，卧室离厨房远一点会显得相对安全。

⑩ 床与卧室的墙壁应平行或垂直，以免家居动线唐突和给人不稳定感。

⑪ 床不宜摆在楼梯下面，避免心理压力，而影响身心健康。

⑫ 床不宜摆在厨房、卫生间的楼上或楼下。厨房是动水、动火、动气、动电的所在，而卫生间和厨房又是管道纵横的场所，特别是下水道水平干管外表的结露影响更甚。因此，床不宜摆放在厨房、卫生间的楼上或楼下，以避免受其污秽湿气的干扰，确保居住者的健康。

⑬ 床不宜摆在封闭的阳台内。这是由于阳台尽管封闭了，但其原有设计对保温、隔热，防止室外噪声、防尘以及阳台承重、遮光都未做足够的考虑，难以提供良好的睡眠休息环境。因此，床不宜摆在封

闭的阳台内。

⑭ 床脚不宜正对大电器的正面。电视机等会释放辐射波，平时即使关机，仍有射线产生，对孕妇、神经衰弱者及病患者尤为不宜。卧室里需幽静、安全。因此，必须避免摆放有辐射波的各类家用电器（如电视机、微波炉、音响及空调等），所以床更不宜对着大电器正面。床正对空调，受冷气直吹，易患风寒，影响健康。同时也要避免过多的电线纵横经过。

⑮ 床边不宜设置炉具煮咖啡。为图方便，但却非常危险，睡觉的房间里有火，火是燥热的东西，容易引起烦躁不宁的情绪，对人们休息不利。

⑯ 床头上方的墙上，不宜悬挂重物。床头墙上置画可以增加卧室之雅意，但以轻薄短小为宜，并应固定可靠安全，最忌厚重巨框大画，以免一旦地震，或挂钩脱落，而造成严重的伤害。犹如断头台，切不可不慎。

⑰ 床下不宜塞满杂物。床底下如塞满杂物，既难以打扫卫生，也不利于通风，则将成为藏污纳垢的地方，容易滋生引起人体过敏性疾病的尘螨等病原生物，影响健康。

⑱ 床不宜对着房门。避免卧室中的私生活易被窥见，可以减少许多不便和尴尬。当床对着房门时，可用屏风（图6-48）或在房门上悬挂珠帘来做遮挡。

图6-48 门对着床，可用屏风遮挡

3）床的高度

床沿的高度一般以45cm为宜。过高则上下不便，太矮则容易受潮，睡觉时吸入的灰尘量较大，不符合卫生要求。

4）床的材料

现在卧床，很少使用古代式的木板床，而是使用弹簧床。床垫如果用钢丝弹簧床（席梦思），要均匀、透气、防潮和保温。应该有三层，面层要柔软，以驼毛、羽绒、棉絮、泡沫塑料等材料为佳；中层要密实，用毡毯填充；下层要富有弹性，弹簧数量要多，最好互不联结，每个弹簧放在单独的布袋内。以便使人体重均匀分布，以避免局部受压过大。棕棚床也不错、既柔软，又有一定的弹性和硬度，可使全身肌肉放松。

5）床的宽度

床宜宽大舒适，理想的单人床至少有90cm宽；而双人床不宜小于1.5m，侧卧翻身时才会有宽裕的空间，床太小的话，心理上会有受限制的约束感，影响身心健康。

（10）老人卧室

太阳光对老人健康影响很大，甚至比任何医药的效果都好，所以老人卧室最好设在住宅南方或东南方采光最好的地方。

老人居家时间最多，要特别注意防寒、防暑、通风，使得老人不会由于长期留在住宅内，因空气流通状况而中暑或受风寒，伤及身体。因此，设置不加封闭的阳台或小庭院，为老人提供呼吸室外新鲜空气与休闲活动之用，也便于邻里的户外交往。但应注意做好安全防护措施。

老人卧室不可离家人卧室太远，也不可太吵闹，卫生间也要离得近些，使得老人不至于感到孤独或不方便。如果独门独户的低层住宅。就要安置在楼下，同时还得考虑到楼梯千万不可太陡，以预防万一，老人最经不起摔，若发生失足摔倒的事，后果不堪设想。

6.5.2 卧室的装修设计

（1）卧室的功能

睡眠是每一个人生命中的重要内容，它几乎要占据生命中的三分之一时间。人的三分之一时间是在卧室中度过的，卧室这个完全私密的空间，是彻底放松，充分休息的地方。有一个舒适安静的卧室环境，可以沐浴爱情的浪漫与温馨，使得睡眠甜美，生活质量更显多彩（图6-49）。卧室是整套住宅中最具私密性的房间，它是成年人传达爱意酿造亲密的私人绿洲；是孩子编织梦想和成长神话的安全地带；是老年人安享晚年的宝地。卧室设计应做到舒适、实用，使人身心两悦。

（2）卧室的设计要求

卧室的基本功能应是以满足主人睡眠、更衣等日常生活的需要为主。围绕基本功能，如果能运用丰富的表现手法，就能使看似简单的卧室变得韵味无穷。

1）运用各种材料让卧室更具柔情

皮料细滑、壁布柔软、榉木细腻、松木返璞归真、防火板时尚现代、窗帘轻柔摇曳，材料上多元化使质感得以丰富展现，也使家居环境层次错落有致更具柔情（图6-50）。

图6-50 简洁大方的卧室

2）床、床头柜与卧室柜是卧室的主体内容

这三件卧室基本功能的必需品决定了整个卧室的格局，可以根据所喜欢的样式配套购置。床最主要的是要舒适；而卧室柜可以装修时做成固定或嵌入式；柜橱门采用滑轨推拉式，使用方便式样大方美观（图6-51）。

3）灯光与床头背景墙

背景可以运用点、线、面等要素，使造型和谐统一而富有变化。可采用简单而富有人情味的图片、照片，让家居充满生活气息。卧室的灯光应该柔和富有韵味，最好不用日光灯；而可以采用壁灯或床头灯，为了方便主人睡前阅读，灯光最好是可调式的（图6-52）。

图6-49 现代风情的温馨卧室

图6-51 富有现代风格的床及配饰

图 6-52 富有女性色彩的卧室

4）顶棚应简洁

当您躺在床上时需要的是休息，至于头顶上的顶棚以不引人注意为好。卧室的顶棚最好不做吊顶或少做吊顶。为要保持卧室中空气的清新，让卧室的空间高度大一些为好，才不会使人觉得压抑。顶棚的色调应以素雅取胜，可根据卧室的整体设计效果在白色的基础上加一点红、黄、蓝等颜色。

5）墙面

使用涂料和壁纸，可根据个人喜好而定，但要选择无毒无味的产品。在墙壁装修的颜色要柔和，一切以有助于睡眠为标准。

6）地面

复合木地板配块毯，是卧室地面装修的最佳组合。瓷砖显得冷硬，所以不适合卧室采用。满铺毯不易于清理打扫，也不适合卧室。

总之，卧室装修的风格、家具的配置、色调的搭配、装修美化的效果、灯光的选择及安装位置等，应按个人性格、文化、爱好与年龄的不同有所区别。

（3）卧室的家具和饰物

卧室的家具主要从休闲区、梳妆区、储藏区三个区域入手。

① 休闲区。卧室休闲区是在卧家居满足业主视听、阅读、思考等以休闲活动为主要内容的区域。在布置时可根据业主在休息方面的具体要求，选择适宜的空间区位，配以家具与必要的设备。

② 梳妆区。卧室梳妆活动包括美容和更衣两部分。这两部分的活动可分为组合式和分离式两种形式。一般以美容为中心的都以梳妆台为主要家具。可按照空间情况及个人喜好分别采用活动式、组合式或嵌入式的梳妆家具形式。从效果上看，后两者不但可节省空间，且有助于增进整个房间的统一感。更衣亦是卧室活动的组成部分，在居住条件允许的情况下，可设置独立的更衣区位，更衣区也可与美容区位有机结合形成一个和谐的空间。当空间受限制时，亦可在适宜的位置上设立简单的更衣区。

③ 储藏区。卧室的储藏物多以衣物，被褥为主，一般嵌入式的壁柜系统较为理想，这样有助于加强卧室的储藏功能，亦可根据实际需要，设置容量与功能较为完善的其他形式的储藏家具。

（4）卧室的绿化

卧室中的绿化应体现出房间的空间感和舒适感。如果把植物按层次集中放置在居室的角落里，就会显得井井有条并具有深度感。注意绿化要与所在场所的整体格调相协调，把握其与人的动静关系，把它置于人的视域的合适位置（图 6-53）。中等尺度的植物可放在窗、桌、柜等略低于人视平线的位置，便于人们观赏植物的叶、花、果；小尺度的植物往往以小巧精致取胜，其陈设的位置，也需独具匠心，可置于橱柜之顶、搁板之上或悬空中，便于人们全方位观赏。卧室的插花陈设，则须视不同的情况而定，

图 6-53 墙边绿色与床靠相互呼应

书桌、梳妆台和床头柜等处可以选择茉莉、米兰之类的盆花或插花。中老年的卧室以白色或淡色为主调，使人愉快、安静且赏心悦目。年轻人，尤其新婚夫妻的卧室，则适合色彩艳丽的插花，但以一种颜色为主最好，花色杂乱不能给人宁静的感觉。单色的一簇花可象征纯洁永恒。

6.5.3 儿童房的装修设计

（1）儿童房的空间布局

儿童房是许多现代家庭十分注重的。在装修孩子的房间时，一定要考虑他们的年龄特点。在满足他们生活起居需求的同时，特别要适合孩子天真活泼的天性，装修格调要有利激发孩子的求知欲和学习兴趣，有利于启迪他们智力的发展以及非智力品质的培养（图6-54）。

一个设计合理而完善的儿童房，在使用功能上应满足四个方面的需要：休息睡眠、阅读书写、置放衣物学习用具和供孩子与朋友交往休闲的需要。

① 学习区。希望孩子能学习好是每个父母的最大愿望，给孩子们营造一个好的学习环境自然十分重要。孩子的房间一定要把写字台面和座椅设置好，可以是独立的学习桌、写字台，也可以是翻折式台面板，还可以与书柜等组合而成，或者是结合窗台设置出书写台面板（图6-55）。

图6-54 蓝色的墙纸和黄白相间的家具造就了一个儿童乐园

图6-55 功能齐全的学习区

图6-56 舒适的床是儿童梦想的开始

② 睡眠区。有一个舒适特别的床可以给孩子一个享受美好梦乡的地方（图6-56）。因此，应根据儿童房的条件采用各种形式的儿童睡床。例如沙发床、单层床。如果采用双层床形式，其优点是可以节约面积腾出空间供孩子休闲游戏，也可以采用设地台的形式，而采用折叠床更能够给孩子一个充分的游戏空间。

③ 休闲区。玩耍、游戏是孩子健康成长过程不可缺少的内容，再小的儿童房也要尽量挤出地方为孩子开辟一个玩耍、休闲的小环境。因此在儿童房不可放太多的家具，更不能将孩子的房间变成家中杂物的仓库。在儿童房里应该有小桌小椅等，可以供孩子与小朋友聚会、交往，一起做功课、下棋等。通过这些

活动不仅能培养孩子多方面的兴趣，给孩子的生活带来乐趣，也能从小培养他们与人和谐相处的能力（图 6-57）。

④ 储物区。孩子的需求是多方面的。他们有着读书、绘画、玩耍等内容多样的需要，也就有各种相关的物品，为方便孩子取用，就要把各类物品分门别类放好。如果房间里的东西乱堆乱放杂乱无章，既影响孩子的情绪，也不利他们养成好的习惯。所以儿童房中书柜、小型储物柜是必不可少的，最好采用

图 6-57 宽敞的卧室是儿童健康成长的好地方

图 6-58 床下有良好的储藏空间

可灵活移动，随意组合的藤编筐篮、塑料或纸盒子等，便于孩子自己学习管理自己的物品（图 6-58）。

（2）儿童房的设计要点

为了装修好儿童房，就应该以孩子安全健康地成长需求作为第一要素。对于正值成长、活动力强的儿童来说，在一般的家庭中还不可能为孩子提供更多的活动空间时，卧房不应只是一个供他们睡觉、休息的场所，而更应具备游戏、阅读或活动等功能。儿童房的装修要简单，便于改动。家具也要便于更换，适应孩子不断成长的需要。

1）保证安全

① 儿童生性活泼好动，好奇心强，同时破坏性也强，缺乏自我防范意识和自我保护能力，因此安全性是儿童房装修的首要要求。家具作为儿童房不可缺少的硬件，其外形不应有尖楞、锐角的设计，家具的边部、角部最好是修饰成触感好的圆角，以免儿童在活动中因碰撞而受伤。

② 在装修材料的选择上，无论是墙面、天棚还是地板，应选用无毒无味的天然材料，以减少装修所产生的居室污染。地面适宜采用的实木地板，配以无铅油漆涂饰，并要充分考虑地面的防滑。

2）给孩子一个培养想象力创造力的自由空间

① 把带阳台的房间留给孩子。有阳台的房间一般阳光较充足，通风条件也好，有益于孩子健康。利用阳台还可以给孩子创造很多情趣，比如在阳台看

图 6-59 充满阳光的儿童房

书、画画、锻炼。还可以把阳台的一面墙留给孩子。3～9岁孩子有一个涂抹期，喜欢随处涂抹，把阳台的一面墙贴上光面小瓷砖，可反复绘画，便于清洗。既可让孩子尽兴，又减少了妈妈们的烦恼（图6-59）。

② 滑动板增加墙面。为了满足孩子涂鸦创作的欲望，另外还有挂书包、运动用品、玩具等均需要较大面积墙面。可以沿着墙面装上数面滑动式的嵌板，配合嵌板数量装上必要的滑动轨道，如装上二层或三层嵌板，就等于增加两三个墙面。嵌板的种类可根据喜爱与需要选择，可以是黑板、软木板、挂物或镜板等。

③ 选择色彩听孩子的。在色彩的选择上，孩子们因为心性纯真，色彩感没有经过后天调和，更喜欢纯正、鲜艳的色彩。家长平时也可多留心孩子对色彩的不同反应，选择孩子感到平静、舒适的色彩（图6-60）。

图6-60 色彩丰富的空间

3）为孩子成长留有余地

装修不可能两三年一换，而孩子是不断成长的，所以父母在装修前要有超前意识。比如孩子现在较小，留出来的娱乐区将来可以改为学习区，为将来摆放书柜和桌椅的空间要留足。台灯和电脑的电源、插座、线路也都要预先考虑。家具的材料以实木、塑料为好。另外，家具的结构力求简单、牢固、稳定。儿童正处在身体生长发育之中，家具应随着儿童身高的增长有所变化，应能加以调整。如可升降的桌子和椅子，可随儿童身高的变化来调节高度，既省钱，又能保证儿童正确的坐姿和手与眼距离。选择可调节拉长的床也不失为明智之举。另外，儿童家具的设计也要留有余地。

4）给孩子美好的空间

儿童房是孩子的世界。不妨把儿童房的墙面装修成蓝天白云、绿树花草等自然景观，让儿童在大自然的怀抱里欢笑。各种色彩亮丽、趣味十足的卡通装饰了的家具、灯饰，对诱发儿童的想象力和创造力无疑会大有好处。

5）应采用可以清洗及易更换的材料

儿童房容易弄脏。有孩子的家庭，只要大人稍不注意，墙上便会出现孩童脏的手印或彩笔线。这个情形确实会令大人非常痛心，与其责骂小孩弄脏墙壁，倒不如事先采取可以清洗或更换的材料来得主动。因此，儿童房在选材上更应注意，最适合装修儿童房间的材料是防水漆和塑料板，而高级壁纸及薄木板等则不宜使用。

6）用图画和壁饰装修门

比起墙壁和窗帘来，儿童房门的设计比较容易被忽略，其实在门的装修上也同样可以表现出个性来。例如将孩子的名字以图案方式用不同颜色写在门上，也可以用纸或其他材料来代替，或者在门上贴上孩子的生活照片、画像或孩子自己的作品，都能起到很好的装修效果。

7）在房间设置成长记录表

家长们总是想知道自己的孩子是否长高了，不同时期的身高也标志着孩子的成长历程。过去许多人家都是将孩子的成长记录在门框上或者墙上。门框和墙上被画上很多横线，弄得乱七八糟。其实可以考虑在儿童房内或起居室、餐厅等地方贴上一个制作精细的比照身高尺寸的木板，让小孩使用。木板上详细标明尺寸，并且在重要日子如每年生日时，量好身高并做上记号，孩子长大看着自己的成长记录，会有一份美好的回忆。

（3）儿童房的灯饰设计

1）灯饰设计的依据

儿童房的灯，首要的是应该具有保护孩子视力的功能，其次才是造型。

一般地说，普通灯泡发出的光线与自然光相比颜色明显偏红而不是白光，这样的光线会使被照物体的黑白对比度偏低，并使人眼的分辨能力下降，所以要想看清书上的字体，必须将眼睛靠得很近。同时，由于灯泡是一种点光源，所以极易产生对视力十分有害的眩光和大面积的阴影，长期在这种光线下看书，眼睛便会感到疲劳。普通日光灯发出的光线虽然是白色的，但由于它是 50Hz 的交流电直接点亮，所以日光灯的亮度会以 100 次 /min 的频率不停地变化，这就是日光灯的频闪现象，长时间在不断闪烁的日光灯下学习，眼睛也会感到疲劳。

有一种新开发的护眼保健台灯，这些新型护眼灯有各种款式，它是由彩色液晶显示器的照明原理发展而来的无频闪荧光灯。这种灯能够发出亮度稳定、无闪烁、与自然光极其相似的白色光，克服了传统光源的弱点，符合中小学生长时间在灯下学习的要求，对减缓视觉疲劳、预防近视的发生和发展具有明显效果，是较为理想的光源。

2）灯的选择

① 一般灯使用 220V、50Hz 交流电，每秒钟产生 100 次频闪，对眼睛不利，易使眼睛疲劳，导致近视。护眼保健功能的台灯把 220V、50Hz 交流电信号进行处理，使灯管能够发出亮度稳定，无频闪灯光，能消除眼睛疲劳，预防近视保护视力。

② 一般灯发出 6500K 色温的冷白光或 2700K 色温的偏红光，都是对眼睛不利的缺陷光源；护眼保健功能的台灯发出与自然光相似的白色光，利于保护视力。

（4）儿童房案例设计

① 幼儿（儿童）卧室。生命刚刚开始的幼儿期，睡眠完全是在不知不觉中被动接受的，也许在游戏过程中，就会酣然入睡。幼儿（儿童）特点，地面多采取木地板、地毯等以满足小孩在上面摸爬的需要。房间可大胆采用对比强烈、鲜艳的颜色，充分满足儿童的好奇心与想象力，使其带着美好的感受，进入梦境。卧室的家具除了应该满足儿童阅读、写字、玩电脑、更衣的需要，还要满足儿童天真、活泼的个性。如应该有置放儿童玩具、工艺品、宠物造型及生活照片的角柜或格架，点缀空间。墙面涂料应以儿童性别、年龄及爱好而定，最好是浅色调，并与家具颜色相匹配。床罩、窗帘的色调、图案要满足儿童的个性。光源要亮一点，尤其是写字桌旁（图 6-61）。

图 6-61 幼儿（儿童）卧室的布置

② 青少年卧室。卧室是青少年最喜欢与重视的独立王国。可根据年龄、性别的不同，在满足房间基本功能的基础上，留下更多更大的空间给他们自己，使他们可将自己喜爱的任何装修物随意地摆放或取消，使其尽自己所爱，充分享受自由。这一年龄的人需要一个比幼儿期更为专业与固定的游戏平台——书桌与书架，他们既可利用它满足学习工作的需要，又可以利用它保存个人的隐私与小秘密。卧室的灯光也可以区别于其他房间的照明功能，而变得柔和，使一切看上去朦胧。这一阶段的卧室设计，可把它变

图 6-62 青少年卧室

成或满足主人个人愿望的"窝"（图6-62）。

③ 采用鲜艳明快的色调。鲜艳明快的色调是儿童所喜爱的，而利用色彩装修儿童房是最简单与有效的。例如一间儿童房采用绿色的地板，蓝色的写字桌，可以营造出整个房间的活跃气氛。配与黄、绿相间的窗帘、床罩、地面、吸顶灯可形成色调上的统一。双层窗帘外层白底树叶形纱帘，让光线柔和地透入房间来，使孩子能够在适宜的家居温暖的环境里学习、玩耍、休息。

靠窗之处是孩子平日学习和中间休息的好地方。可以设置色彩斑斓的磁板以便让孩子养成良好的习惯，用作留言条、学习计划等。

（5）儿童房的绿化

儿童房的绿化不同于其他房间，需考虑到儿童的使用安全，常用的儿童房的绿化有固定的干花，软物装修的吊篮等。切忌把较大花盆或植物尤其是带刺的置于儿童房内，避免产生不必要的危险。

6.6 书房

6.6.1 书房的布局文化

随着生活水平的提高，在人们对居住条件得到基本满足的情况下，进而追求精神生活上的美感与丰厚的生活内涵也已成为必然的向往。书房的设置可以为人们在家中静下心来，阅读研究，自我充实和突破，完全融入自我，求得工作之余的平衡。使家居生活更为美满充实。书房可以兼作工作室和会客室，书房的布局应注意如下几个问题。

（1）采光通风

人在书房中学习工作，主要是用眼睛看，用脑子想，因此要保证足够的光线和氧气，以保护眼睛和脑子。有条件的家庭可在书桌案头安装负氧离子发生器，以使头脑更清晰、更健康。

（2）墙面的色彩

书房要求宁静，墙面以浅灰蓝色或浅灰绿色等冷色为宜。绿色可以护眼，对肝脏也有好处，因肝开窍于目，肝属木，绿色为其本色。

如果书房比较阴暗，墙面可涂以白色。白色明度最高，又属冷色。

（3）书桌的高度

书桌的高度要适中，过高过低都会使长期伏案的人不舒服，尤其是青少年容易导致背脊畸形发育。书桌下应留有净高不少于58cm空间，以便双脚放置，保证坐姿的正确。

椅子的高矮要匹配，使人坐立时，眼睛距离桌面 30～40cm。避免太近容易导致眼睛近视；而距离太远又会使人驼背并导致眼睛远视。椅子要柔软舒适，最好是转椅，以便侧身取书或与人交谈。

（4）书桌的方位

① 书桌以放在窗前为宜。因为窗前光线充足，空气也较清新。较为合理的摆法是一侧靠窗，使光线从左侧射入，符合大多数右手握笔的书写要求，而当左手握笔者使用时，即应使光线从右侧射入。如果是地方所限而要正面向窗，则要预防眩光干扰。当太阳光太强甚至直射时，则应放下窗帘，以保护眼睛。采用人工照明时，可以根据自己的感觉选择书桌的最佳方向。

② 书桌要向门口。门口为向，外为明堂，这种

摆法可使主人头脑清醒、聪明，但切不可被门直冲。

③ 书桌不宜被门直冲。书桌直冲房门，容易导致主人思想不集中，精神不佳。工作容易出错。

④ 书桌座位宜背后有靠。背后坐，以墙为靠山，古称乐山。这种摆法，学习工作能避免后顾，注意集中。

⑤ 书桌座位不直背门。书桌座位背门，思维难能集中，影响学习工作效率。

⑥ 书桌不宜放在书房的中间。书桌置于书房的中间，四方无靠，空空荡荡，不利于精神集中，难能营造宁静的学习工作环境。

6.6.2 书房的装修设计

许多家庭里也常设有书房的位置，特别是有些行业需要在家里办公，比如作家。如今随着电脑的发展、网络的诞生及其无限延伸、信息的便捷传递，为人们的工作提供了越来越多的便利，人们也更加依赖于它。而电脑、打印机、传真机等设备可在任何地方落脚，因而在家办公成为更多人的可能。家庭办公间的概念便应运而生，其实家庭办公间就是书房（图6-63）。

书房在传统的观念中应该是专门供人读书写字

图 6-63 书房的布置

图 6-64 交际会客式书房

的独立空间。关上门，或品茗远眺、欣赏佳作，或修身养性、轻松思考。而现代人已经给书房赋予了新的理念，那是自由职业者的理想工作室，电脑迷的网络新空间，老板们的决策、会晤场所。书房已经成为现代人休息、思考、阅读、工作、会谈的综合场所。

（1）不同功能的书房设计

① 交际会客式书房（图6-64）。不管是从事什么职业的现代人，都会有请朋友、同事和商业伙伴在家里活动的需要。对有些商务伙伴的洽谈放在书房，环境接近办公室，气氛会显得更郑重、更安静。这时可以把您的书房装修得既感性又理性。真正办公的区域只占据房间的一角，大面积的书柜作为书房传统的风景选用浅木色，这样便能创造出写意轻松的工作空间。最好将书房内用红色沙发和锥形装修品作点缀，使每个走进书房的客人都有一种想和您合作的愉快。还可以在书架上随意摆设各种画盘和装修品，让人感到您在努力营造轻松、休闲的工作格调。

② 轻松休闲式书房（图6-65）。除了书柜和写字台外，可以在书房中安置矮桌和软垫。如果在不大的空间安置一张特大松软的沙发，桌上的一壶清茶、手中最喜爱的读物，您尽可以在休闲舒适的气氛中斜卧在沙发里怡然自得地品茶阅读，这正是都市人寻寻觅觅的休闲生活。这也是休闲时朋友们相聚的大好空间。

图 6-65 轻松休闲式书房

图 6-66 中式书房

③ 中式书房（图 6-66）。书房是读书写字或工作的地方，需要沉稳的气氛，人在其中才不会心浮气躁。传统中式书房从陈设到规划，从色调到材质，都表现出典雅宁静的特征，因此也深得不少现代人的喜爱。较正式的传统文人书房配置，包括书桌、书柜、椅子、书案、榻、案桌、博古柜、花几、字画、笔架、笔筒及书房四宝等是书房必备的要件。中式家具的颜色较重，虽可营造出稳重效果，但也容易陷于沉闷、阴暗，因此中式书房最好有大面积的窗户，让空气流通，并引入自然光及户外景色。也还可以在书房内外造些山水小景，以衬托书房的清幽。

（2）充分利用空间作书房

许多人都希望有一间属于自己且不受外界干扰

的书房（办公间）。然而，对于住房紧张的家庭来说，拥有这样的书房似乎是件奢侈的事。其实，家里的许多地方大有潜力可挖，如可以利用起居厅局部、卧室一角、封闭阳台一端等，只要您用心地巧妙利用空间与家具的兼容性，就可以改造出一块属于办公的领地。

① 起居厅的一角做书房。只要在起居厅的一角用地台和屏风简单地加以划分，墙上再做两层书架，下面做一个书桌，一个别致的小书房就出现了。

② 卧室兼具书房功能。许多人有夜间阅读、写作的习惯。如果是一个单人的卧室，可以在床边设计一张小书桌，再设计一个双层书架悬吊于空中，加上一盏落地灯，一个既温馨又简洁的小书房就坐落于卧室之中了，这样的书房既方便又不会打扰家人。

③ 阳台书房。许多家庭也许没有条件将单独的房间用作书房，但将一个小阳台改成书房却是可行的。如果将卧室的阳台设计成一间个人的书房，不但能使主人拥有一个光线充足的读书好场所，还可在视觉上拓展了空间，提高了居室的有效使用面积，可以说是一举两得。

④ 门厅里的书房。老式的两室一厅，由于户型有缺陷，这种格局的居室的"门厅"做餐厅显大，做起居厅又显小，其实可以把书房和餐厅合二为一，在门厅一角挤出一块儿学习、工作的小天地。

⑤ 壁柜改成书房。家里实在没地方时，拆除壁柜的门，利用壁柜深度做台面，搭起木板，放进电脑、传真机等办公室设备，台面探出体 30cm 左右，即可有适宜的操作宽度。这样一个精巧的书房（办公间）便展现出来。

（3）书房——家庭办公间的设计

在面积充裕的住宅中，可以独立布置一间书房；面积较小的住宅可以开辟一个区域作为学习和工作的地方，可用书橱隔断，也可用柜子、布幔等隔开。书房的墙面、天花板色调应选用典雅、明净、柔和的

图 6-67 家庭书房的代表

图 6-68 现代家庭办公的组合家具

浅色，如淡蓝色、浅米色等。地面应选用地板或地毯等材料，而墙面的用材最好用壁纸、板材等吸声较好的材料，以达到安宁静谧的效果。

① 家庭书房要与家居气氛协调。家庭书房的装修，首先要处理好家居气氛与办公气氛的矛盾，尽可能将两者协调起来。应将书房与其他房间统一规划，形成统一的基调，再结合书房特点，在家具式样的选择和墙面颜色处理上作一些调整，既要使书房庄重大方，避免过于私人化的色彩，又不能太像个写字间（图6-67）。

② 家具的选择和合理组合以及空间的充分利用。在家办公，一些现代化设备必不可少，在不大的住宅内，应尽可能地充分利用有限空间。要使书房空间合理布局，不但使主人的电脑、打印机、复印机、扫描仪、电话、传真机等办公设备各有归所，满足主人藏书、办公、阅读的诸多功能，而且还应巧妙地利用暗格、活动拉板等实用性设计，使主人的书房变成一个灵活完备的工作室。

家庭办公家具有的可通过合理组合充分利用墙壁上的架子，书桌上方，甚至桌子下面来储存物品。办公家具的组合应注重流程。虽然物品多，但常用物品都应设计在使用者伸手可及的位置，其造型也应以让使用者舒适、方便为最佳。因此，带脚轮的小柜子、弧线形的桌边、可升降的坐椅都是这一思路的体现。

组合家具在设计上应注重工作的流程与人体工程学的关系，只有人在舒适、适中的环境下工作，才能不浪费时间与精力，从而提高工作效率（图6-68）。

③ 要考虑光线与照明。家庭办公要考虑光线与照明，尽量选择一个光线充足、通风良好的房间作书房（办公间），这样有利于身体健康。书房对于照明和采光的要求应该很高，一般不要采用吸顶灯，最好是用日光灯，写字台上要安置合适亮度的台灯，光线均匀地照射在读书写字台上，应特别注意在过于强或弱的光线中工作，都会对视力产生很大的影响。

④ 要安静典雅。只有安静的环境才能提高人的工作效率。条件允许时，装修书房要选用那些隔声、吸声效果好的装修材料。顶棚可采用吸声石膏吊顶，墙壁可采用PVC吸声板或软包装修布等装修，地面可采用吸声效果好的地毯，窗帘要选择较厚的材料，以阻隔窗外的噪声。

还要把主人的情趣充分融入书房中，几幅喜爱的绘画或照片、几幅亲手写就的字，哪怕是几个古朴简单的工艺品，都可以为书房增添几分淡雅、几分清新，同时再摆上一盆绿色植物，会使办公环境更舒适典雅。

⑤ 分区分类存放书。书房，顾名思义是藏书、读书的房间。有着很多种类的书，且又有常看、不常看和藏书之分，所以就应该将书进行一定的分类存放。如分书写区、查阅区、储存区等分别存放，这样既使书房井然有序，还可提高工作的效率。

（4）书房的家具及饰物

书房的家具除要有书橱、书桌、椅子外，兼会客用的书房还可配沙发、茶几等。为了存取方便，书橱应靠近书桌。书橱中可留出一些空格来放置一些工艺品等以活跃书房气氛。书桌应置于窗前或窗户右侧，以保证看书、工作时有足够的光线，并可避免在桌面上留下阴影。书桌上的台灯应灵活、可调，以确保光线的角度，还可适当布置一些盆景、字画以体现书房的文化气氛。

如果使用中式家具，可加上各种淡色软垫或抱枕，不但让书房增添色彩，坐起来也更舒服。书桌是经常使用的家具，选购时需特别注意接榫牢固与否，若非使用镶嵌大理石面的桌子，而是一般的木书桌，但又怕热茶在桌上留下烫痕，或裁割纸张时伤了桌面，也可考虑铺一块玻璃，使用更为安全方便。

书橱既具有实用性，又充满装修性。利用两窗之间的壁面装置书橱，窗的下方可装置低的书架。这种设计，可以充分利用空间。但需要注意的是，窗间如装置书架，窗帘就应用卷式的比较好，如用两侧拉开的窗帘，则既不方便也不美观。

将不必要的门改装成书橱也是一种可以借鉴的办法。这时，在橱架的下部，放一咖啡桌，设置两个充当脚轮的箱子，放在咖啡桌下。书架上可放书籍，充当脚轮的箱子可用来放报纸。

沙发后装置低橱架。如果沙发摆放在房间的中央，而屋子比较宽敞的话，可以在沙发后放低橱架，利用敞开的箱式柜与沙发靠背摆放，便构成一个较低的书架，在架面上还可以摆放桌灯、食物盘、饮料盘等。

（5）书房的绿化

书房的绿化，应选种喜阴的植物。注重选配清香淡雅、颜色明亮的花卉。书房陈设花卉，最好集中在一个角落或视线所及的地方。倘若感到稍为单调时，可考虑分成一两组来装修，但仍以小者为佳，小的可一只手托起五六个，称为微型盆景和挂式盆景。

这类盆景适合书房陈设和在近处观赏，书房插花则可不拘形式。插束枯枝残花，也可表现业主的喜好，随意为之。但不可过于热闹，否则会分散注意力，干扰学习气氛，效果会适得其反（图6-69）。

图6-69 绿化环绕的书房

6.7 卫生间

6.7.1 卫生间的布局

改革开放以来，人们把卫生间、洗手间、盥洗室等称呼从饭店、宾馆搬进了家庭，取代了"厕所"这个直白的词，而比这更朴素但不甚文雅的叫法在现代都市中就更少听到了。尽管"新陈代谢"是维持生命的根本，但"文化人"仍不愿用那个"没文化"的字眼表示那个生活中须臾不可缺的场所。细细想来，也不能全怪是现代人矫揉的地方，它被现代生活改变得丰富多彩起来，它的内涵和外延都被大大地提高和延伸，成为家居中人们享受放松、温馨、浪漫的场所，是一个让时间变得悠缓的空间；一个净化身体与心灵的空间；一个宁静、真实的空间；一个温馨、私密的空间；甚至还是一个进行身体保健的空间。因此，有人把这里设计成书房，甚至客厅也并非没有先例，它是成为现代家居文明的重要标志。现在人们都已认识到看一个家庭的生活是否讲究，就去看看他家的卫生间，这就使得昔日不见外人的卫生间成为家居建设中的一个亮点。

厕所，原是人类进行排泄的场所。

人吃五谷杂粮，注定离不开"轮回之所"。孙悟空称之为"五谷轮回处"，从随地排泄到露天茅坑、茅厕的出现，当年北京城里清洁工背着粪桶进出居民院掏大粪便是旧时北京城胡同生活的一个写照。继而又在家居设置马桶和夜壶。旧上海每逢清晨，刷马桶的响音充斥着所有的街巷，路边晾晒着成排成队的马桶也成为江南城市与小镇的一大特色。随着自来水的普及，在居室内设置了厕所，这都表明了社会文明的进步，但厕所还是被认为是一个污秽排泄的地方。真正使得厕所产生革命性变化，是抽水马桶的出现，在我国，最早见到抽水马桶大约是在外国轮船上。清末张德彝在《航海述奇》中有这样的描述：在天津、上海间行驶的"行如飞"号轮船的厕所："两舱之中各一净房，亦有阀门，入门有净桶，提起上盖，下有瓷盆，盆下有孔通于水面，左右各一桶环，便溺毕则抽左环，自有水上洗涤盆桶，再抽右环则污秽随水而下矣。"抽水马桶要有自来水和下水道配套才能使用。1883年上海最早有自来水厂，直到15年后的1908年北京才成立"京师自来水公司"，随后有了下水道，抽水马桶也才逐渐出现。梁实秋当年在清华学校就读8年，直到最后一年，才住进有抽水马桶的楼房，据梁实秋回忆："不过也有人不能适应抽水马桶，以为做这种事而不采取蹲的姿势是无法完成任务的。"事实上，采用马桶对如厕者提供了极为必要的安全保证，特别是对于痔疮患者以及有心脏病、高血压的老年人，由于大便干燥，造成的排便困难，更必须注意采用马桶以提供安全保证，但是遗憾的是国人在相当长的一段时间，却为了经济而采用了简易的蹲坑，给方便者带来不便和危险。

随着社会的发展和技术的进步，上厕所的方式高级了。据有关调查报告的数据表明，对肛肠病而言，广东人的发病率明显低于北京人，其中一个重要的原因恐怕与广州人每天要冲凉两三次有关。为此中国中医研究院广安门医院的李国栋大夫认为，对于肛肠病这种临床常见病来说，便后清洗其实具有良好的预防作用，医生建议正常人应当每天两次用温水清洗肛门，这不仅可促进局部的血液循环，提高抗病能力，而且能够减少细菌的生存机会，避免各种炎症的发生，对痔疮、便秘等患者有不小的帮助。在一些条件较好的家庭，特别是欧美日发达国家，家庭的卫生间内都有供女性专门清洗的设施。而在东方国家，自从1974年开始出现了坐便器与清洗、烘干一体的卫生设备以来，这种卫生的方式正在逐渐走入寻常百姓家庭。人们在看够了大屏幕彩电、用惯了高级空调，吃尽了山珍海味后，开始对更深层次的生活质量有了追求，或许这才是生活质量提高的真正开始。

马桶，这个昔日难登大雅之堂的物件，如今却堂而皇之地在大众媒体上广而告之，在消费者面前"搔首弄姿地展示魅力"。卫生洁净、环保意识、科技新潮、时尚生活……新概念五花八门，新产品眼花缭乱，卫生洁具滚滚而来，马桶革命已呈燎原之势，方兴未艾。向节水型、高档次将是其发展的必由之路。建设部、经贸委、质量技术监督局、建材局在1999年12月13日（1999）29号文《关于在住宅建设中淘汰落后产品的通知》中明确要求，自2000年12月1日起，在大中城市新建住宅中禁止使用一次冲洗水量在9升以上的坐便器，推广使用一次冲洗水量6升以下（含6升）的坐便器。一场马桶革命在一座座城市中悄然掀起。目前，我国的陶瓷洁具主要使用两种节水新技术是通过改进产品构造实现的物理控制节水和能做到一次站洗到位，无需连续冲洗的智洁技术。

人生中往往有一些很不起眼的琐事，比如洗浴或吃喝拉撒，尽管一个都不能少，却常常被我们有意无意地忽略过去，似乎它们上不了大台面，更难成为一个学术的话题，其实厕所无小事，据有关统计，人的一辈子有2年的时间用在厕所里，是颇有讲究的。

洗浴，是人类涤尘净身的场所。

人类学的发现告诉我们，洗浴行为常常渗透着各种各样的文化观念，有的人一生中只洗三次澡（分别在出生、结婚和死亡时），也有个别人以身体不沾水为荣，终生不洗澡。

根据《欧洲洗洁文化史》一书中所展示的资料，让人体会到洗浴和文化、风俗发生关联的具体而细微的种种方式。罗马人在早期基督教时代的习惯是，女性喜欢在浴室里展示她们最好的服饰和最昂贵的首饰，肉欲和奢华的色彩涂满了浴室。洗浴的时刻也是脱去文化外衣，从而象征性地回归自然的时刻。因此，在家居洗浴兴起的初期，对男女共浴的指责不绝于耳，人们喋喋不休地议论着浴室里的操行、多长时间洗一次澡合适以及洗浴应该为了享受还是为了治疗之类的话题。

家居洗浴的普及在当时是人们的兴趣点和兴奋点，尽管浴室经营者曾经如吟游诗人或流氓一样遭人白眼。但是，浴室仍然被赋予了多种功能，一位浴室经营者同时又是理发师和外科医生，他替浴客剃头、刮胡子、拔火罐，这些内容被认为和洗浴同样重要。在整个中世纪，浴室也是喜庆的场所，有人甚至把婚礼安排在浴室里举行。

我国浴室的出现，开始也是一些公共澡堂，家庭洗浴初始也是利用木桶进行简单的清洗，而在我国干旱的西北，这甚至是一件十分不容易的奢侈大事，即使在南方，以往大部分也都是利用池塘、河溪进行清洗。

洗浴，首先要有水，随着清洁饮用水进入寻常百姓家，抽水马桶、三通水龙头等各式各样的浴盆以及淋浴喷头的出现，人们的洗澡方式即随之改变，逐步也使得洗浴的精神感受得到不断的升华。

在现代住宅中，常是把浴室和水冲式厕所合二为一的浴厕，时下流行称"卫生间"。卫生间本来就是潮湿和秽气产生的地方，如果阳光照射不到，光线不足，通风条件差，整个卫生间便会更显得潮湿之极，常常散发阴湿之秽气，容易造成细菌大量繁殖。墙壁、天花板更容易腐坏。因此，采光、通风、换气、除湿便是卫生间的最基本要求。当前，不少住宅设计的"暗卫生间"几乎都是采用人工照明和机械排风来解决卫生间的采光通风问题。但未能从根本上解决问题，因此，卫生间阴湿的污秽之气经常污染全宅。这一问题必须引起足够的重视。

现在，对卫生间的讲求和布置紧跟住宅装修潮流的发展，不仅讲求美观实用，而且功能齐全，卫生间也早已从最初的一套住宅配置一个面积仅为 2m² 左右的小卫生间发展成现在的双卫（即主卫和客卫），甚至是多卫（即主卫、客卫和公卫）。

（1）一般卫生间的配置要求

1）卫生间的位置

① 卫生间不宜设在入户门直对着的地方。气流从入户门进入将顶住由卫生间散发出来污秽之气的排泄，使得卫生间的污秽之气滞留污染全宅，入户门直对卫生间的门也不雅观，甚不礼貌。另外污秽之气直冲入门，也不雅观。

② 卫生间不宜设在走廊的尽头，这等于设在死胡同里，那里的气是不通的死气，污秽之气在死角里散发不出去，死气加阴气形成一种恶劣的气场，这种负面的气息存在于住宅内，对健康十分不利。应避免卫生间设在走廊尽头，导致湿气和秽气直冲走廊，再进入其他房间。

③ 卫生间不宜放在住宅的中心，否则，会污染整个住宅。

④ 卫生间应隐蔽及空气流通。卫生间即使不在住宅的中心或正对入户门的位置，也还不宜位于瞩目之处。卫生间应保持空气流通。单是保持清洁还不够，必须时常空气流通，让清新的空气流入，以吹散卫生间内的污浊空气，因此，卫生间应尽可能有直接对外的窗户，并时常开窗，以便吸纳较多的清新空气。

⑤ 卫生间应设在不必经过其他房间就可到达的位置。

⑥ 卫生间应设在排水方便的地方。

⑦ 如果是楼房，每层都应设卫生间。

⑧ 有主卧室的应在主卧室布置主卫生间，当没主卫生间时，卫生间应尽量靠近主卧室。

2）坐厕的位向

坐厕位向，即人蹲下去大（小）便的朝向。应与卫生间的门窗垂直为宜，应避免面向卫生间的门，否则既不雅观，也不私密。

3）卫生间的门设置

① 卫生间的门不宜直对客厅、餐厅和其他房间。

② 卫生间的门不应直对入户门。

4）卫生间的洗浴设备

无论是洗热水澡还是洗冷水澡，淋浴是卫生间中一种最基本、最简单而又必不可少的设备，它一是可以洗浴更干净；二是可以产生一些空气负氧离子，有利于人的健康。随着科技的进步，淋浴设施的技术也在不断地发生变化，时下带有按摩功能的整体淋浴间也甚为流行。泡热水澡以及采用各种药物花卉等浸泡，以消除疲劳和保健身心，使得浴缸（包括按摩洁缸）成为一些比较讲究的现代住宅中卫生间不可或缺的设备。提供热水的电热水器，可以直接安装在卫生间里，而燃气热水器（无论是管道煤气或罐装液化气），则必须安装在卫生间以外的其他地方。方能确保安全，避免煤气中毒。较大的卫生间，有条件时，还可设置桑拿浴箱。

5）卫生间的排便设备

使用蹲坑的设备排便，不仅较难消除异味，而且对于老年人，尤其是高血压患者、大便干燥患者和痔疮患者还会因为容易造成脚腿麻痹，而极容易引发中风等危害，极不安全，因此应采用水冲式坐便器（马桶），有条件时还应尽可能采用带有冲洗、烘干的洁身器，以利于预防肛门疾病。在较大的卫生间还可以单独设置小便器和女性净身冲洗器。

6）卫生间的视听设施

随着生活水平的提高，卫生间在家庭中的地位也在不断提高，也发生一些质的变化，它已经从单纯的排便、除尘，向增加净心、健身的功能发展，因此，视听设施，在经济条件较好的家庭中，面积较大的卫生间都应考虑视听设备的布置。

7）卫生间的安全设施

在住宅中卫生间是最容易出现危险的地方，除了采用防滑地面和坐便器等之外，为了老人和行动不便者，在坐便器、洗面盆、淋浴（浴缸）附近还应设置相应的扶手，浴缸底也应增设防滑垫。同时，还应设置呼唤电铃等。最忌把燃气热水器装在卫生间内，对所有的家中成员都将造成安全的隐患。

8）卫生间的颜色与气味

卫生间如果不干净或潮湿不通风，就会有臭味或霉味飘散在室内，四处散布不净之气。为了不让卫生间潮湿阴气笼罩，卫生间的装修重点应放在颜色与气味上。像拖鞋、踏垫等的颜色，可以选用与墙体颜色反差较大的色彩，或选用柠檬黄、海兰、浅粉红、象牙白等洁净清淡的颜色。去异味的方法，芳香剂有效但不环保，最好选用一些香草或香花。香花可以提升卫生间的情趣，香草中可选含有让心情平静的香味及有治疗失眠之功效的香味。

9）卫生间的照明

卫生间应尽可能地开设直接对外的窗户，以保证采光和通风。当采用人工照明时，应注意选用防水灯具，并保证照度均匀。

10）卫生间的用品、用具的收藏

① 只放置最小限度的必需品，不宜将卫生间兼作存放杂物的储物间。

② 所有的洗涤卫生用品应摆放整齐，用作刷牙、漱口的用具，一定要封闭于柜内。

③ 清扫用具不宜明露在外。

④ 毛巾、卫生纸等用品，用多少，摆多少。

⑤ 牙刷不宜放在漱口杯上，应放在专用的牙刷架上。电吹风用后收入柜内。

⑥ 有窗的卫生间可以摆放绿色植物或挂画。

（2）主卫生间的配置要求

生活质量的提高，促进了卧室与卫生间的亲密接触，使得主卧室带主卫生间的套房卧室逐渐成为家居中必然布局。主卧室所配带的主卫生间一般是供家庭主人使用的卫生间，故称为主卫生间。主卫生间多数与主卧室毗邻独享一个空间，并在家居装修中都投入较大的精力和投资。从住宅环境风水中的方便、安全、舒服和健康来看，主卫生间的设置都应认真地加以考虑，主卫生间除了必须满足一般卫生间配置应注意的问题外，尚应处理好主卫生间与主卧室的环境风水关系。

1）主卫生间与主卧室毗邻仅有一墙之隔，由于卫生间湿度较大，隔墙也较容易受湿，因此主卧室的床头不仅不宜靠卫生间布置（图 6-70），而且由于坐便器水冲的噪声过大，也就更忌床头靠卫生间坐便器处布置（图 6-71）。

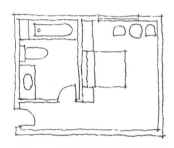

图 6-70 床头不宜靠卫生间布置

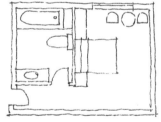

图 6-71 床头更忌靠卫生间坐便器处布置

2）主卫生间的门不宜冲床（图 6-72）。原因如下：

① 由于空气对流，卫生间的污秽及潮湿之气，容易影响直冲睡卧的身体，导致引发疾病，有碍健康。

② 噪音影响休息。水冲坐便器或洗澡时的较大水声，会影响居住者休息。

③ 夜间一人起床上卫生间，卫生间的灯光直射床铺，会使同住者由于刺眼而影响睡眠。

主卫生间的门位置和开启方向，对主卧室和布

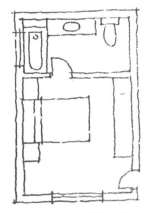

图 6-72 主卫生间的门不宜冲床

置都带来不少的影响，但由于有不少人对二者的关系缺乏足够的认识，特别是在片面追求时髦的驱使下，不仅把门直接冲床布置屡见不鲜，更有甚者还出现了把卫生间和主卧室之间采用落地的大玻璃隔断，使主卫生间呈半开放或开放式。这种做法表面上似乎是可以改善卫生间采光和通风，扩大了空间感，增加了主卧室和主卫生间的空间利用率，提高了生活情趣，甚至还称为是一种新的创意，但其却会对主卧室形成严重的污染和干扰，从住宅家居环境文化的角度来看，有害人的身体健康，是不可取的。

6.7.2 卫生间的设计

卫生间功能的变化和条件的改善，是社会进步文明发展的标志。现在许多家庭的卫生间早已经不仅仅是简单意义上的厕所了，人们越来越重视卫生间的装修，一个美观、方便、实用而又清洁、舒适、安全的卫生间，对提高现代人生活质量有着十分重要的作用（图 6-73）。

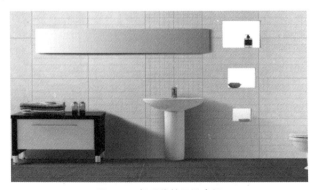

图 6-73 超现代的卫浴空间

（1）卫生间的基本功能

1）一个标准卫生间的洁具设备一般由三大部分组成

① 洗面设备。替代了原始的洗脸盆，为家人提供盥洗的场所。大体上有悬挂式、立柱式和台式三类洗面器。

② 便器设备。目前的家用便器很少采用安全性较差的蹲便器，而坐便器也从分体式逐渐向连体式发展。

③ 洗浴设备。为家人提供洗浴清洁身体与保健保养身体的洗浴设备分两大类：一是沐浴式（立式），有普通沐浴间和可进行桑拿浴的蒸汽浴房。二是浴缸（坐卧式），有普通浴缸与冲浪按摩浴缸两种。

2）卫生间的形式

卫生间一般为一体式和分隔式两种。分隔式是把洗面设备与便器、沐浴设备分开以便于干湿分开。还有一些有条件的家庭还可采用主、客分开的双卫生间，客卫一般只安装一个便器、面盆和淋浴器。主卫生间即与主卧室配套设置。

3）卫生间的给排水

一个标准卫生间一般应有五个进水点（三冷两热），四个排水点，浴缸、面盆、便器各需一个排水孔、一个冷水进水管，浴缸、面盆还各需一个热水进水管，卫生间需设一个排水口（即地漏）。若在卫生间放置洗衣机，就需要考虑增加一个冷水龙头，洗衣机排水可以利用地漏排出。

（2）卫生间的布局

1）洁具的布局

卫生间的各种洁具的布局首先应以使用方便、并且在使用过程中互不干扰为原则，使用频率最高的放在最方便的位置。最常见、最简单、最合理的是把洗面器和洗浴器放在坐便器的两边，洗面器应离卫生间的门最近，而洗浴器则一般均在卫生间的最深处（图6-74）。

图6-74 功能合理的卫生间

有条件时，应尽可能将洗面器与便器、洗浴器之间用隔墙分成内外间，外间洗脸，内间厕浴，方便作用。

2）卫生间与洗衣机

有些户型在厨房里留了洗衣机的空间，而把洗衣机放在卫生间也为数不少。

当然洗衣机放在卫生间里也有它的方便之处，如洗完澡后脏衣服可直接投入洗衣机；但也有不利之处，主要是卫生间空气潮湿对洗衣机的有影响。比较合理的做法是在卫生间旁边留出一个空间用来洗衣服。

（3）卫生间的色彩

① 首先要考虑整个家居的装修风格，既要相协调又要具有变化和区别，还要根据主人的爱好确定。

② 从心理学角度，在寒冷的北方地区最好选择暖色调（如黑色、玫瑰红等），这样能给人以温暖的感觉；而南方地区宜选择冷色调（如宝石蓝、苔绿等），在炎热时给人一丝凉爽。

③ 从美学角度，空间小的卫生间宜采用浅色调，可以减少压抑感；对于比较宽敞的卫生间可以大胆地运用一些深色调，但要与洁具色彩搭配得当。

④ 无论如何变化，白色永远是最适合的。目前选配白色贴花艺术陶瓷卫生设备又成了一种新的潮流（图6-75）。

图6-75 纯白色的卫生间

（4）卫生间的地面、墙面与顶棚

1）地面

卫生间的地面要做好防水处理，地面材料最好选用具有防滑性能的瓷砖，如果用天然或人造大理石，就要有防滑措施，如铺设防滑垫。

2）墙面

墙面重要的是要防潮，最简单的方法是用防水涂料，可谓物美价廉。采用贴瓷砖是最普通的做法，瓷砖不但美观、防水，而且还易于清洗。

3）顶棚

除了可用防水涂料外，还可以用塑料或铝塑板吊顶。

（5）卫生间的配置及尺寸

卫生间的面积是决定卫生间装修中配置设备的重要依据。为此要首先测量好卫生间的面积（包括长度、宽度和高度）。这是能否容纳和适合哪种洁具设备的先决条件。另外一点就是要测量卫生间坐便器的排出口中心距墙的尺寸，这是决定能够安装什么样的坐便器的关键。

下面是几个不同面积洁具配置的参考方案。

1）I型卫生间

大部分是老旧房子，过去的设计卫生间标准较低。由于面积较小，只能满足基本的清洁及排出功能，有人说是温饱型的卫生间（面积一般为 2 ~ 3m²）。

2）II型卫生间

近年来国内的住宅卫生间正在由温饱型向文明型发展，文明型的标准面积为 4 ~ 7m² 的空间，能满足人们的洗浴、洗脸、便溺、洗衣四种需要。

基本配置：

① 分体式坐便器规格接近尺寸的坐便器：675mm×370mm×375mm；水箱：500mm×220mm×390mm；

② 立柱式洗面器规格接近尺寸的洗面盆：520mm×450mm×200mm，根据空间制作适当的台面；

③ 设淋浴用花洒或设置一只长度不超过1200mm或长宽尺寸更小的坐式小型浴缸；

④ 在远离淋浴处考虑置放洗衣机。

⑤ "客卫"的设计中，要重视与整套住宅的装修风格相协调，着重体现主人的个性。"客卫"的装修材料的选择，主要以耐磨、易清洗的材料为主，不要放置太多的布艺制品，以免增加女主人的工作量。色彩上，一般选择较为干净利落的冷色调。布置中，要体现干净利落的风格，所以空间中不要有太多杂物，也不一定要摆放绿色植物。

⑥ "主卫"的设计中，则要着重体现家庭的温馨感，重视私密性；可以使用一些"娇嫩"的装修材料，如大理石等天然石材、功能较高的卫生洁具等。材料色彩上应一般选择较为温馨可亲的暖色调。在布置中，可以繁复一些，多放置一些具有家庭特色的个人卫生用品和装修品（图 6-76）。

图6-76 工艺简约不失品味，黑与白的极简世界

（6）卫生间中常用人体工学尺度（图 6-77 ～图 6-79）

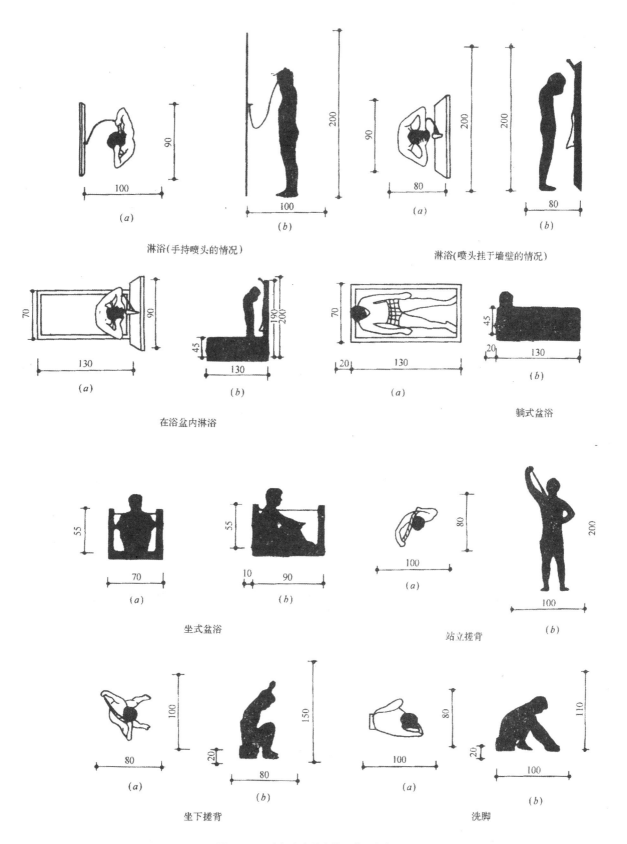

淋浴(手持喷头的情况)　　　　　　　　淋浴(喷头挂于墙壁的情况)

在浴盆内淋浴　　　　　　　　　　　躺式盆浴

坐式盆浴　　　　　　　站立搓背

坐下搓背　　　　　　　洗脚

图 4-77 卫生间中常用人体工学尺度之一

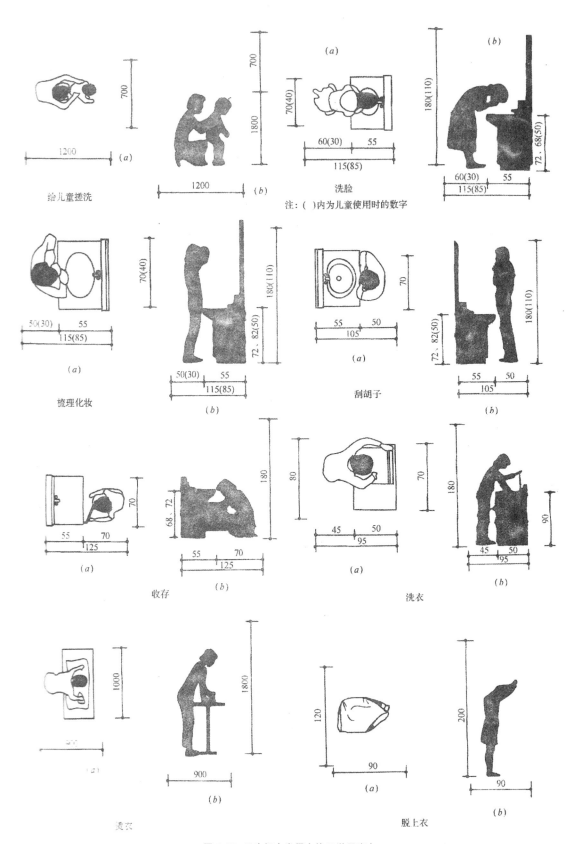

给儿童搓洗

洗脸

注：（ ）内为儿童使用时的数字

梳理化妆

刮胡子

收存

洗衣

更衣

脱上衣

图 4-78 卫生间中常用人体工学尺度之二

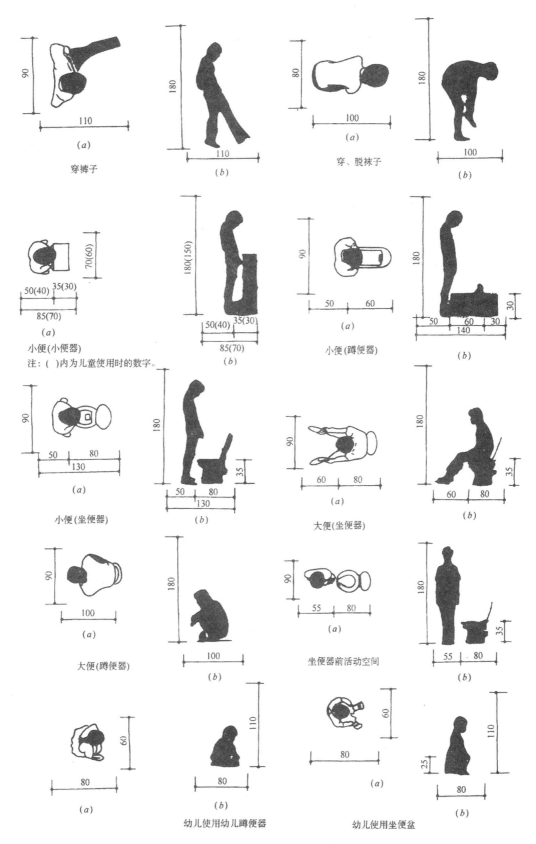

穿裤子

穿、脱袜子

小便(小便器)

注: ( )内为儿童使用时的数字。

小便(蹲便器)

小便(坐便器)

大便(坐便器)

大便(蹲便器)

坐便器前活动空间

幼儿使用幼儿蹲便器

幼儿使用坐便盆

图4-79 卫生间中常用人体工学尺度之三

（7）卫生间的风格

现代家庭卫生间不仅是清洁体内体外的地方，更是劳累了一天的人们放松身心的港湾，所以除了洁净卫生以外，还应是张扬个性，满足个人趣味的空间，是使家人在洁身洗浴时感到温馨亲切，意趣盎然的场所。

1）现代风格

它不受空间大小的限制，只要你选择的洁具设备线条简洁流畅，色彩明快，有时代气息，并与整体风格一致就可以营造出温馨、雅致的现代气息。乳白色是现代风格卫生间的主调，洁静、素雅，为你营造出整洁干净的沐浴氛围。为了让浴室摇篮有夏天的清凉色彩，也可以将四壁涂上颜色，天蓝色代表清新自然，柠檬绿代表舒爽惬意，淡粉色代表温馨祥和（图6-80）。

2）新古典风格

只有在较大的卫生间才能表现出新古典风格的豪华和典雅气质，从洁具设备到饰品都流露着高贵品质。宽大舒适的象牙白大理石浴缸，带着银色串珠边饰灯罩的螺旋水晶烛台，灰褐色或淡金色的波斯地毯，带白色软包扶手的红木椅，一踏入浴室便凸现出近代的贵族之家。风格的划分不是绝对的，如果既喜欢现代的简约，又不愿舍弃古典的典雅，那么可以选择两种风格的混合运用，但必须主次分明，不宜烦琐，以免造成不伦不类的感觉（图6-81）。

3）乡村风格

卫生间内部装修选用原木拼合，装饰几片树叶或几束野花，返璞归真的自然气息可让家人忘记市井的喧嚣，得到充分休息（图6-82）。

图6-81 新古典风格的卫生间

图6-80 现代风格的卫生间

图6-82 乡村风格的卫生间

4）日式风格

用浓郁的日式风格充盈卫生间，享受沉稳静谧的日本禅风，也是一种不错的选择。木桶形式的浴缸，东洋的造景装修，使得在古朴自然的意境中，感受温泉乡间的舒适。

（8）卫生间的通风与采光

①卫生间最好有直接对外的窗户，这样不仅有自然光，而且通风好。这时，要特别注意用有效的措施以确保浴室的私密性。窗台的高度最好开到 1.5m 以上，这样感觉较好。目前大多数卫生间都没有窗户，这就需要很好地利用灯光与排风设备（图 6-83）。

②一个标准卫生间必须安装排气扇，排气扇的位置要靠近通风口或安装在窗户上，以便直接将家居的混浊潮湿的气体排出。灯光一般只需一组主光源，安装于镜面上方，其他灯光处理最宜采用间接光或内藏光管、筒灯等，顶棚灯要根据空间的大小，它的理想位置最好能放在使用频率最多的洁具上方，经济较好的家庭，还可在出门处安装红外线烘干机。

③卫生间照明的关键在于灯具的布置应能充分照亮整个房间，而且镜子不会炫目。在浴室中最好不采用投光灯、刺眼的老式灯具和特别的灯。而壁灯、吊灯、玻璃罩灯或镜子两侧的条形灯座，为浴室提供悦目的光线。

④卫生间照明安全第一。水与电是种矛盾的组合。因此，在卫生间里，绝对要比家中其他地方更注意照明设备的功能与安全性。墙壁上的开关要尽量安装在门外，只有拉启式的开头可以安装在浴室。对于安装在浴缸或喷头周围的灯具，则要确定它们是绝对不透水的。同时还要检查所有灯具的防水性。可以尝试把花园与户外用的灯具安装在浴室里，因为它们也都是防水的。

⑤在北方的卫生间要解决冬季的取暖问题，可以安装暖风机；也可以安装一种价廉物美、集灯光、排风取暖为一体的浴霸产品。

（9）卫生间空间利用

在卫生间中，坐便器和洗面器上方的空间是最易被忽略的。可以在此处装一排吊柜，收纳种类繁多的洗浴用品，这样一来，运用吊柜的储藏功能，将各种物品妥善归位，卫生间不但整洁大方，使用起来也更加方便了。吊柜形式多样，或为开放式的空格，或为封闭式的抽屉，以满足诸如存放毛巾、清洁用品、化妆品等物品的实用需要（图 6-84）。

图 6-83 富有田园风格且窗户直接对外的浴室

图 6-84 兼具陈设、实用功能的置物架

6.8 阳台

6.8.1 阳台设计的材料选择

目前新建的很多住宅中，都有两个甚至三个阳台。在家庭的设计中，双阳台要分出主次。

（1）与起居厅、主卧相邻的阳台是主阳台，功能以休闲为主（图6-85）。

装修材料的使用同起居厅区别不大。较为常用的材料有强化木板、地砖等，如果封闭做得好，则还可以铺地毯。墙面和顶棚一般使用内墙乳胶漆，品种和款式要与起居厅、主卧相符。

（2）次阳台一般与厨房相邻，或与起居厅、主卧外的房间相通。次阳台的功用主要是储物、晾衣等。因此，这个阳台装修时封闭与不封闭均可。如不作封闭时，地面要采用不怕水的防滑地砖，顶棚和墙壁采用外墙涂料。为了方便储物，次阳台上可以安置几个储物柜，以便存放杂物。

（3）材料要内外相融。阳台的装修既要与家居装修相谐调，又要与户外的环境融为一体，可以考虑用纯天然材料（包括毛石板岩、火烧石、鹅卵石、石米等）和未磨光的天然石。天然石用于墙身和地面都是适合的。为了不使阳台感觉太硬，还可以适当使用一些原木，最好是选择材质较硬的原木板或木方，有条件的话可以用原木做地面，能有很舒适的效果，但原木地面要求架空排水。宽敞的阳台可以用原木做条形长凳和墙身，使阳台成为理想的休息场所（图6-86）。

（4）阳台的灯。灯光是营造气氛的主法，过去很多家庭的阳台是一盏吸顶灯了事。其实阳台可以安装吊灯、地灯、草坪灯、壁灯，甚至可以用活动的仿煤油灯或蜡烛灯，但要注意灯的防水功能。

图6-85 有别于居室的户外空间

图6-86 用天然石材做的墙身不仅能摆放花盆还能用于休息

6.8.2 阳台的绿化和美化

（1）阳台绿化的作用

对于讲究生活质量、注重家居整体风貌的都市居民来说，阳台的绿化和美化已成为家居的重要内容。阳台的绿化除了能美化环境外，还可缓解夏季阳光的照射强度，降温增湿、净化空气、降低噪声，营造健康优美的环境。在对阳台进行绿化的同时，享受田园乐趣，陶冶性情，丰富业余生活。

不同的阳台类型与不同的动植物材料，能形成风格各异的景色。比如，为突出装修效果，形成鲜明的色彩对比，可用暖色调的植物花卉来装修冷色调的阳台，或者相反，使阳台花卉更加鲜艳夺目。而向阳、光照较好的阳台应以观花、花叶兼美的喜光植物来装修。而背阴、光照较差的阳台则就以耐阴喜好凉爽的观叶植物装修为宜。

（2）阳台绿化的形式

① 悬垂式。悬垂式种植花卉是一种极好的立体装修，包括有两种方法：一是悬挂于阳台顶板上，用小巧的容器栽种吊兰、蟹爪莲、彩叶草等，美化立体空间；二是在阳台栏沿上悬挂小型容器，栽植藤蔓或披散型植物，使它的枝叶悬挂于阳台之外，美化围栏和街景。采用悬挂式可选用垂盆草、小叶常春藤、旱金莲等。

② 花箱式。花箱式的花箱一般为长方形，摆放或悬挂都比较节省阳台的面积和空间。培育好的盆花摆进花箱，将花箱用挂钩悬挂于阳台的外侧或平放在阳台围墙的上沿。采用花箱式可选用一些喜阳性、分枝多、花朵繁、花期长的耐干旱花卉，如天竺葵、四季菊、大丽花、长春花等。

③ 藤棚式。在阳台的四角立竖竿，上方置横竿，使其固定住形成棚架；或在阳台的外边角立竖竿，并在竖竿间缚竿或牵绳，形成类似的棚栏。将葡萄、瓜果等蔓生植物的枝叶牵引至架上，形成荫棚或荫篱（图

图 6-87　鸟语花香的藤棚式露台

图 6-88　藤壁式阳台

6-87、图 6-88）。

④ 藤壁式。在围栏内、外侧放置爬山虎、凌霄等木本藤植物，绿化围栏及附近墙壁（图 6-88）。

⑤ 花架式。花架式是普遍采用的方法，在较小的阳台上，为了扩大种植面积，可利用阶梯式或其他形式的盆架，将各种盆栽花卉按大小高低顺序排放，在阳台上形成立体盆花布置。也可将盆架搭出阳台之外，向户外要空间，从而加大绿化面积也美化了街景。但应注意种植的种类不宜太多太杂，要层次分明，格调统一，可选用菊花、月季、仙客来、文竹、彩叶草等。

⑥ 综合式。将以上几种形式合理搭配，综合使用，也能起到很好的美化效果，在现实生活中多应用于面积较大的露台（图 6-89 ～ 图 6-92）。

另外，在阳台上种植花草也要适量，切不可超过阳台的负荷形成不安全的隐患。

图 6-89 综合式布置露台之一

图 6-91 综合式布置露台之三

图 6-90 综合式布置露台之二

图 6-92 综合式布置露台之四

7 城镇住宅的庭院设计

人类对绿化的依赖，从人类诞生之日就开始了。当人类从密林来到平原，通过种植绿色植物使定居成为可能，至此之后就逐渐有了聚居的村落和城市。

工业革命的发展又引起了城市形态的重大变革，人口向城市大规模聚集，城市的迅速膨胀打破了传统以家庭经济为中心的格局。城市中出现了前所未有的大片工业区、商贸区、住宅区以及仓储区等职能区划，城市结构和规模自此都发生了急剧的改变。此后，作为家居环境重要组成部分的庭院空间却渐渐地从人们的生活中消失了，当人们开始对钢筋混凝土的建筑丛林产生厌倦的时候，人们重新意识到了庭院空间的重要性。

现在的家居庭院已成为家庭生活的一个重要组成部分，是家居户外的起居空间。家居庭院一般应占住所总面积的 1/5 左右，是家居建筑的附属部分也是住所室内空间向户外大自然的过渡和延续。庭院的设置不但美化了环境，还具有其他十分重要的作用和意义，大大丰富了人们的家居生活。由于庭院空间的美化布置，使它可作为社交活动的场所。接待来访的客人或举行聚会，增强家庭的温馨气氛。家居庭院还能满足日常生活中的运动、散步、游戏、休息等基本需求，也可根据个人喜好安排设施，营造适合自己的环境，如游泳池、球场等。从生态的角度上看，良好的绿化环境还能起到防风、防尘、防噪声、遮阴以及产生负离子等作用，有利于形成健康的家居环境。

家居庭院景观是利用家居周边的空地，合理充分利用空间，有计划地配置各种观赏性植物以及其他休息、娱乐设施，为家居提供户外活动的方便空间，创造清新雅致的生活品质，与人们的生活融为一体，具有多项功能和意义。

家居庭院的园林景观依据不同的位置、规模、形态，可包括家居底层庭院、家居阳台庭院以及家居屋顶花园。它们的整体形态、空间性质、规模尺度各具特征，并在家居环境景观中占有重要的位置。

7.1 底层庭院

7.1.1 家居底层庭院的概念及意义

（1）家居底层庭院的定义

家居底层庭院即包括别墅庭院、低层家居庭院和高层家居的一层附属花园，也包括四合院等家居的天井式庭院，其性质是私密的，仅供家居的家人及朋友使用。家居底层庭院可看作是家居建筑的外延，是由内部向外部，由人工向自然的过渡空间。家居底层庭院作为人们的户外厅堂、自然起居室，其主要作用是将自然气息引入人们的日常生活。

家居底层庭院与住区庭院相比，规模通常更小，私密性和围合感较强，同时与建筑的关系更加紧密。

家居底层庭院由于尺度较小，仅供家人使用，所以在设计上往往更加精致、细腻，体现人性化的需求。

（2）家居底层庭院的功能性

家居底层庭院是美化室内空间、改善居住整体环境的有效手段。庭院将室外空间作为家居不可分割的部分，不仅增加室内的自然气息，同时将室外的景色与室内连接起来，使人们置身自然之中，淡化了钢筋混凝土的生硬僵化之感。家居的室内空间担负着生活、接待、休息等多种功能，庭院则是人们与自然交流的场所。庭院作为一个独立封闭的空间，使得家居建筑在空间上内外结合，居住者拥有更多的户外活动空间，从而使家居更富有人性化，空间更具有流动性。家居底层庭院创造的是一种健康的生活方式，是人们回归自然，接触自然的重要场所。庭院是人工化的自然空间，是家居室内空间的延续，人们在这里呼吸新鲜空气、接受阳光的抚慰，将聊天、散步、娱乐等日常休闲活动融入进自然环境之中（图7-1、图7-2）。

（3）家居底层庭院的社会性

家居底层庭院代表着人的生活方式，设计师创造出个性化的建筑空间与庭院空间，引申出的是创造一种全新的生活方式和生活态度。家居底层庭院景观是家居个性化的重要体现，不同的业主家庭成员构成不一样，每个家庭的需求也不一样，设计师的设计风格、场地的独特性质等，都使得个性化的要求越来越强，也成为一种趋势。

庭院景观空间的个性化主要来自于它的内部，庭院是一个外边封闭而中心开敞的半私密性空间，有着强烈的场所感，所以人们乐于去聚集和交往。中国传统的庭院空间承载着人们吃饭、洗衣、聊天、打牌、下棋、看报纸、晒太阳、晾衣服等日常性和休闲性活动。而现代的庭院空间所承载人们活动的范围更广，尤其是紧张工作的人们在庭院中通过视、听、嗅等感官，以及坐、卧、思等活动来享受庭院的自然环境，

图 7-1 庭院提供了休息、会客的空间

图 7-2 庭院提供了观景的场所

放松心情，如浇花剪草，享受阳光的照射、清新的空气、花草的芳香等，观赏花草树木的自然美、倾听流水的声音等（图7-3、图7-4）。

（4）家居底层庭院的地域性

家居底层庭院的地域性体现在对当地自然条件的尊重、对现状条件的利用以及对室内外空间景观延续性的考虑。首先，家居庭院通常是私家庭院，这就要求庭院设计讲求经济和环保，以最少的花费到达最优质的效果，这就要求家居底层庭院的景观设计要充分的因地制宜，利用现状已有的条件进行设计和改造，同时，利用当地的自然条件和自然资源，既达到与自然的亲密接触，又可以节省资金。其次，家居底层庭院特殊的位置决定了它必须要与家居的室内空间有效衔接，形成完美的过渡，这是遵循现状条件必须要考虑的因素。

7.1.2 家居底层庭院景观的分类及特点

（1）家居底层庭院的布局特点

家居底层庭院的布局与庭院的规模有很大关系，面积较大的庭院可以选择的设计风格和布局方式也较广泛，自由式、规则式和混合式的布局方式与住区庭院相似。而面积较小的庭院可用空间有限，庭院的布局形式直接受到附属家居的影响，包括庭院的形状、围合方式等，都与家居建筑直接相关。无论规模大小，庭院的景观设计通常不能缺少栽植植物以及铺装场地。

在小巧的庭院设计中，布局非常关键。在庭院中种一些花草或是做成一个绿色植物的苗圃可以使庭院简洁清新，充满现代感。在庭院中布置曲折的小径，配置高大树木，产生"庭院深深"的感觉，可以增大庭院的空间感，而一些借景、透景、框景等设计手段的应用可以使庭院小中见大，视野无限（图7-5～图7-7）。

图 7-3 庭院中的棋桌

图 7-4 庭院园艺活动

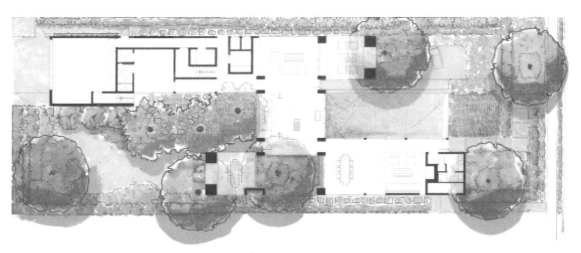

图 7-5 家居底层庭院与建筑紧密融合

图7-6 家居底层庭院树池连接着建筑的不同部分

图7-7 家居底层庭院休息空间

（2）家居底层庭院的空间特征

家居底层庭院的空间特征与它的类型有直接关系。高层建筑附属的一层花园通常空间是家居的一面围合感较强，并根据不同的家居高度产生不同的空间界面，直接影响底层庭院的空间感受；庭院的其他三面通常有围墙或栏杆围合，与建筑的界面相比，封闭性较弱，庭院因此形成了一面封闭，三面半封闭的空间特征。

别墅花园家居附属的一层花园，空间要更加通透，视野通常也更辽阔。一方面由于别墅大多数处在郊区风景秀丽的地段；另一方面，别墅花园的四面围合感都没有很封闭，甚至有些花园直接与自然的地形或水体相连，形成界面。

还有一类家居底层庭院是天井式的中庭，这在四合院等古老的建筑中是常见的。通常庭院由建筑四面围合，封闭感较强。

7.1.3 家居底层庭院景观的设计原则

（1）生态节能

家居底层庭院与建筑紧密相连，其位置最好选择朝南方向，在冬季可以充分利用阳光，在夏季微风引入。这样可以最大可能地利用自然要素，创造最舒适的庭院空间。对于植物的种植也要本着生态的原则来选择树种。乡土植物的运用是最经济和可靠的，选用适宜本地生长的草种和树种，可以起到经久耐用、低成本和节约的效果。尤其是草坪选用本地草种，往往耐寒、耐旱、抗病、适生性强，不仅可以将浇水量降至最低，还可以减少修剪的次数。同时，在底层庭院中尽量选择种植夏季能遮阴的落叶树，在家居西侧，落叶遮阴树可以挡住夏季午后强烈的西晒，而在东南侧可以留出温暖舒适的场地，能沐浴晨光。在家居的北面，选择配植常绿树，以遮挡冬季凛冽的寒风。按照环境风水学的讲究，南面聚财，北面背靠山和树，最高的树或最高的山宜在东北面，以起到遮挡的作用。另外，家居底层的花园还可以成为野生生物的家园，如保留枯树桩让其成为鸟儿栖息的地方，或者以乡土植物构成混合绿篱，给鸟类和小动物以庇所和觅食处。在家居底层庭院中，还可以根据自己的爱好种植草药、蔬菜和香料植物，并可以将做饭剩余的菜叶和庭院中的枯枝落叶等发酵成有机介质，替代合成化肥，这样既可以种植有机食品，又可以美化庭院，为庭院景观带来浓郁的乡土气息。

除了植物的种植，节水也是生态节能的关键。适地适树减少灌溉是节水庭院最佳的策略。选择低养护的本土树种不仅节水，还可以在庭院中实现绿树如荫的自然景观。庭院水景的设计也可以与雨水收集相结合，创造与自然息息相关的小景来美化庭院（图7-8、图7-9）。

图 7-8 耐干旱植物的选择可以节省灌溉

图 7-9 卵石铺装可以存储雨水供植物生长

（2）利用自然要素

自然界赋予了庭院天然的造景要素，如阳光，雨露，微风，四季轮回，阴晴变幻，这些都是庭院可以充分利用的媒介，来创造与自然紧密结合的景观。自然要素的利用也是生态环保节能的重要体现。充足的光照决定可栽培哪些花卉，花园建在光照条件好、朝南的地方最理想，很多喜阳的植物就会旺盛生长，减少经常维护的麻烦。如果是阴处的花园，可栽植耐阴、喜阴的植物。庭院的景观设计充分利用自然的光照来维护植物的生长，顺应自然的规律，创造经济节约的家居庭院。自然界的光照不仅可以为庭院的植物提供资源和能量，还可以成为创造庭院景观的重要元素。当阳光从树叶间洒下，斑驳的影子随着枝叶摇曳变幻，在庭院中形成一处优美的自然之景。自然界提供给庭院的景观绝不仅仅如此。四季变化的自然规律赋予了植物生命与活力，只要选择适当的树

种搭配就可以形成春季有花，夏季有荫，秋季有果，冬季有干的植物群落。它们顺应自然演变的规律，形成不同季节都有景可观的家居庭院。

家居底层庭院微风的引入，雨水的收集都可以创造精致的自然景观，既实现环保节能，又创造最接近自然的美景。

（3）符合人的活动需求

家居底层庭院的特殊类别使其在功能上有着特殊的要求，同时也创造了个性化的庭院景观。每一户庭院的家庭成员都有所不同，庭院的规模大小、风格形式都受到场地的限制，主人喜好的限制。庭院的景观风格必须适应居住在这里的家庭生活方式。如果是只有上班族夫妇的两口之家，由于无暇养护花草，庭院中可以只种植一些耐生的花木或宿根花卉，并设置安静休息处，供工作之余放松心情；如果是有孩子的家庭，庭院则应铺设可放玩具的草坪或塑胶场地、沙坑等，并种植一些色彩艳丽的一年、二年生花卉和球根花卉，并在儿童活动的区域周边设置座椅或廊架，供家长看护之用；如果家中有人对植物养护管理感兴趣的，就可以种植一些四季时令花卉，营建一个完美的观赏花园。总之，庭院的设计风格及栽培植物的种类应根据家庭人员组成与年龄结构有所变化。家居底层庭院的景观设计首先要考虑就是所服务的家庭成员。

家居底层庭院是与家庭使用者最直接相关的，一定规模的庭院，它的设计必须满足使用者活动的需求，既包括宜人的尺度，也包括不同使用者的特殊活动要求。有些家居底层庭院的规模很大，庭院需要承担聚会活动、安静休息、观赏游览等多项功能需求，这就要求庭院景观设计做好功能区域的划分，空间的设计，交通线路的组织等多项工作，以满足不同的需求；也有一大部分家居的底层庭院规模很小，它所承担的只是家人的休息，聊天，品茶，静思，晒太阳等较为私密的活动。这样的庭院景观设计对功

能分区要求较弱，但对于使用的尺度有更高的要求，包括儿童活动的尺度，老人活动的便利性等常常有特殊的要求，必须谨慎地完成设计，以呈现既舒适又美观的实用性庭院（图7-10、图7-11）。

图7-10 庭院中的儿童活动

图7-11 庭院的聚餐、会客活动

（4）艺术性与科学性结合

家居底层庭院主要服务于家庭，所以设计的风格受到主人品味与喜好的直接影响。庭院也通常得到细心的设计和良好的维护。家居的底层庭院对于功能性和艺术性的要求很高，一方面供家庭使用，另一方面又是在生活中接触自然环境的重要场所。这就要求庭院的设计要讲求艺术性与科学性的结合，既要创造舒适宜人的绿色环境，又要经济合理，易于维护。

科学性与艺术性的结合时景观设计的基本原则，

但在家居底层庭院的景观设计中体现的尤为明显。无论是生态节能的要求，还是特殊活动的需要，家居底层庭院作为与人们结合最紧密的景观形式之一，它要严格满足尺度的要求、技术措施的要求，并时常受到规模，形态的限制，所以家居底层庭院严谨的科学性原则显得尤其重要。而艺术性是与自然的景色，人工的景观相联系的。家居底层庭院既要求再现自然，又要求通过人工的改造适应人们的活动，这种自然与人工景观的恰当结合就是艺术性再现的过程。小规模的家居底层庭院讲求小中见大，并借鉴各类古典园林的造园手法，实现借景、障景、透景的空间变化；大规模的庭院讲求视线的组织，流线的设计，在有限的场地内实现景观变幻的画卷。家居底层庭院因为与人生活的密切关系而要求更加精致，更加耐用的景观，这决定了它的景观设计必须更好地遵循科学性与艺术性紧密结合的基本原则。

7.1.4 家居底层庭院景观的总体设计

（1）家居底层庭院的功能分区

与住区庭院的规模相比，大多数的家居底层庭院面积较小，要求的功能分区更细致。根据不同的使用者需求以及不同的规模，庭院的功能分区有较大差异。通常可分为使用区、观赏区、休息区等。庭院显示了主人的个性，把艺术与审美生活化，既为了观赏也为了使用。根据对欧美家居庭院的统计，私人庭院是家庭家居中重要的使用场地，其使用频繁，主要用于起居、游戏、室外烹饪、就餐、晒衣、园艺、款待朋友和储存杂物。三岁以下的孩子会在庭院内度过大部分的户外时间。除此之外，庭院还兼顾停车、停留、观赏的使用要求，这些功能的安排直接影响到庭院的实用性。通常储存杂物的空间可以利用角落或阴暗处，并以植物或景墙进行遮挡；休息的空间适宜与构筑物相结合，如花架、座椅、围合的栅栏等，形成较封闭的安静环境，以满足静思、读书的功能需求，也可以结合水景、喷泉、花卉等景观元素创造舒适的小气候；娱乐区承载的功能很广泛，包括接待朋友、健身活动、室外就餐、园艺活动等，需要一定的铺装面积和空间尺度，同时要与家居室内有便利的交通联系，以方便频繁地使用，这一区域可以尽量选自然化的造景元素来塑造空间，既满足使用的需求又不至于使硬质景观面积过大，减小舒适性，如使用绿篱围合空间，使用耐生的草坪或嵌草格铺装作活动场地，以降低铺装的面积，节省投资，增加自然气息；观赏区常常与室内有直接的视线联系，或与安静休息区形成对景，观赏区可与其他功能分区相互糅合，将优美的景色贯穿于每一个区域内（图7-12）。

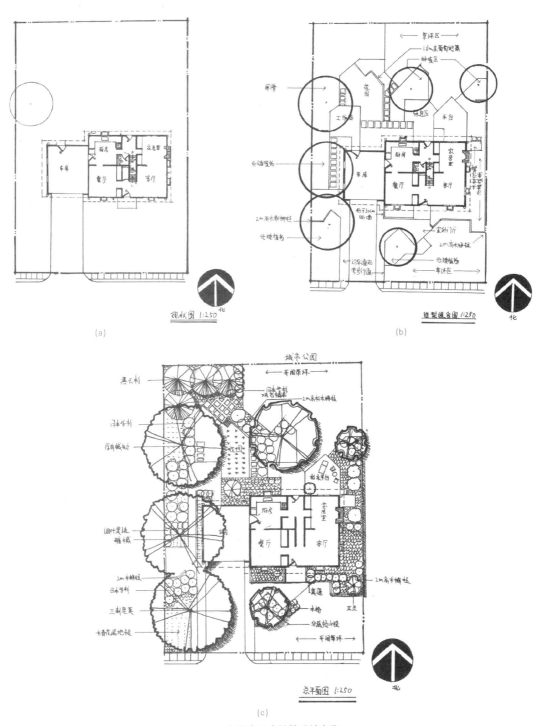

图7-12 家居底层庭院的设计步骤

（2）家居底层庭院的空间布局

家居底层庭院的空间布局直接影响庭院的整体风格和景观效果，空间布局所包含的内容与住区庭院相似，只是底层庭院需要与家居的室内装饰风格与室外建筑风格相统一，做好过渡与衔接（图7-13～图7-16）。

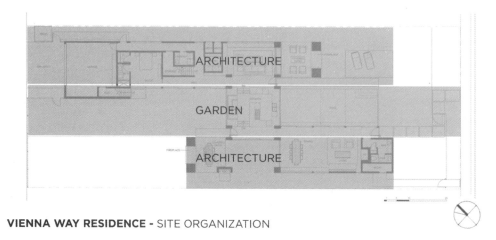

VIENNA WAY RESIDENCE - SITE ORGANIZATION

图 7-13 庭院与建筑的关系

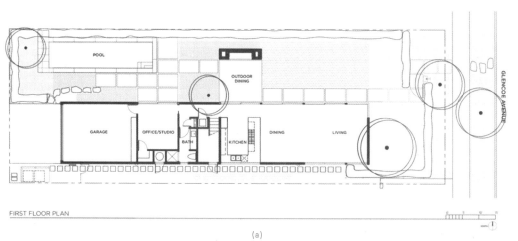

(a)

(b)

(c)

图 7-14 庭院的空间布局

a. 庭院位于建筑的一侧 　b. 庭院起到入口花园的作用 　c. 庭院的边界以树篱围合

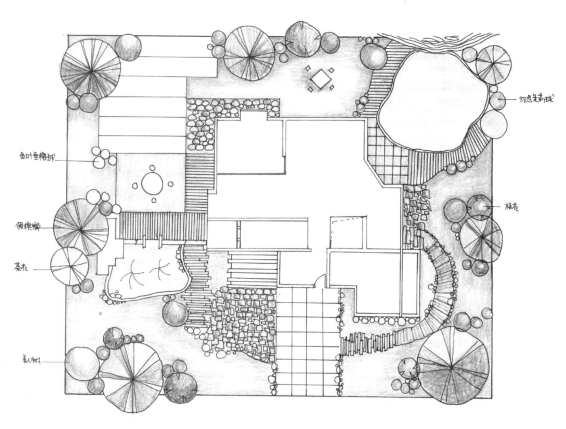

双色茉莉球

金叶重榈排

假槟榔

茶花

桂花

羊人树

图 7-15 家居底层庭院分布于建筑的四周

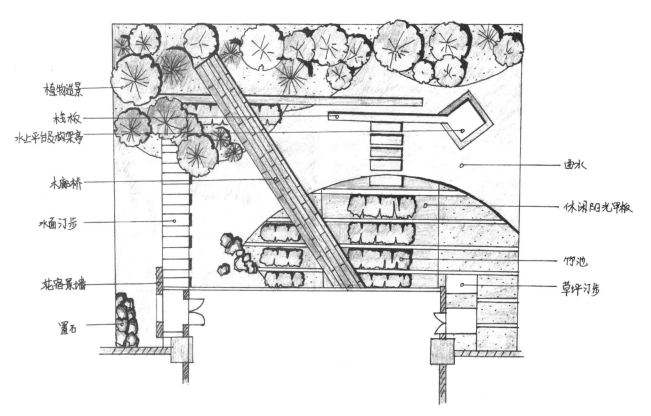

植物造景

栈板

水上平台及构架亭

木廊桥

水面汀步

花窗景墙

置石

曲水

休闲阳光甲板

竹池

草坪汀步

图 7-16 家居底层庭院分布于建筑的一侧

其中，庭院的色彩是影响整体风格的关键因素之一，对色彩规划的一个技巧是根据建筑色彩与周围环境确定庭院的主色调，如铺装的样式和颜色，植物的枝叶干的色彩以及构筑物的材质与色调等，都是庭院色彩规划的重要内容，其中，植物的种植通常占有较大比重。观叶植物在花园的设计中很重要，以英国为代表的很多欧洲国家认为花坛中栽种观叶植物是很重要的植物造景手段。绿色中嵌有白斑的斑叶植物比纯绿色植物更加明亮，如银叶的雪叶莲等，

可将花坛衬托得更鲜艳，其他具有橙色、红色及紫色的彩叶植物可形成强烈的对比，增加色调的明快感。在春夏季植物开花的季节，可以进行多样化的色彩组合，用充满野趣的多年生花卉来点缀庭院。除了植物，庭院中的铺装、构筑物等硬质景观元素也直接影响庭院的色彩。浅色、亮色的铺装通常会扩大空间感，深色的铺装易于打理。对于铺装或构筑物的色彩选择与功能需求、家居建筑的室内外色彩以及个人喜好有直接关系（图7-17、图7-18）。

家居底层庭院空间布局的一个重要方面是界面的围合，无论是通透的开敞空间还是阴郁的封闭空间，都需要界面的围合，它是庭院空间形成必不可少的要素。在中国古典园林的造园手法中，常在庭院空间的死角处置景，以减弱空间界面形成的单调感，

图 7-17 植物与景墙形成了温暖的色调

图 7-19 玻璃门将庭院与室内联系起来

图 7-18 暗灰色的铺装强化了冰冷的颜色

图 7-20 植物与挡墙形成了进入庭院的边界

同时，在墙面与地面交界处也常作置石或搭配水景处理，以消除交角的坚硬感。这些手法在现代家居庭院空间的处理中也可以采用，是一种丰富界面景观的有效手段。庭院空间界面的处理还可以与室内交融，如室内的地面延伸到室外的铺装，室外的花池、水池等建筑小品伸进室内等手法，以及以通透的玻璃或格栅、凉廊形成界面，都可以使室内外的空间更加紧密，庭院就犹如家居生长出来的一部分（图 7-19 、图 7-20）。

庭院空间界面的设计还包括庭院各个部分的交接处理，如绿化与铺地的交接，水面与铺地、植被的交接。这些交接部位的处理和这些不同界面之间的视觉联系直接影响到庭院空间的观赏价值。好的界面处理宜少不宜多，宜简不宜繁，在规模较小的庭院中尤其如此；庭院空间的界面宜纯不宜杂，自然、清雅、朴实、大方可以创造舒适的小环境；空间界面交接要保持完整性，以体现庭院空间的整体感。

按照表现形式的不同，围合界面包括植物、绿篱、围墙、栅栏、花坛、台阶等，不同形态的空间界面可以限定出多样的空间，使人产生不同的空间感受。

① 砖墙。砖墙的围合较封闭，围合感强，砖的颜色、大小、形状、垒砌方式和勾缝等细节，都直接影响庭院景观的美观程度和空间感受。

② 植物。利用经过人工修剪的植物或自然生长的植物群落来围合空间，例如树阵、灌木丛、树篱等，形成阻断行为路线的屏障，起到围合作用。植物的围合使空间更加自然化，减弱围合界面的生硬感，为界面景观创造了生机。

③ 石材墙。石材墙可以形成不同的质感、色彩、甚至镂空方式，石材墙的材料选择、垒砌方式和勾缝处理等千变万化，可创造自然质朴的围合界面，如毛石墙、片岩干垒墙；也可以现代简洁的风格，如大理石墙。石材的种类多样，选择广泛，但造价会较高。与植物围合相比，略显生硬。

④ 木墙。木材是一种奇特而惊人的建墙材料。木材特有的纹理效果凸显了一种自然之美。木墙可以与砖块或石头搭配使用。尤其注意，使用木材要特别进行防腐处理。

⑤ 绿篱。绿篱与植物墙不同，通常较低矮，形成视线可贯穿的空间界面，围合出半开敞的庭院空间。绿篱除起到与外界隔离、划分区域作用外，还可以衬托植物群落景观，同时各种造型的绿篱本身也成为庭院景观之一（图 7-21 、图 7-22）。

图 7-21 植物墙形成了绿色的边界

图 7-22 植物与挡墙结合

现代城市家居设计中，庭院外围用"围墙"来界定区域边界，首先是考虑住户的私密性和安全性。但"围墙"作为庭院景观要素之一的景观功能是不能忽视的。现代家居庭院的围合界面设计需要综合运用多种手法，了解不同材料的特性，取长补短，做到虚实相生，软硬结合，透漏适宜。例如：用混凝土作墙柱，取钢材为镂空部分结构框架，用铸铁为花饰构件，再配以植物，这样的绿色围合界面处理既限定了空间范围又达到美观的效果，形成多样的庭院界面。

（3）家居底层庭院的交通设计

家居底层庭院中的道路主要突出窄、幽、雅。"窄"是庭院道路的主要特点，因为服务的对象主要是家庭成员及亲朋等，没有必要做得很宽，过宽的道路不但浪费，而且会显得庭院很局促。"幽"是婉转曲折的道路形态，使人们产生幽深的感觉，以扩大空间感，使庭院显得宽阔深邃。"雅"是庭院的最高境界，要做到多而不乱，少而不空，既能欣赏又很实用。

庭院道路的形态设计应与地形、水体、植物、建筑物、铺装场地及其他设施结合，形成完整的庭院景观构图，创造连续展示园林景观的空间和透视线。道路的形态设计应主次分明，以组织交通和游览为基本原则，做到疏密有致、曲折有序。在一些规模较小的庭院内，为了组织景观元素，可适当延长道路流线，以扩大空间感。道路的设计要充分利用自然要素，如地形的起伏，水体的形态，光照的变化等。道路不仅满足庭院的交通，也是景观的一部分。道路的布置应与现状条件，建筑风格等相配合，直线的道路简洁现代，便捷方便；曲线的道路舒缓柔美，能使人们从紧张的气氛中解放出来，而获得安逸的美感。

家居底层庭院的道路布局要根据家居的性质和使用者的数量大小来决定。地形起伏处道路可以环绕山水，娱乐活动和设施较多的地方，道路要弯曲柔和，密度适当增加。道路的入口起到引导游人进入庭院的作用，可营造出不同的气氛，与园内的景观形成对比或引导暗示，如由窄到宽的豁然开朗，由暗到明的光影变化等，都可以增加空间的多样性和景观的丰富性（图7-23、图7-24）。

道路除了具有塑造景观的作用外，基本的功能是满足交通。例如为了让割草机和手推车等工具通过，庭院的主要道路要有一定的宽度和承重力。而靠近家居建筑的台阶和小路应该满足人们的各项使用要求，如方便小孩、老人和残疾人的出入，一些具有较好的摩擦阻力的铺地材料，可以用在较滑的坡道上。

图7-23 园路的色彩与建筑统一

图7-24 石汀步引导着进入庭院

7.1.5 家居底层庭院的景观元素设计要点

（1）种植设计

绿色的植物是家居底层庭院的重要设计元素，正是因为有了植物的生长才使优美的庭院犹如大自然的怀抱，处处散发着浓郁的自然气息。绿色植物除了有效的改善庭院空间的环境质量，还可以与庭院中的小品、服务设施、地形、水景相结合，充分体现它的艺术价值，创造丰富的自然化庭院景观。底层庭院能否达到实用、经济、美观的效果，在很大程度上取决于对园林植物的选择和配置。园林植物种类繁多，形态各异。在庭院设计中可以大量应用植物来增加景点，也可以利用植物来遮挡私密空间，同时利用植物的多样性创造不同的庭院季相景观。在庭院中能感觉到四季的变化，更能体现庭院的价值。

在家居底层庭院的景观元素中，植物造景的特殊性在于它的生命力。植物随着自然的生长变化，从成熟到开花、结果、落叶、生芽，植物为庭院带来的是最富有生机的景观。在庭院的种植过程中，植物生长的季相变化是创造庭院景观的重要元素。"月月有花，季季有景"是园林植物配置的季相设计原则，使得庭院景观在一年的春、夏、秋、冬四季内，皆有植物景观可赏。做到观花和观叶植物现结合，以草本花卉弥补木本花木的不足，了解不同植物的季相变化进行合理搭配。园林植物随着季节的变化表现出不同的季相特征，春季繁花似锦，夏季绿树成荫，

秋季硕果累累，冬季枝干苍劲。根据植物的季相变化，把不同花期的植物搭配种植，使得庭院的同一地点在不同时期产生不同的景观，给人不同的感受，在方寸之间体会时令的变化。庭院的季相景观设计必须对植物的生长规律和四季的景观表现有深入的了解，根据植物品种在不同季节中的不同色彩来创造庭院景观。四季的演替使植物呈现不同的季相，而把植物的不同季相应用到园林艺术中，就构成了四季演替的庭院景观，赋予庭院以生命（图 7-25、图 7-26）。

图 7-26 庭院灌木与花卉搭配种植

园林植物作为营造优美庭院的主要景观元素，本身具有独特的姿态、色彩和风韵之美。既可以孤植展示个体之美，又可参考生态习性，按照一定的方式配置，表现乔灌草的群落之美。如银杏干通直，气势轩昂，油松苍劲有力，玉兰富贵典雅，这些树木在庭院中孤植，可构成庭院的主景；春、秋季变色植物，如元宝枫、栾树、黄栌等可群植形成"霜叶红于二月花"的成片景观；很多观果植物，如海棠、

图 7-25 庭院植物景观

石榴等不仅可以形成硕果累累的一派丰收景象，还可以结合庭院生产，创造经济效益。色彩缤纷草本花卉更是创造庭院景观的最好元素，由于花卉种类繁多，色彩丰富，在庭院中应用十分广泛，形式也多种多样。既可露地栽植，又可盆栽摆放，组成花坛、花境等，创造赏心悦目的自然景观。许多园林植物芳香宜人，如桂花、腊梅、丁香、月季、茉莉花等，在庭院中可以营造"芳香园"的特色景观，盛夏夜晚在庭院中纳凉，种植的各类芳香花卉微风送香，沁人心脾。

利用园林植物进行意境创作是中国古典园林典型的造景手法和宝贵的文化遗产。在庭院景观创造中，也可借助植物来抒发情怀，寓情于景，情景交融。

图 7-27 竹林与睡莲形成了雅致的庭院景观

图 7-28 竹林与精致的铺装

庭院植物的寓意作用能够恰当地表达庭院主人的理想追求，增加庭院的文化氛围和精神底蕴。如苍劲的古松不畏霜雪严寒的恶劣环境；梅花不畏寒冷傲雪怒放；竹子"未曾出土先有节，纵凌云处也虚心"。三种植物都具有坚贞不屈和高风亮节的品格，其配置形式，意境高雅而鲜明（图 7-27 、图 7-28）。

除了植物的各类特性的应用，在庭院景观设计中还应注意一些细节处的绿化美化。如家居屋基的绿化，包括墙基、墙角、窗前和入口等围绕家居周围的基础栽植。墙基绿化可以使建筑物与地面之间形成自然的过度，增添庭院的绿意，一般多采用灌木作规则式配置，或种植一些爬蔓植物，如爬山虎、络石等进行墙体的垂直绿化。墙角可种植小乔木、竹子或灌木丛，打破建筑线条的生硬感觉。家居入口处多与台阶、花台、花架等相结合进行绿化配置，形成家居与庭院入口的标志，也作为室外进入室内的过渡，有利于消除眼睛的强光刺激，或兼作"绿色门厅"之用。

（2）园路设计

家居底层庭院的园路设计是展现动态景观的关键。在庭院中，沿着小路行走，随着园路线型、坡度、走向的变化，景观也在变化。在园路设计中要合理组织各种景观形态，使人能够体会风景的流动，感受最细微的景观层次，抒发快乐与悲伤的心情。蜿蜒的路径把人们的视线导向不同的空间与景点，引导人们在这一运动过程中逐渐发现不同的景观，创造出延绵不尽、深邃幽远的感觉，为人们留下想象的空间。在《建筑空间组合论》中曾提到，路线的组织要保证无论沿着哪条路线活动，都能看到一连串系统的、完整的、连续的画面，这对于家居底层庭院来讲更加重要，正是这样的园路设计创造出有限的空间内无限的美景。

家居底层庭院的园路因铺装材料和铺装方式的不同而包含多种类型，包括规则砖石结构园路、不规则砖石结构园路、圆形地砖、木桩小路、青石板小路等。不规则砖石结构的园路多由大理石、天然石材或烧制材料拼砌而成，经济、美观、自然。预制的水泥砖、混凝土砖、轻质砖经加工处理后，具有天然石材的自然性纹理，用其砌成园路，能与自然更好地融合；规则砖石结构的园路在庭院的主路用得较多，整齐、洁净、坚固、平稳，但容易造成单调感。因此，在设计时应特别注意材质的选择、色彩的搭配和图案的形式，以求与周围环境协调统一；圆形地砖、混凝土仿木桩、实木桩等追求天然质感，散置于草坪、水面上，在方便行走的同时，又创造了优美的地面景观，亲切自然，趣味无穷；青石板小路、砂石小路主要由卵石、碎石等材料拼铺而成，有黄、粉红、棕褐、豆青、墨黑等多种色彩可以选择，它们的风格朴素粗犷，不同粒径、不同色彩的卵石穿插镶嵌组成的图案，丰富了园路的装饰设计，增添了庭院的浪漫气息。

园路设计应与庭院内的地形、植物、山石等互相配合，通过材料不同的质感、色彩、纹样、尺度等，

营造出独特的庭院意境。园路材料选择要根据不同的环境而定。中国传统庭院中就对园路的铺装很讲究，《园冶》中"花环窄路偏宜石，堂回空庭须用砖"讲的就是园路设计的一些重要原则。在现代庭院中，园路的铺装材料选择范围更加广泛（图7-29～图7-33）。

图 7-31 园路设计决定了庭院空间的布局形态

图 7-29 庭院的园路

图 7-32 园路划分出不同的活动空间

图 7-30 园路与入口台阶相连

图 7-33 园路连接不同的活动场地

（3）铺装设计

家居底层庭院的植物绿化是主体，铺装设计作为活动场地的支撑是庭院不可缺少的元素之一。现代庭院的铺装是人们室外休闲活动的载体，满足运动、交往、游憩的需求，庭院铺装设计的多样性至关重要。

家居底层庭院的铺装具有重要的功能特性，道路的铺装提供交通功能，坚实、耐磨、抗滑的路面能够保证车辆和行人安全、舒适地通行。场地的铺装有活动的功能，为居民提供活动、交往、休息的空间，满足居民户外活动的需求。住区的铺装用地多与公共绿地结合，组成不同的功能分区。同时，铺装铺砌的图案和颜色变化，能够给人方向感和方位感。庭院的铺装能够划分不同性质的空间，铺装采用不同的材质对不同的功能空间进行划分，加强各类空间的识别性。在安静休憩区，铺装场地作为观赏、休息、陈列用地，营造了宜人、舒适的氛围。在底层庭院的休憩区，铺装的选材不宜过于艳丽花哨，尺度不宜过大，要注重营造自然、幽静的气氛。在活动娱乐区，铺装场地为居民提供了主要的活动空间。大面积的活动场地宜采用坚实、平坦、防滑的铺装，不宜使用表面过于凹凸不平的材料。家居底层庭院的儿童活动区，铺装设计要简洁明确、易识别，质地较软的材质能增加安全性。还可以使用一些趣味性图案，增加活泼的气氛。

住区底层庭院的铺装设计除了功能特性之外，还有重要的景观特性。庭院的铺装选择应与周围建筑风格协调统一。和谐的户外环境不是简单地植树种花就可以做到，要通过整个庭院的全面规划设计实现，而铺装设计是庭院环境的主要组成部分，它直接影响到庭院的整体景观风格。现代的庭院铺装种类繁多，主要可归纳为以下几种：

① 砾石铺装

砾石是一种方便、节省劳动力的铺装类型，砾石适用于任何形状的庭院以及庭院的角落，常常形成自然而质朴的感受。砾石的另外一个优点是造价低廉，易于管理。砾石路面不仅能按摩脚底，有助于健康。砾石可以与植物绿化相结合，如砾石可以搭配竹子，会呈现出别具一格的情调（图7-34、图7-35）。

图7-34 粒径不同的砾石铺装组合

图7-35 水洗小豆石铺装与水景

② 木质铺装

木材在室内也是常用的装修材料，可以成为底层家居庭院室内很好的连接方式，形成自然的过渡。木质铺地可以营造出令人倍感亲切的活动平台，实用、美观、意境都能很好地被体现出来。在使用木质铺装时必须考虑安全问题及防腐处理，在雨天，木板容易打滑，长期的潮湿使得木板很容易腐烂，做好安全及防腐工作可以延长铺装的使用寿命（图7-36、图7-37）。

图 7-36 木质休息平台

图 7-39 砖铺装形成活动场地

④ 混凝土铺装

混凝土铺装的一个优点是便宜且坚固，可以与鹅卵石或碎石等材料相结合使用，形成有趣的图案，并有一种天然去雕饰之感。另外，在新铺的水泥铺装上压印一些图形，如树叶、文字等，会形成一种装饰性的印记（图 7-40～图 7-42）。

图 7-37 木质铺装与砾石结合

③ 砖铺装

砖是庭院里常用的材料，并经常与其他材料结合使用，能够形成很多或简单或复杂的图案。砖铺装的颜色有很多种，选择时要适合周围建筑颜色的色调（图 7-38、图 7-39）。

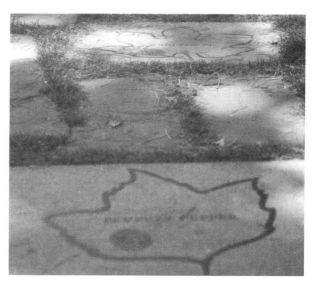

图 7-40 混凝土铺装具有很强的可塑性

图 7-38 砖铺装形成多样的图案

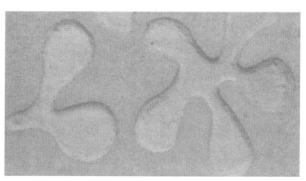

图 7-41 压花的混凝土铺装

图 7-42 石板与鹅卵石结合

⑤ 椰壳碎片和粗糙的树皮

这些铺装材料具有不规则的外观，能产生自然而放松的气氛，给人耳目一新的感觉，无论是在视觉还是触觉上，都会产生一种柔和的感觉。

（4）水景设计

家居底层庭院的水景设计类型很多，既有静水也有动水，包括池塘、喷泉、喷雾、泳池、湖等，根据庭院规模、风格的不同，水景设计选择的类型也有所不同。庭院水体有自然状态的水体，如自然界的湖泊、池塘、溪流等，其边坡、底面均是天然形成，也有人工状态的水体，如喷水池、游泳池等。

① 静水

池塘或静水池通常是人工建造的水池，是比湖泊小而浅的水景，阳光常常能够直接照到池底。它们都是依靠天然的地下水源或以人工的方法引水进池，池塘可以结合水生植物的种植，形成自然的小景。水景可以提供庭院观赏性水生动物和植物的生长条件，为生物多样性创造必需的环境。如各种荷花、莲花、芦苇等的种植和天鹅、鸳鸯、锦鲤鱼等的饲养。家居

庭院的静水还常常结合泳池的功能进行设计，池底的铺装设计景观精心的处理，色彩与纹理透过水体显得更加精致（图 7-43、图 7-44）。

图 7-43 庭院泳池

图 7-44 庭院水生植物池

② 动水

落水——利用地形的高差使上游渠道或水域的水自由落下，来模拟自然界中瀑布的形态。

跌水——跌水的高差比落水要小，有些结合修筑的阶梯，流水自由地跌落而成。跌水可分为单级跌水和多级跌水，跌水的台阶以砌石和混凝土材料居多。

喷泉——喷泉是一种为了造景的需求，将水经过一定压力通过喷头喷洒出来，具有特定形状的景观，提供水压的一般是水泵。在家居底层庭院的水景设计中，喷泉很常用。喷泉的样式很多，可以产生不

同形体、高低错落的涌泉，加上特定的灯光、声音和控制系统，还可以形成具有独特魅力的水景艺术，包括音乐喷泉、程控喷泉、音乐程控喷泉、激光水幕电影、趣味喷泉等。喷泉不仅具有造景功能，还可以净化空气，减少尘埃，降低气温，改善小气候，促进身心健康。

喷雾——喷雾是一种悬浮在气体中的极小滴的水。喷雾可以与植物、建筑物、石头等元素组合在一起，形成如仙境般的感觉，加强了庭院景观的视觉审美层次和艺术感。

家居底层庭院的水景设计虽然规模通常很小，但要做得很精致。水池既不能做的太深又不能太浅，要根据使用者的需求而变换，如家有小孩，就要考虑安全性为主。另外，当水体的设计标高高于所在地自然常水位时，需要构筑防水层以保证水体有一个较为

稳定的标高，达到景观设计的要求。人工的水体必须要有一定的面积和容量限制，以控制工程造价和养护费用（图7-45、图7-46）。

（5）构筑物设计

家居底层庭院的以植物绿化为主，也要适当的点缀构筑物，既包括景观小品，也包括一些服务设施。

①景观小品

在庭院景观中，艺术雕塑常常成为画龙点睛的景观焦点，雕塑可以使用石、木、泥、金属等材料直接创作，反映历史、文化，或追求的某种艺术风格。在家居底层庭院中，雕塑的使用可以分为圆雕、浮雕和透雕三种基本形式，现代艺术中还包括声光雕塑、多媒体雕塑、动态雕塑和软雕塑等。装置艺术是一种新兴的艺术形式，是"场地＋材料＋情感"的综合展示。装置艺术将日常生活中物质文化实体进行选择、利用、改造、组合，以令其延伸出新的精神文化意蕴的艺术形态。在家居的底层庭院中，装置将生活与艺术紧密结合在了一起（图7-47、图7-48）。

在家居底层庭院中还可以设置一些假山，体现古典园林的韵味。假山的类型包括孤赏石、散点石、驳岸石等。山石的选用要符合庭院总体规划的要求，与整个地形、地貌相协调。

图 7-45 庭院的水景墙

图 7-46 庭院的溪流

图 7-47 庭院的溪流

图 7-48 陶器装饰

②休息设施

休息设施是家居底层庭院必不可少的构筑物，从简单的座椅，到复杂的园亭、花架，它们为使用者提供了舒适的庭院环境。

座椅是家居底层庭院景观环境中最常见的室外家具，它为人们提供休憩和交流的设施。路边的座椅应退出路面一段距离，避开人流，形成休憩的空间。座椅应该面对景色，让人休息时有景可观。庭院的座椅形态与庭院的整体风格相关，直线构成的座椅，制作简单，造型简洁，给人一种稳定的平衡感。曲线构成的座椅，柔和，流畅，活泼生动，具有变化多样的艺术效果。座椅的设计也要与环境相呼应，产生和谐的生态美。

园亭可提供人们休憩观赏的空间，也可以具有实用功能，如储物木屋、阳光温室等。园亭的风格多种多样，设计时须要斟酌庭院的整体风格进行确定。庭院园亭的体量通常较小，有三角、正方、长方、六角、八角以至圆形、海棠形、扇形，由简单而复杂，基本上都是规则几何形体，或再加以组合变形。园亭也可以和其他园林建筑如花架、长廊、水榭组合成一组建

筑。园亭的平面组成比较简单，除柱子、坐凳、栏杆，有时也有一段墙体、桌、碑、匾等。而园亭的立面，则因样式的不同有很大的差异，但有大多数都是内外空间相互渗透，立面开敞通透（图 7-49、图 7-50）。

庭院花架体型不宜太大，尽量接近自然。花架的四周一般较为通透开敞，除了支承的墙、柱，没有围墙门窗。家居底层庭院内的花架还可以与攀缘植物相结合，一个花架配置一种攀缘植物，同时要考虑花架材料的承重性。

图 7-49 庭院的休息躺椅

图 7-50 庭院的临时餐桌和座椅

③灯具

灯具也是家居底层庭院中常用的室外家具，主要是为了方便居住者夜间的使用，灯光设计可以渲染庭院景观效果。庭院灯具的设计要遵守功能齐备，

光线舒适，能充分发挥照明功效的原则。同时，灯具的风格对庭院的景观产生重要影响，所以灯具设计的艺术性要强，形态具有美感，光线设计要配合环境，形成亮部与阴影的对比，丰富空间的层次感和立体感。灯具设计一定要保证安全，灯具线路开关以及灯杆设置都要采取安全措施（图 7-51、图 7-52）。

图 7-51 照明设施隐藏在水池边缘

图 7-52 座椅旁的石火炕也起到照明作用

④围墙与栏杆

家居底层庭院的边界围合常常以围墙或栏杆来实现，它们起到分隔、导向的作用，使庭院边界明确清晰。栏杆或围墙常常具有装饰性，就像衣服的花边一样。同时，庭院边界的安全性也是至关重要的。一般低栏高 0.2 ~ 0.3m，中栏 0.5 ~ 0.8m，高栏 1.1 ~ 1.3m，具体的尺度要根据不同的需求选择。一般来讲，草坪、花坛边缘用低栏，明确边界，也是一种很好的装饰和点缀，在限制入内的空间、大门等

用中栏强调导向性，高栏起到分隔的作用，同时可产生封闭的空间效果。栏杆不仅有分隔空间的作用，还可以产生优美的庭院界面。栏杆在长距离内连续地重复可以产生韵律美感，还可以结合动物的形象、文字等或者抽象的几何线条形成强烈的视觉景观。栏杆色彩的隐现选择，不能够喧宾夺主，要与整体庭院相和谐。栏杆的构图除了美观，也要考虑造价，要疏密相间、用料恰当。

底层庭院围墙有两种类型：一是作为庭院周边的分隔围墙；一是园内划分空间、组织景色、安排导游而布置的围墙。庭院内能不设围墙的地方尽量不设，让人们能够接近自然，爱护绿化。要设置围墙的地方，尽量低矮通透，只有少量须掩饰隐私处才用封闭的围墙。还可以将围墙与绿化结合，以景墙的效果实现围合的目的（图 7-53、图 7-54）。

图 7-53 围墙边界

图 7-54 围栏边界可以凭栏远眺美景

7.2 楼层阳台

7.2.1 住宅阳台庭院的概念及意义

（1）住宅阳台庭院的含义

阳台庭院的绿化美化多是鸟语花香，龟跃虫鸣，一派生机盎然的景象。大自然把这五彩缤纷、千姿百态的芳菲世界奉献给人们，为居住生活提供了美好的环境。绿色植物是阳台庭院的重要元素，它不但可以绿化、美化、净化、彩化、香化阳台和居室的生活环境，还能够衬托建筑的立面，渲染建筑风格，使住宅建筑焕发出生机与活力。盆景是阳台绿色植物的重要部分，有幽、秀、险、雄的神韵和态势，在阳台庭院中创作和观赏盆景可以培养审美观念，陶冶情操，增长园艺科学知识，丰富业余文化生活，让阳台、居室成为大自然景观的缩影，一年四季都洋溢着春意盎然和蓬勃向上的气息。

阳台一词来源于德语词根"balco"，意思是在最低程度上附着于建筑主体的一个凸起的平台。《中国大百科全书——建筑·园林·城市规划》将阳台定义为"楼房有栏杆的室外小平台，阳台除了供休息、眺望，还可以进餐，养殖花卉。阳台在居住建筑中已经成为联系室内外空间、改善居住条件的重要组成部分。"阳台是生活环境与自然环境之间的中介场所，是最贴近人们的绿色生活空间。

（2）住宅阳台庭院的功能性

近年来，新的住宅楼盘中常常打造不同类型的阳台庭院，并逐渐成为各个楼盘的重要"卖点"。新时代的阳台庭院具有以下功能：

① 扩大室内的视野，增加景观层次

无论是室内的阳台庭院还是室外的，都比普通的窗户多出几个层次，从而扩大了视野范围，增加了空间层次，最大限度地将室外的自然景观引入室内。所以，如果阳台庭院面向景色优美之处，开阔的视野和室内外的通透性，可充分满足人们的感观享受，提高居住环境的艺术品位。

② 美化室内环境

阳台通常因外挑而增加了居室的面积，如果能够合理利用阳台庭院，恰当进行植物配置或艺术小品的点缀，则能起到美化室内环境的作用。

③ 增加了室内使用功能

阳台庭院因规模不同可以承载多项室内的使用功能。在阳台庭院中放置座椅或凭栏观景，增加了休闲功能；阳台庭院还可以用来储物、晾衣，进行园艺活动，大规模的阳台庭院甚至可以成为一个小会客室读书室或阳光房等，阳台庭院的存在极大地丰富了室内居室的使用功能。

④ 丰富、美化住宅建筑立面

阳台庭院可以利用垂直绿化来遮挡室外空调机，使建筑的立面不受到空调机的影响。同时，绿色的阳台庭院还可以形成建筑立面丰富的设计语言，绿色的斑点是建筑立面生机盎然的重要体现（图 7-55 、图 7-56）。

图 7-55 阳台庭院增大了建筑的绿色立面

图 7-56 阳台庭院生长的茂密植物

(3) 住宅阳台庭院的必要性

随着人们越来越追捧健康住宅、宜居生活的居住理念，住宅的绿色环境成为首要的考虑问题之一，从住区庭院的居住区绿色环境，到底层附带的庭院，阳台庭院可以说是最接近人们日常生活的绿色空间。并且由于它的面积大小适宜，几平方米的地方就可以实现接触自然，放松心情，绿化居住环境的作用，阳台庭院已经成为了现代住宅设计的重要组成部分。尤其是入户花园，它是人们进入居室的第一个空间，绿色的花园极好地渲染了居室绿色居住环境的理念和氛围。现代的住宅设计常常将阳台庭院作为主要亮点来进行宣传，也极大地推动了阳台庭院空间的发展。

人们看中阳台庭院，并将其作为重要的住宅组成部分，是因为阳台庭院是以最小的面积实现了最贴近的大自然感受，为居住环境提供了一处能够承载不同功能，创造不同自然景观的重要绿色开放空间，是人们放松心情，呼吸清新气息的重要室内场所，是不可取代的室内与室外过渡空间。

对于阳台庭院的景观设计，它不仅是住宅主人思维方式与爱好的体现，也是具体空间的功能化安排。过多的重复会造成庭院形式的单一，缺乏个性化的色彩。因此阳台庭院是现代人审美价值的重要体现，是引领居住环境发展的重要先锋。

7.2.2 住宅阳台庭院景观的分类及特点

(1) 住宅阳台庭院的分类

住宅阳台庭院按照不同的类别进行划分，可分为多种形式。按阳台庭院在住宅建筑中的位置分类，有入户花园，位于住宅入口部分的庭院；起居室阳台庭院是与起居室紧密相连的庭院空间；厨房阳台庭院通常是储存杂物和简单植物绿化的空间；客厅阳台庭院是主要的类型之一，它的景观与功能更加多样和丰富。

如果按照阳台庭院的使用性质分类，可分为生活阳台庭院，服务阳台庭院和观景阳台庭院。生活阳台庭院供人们的生活起居，休闲娱乐使用。通常设在阳光充足的住宅南侧，附属于起居室或卧室。服务阳台庭院多与厨房或餐厅相连，是堆放杂物，储存闲置物或洗衣、晾衣的地方。无论是生活阳台庭院还是服务阳台庭院，都可以在其中营造富有情趣的优美景观。如在阳台的实面栏板上摆置一些盆栽，顶部悬吊一些花架花盆，或摆放一些放置盆栽的架子等，以简单的方式美化居住环境。如果墙面附有不锈钢网、铁网或合成材料网等各种安全防护网，除了应对安全网进行景观花的设计外还可种植一些爬蔓植物，既可减少各种安全网给人的不良感受，又可美化环境，增加建筑立面的自然元素。

按照阳台庭院的形态分类，有露台，通高阳台和飘窗。其中，飘窗无论是窗台式的还是落地式的，尺度上都会小于一般的阳台。在空间上属于室内空间，不具有过渡或半室外的阳台空间特性，但是却具有阳台的空间意向。另外，还有一些阳台庭院的形式，包括悬挂花池，可利用放大的外窗台设置花池或台架，在狭小的空间里养花植草，美化环境，同时也可以作为建筑的垂直绿化；一步阳台具有阳台的形态，但尺度更小一些，仅仅用于凭栏远眺和呼吸室外的新鲜空气。通高阳台庭院一般出现在跃层户型当中，庭院占据了层高上的优势。两层通高的阳台庭院接受的光线更加充足，视线干扰程度降低，空间比例也更加符合作为户外空间的要求。另外，阳台庭院按照结构还可分为凹阳台和凸阳台两种基本形式。凸阳台通常设置在普通平层住宅中，因为平层阳台层高不大，三面悬空利于采光和通风；而通高阳台则适合凹阳台，层高加大的时候，三面悬空的处理会使居住者在阳台上的安全感降低（图7-57 ～图7-59）。

图 7-57 开放的露台庭院

图 7-58 玻璃窗围合的阳台

图 7-59 装饰性阳台

（2）住宅阳台庭院的总体特点

阳台庭院是住宅与室外沟通的特殊生活空间，它是建筑物室内外的过渡，也是居住者呼吸新鲜空气与大自然亲密接触的场所。阳台庭院不仅庭院本身形式变化多样，结合庭院的住宅平面空间组合也更为灵活，因而备受人们青睐。住宅阳台庭院按照不同的类别可以分为很多种形式，其中的主要类型可以集中地反映出住宅阳台庭院的总体特点。

在现代的住宅建筑设计中，入户花园日益受到人们的重视，并成为住宅阳台庭院的主要类型之一。入户花园是一种创新设计的庭院形式，所谓入户花园就是在住宅设计中，打破了通常的入门即是客厅的布局方式，而采用一进门就是独立小庭院的户型模式，是庭院住宅楼层化的发展方向。入户花园是住宅入口到客厅、餐厅、卧室或其他室内空间的重要连接，它把绿色的气息引入家居环境中，并使自然空间到室内空间的过渡显得顺畅而舒缓。入户花园有一面或两面开敞，其余部分被室内墙面、地板以及天花板围合，相当于一个凹阳台，但一般比阳台具有更大的面积，并且入户花园的使用功能和参与性比阳台要更强。入户花园通常是对外的半开放式的庭院，在住宅建筑面积中只计算一半的面积，从而增加了使用的空间，所以现在许多户型设计中加入了入户花园的模式，以此作为居住的亮点。入户花园是很好的庭院花园形式，它兼具阳台与露台的功能。入户花园的设计受到地区气候环境因素的影响。在我国，北方地区气候寒冷、干燥、风大，设置入户花园，应采取可开启玻璃窗封闭的形式，夏天可打开窗户，成为直接对外的敞开空间；冬季窗户关闭后则成为一个阳光室，把绿色带到寒冷冬季的室内，对改善北方住宅环境质量具有积极的作用。而温暖湿润、气候温和的南方，入户花园的设置能很好地起到通风效果，可以调节室内外温差，改善室内空气质量的效果。

阳台入户花园的设计，是一个楼层住户的半私密性空间。因此，有利于邻里交往，是一种倡导邻里关怀的设计创新。

"一步阳台"又称法式阳台，它的特点在于小尺度的空间，宽度仅在 0.5m 左右，但比飘窗的开放性更强，能够在这里接触自然，享受阳光和微风，但又不需要过多的面积，轻巧而实用，充满了居室的灵气和居住的生活化品味，通常设置在卧室、客厅、餐厅的外侧。一步阳台可以简单摆放一些轻巧的花卉盆栽或是悬挂一些植物，为一步阳台增添亮色。

飘窗起源于 17 世纪，早期的飘窗并没有关注到它的观景功能。18 世纪中叶，飘窗再次出现在建筑形式中，这并不是简单的建筑风格的怀旧潮流，而是为了满足那些刚刚富裕起来的地主阶层在豪华的客厅里欣赏优美风景的需求。一个飘窗的窗台长度多在 1m 以上，宽度多为 50 ~ 80cm 不等，面积可以到达 $1 ~ 2m^2$，有效地扩大了室内空间和视野。同时，各种飘窗的样式，以及产生的细部阴影和所用的材料都构成了住宅建筑立面重要的组成元素，丰富了建筑立面。

另外，与不同的室内空间相连的阳台庭院具有不同的景观特征。阳台庭院与客厅相连可作为客厅的延伸，满足会客、交谈、休息的需求。由于客厅通常处于住宅的重要位置，朝向和景观效果相对其他空间较好，因此庭院的使用频率更高一些；阳台庭院与卧室相连，空间会相对较安静，基本为家庭内部成员服务，庭院的规模可能更小一些，但常常可以放下一张躺椅或点缀几盆盆景，以满足休息读报等功能需求；庭院作为餐厅的延伸，可根据面积的大小在庭院中摆放桌椅，夏日傍晚可在庭院中用餐，借助室外凉爽的空气消夏纳凉。

总的来说，住宅阳台庭院的空间尺度通常较小，作为住宅的附属部分，面积受到限制，一般面积小的在 $3m^2$ 左右，大的也不过 $7 ~ 8m^2$ 平方米，露台庭院可能会稍大一些，面积大小对于植物绿化的质量，

植株的大小都有一定限制；阳台庭院还受自然环境的影响，南北阳台而言差别更大，对植物的选择产生至关重要的影响。阳台的高度，有无遮挡，风力大小，都对植物生长产生影响，因此必须有针对性地来进行阳台庭院的景观环境设计；一般来说，阳台通常是开放性的，是居民与外界接触的直接途径，也是直接影响外部环境的重要手段。住宅建筑的阳台庭院绿化直接影响整栋楼房，甚至整个社区的环境美化。阳台庭院的绿色植物能给住宅建筑带来生机与灵气，使坚硬的水泥和砖石变得生机盎然（图 7-60 、图 7-61）。

图 7-60 露台花园

图 7-61 飘窗

7.2.3 住宅阳台庭院景观的设计原则

（1）经济性

住宅阳台庭院景观的设计具有特殊性，它作为室内空间的延续，面积很小，但地位却极其重要。在狭小的空间中如何营造舒适的景观环境，关键在于合理的空间设计，富有内涵的景观创意和植物的种植配置。只要用心设计，就可以以很低的造价创造出身边最贴近的绿色空间，这是阳台的优势所在。在庭院景观的设计过程中，要求合理地选择造景要素，以耐于生长的绿色植物为主要元素来进行阳台的美化，尽量不要堆砌造价高昂的艺术品，既不能形成舒适的环境，又浪费投资。

（2）生态性

住宅的阳台庭院不仅是住宅内部难得的自然空间，也是住宅外部形态的重要装饰要素。阳台作为住宅建筑附带的小空间，一般都呈凌空的形式，没有地面的土壤条件，一般多用盆栽或栽植箱，但用土不可能太多，根系的伸展必然受到限制，从而影响它对养分的吸收。所以在庭院景观的设计中要以绿色环保为基本的理念，选择适合于阳台生长的植物。阳台的庭院绿化本身就是生态性住宅建筑的重要方面，从建筑的外部来看，绿色的阳台庭院可形成建筑的垂直绿化，降低建筑的能耗，美化建筑的立面，形成生态节能的住宅建筑。

（3）功能性

无论是服务型阳台还是观赏性阳台，住宅阳台庭院景观设计的首要任务就是保证功能性，发挥相应的作用。住宅的阳台庭院首先是人们生活中接触自然的首要途径，它是联系室内外的过渡空间，所以阳台庭院的中介功能占据第一位置；另外，阳台庭院的观景、品茶、读报、聊天等休闲功能是在景观设计中需要明确的；一些阳台庭院兼具服务性质，这就要求在阳台庭院景观的设计中要平衡好储物或晾晒功能与美化绿化的关系，使阳台庭院在人们生活中发挥多元

(a)

(b)

图 7-62　阳台庭院的功能
(a) 阳台庭院的储物功能　(b) 阳台庭院与厨房功能相结合

化的作用（图 7-62）。

（4）安全性

住宅阳台庭院景观设计的重要准则是保证安全性，这一属性是高于上述三个原则的。住宅阳台庭

院通常供家人，包括老人和小孩的使用，人性化的设计是至关重要的。另外，阳台庭院中的各种造景元素都是需要考虑其安全性的，如阳台的玻璃、栏杆、铺装等，包括阳台植物。在阳台养花要特别注意安全，防止阳台的盆花、容器坠落造成污染及危险。

7.2.4 住宅阳台庭院景观的总体设计

（1）住宅阳台庭院的平面布局形态

住宅阳台庭院的平面布局与住宅建筑的整体形态和建筑结构相关，阳台庭院的平面布局形式以方形为主，也有弧形、梯形、L形、异形。其中，飘窗分为很多种，包括直角飘窗、斜角飘窗、转角飘窗和弧形飘窗，其平面形式分别为方形、梯形、三角形、L形和弧形，转角飘窗出现在两面外墙的转角处，弧形飘窗最为少见，常用于立面造型的需要。一步阳台面积比阳台小，所以平面形式变化少，仅有方形、弧形、L形。

阳台庭院的平面布局比例尺度因不同的类型而有所变化。对于用于服务的阳台庭院来讲，进深约1.1m已经可以满足洗衣、晾晒、摘菜、堆杂物等功能；而对于生活需求的阳台庭院，进深控制在1.2～1.8m之间可以满足家人坐在阳台上休息娱乐的需求。此外，生活阳台庭院的净面积不应小于2.5m²，而服务性阳台庭院的净面积则不能小于1.5m²。飘窗一般出挑墙面0.5～0.8m，窗台高出室内地面0.5～0.6m。其净面积可达到1～3m²，能很好地扩大室内空间。一步阳台的进深控制在0.5～0.8m之间，其净面积可达1～3m²。

入户花园的平面布局与住宅内的客厅、厨房等房间有关，其组合的不同方式对入户花园的平面布局产生重要影响。在住宅入户的门厅处设置庭院可以在住宅入口与客厅之间形成过渡，使客厅不与外界直接接触，增加了家庭的私密性，同时丰富了室内空间格局的层次，营造出温馨的氛围。入户花园的面积通常不大，一般仅布置一些小型的盆栽与水景，或以廊架、花架形成半遮蔽的顶部，即可改变家庭生活环境，创造舒适别致的入口景观。没有入户花园的住宅通常是采用过道来连接客厅和卧室之间的交通，过道除了起到交通的作用外，在功能上没有其他的用处，使面积显得有些浪费。但是如果将这部分交通面积外移，作为入户花园连接空间，并作为客厅的延伸，既可以在里面种植花草，也可以聊天品茶，这使得室内空间更加安静，绿色的庭院也很好地改善了室内环境的小气候条件。当入户花园实现了交通面积的转移后，可以实现多流线入户的用途。以住宅入口为起点，当家庭成员回到家，打开门首先看到的是入户花园，之后经过花园进入各个房间，空间使用更加便利，家庭成员的私密性也有保障，住宅内部的交通变得丰富，增强了家庭的生活情趣（图7-63～图7-65）。

图7-63 阳台庭院可以凭栏远眺

图7-64 阳台庭院可以凭栏远眺

图 7-65 规整、狭长的布局形态增强了阳台庭院的透视感

（2）住宅阳台庭院的立面构成形态

住宅阳台庭院的立面构成形态对于狭小的庭院空间至关重要，无论是开敞的露台还是半封闭的阳台或室内阳台，都会有至少一个主要的界面限定空间，甚至四个界面都被完全封闭，这时的立面构成形态直接影响阳台庭院的空间感受。不同的材料、色彩、质感在布局上只要运用得恰当，就可以产生出各种不同的视觉效果。例如高度、体量、种类不同的植物进行合理的搭配种植，就可以显示出厚重感、韵律感、流动感、协调感、单纯感、色彩感等不同的空间感受，增加景观的丰富性。不同的材料选择和搭配方式会产生不同庭院立面形态。如竹篱柴扉、花窗曲墙等尽显传统园林与乡村园林特色，而花式铁栅与厚重的岩石柱则具有现代的风格特征。在庭院内，这些不同的立面元素不仅可以美化立面的形态，也可以分隔不同的空间，创造丰富的层次和具有纵深感的空间效果（图 7-66、图 7-67）。

图 7-66 阳台庭院植物立面

图 7-67 阳台庭院的栏杆边界

7.2.5 住宅阳台庭院的景观元素设计要点

（1）植物绿化

阳台的植物绿化与其他类型住宅庭院的不同之处在于其土地面积与土壤条件都有很大限制，植物品种以及种植方式的选择是住宅阳台庭院植物绿化的主要考虑因素。

阳台庭院的植物栽植不仅仅提供室内的观赏，也是建筑物外观的重要装饰。绿色的植物空间即是连接室内与室外自然景观的场所，也起着丰富建筑物景观层次的作用。住宅阳台庭院的植物栽植要考虑树木的大小，栽植的方式，养护管理，建筑物的构造以及室内空间的使用等多个方面，常常会受到较大的限制。阳台庭院植物种植多以植物容器为主，包括花盆、花钵、种植池等，以便管理和更换，并且植物的品种多以花卉、灌木、草本植物为主，也有一些面积较大的阳台庭院种植小乔木。由于住宅阳台的层高通常只有 3m 左右，因此植物的种植在高度上受到限制。同时由于阳台为悬挑结构，所以承重上有着较高的要求，因此阳台庭院中宜用易于维护的盆栽植物进行绿化。同时，植物的高度上也要合理，应该根据主人的需求来营造私密或开放的庭院空间，并且不能影响室内正常的采光与通风。适宜于阳台庭院种植的植物种类很多，如常绿植物铺地柏、麦冬、葱兰等，观叶植物八角金盘、菲白竹、车线草等，观花植物金鸡菊、红花酢浆草、毛地黄等。阳台庭院的灌木种植可以选择一些矮小植物，如榆叶梅、连翘、火棘等。

阳台庭院的不同形态以及在建筑中的不同位置，会直接影响所得到的日照及通风情况，也形成了不同的小气候环境，这对于植物配置有很大影响。阴面的阳台适宜种植耐阴的植物，而南侧的阳台得到光照充足，适宜生长喜阳的植物。此外，阳台庭院所处的层高不同会受到不同的风力影响，一般低层位置上的风力较小，而高层位置上的风力很大，会直接影响植物的正常生长。特别是在夏季，干热风会使植物的叶片

枯黄，损伤根系，所以要为植物的生长提供必要的挡风遮阳条件。阳台庭院的植物绿化必须要做到因具体情况选择不同习性的植物，这样才能保证阳台庭院绿化的最佳效果。

另外，阳台庭院的种种限制决定了要根据阳台的面积大小来选择植物，一般在庭院中栽植阔叶植物会得到较好的室内观看效果，使阳台的绿化形成"绿色庭院"的效果。因为阳台的面积有限，所以要充分利用空间，在阳台栏板上部可摆设较小的盆花或设凹槽栽植。但不宜种植太高太密的植株，因为这有可能影响室内通风，也会因放置的不牢固而发生安全问题。阳台庭院的植物绿化还可以选择沿阳台板种植攀缘种植，或在上一层板下悬吊植物花盆，形成空中的绿化和立面的绿化，装点封闭的阳台庭院界面，无论是从室内还是从室外看都富有情趣。值得注意的是爬蔓或悬吊植物不宜过度，以免使阳台庭院更加封闭。

住宅阳台庭院的植物绿化虽然受到种种限制，但仍然可以营造个性化的庭院空间。通过不同的种植设备，花盆、植物箱、花架等，进行植物的高度、形态、层次、色彩和季相的搭配，可实现丰富的植物景观。不同的种植设备要能够满足植物的正常生长，同时也要具备排水、防漏等要求。这些种植设备不仅提供植物生长所需的土壤与水分，本身也是阳台庭院中重要的景观小品，其颜色、质感和摆放的位置可以产生丰富的美感（图 7-68 ~ 图 7-70）。

图 7-68 阳台庭院的植物钵

图 7-69 阳台庭院的植物种植池

图 7-70 阳台庭院植物边界

图 7-71 阳台庭院的水景与雕塑小品结合

（2）水景设计

住宅阳台庭院的美化大多数是以植物为主要的要素进行设计，水景相对较少。但亲水性是人们向往大自然的重要体现。住宅阳台庭院中较常见的有水生植物种植池和水生小动物的养殖器。在一些面积较大的阳台庭院中，种植池很常用，水生植物的种植可以有效地降低阳台庭院的高温，带来湿润的小气候。同时，植物与动物的生命力又可以增加阳台庭院的活力和生机（图 7-71）。

（3）构筑物设计

住宅阳台庭院中的构筑物设计是庭院景观的重要方面，因为阳台庭院通常围合感较强，是室内与室外空间的过渡形式，阳台庭院中的墙体、格栅、立面装饰、栏杆、座椅、照明设施，甚至建筑的门、窗都是阳台庭院的重要组成元素，它们的样式、风格与形态对庭院景观产生重要的影响。和谐统一的构筑物设计能够打造一个完美的阳台庭院，不仅是室内的延伸，也是室外的过渡。然而，各具风格的庭院构筑物的罗列会使狭小的阳台空间显得更加局促，眼花缭乱。所以，住宅阳台庭院的构筑物设计最基本的原则就是与建筑风格的整体和谐。

住宅阳台庭院中的座椅、照明和栏杆等不仅有点景的作用，更多的是满足主人舒适的使用和享受。因此，这些构筑物要实现阳台庭院休息、观景、读书看报、喝茶聊天等基本需求。座椅的摆放要尽量朝着有景可观的方向，同时，放置在阳光充沛，视野开阔的地方；照明设施通常是简洁阳台吸顶灯，也可以使用一些 LED 点状灯源或线状灯源来实现节日或特殊日子的庭院照明，为夜晚的阳台庭院提供一份生机与活力。阳台庭院的栏杆设置首先要考虑的是安全问题，栏杆的高度与结实度必须达到标准，尤其是家里有老人或小孩的家庭，尤其要注意栏杆的设置。另外，栏杆或阳台的窗棂又是阳台庭院的重要立面，一些细节的美化都会尽显庭院的精致典雅，如铁艺的栏杆，精致的图案等都很好地丰富阳台庭院的层次与细节（图 7-72 ～图 7-75）。

图 7-72 阳台庭院花架

图 7-74 阳台庭院的栏杆图案

图 7-73 阳台庭院的边界景墙

图 7-75 阳台庭院的构筑物

（4）铺装设计

住宅阳台庭院的铺装设计要考虑室内铺装的整体风格，坚持连续性与统一性。庭院的铺装设计宜选用质感较好的材料，尤其是用于休闲娱乐的阳台庭院，它是住户放松身心，享受自然的场所，铺装的色彩与质感直接影响其视觉与触觉上的享受。另外，阳台庭院的铺装设计还要考虑植物种植和浇灌过程中的水或肥料的遗留，加上阳台通常都是一个平面较为封闭的场地，所以，易于打理和清扫也使铺装材料选择时需要考虑的因素（图 7-76 、图 7-77）。

图 7-76 阳台庭院铺装

图 7-77 阳台庭院的铺装组合

7.2.6 住宅阳台庭院景观的生态设计及节能处理

（1）住宅阳台庭院的生产结合

目前，绿色环保食品逐渐流行，其高昂的价格让很多人只能偶尔尝试，但人们追求自然纯净的心理从未消减。这使得家庭菜园、自助菜园等开始流行，尤其在国外，很多居住区的公园中都设有出租的自助菜园。那么，如果在室内就能亲手种植绿色的蔬菜，那将是一举两得的事情，既可以吃到绿色食品，又可以美化环境。住宅的阳台庭院就提供了这样的一处场地。

在庭院中，可以利用种植钵栽植一些简单的蔬菜，供一家人享用。并且可以随季节的不同改变种植的品种。阳台庭院中的蔬菜种植仅能局限在一些简单易生、植株较小的品种，对于较大的植物可以在住宅的底层庭院中种植。

（2）住宅阳台庭院的太阳能温室

大多数用于休闲娱乐的阳台都位于住宅建筑的南侧，阳光充足，视野较好。在庭院的景观设计中应尽量应用这些自然的资源，尤其光照资源，来挖掘阳台庭院的潜在功能。良好的光照是难得的资源，尤其在倡导节能环保的今天，更应该珍惜这些自然资源。住宅的阳台空间一般是悬挑的，且有二至三面较开敞，无论是完全开放还是以玻璃围合，都可以得到较好的日照，尤其是阳面的阳台，对于植物的生长是非常有利的。但阳台庭院内的日照条件随季节的变化而变化。春季时，阳光照射角度高，阳台内的阴影部分较多；夏季时，外栏杆部分有直接而强烈的阳光照射；秋季时，太阳的照射角度逐渐降低，一般可照射到整个阳台，甚至可以射入室内。一些阳台庭院中珍贵的光照资源要充分加以利用，在实现绿色庭院景观的同时，利用太阳能板储存太阳能，提供家庭小型电器的用电量。也可以利用充足的太阳光打造一处住宅内的绿色温室，这对喜爱园艺的人们是极好的选择。住宅的阳台庭院可以设置成为阳光房，用于晒日光浴或温室植物培育，充分发挥充足光照的作用。尤其在一些采光良好，外围封闭的阳台庭院中，阳光房可以成为一处独特的温室景观，种植稀有的喜阳植物，形成住宅室内独一无二的绿色空间（图 7-78、图 7-79）。

随自然规律变化生长的景观效果（图 7-80、图 7-81）。

图 7-78 阳台庭院的花卉栽植

图 7-80 阳台庭院的雨水收集结合造景

图 7-79 阳台庭院的植物园艺景观

（3）住宅阳台庭院的雨水收集

住宅阳台庭院中可以利用的自然资源不仅有充足的阳光，还有雨水与冰霜，这些都是珍贵的水资源。住宅阳台通常有大面积的玻璃围合或三面开敞，这都有利于雨水的收集。回收的水资源可以用于阳台庭院的植物浇灌，或打造一处精致的水景，在有水时水波荡漾，无水时也可以是装饰物。阳台庭院景观与生态的理念相结合，可以实现与自然环境紧密结合，

图 7-81 精巧的水池可以结合水生植物种植

7.2.7 住宅阳台庭院景观的安全性防护

（1）住宅阳台庭院的承载力

住宅阳台庭院的结构决定其对承载力的严格要求，一般凹阳台比凸阳台负载能力要大些，但也只能

在 2.5kN/m² 左右。即使较大的阳台或露台也不能放过大或过重的东西。在摆放盆栽植物时，要尽量将大而重的花盆放在接近承重墙的地方，并尽量采用轻质或无土栽培基质，在数量上也要严格控制，不宜过多。庭院构筑物的设计也要适当考虑阳台庭院的承载能力，不宜放置过多的物品或装饰品。庭院的铺装材料也以轻质材料为主，除了阳台庭院固定的物品外，还有人们的频繁活动，所以要尽量减轻阳台庭院的承重，以保障安全性。

（2）住宅阳台庭院的防盗

住宅阳台庭院的防盗是至关重要的。尤其对一些半开放的阳台，防贼防盗是庭院设计必须要考虑的问题。可以利用藤蔓植物的攀爬形成绿色的防护网，也可以在较容易攀爬的地方放置种植池，这些手法只能缓解此类问题，要解决问题仍然需要结合一些构筑物，如栏杆，铁丝网等来进行防护，植物可以作为有效的美化手段进行配合（图 7-82、图 7-83）。

图 7-83 阳台庭院的铁丝网可以结合植物种植

（3）住宅阳台庭院的栏杆

住宅阳台庭院的栏杆、围墙等围合物的高度和空隙，以及坚固程度是至关重要的。尤其是住户有老人和小孩的情况下，阳台庭院栏杆的安全性非常重

图 7-82 阳台庭院的铁丝网既防盗又可以形成独特的肌理

图 7-84 栏杆与植物相结合

要。阳台庭院作为室内外景观的过渡，观景是一项重
要的功能，凭栏远眺也成为人们利用阳台的主要行
为。通常栏杆的高度不能低于 80cm，如果栏杆上部
有窗户，要保证其坚固性。有些阳台庭院的绿化会借
助栏杆或围墙悬挂种植池，以节省空间，美化环境，
这一做法是值得提倡的，但栏杆的承重力，以及悬挂
的稳固性是首先要明确的问题（图 7-84、图 7-85）。

图 7-85 植物柔化栏杆的底部

（4）住宅阳台庭院的玻璃窗

现行国家标准《住宅设计规范》（GB 50096—
2011）明确规定：外窗窗台距楼面、地面的净高低
于 0.9m 时，应有防护措施。由于飘窗的窗台通常高
出室内地面 0.5～0.6 m，因此带来一定的安全问题。
飘窗内侧的栏杆经常在室内装修的时候被去掉，留
下了极大的安全隐患，儿童极易爬上飘窗窗台玩耍
嬉戏而造成危险。落地窗阳台的景观效果通常很好，
可以扩大视野，增加与室外环境的接触面，但安全措
施是必须要实施的，如落地窗内侧的栏杆围合、窗框
的材料选择及坚固程度的评估等，都是阳台庭院景观
设计的前提与基础。

7.3 屋顶花园

7.3.1 住宅屋顶花园的概念及意义

（1）住宅屋顶花园的定义

从一般意义上讲，屋顶花园是指在一切建筑物、
构筑物的顶部、天台、露台之上所进行的绿化装饰及
造园活动的总称。它是根据屋顶的结构特点及屋顶上
的生态环境，选择生态习性与之相适应的植物材料，
通过一定的配置设计，从而达到丰富园林景观的一种
形式。

住宅屋顶花园是居住建筑附属的公共的或私家
的花园空间，对于绿色住宅的建设具有重要意义，同
时也使居住者接触大自然的重要途径。

（2）住宅屋顶花园的生态效益

随着社会的进步，用屋顶空间进行绿化美化得
到更多重视，改善人们的工作和生活环境是屋顶花园
迅速发展的主要原因。屋顶花园可以改善屋顶眩光、
美化城市景观，增加绿色空间与建筑空间的相互渗
透，并且具有隔热和保温效能、储存雨水的作用。屋
顶花园使建筑与植物更紧密的融为一体，丰富了建筑
的美感，也便于居民就地游憩，当然，屋顶花园对建
筑的结构在解决承重、漏水方面提出了要求。

（3）住宅屋顶花园的经济效益

在现代社会生活中，利用屋顶、阳台、露台空
间设置庭院，通过绿化来拓展人们的生活空间，解
决用地紧张问题是有效的举措；同时，屋顶花园也是
改善居住环境景观、缓解地球温暖化现象的重要手
段。美化的环境可增进人们的身心健康及生活乐趣，
是追求优雅、精致的生活品质的象征。因此屋顶花
园景观设计的发展越来越受到人们的关注与青睐，
逐渐成为打造宜居住区的重要标志之一。住宅屋顶
花园能够充分地利用空间，将原有的生活场所扩大，
增加了活动的区域，满足人们各种休闲娱乐的需求。
屋顶花园将绿意穿插在建筑之中，同时也提高了顶楼

的附加价值。其次，解决了顶楼隔热问题，屋顶花园利用了植物、土壤、草地等阻隔日照辐射，加之使用良好的隔热材料，有效地增强了隔热效果，获得了良好的生活环境。此外，屋顶花园还能有效减小漏水问题，长时间的日晒雨淋往往会破坏屋顶的防水层，造成屋顶漏水的现象，而屋顶花园植物的种植需再做一次防水处理，增强了原有的防漏效果。

总之，屋顶花园不仅节约了土地的使用，也以绿色的环境提升了地价，改善了环境，它所创造的不仅是个人利益的增加，也是整个社会潜在经济利益的提升。

7.3.2 住宅屋顶花园的发展历程

（1）屋顶花园的起源

公元前 604 年至公元前 562 年，新巴比伦国王尼布甲尼撒二世为博得皇后塞米拉米斯的欢心，下令堆筑土山，在山上垒起边长约 125m、高约 25m 的平台，台上种植花草灌木及高大的乔木，并引水浇灌植物，同时筑成跌水和瀑布等，这就是被称为古代世界七大奇迹之一的"空中花园"，它是目前史料记载的最早的屋顶花园。空中花园是否真实存在尚处于学术争论之中，但关于空中花园的史料记载却极其丰富。

尼布甲尼撒二世建造的空中花园由金字塔形的数层堆叠而成，每一台层的边缘都有石砌拱形外廊。室内包括卧室、浴室等，台层上覆土以种植植物，各层之间有阶梯联系上下层。平台上不仅有各类柑橘类植物，还有种类多样、层次丰富的植物群落。由于拱券结构厚重，足以承载深厚的土层。为了解决屋顶花园的防渗、灌溉和排水等技术难题，他们将芦苇、砖、铅皮和种植土层叠合，并在角隅安装提水辘轳，将河水提升至顶层，往下浇灌，形成活泼的跌水景观（图7-86）。

（2）屋顶花园的发展

在文艺复兴时期，王侯、贵族、官商之间很流行建造屋顶花园、别墅庄园，种植的植物多为实用性较高的柑橘树、柠檬树等果树和药材。屋顶花园从特权阶级的奢侈品推广到普通民众的屋顶花园是在17 ~ 18 世纪期间。屋顶花园增添了娱乐性和节日的色彩，成为了消遣和娱乐的场所。普通市民的住宅虽然没有私家庭院，但从院中可以眺望到屋顶上摆放着的盆栽植物。18 世纪后半叶，钢筋混凝土、水泥的使用，促进了修筑屋顶的技法，也使屋顶可以更加轻巧，这对屋顶花园的发展起到了一定的推动作用。

现代屋顶花园的发展始于 1858 年，美国的风景园林师在奥克兰凯瑟办公大楼的楼顶上建造了美丽的空中花园。从此，屋顶花园便在许多国家相继出现，

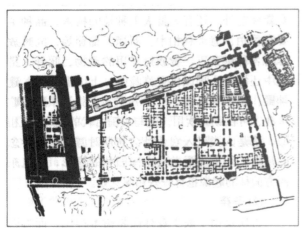

1 主入口　2 客厅　3 正殿　4 空中花园
a 入口庭院　b 行政庭院　c 正殿庭院
d 王宫内庭院　e 哈姆雷庭院

图 7-86 古巴比伦空中花园

图 7-87 意大利别墅庄园

并日臻完善。目前，屋顶花园在欧美国家尤其在德国、法国、美国、挪威等地相当流行，亚洲的日本、新加坡等国则将屋顶花园作为建筑设计的一部分，并制定了相关法规。与西方发达国家相比，我国的屋顶花园由于受资金、技术、材料等多种因素的影响，发展较慢，20 世纪 80 年代初才开始尝试（图 7-87、图 7-88）。

图 7-88 意大利台地园远眺周围景观

7.3.3 住宅屋顶花园的分类及特点

（1）住宅屋顶花园的布局特点

住宅屋顶花园位于建筑顶层，或是形成建筑几面围合的室外中庭，或是形成开敞的顶部花园，都与建筑紧密相连，又可以形成独立的空间体系。

屋顶花园既是住宅建筑向上的延续，也是代替屋顶与外界环境相通的媒介，住宅的室内空间、屋顶花园空间和外界环境三者之间具有一定的联系，而屋顶花园恰好是其中的"过渡空间"，起到构建空间布局的作用。在空间特点上，屋顶花园可以是完全开敞的空间，也可以是四面围合的空间。在朝向外界环境的部分，屋顶花园可以通过栏杆、景墙、植物、建筑等来围合，人的视线可以延伸到天空和远方，同时来自外界环境的视线也可以感知和了解这部分空间的特征与形态，住宅屋顶花园的性质是开放的。屋顶花园成为了从住宅室内向室外过渡的媒介，从而

实现了三个不同空间的有机联系，不同空间的心理感受创造了丰富的居住空间层次。在屋顶花园的景观设计中，应通过恰当的设计手法和造园要素的引导来加强屋顶花园的布局特征，保持空间的连续性，同时又应该形成不同空间的个性，使屋顶花园产生丰富的美感。

图 7-89 开敞的住宅屋顶花园眺望远景

图 7-90 住宅屋顶花园增加了城市的垂直绿层

根据屋顶花园在住宅建筑上的分布情况，其在整体上形成了垂直方向的布局特征，从而实现了建筑立面的美化和绿化。在建筑立面的绿化布局中，地面底层庭院位于住宅建筑底部楼层附近，而阳台庭院则分布在住宅建筑中各个楼层之间，屋顶花园是建筑顶部的庭院，它们共同组成了绿色的建筑立面。其中，屋顶花园将住宅建筑的绿化引向空中，是垂直方向绿化布局中最重要的部分（图7-89、图7-90）。

（2）住宅屋顶花园的分类

住宅屋顶花园按复杂程度、空间特征、住宅高度、种植方式等都有不同的分类。首先，屋顶花园的复杂程度与它承载的功能以及植物种植的方式都有关联，复杂的屋顶花园将屋顶按照园林建筑的模式进行景观设计，并根据屋顶的功能和载荷力，设置景观小品、喷泉水池，在园林景点的衬托下再用乔灌木、花卉、草坪等进行搭配，满足观赏、娱乐、休憩、活动等功能。简单的屋顶花园只种植单一的植物，满足观赏和绿化的效果。

从空间特征来讲，住宅屋顶花园可以是屋顶上完全开敞，只有防护性的低矮栏杆维护的空间；也可以是中层建筑顶部的花园，周边由各栋建筑紧密围合；私家的屋顶花园可以按照不同需求将花园打造为封闭的空间，开敞的空间，或不同空间特征相互组合的场所。住宅建筑高度对屋顶花园本身的影响并不大，高层建筑、低层和多层建筑，以及私家别墅，都可以实现屋顶花园的设计，充分利用土地，打造绿色的生活方式。

以植物的种植方式来分类住宅屋顶花园是比较直观的，它与屋顶花园的设计风格、整体形式、功能使用都具有重要的联系。

① 地毯式屋顶花园

这种形式的屋顶花园主要是利用低矮的乔木和生长繁茂的灌木，以及花卉地被覆盖屋顶。在高空中看下去，就好像一张绿茸茸的地毯，对整个居住环境

都起到夏季降温、冬季保暖的有效作用。这类屋顶花园通常的使用功能很简单，场地面积很小或没有，主要满足观赏和绿化的作用（图7-91、图7-92）。

图7-91 地毯式屋顶花园

图7-92 地毯式屋顶花园与地形结合

② 花坛式屋顶花园

花坛式屋顶花园是指在特定的环境里，按照屋顶可能使用的有效面积做成花坛，填放培养土，栽植花卉。根据各类花卉品种的色彩、姿态、花期来精

心配植，形成不同的屋顶花园图案和外部轮廓。有些花坛式屋顶花园也会与其他类型的花园搭配设计，花坛占地面积很小，能像宝石一样镶嵌在花园中，成为整个屋顶花园的一部分（图7-93、图7-94）。

图 7-93 花坛式屋顶花园

图 7-94 花坛式屋顶花园的花池

③ 棚架式屋顶花园

棚架式屋顶花园以亭、廊、架等构筑物为主要承载物来种植植物，可以有效地减小对屋顶土层厚度的要求。这些景观建筑配以攀缘植物或蔓生植物，让其沿亭廊、花架攀爬，进行垂直立体绿化的效果，不但可以增大屋顶的绿化面积且不需要过多的土壤，还为人们提供了绿色的遮阴棚（图7-95）。

图 7-95 棚架式屋顶花园与藤蔓植物

④ 园艺式屋顶花园

以植物配置为主，按照露地花园的形式进行设计、布局，既可以填放培养土进行地面栽培，也可以使用花盆、花钵、种植池等，按各类几何形图案进行艺术摆放，花园形态灵活多变，随时都能改变摆放方式，形成不同的花园风格。园艺式屋顶花园既可以形成规则的几何式花园，也可以形成充满野趣的自然式花园。几何式花园具有较强的人工韵味，而自由式花园则体现了植物生长自然的形态与规律（图7-96）。

图 7-96 园艺式屋顶花园丰富的植物种类

7.3.4 住宅屋顶花园的设计原则

（1）经济性

住宅屋顶花园的景观设计与公共建筑的屋顶花园不同，它是人们居住环境改善，休息娱乐、放松心情的场所，不需要繁杂的形象装饰，也不需要昂贵的品味展现。住宅屋顶花园实现的是绿色居住环境的延续，所以经济性是住宅屋顶花园设计的原则之一。在植物的选择上，充分考虑植物的不同生态习性，以乡土树种，易于生长与修剪的树种为主，尽量减小植物维护管理的费用；在硬质景观的设计中，要尽量减小构筑物、景观小品的数量，既减小屋顶的承重压力，又可以把节省的资金用来种植更多的植物，改善环境；屋顶花园的场地满足基本的活动需求即可，减少铺装的面积；屋顶花园的功能可以结合生态环保、经济生产，如雨水收集，太阳能再利用，果树药材的种植等，不仅节省投资，还能创造附加经济价值。

（2）生态性

住宅屋顶花园具有特殊的空间结构，土壤厚度的限制、屋顶的大风、光照与温度的变化等都极大地影响屋顶花园的设计效果。所以，住宅屋顶花园的景观设计必须从如下方面保持生态性的设计，力求在有限的条件下创造优质的生活空间。

① 土壤

由于受建筑物结构的制约，住宅屋顶花园的荷载只能控制在一定范围内，土壤的厚度也不能超过相关荷载要求的标准。较薄的种植土层，不仅极易干燥使植物缺水，而且土壤养分含量也少，需要定期添加腐殖质，提供屋顶花园植物生长所需的养分。

② 温度

有些高层顶部的屋顶花园昼夜温差很大，加上建筑材料的热容量小，白天接受太阳辐射后迅速升温，晚上受气温变化的影响又迅速降温，屋顶花园植物常常处在较为极端的温度环境里面。过高的温度会使植物的叶片焦灼、根系受损，过低的温度又会给植物带来寒害和冻害。但是，一定范围内的温差变化也会促使植物生长。在屋顶花园的设计中，及时注意温度的变化，能够有效地防止植物受到伤害。

③ 光照

住宅建筑屋顶的光照充足，光线强，接受阳光辐射较多，为植物光合作用提供良好环境，利于阳性植物的生长发育。但也有一些阴角的地方，适宜种植喜湿、耐荫的植物。同时，建筑物的屋顶上紫外线较多，日照长度比其他类型的庭院要增加很大，这为某些植物品种，尤其是沙生植物的生长提供了较好的环境。总之，要充分利用屋顶花园的光照资源，与适宜的植物品种相结合，创造舒适生态的住宅屋顶花园景观。

④ 风力

建筑屋顶上通常通风流畅，风力较大，而屋顶花园的土壤一般又较薄，只能选择浅根性的植物进行种植。这就要求植物选择时应以浅根性、低矮又能抵抗一定风力的植物为主。尤其要注意主导风向，可在此方向设置一些景墙或构筑物，有效地缓解较强的风力，并将怕风吹的植物种植在角落或有遮挡的地方。

（3）功能性

住宅屋顶花园是住区园林绿化的一种重要形式，为改善居住生态环境、创建花园式居住环境开辟了新的途径。住宅屋顶花园所具有的各种功能明显地体现了它的积极作用，为改善人们的居住环境展现了美好的前景。

① 丰富居住环境景观

住宅屋顶花园的建造能够丰富建筑群的轮廓线，将绿色注入环境景观之中，是垂直立面中绿色空间与建筑空间相互渗透的重要媒介，也使环境的俯视景观更加自然化。精心设计的住宅屋顶花园能够与建筑物完美结合，通过植物的季相变化，赋予建筑物以时间和空间的时序之美、规律之美。

② 调解人们的身心和视觉感受

在经济飞速发展、竞争日益激烈的社会，人们的生活和工作处于极度紧张的状态。居住环境的适当放松能够最好地改善与缓解这些压力，调节身心健康。住宅屋顶花园的位置与空间特性决定了它能够打造一处世外桃源的绿色空间，让人们在宁静安逸的氛围中得到心灵的栖息，住宅屋顶花园成为了人们身居闹市中的宁静之地。

住宅屋顶花园在建筑物之上展现着大自然的景色之美，把植物的形态美、色彩美、芳香美和韵律美带到了居住区中，对减缓人们的紧张度、消除工作中的疲劳、缓解心理压力起到有效的作用。同时，住宅屋顶花园中的绿色代替了建筑材料的僵硬质感，调节了建筑的外轮廓，也改善了住区内和建筑内的小气候，增加了人与自然的亲密感，无论从视觉上还是心理上都能起到良好的效果，从而改善居住环境。

③ 生态功能

a.住宅屋顶花园能够有效地改善生态环境，增加环境的绿化面积。现代社会发展的特征之一就是大量建筑与基础设施的兴建，其不可避免的需要越来越多的土地面积。屋顶花园与垂直绿化相同，都能够有效地补偿建筑占用的绿地面积，大大提高绿化覆盖率。而且，屋顶花园植物生长的位置通常较高，能在多个环境垂直空间层次中净化空气，起到地面植物达不到的绿化效果。

b.住宅屋顶花园能够起到建筑隔热保温的作用，减少建筑的能耗，有效节省资源，并达到居住环境冬暖夏凉的目的。在炎热的夏季，照射在屋顶花园的太阳辐射热多被植物吸收，有效地阻止了屋顶表面温度的升高。在寒冷的冬季，外界的低温空气由于种植层的作用而不能侵入室内，有效地保证了室内热量不会轻易通过屋顶散失。

c.住宅屋顶花园还可以通过收集雨水、截留雨水等解决灌溉用水和花园水景用水，不仅创造自然的景观，也能减少排入城市下水道的水量，使城市排水管网可以适当缩小，以节省市政设施投资。

（4）安全性

住宅屋顶花园的特殊位置以及服务的人群和承载的功能都是较为特殊，屋顶花园距离地面具有一定高度，建筑顶部绿地的承载能力，花园空间的界面围合，都需要很高的安全性保障，这是住宅屋顶花园设计的前提和基础。这种安全性主要来自于两个方面的因素：一是建筑本身的安全；二是住户使用花园时的人身安全。

① 住宅建筑本身的安全性与建筑屋顶的承重和防水有关。住宅建筑屋顶的承重是有一定限制的，因此在进行屋顶花园设计与建造时，不能够随意选择植物品种或设置景观小品，屋顶花园中的所有设施与材料的重量一定要经过认真的核算，确保在规定范围之内。在此基础上，尽量选择轻质的材料或草本植物，以减轻对屋顶的压力。另外，住宅屋顶花园的防水也是安全性的重要方面。通常具有屋顶花园的建筑屋顶结构要包含防水层，以有效防止渗水现象，并保证植物充足的水分吸收。在屋顶花园的建造过程中，要注意可能的防水层破坏问题，修补防水层要追加花园营造的很多费用，同时也给住户的正常生活带来不便。因此在进行花园建造时要尽量选用浅根性植物，并提前深入了解花园地层结构，避免施工过程中的无意破坏。

② 住宅屋顶花园是人们家居活动，放松心情的地方，无论是私家屋顶花园还是公共的屋顶花园，都要承载很多的活动项目，这样，在活动过程中的人身安全问题就显得非常重要。住宅建筑的屋顶花园围合面主要是建筑墙面或栏杆、护栏等，这些构建物的坚固程度以及高度、间隙宽度等直接影响屋顶花园的安全性。在家庭成员中，小孩的安全要着重考虑。小孩在玩耍时喜欢攀爬物体，对于花园的栏杆或护栏的高度设计要考虑了防护要求；同时避免小孩可能顺着花园中的植物种植池或一些景观小品爬上栏杆，产生高空跌下的危险。在保证屋顶花园围合的界面可靠性基础上，还要注意一些种植设备或景观小品的摆放，应尽量远离栏杆、护栏，避免放在栏杆上，如果这些构筑物不小心从高处落下，会伤及楼下行人。即使要放置这些设备，应该进行必要的加固措施以确保安全。

7.3.5 住宅屋顶花园景观的总体设计

（1）住宅屋顶花园的空间布局

在住宅屋顶花园景观设计，空间布局之前首先要了解并确定地块中最根本的限定条件和优势是什么，如主导风向、土层厚度、温度变化、光照条件等，并根据这些基本情况分析优劣势。如何阻隔和过滤强风，如何确定用餐或娱乐区域的光照与遮阴，建筑屋顶承重力对植物种植和其他较重构筑物的摆放位置限制等，都是住宅屋顶花园设计的首要考虑问题。

接下来的住宅屋顶花园空间布局与划分是景观设计的基础，通常住宅屋顶花园包括两大区域：观赏区和活动区，形成屋顶花园的景观功能与使用功能。观赏区一般以种植种植为主，通过植物景观产生生态效益，提供自然化的观赏美景，同时可少量点缀景观小品，丰富观赏区的景观层次和元素。活动区主要满足居住者的日常活动需求，通过一定的场地面积，必要的功能设施或一些景观构筑物来形成各个

功能空间，如聚会空间、就餐空间、休闲娱乐空间、休憩空间等。另外，有些住宅屋顶花园的面积有限，植物的种植常常与活动区相互结合，活动区可设置在花园的中部位置，这样可以使人们在绿色的植物环境中进行休闲活动。观赏区与活动区实现了屋顶花园的景观功能与使用功能，使花园成为一个既能观景，又能进行休闲活动的场所。

住宅屋顶花园的空间布局除了协调观景与活动的需求之外，还要注意把握花园整体的景观特征与建造风格。空间布局的形式直接影响屋顶花园的整体风格，规则式的花园严谨庄重，简洁大方，但可能较呆板、单一；自由式的花园灵活多变，丰富活泼，但可能凌乱繁杂。重要的是把握整体的空间布局特征，一方面体现主人的个性化设计，另一方面与建筑的形式与风格相统一（图 7-97 ～图 7-100）。

图 7-97 屋顶花园与建筑紧密相连

图 7-98 屋顶花园

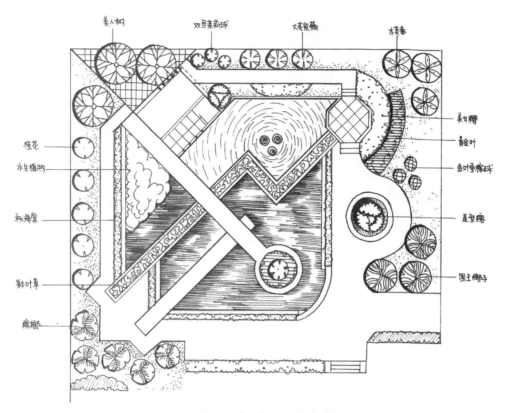

图 7-99 规则的屋顶花园布局更容易与建筑协调

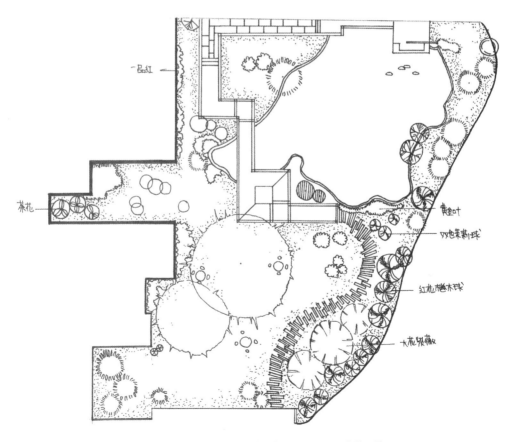

图 7-100 曲线式的屋顶花园布局更容易融入自然环境

（2）住宅屋顶花园的分区设计

在住宅屋顶花园的分区设计中，植物种植的区域是屋顶花园设计的必备内容，也是实现屋顶花园绿化的必要条件。种植区域在进行设计时，应该考虑植物的生长条件、建筑屋顶的图层厚度、承重要求，以及花园功能组织的要求。

花园植物的种植要兼顾建筑立面的绿化，尤其是种植在花园外围界面的植物，直接影响建筑的整体形象。植物的种类、色彩、形态和种植位置、层次变化等应与建筑的整体形态向融合，不仅创造舒适的花园环境，同时实现整体建筑立面的统一景观。从住宅屋顶花园的内部来讲，植物的种植是为了实现优美的庭院环境，所以植物品种的选择与搭配既要体现主人的喜好，也要考虑花园整体的风格，实现屋顶花园多重的功能（图7-101）。

图 7-101 花园中的植物与水景

活动区域对于住宅屋顶花园来说是很重要的，住宅屋顶花园除了进行观景外，还应该具备必要的活动场所，这对于居住者来说是必不可少的。人们能够在绿意盎然的高空环境中休憩娱乐，可以说是紧张生活中的一方净土。不同的住宅屋顶花园有不同的限制，其活动区域也受到相应的限定，所以在进行屋顶花园设计时要根据实际情况进行活动区域的设置。

一些面积较小的屋顶花园不能实现大面积庭院的多种活动空间设置，所以常常满足主要的功能或

以重要的功能安排为主，协调各个场地之间的关系，尽量合理安排，不浪费空间。如就餐空间可以兼做聚会、聊天的空间，休闲娱乐空间可以集中设置活动设施、健身器材、儿童玩耍场地等，休息空间可以适当保留较小面积，提供安静的场所，满足读书、下棋、静思等需求，花园中可以尽量设置一些简单的设施满足基本的功能需求，如植物种植池可以兼作座椅，景观小品既可以观赏又可以使用。总的来说，活动空间的设计可以与观景的空间相结合，创造布局紧凑，节省用地的屋顶花园（图7-102、图7-103）。

图 7-102 休息观景区的座凳

图 7-103 休息观景区的花池

当然，对于一些私家的屋顶花园来说，服务对象与主人的要求会直接影响屋顶花园的活动空间安

排。空间划分时必须符合使用者的生活习惯，并与室内空间相互呼应。需要待客的屋顶花园，应该具有较强的开放性，并且由于使用频率高，要以公共活动性空间为主，具备聊天、聚会、商务、娱乐等功能。用于读书休息的屋顶花园，功能较为单一，花园可以以观景、休息等功能为主，同时花园环境应该宁静、舒适。私密的屋顶花园，要注意花园的围合性和植物种植的个性化展现，也可以根据需求设置座椅或简单的运动器械，供居住者清早晒太阳或锻炼之用。

（3）住宅屋顶花园与周边环境的关系

住宅屋顶花园附属于住宅建筑，其整体的风格与形态与周边的建筑、居住区的环境等都有直接的关系，要想获得好的花园设计效果，就要做到与建筑及相邻周围环境的和谐。住宅屋顶花园的不同设计风格都有各自特色，无论是乡村式、中式、日式、欧式的或者其他样式，都与建筑的风格有所关联。

屋顶花园的设计风格也与建筑、花园的色调有关，住宅屋顶花园的铺装、景观小品、植物种植等要与建筑的外立面颜色、质感，以及室内的主色调相关，达到花园在平面与立面上作为建筑的延伸，使主题与风格都连贯而单纯。

住宅屋顶花园通常是集休憩、观赏、娱乐为一体的"空中花园"，在拥挤的市区中，屋顶花园是一处可以俯瞰所有景观的空间，与屋顶花园周边的环境有密切的联系。所以在住宅屋顶花园的景观设计中，要重点考虑花园的界面处理，以及观景空间的视野范围。通过开敞的界面处理或半通透的界面来引入花园周边的自然景观或繁华的都市景观，以借景或对景的手法将屋顶花园的空间感扩大，同时也将屋顶花园融入进周边的环境之中（图7-104）。

7.3.6 住宅屋顶花园的景观元素设计要点

（1）植物绿化

住宅屋顶花园景观设计中，植物绿化是最重要的组成部分，其中植物品种的选择，植物种植方式，种植位置等都与屋顶花园的荷载以及土壤的性质有重要关系，这是不同于其他类型庭院植物种植的一点。住宅屋顶花园的空间特殊性决定了植物种植的特殊性。

①植物品种的选择

住宅屋顶花园在选择植物时，应以喜阳性、耐干旱、浅根性、较低矮健壮、能抗风、耐寒、耐移植、生长缓慢的植物种类为主。住宅屋顶花园多选用小乔木、灌木、花卉地被等植物绿化环境。

a. 小乔木和灌木

就北方的住宅屋顶花园而言，常用的灌木和小乔木品种有鸡爪槭、紫薇、木槿、贴梗海棠、腊梅、月季、玫瑰、海棠、红瑞木、牡丹、结香、八角金盘、金中花、连翘、迎春、栀子、鸡蛋花、紫叶李、枸杞、石榴、变叶木、石楠、一品红、龙爪槐、龙舌兰、小叶女贞、碧桃、樱花、合欢、凤凰木、珍珠梅、黄杨，以及紫竹、箬竹等多种竹类植物。这些植物中既有观花植物，也有观叶观干的植物，在住宅屋顶花园的植物配置中应充分考虑它们季相的变化，在不同的季节展现植物丰富多姿的景观（图7-105）。

图 7-104 屋顶花园的色彩与建筑的色彩相统一

图 7-105 鸡蛋花

b. 草本花卉和地被植物

住宅屋顶花园由于建筑荷载的限制，常常大面积地选用地被植物或轻质的草本花卉来装点花园，如天竺葵、球根秋海棠、菊花、石竹、金盏菊、一串红、风信子、郁金香、凤仙花、鸡冠花、大丽花、金鱼草、雏菊、羽衣甘蓝、翠菊、太阳花、千日红、虞美人、美人蕉、萱草、鸢尾、芍药等。它们是屋顶花园重要的点景植物，大片的花卉和悠悠的花香使屋顶花园的环境更加吸引人。此外，还可以搭配一些常绿的、易于管理的植物，如仙人掌科植物，因耐干旱的气候，也常用于屋顶花园之中，形成四季有景的花园景观。住宅屋顶花园的地被植物常用的有早熟禾、麦冬、吊竹兰、吉祥草、炸酱草等，它们是屋顶花园重要的基础绿化。也有一些住宅屋顶花园种植有水生花卉，如荷花、睡莲、菱角等（图 7-106）。

图 7-106 庭院地被植物

c. 攀缘植物

攀缘植物在住宅屋顶花园中也较常用，如爬山虎、紫藤、凌霄、葡萄、木香、蔷薇、金银花、牵牛花等。这些爬蔓的植物与花架、景墙结合，形成了垂直的花园绿化，既可以作为绿色的屏障，也可以作为绿色的凉棚（图 7-107、图 7-108）。

图 7-107 立体绿化

图 7-108 植物钵

（2）水景设计

在一些较高档的住宅屋顶花园中，常常有动人的水景设计，包括静水池、叠水、喷泉、游泳池、植物种植池等，屋顶花园的水景形式很多，在建筑荷载以及防水满足的基础上可以实现各种各样的水景观。

住宅屋顶花园的水池一般为浅水池，可用喷泉来丰富水景。也可采用动静结合的手法，丰富景观视觉效果，但要做好防水措施。屋顶花园水池的深度通常在 30 ~ 50cm 左右，建造水池的材料一般为钢筋混凝土结构，为提高其观赏价值，在水池的外壁可用各种饰面砖装饰，达到在无水时也能够作为一处可观的静待你。同时，由于水的深度较浅，可以用蓝色的饰面砖镶于池壁内侧和底部，利用视觉效果来增加水池的深度（图 7-109）。

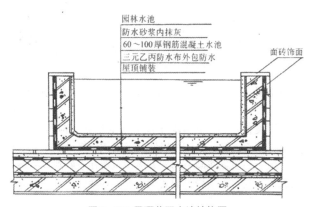

图 7-109 屋顶花园水池结构图

在我国北方地区，由于冬季气候寒冷，水池的底部极易冻裂，因此，应清除池内的积水，也可以用一些保温材料覆盖在池中。另外，要注意水池中的水必须保持洁净，尽可能采用循环水，或者种植一些水生植物，增加水的自净能力。尤其一些自然形状的水池，可以用一些小型毛石置于池壁处，在池中放置盆栽水生植物，例如荷花、睡莲、水葱等，增加屋顶花园的自然山水特色。

屋顶花园中的喷泉管网布置要成独立的系统，便于维修。小型的喷泉对水的深度要求较低，特别是一些临时性喷泉很适合放在屋顶花园中。

住宅屋顶花园的水景也可以与假山置石相结合，但受到屋顶承重的限制，山石体量上要小一些，重量上也不能超过荷载的要求。屋顶花园中的假山一般只能观赏不能游览，这就要求置石必须注意形态上的观赏性及位置的选择。除了将其布置于楼体承重柱、梁

之上以外，还可以利用人工塑石的方法营造重量轻，外观可塑性强，观赏价值也较高的假山（图 7-110、图 7-111）。

图 7-110 住宅屋顶花园的水景

图 7-111 住宅屋顶花园的水景墙

（3）构筑物设计

住宅屋顶花园的构筑物设计多以满足居住者使用功能为基础，也有点景、美化环境的作用。

① 入口门廊

住宅屋顶花园的大门是内外空间最直接的转换。首先要满足便捷的、内外交通顺畅的需求。其次，要

在景观上形成内外空间的过渡。屋顶花园的入口可以采用休息的廊架、花池、规则的植物种植等方式连接室内外空间，使居住者能够从室内的封闭空间逐渐地过渡到绿色的花园之中。

② 亭、廊、架

住宅屋顶花园中的休息设施通常采用木质的亭廊花架，材料较轻，又可以与植物种植相结合。这些构筑物的设置与花园的空间布局有很大关联。通常在休息区会放置一些遮蔽物、座椅，满足私密的活动（图7-112）。

图 7-112 屋顶花园中的休息凉棚

③ 景观小品

雕塑、假山、艺术装置等是住宅屋顶花园中经常出现的点景要素，它们往往能够形成视觉焦点和空间中心的作用。景观小品也与植物种植相互映衬，为花园营造出精致的景观，并起到点名主题和强化风格的作用。如叠石假山可以营造中国传统园林的韵味，石灯和白砂的搭配可以营造日式枯山水的意境，艺术雕塑的摆放可以体现现代园林的风格。

在住宅屋顶花园的设计中，选择景观小品时要遵循以下几点：首先，景观小品的风格要与屋顶花园的风格与形式相协调，能体现花园的主题和整体韵味。其次，景观小品的数量不宜过多，它们起到画龙点睛的作用，太多的景观小品会产生琐碎杂乱之感，也会增加屋顶的压力。所以住宅屋顶花园中，应以植物造景为主，景观小品为辅，起到深化主题，形成亮点的作用。

住宅屋顶花园的景观以经济性、实用性、美观性为主要原则，景观小品的设计同样要遵循这些原则。花园中的景观小品不仅起到美化环境，增加视觉舒适感的作用，同时要与使用功能相结合。景观小品的设置可以起到分隔空间、休息、遮风避雨等功能，使这些小品与使用者的关系更亲近、密切（图7-113、图7-114）。

图 7-113 景观装置起到遮阳、分隔空间的作用

图 7-114 景观装置掩盖住了通风口

（4）铺装设计

住宅屋顶花园的铺装设计提供了居住者活动的场地，也直接影响花园的整体景观。铺装材料的选择可以使用一些与室内相同的材料，以形成空间的延续与联系，例如室内的木地板可以直接延伸至花园，作为室外的活动平台；地砖的部分延出也可以形成室内外自然的过渡。

铺装设计对于屋顶花园空间的外观很有意义，它可以形成一定的表面图案和肌理质感，例如方向感强的线条可以引导视线，强化形式感，可以在主要的视点或入口位置的设置，引导人们进入花园。铺装形式的不同产生不同的空间感受。与人的观赏实现相同的方向的铺装形式会使人的目光快速穿越，有可能遗漏掉许多细节，该区域就可能显得较小；反之，当铺装的线条与人的视线垂直设置时，那么视线就有可能放慢下来，同时用较长的时间穿越该区域，从而使空间显得较大。所以铺装的设计与空间的感受直接相关。

住宅屋顶花园的铺装设计合适的尺度和比例会给人以美的感受，不合适的尺度和比例则会让人感觉不协调。铺装能很好地反映周围空间环境的尺度关系，带有一定色彩和质感的铺装能恰当地反映比例尺度关系。小尺度和比例的铺装会给人肌理细腻的质感，大尺度的铺装能够表现简洁大方的风格。

铺装设计也可以产生地面上的花园节奏，宽条的铺装比窄条的铺装更具有静态的视觉效果，小模数的铺装材料在视觉上会显得比大模数更加轻盈，因此当需要将狭小的空间感受扩大化时，可以选择前者。铺装设计的节奏感与空间感也可以与植物相结合，形成相互穿插的效果，既可以用作活动场地，又可以提高绿地面积。

在住宅屋顶花园的铺装设计中，经常使用的材料有木板、木块、砖、花岗岩、鹅卵石等，可以形成不同的装饰图案和铺装形式，用以引导视线、强调与

烘托周围景物（图 7-115 ～图 7-117）。

图 7-115　曲线形的铺装增加了花园的动感

图 7-116　窄木条的铺装强化了室内外空间的贯通与联系

图 7-117　铺装的不同颜色划分出了休息与交通空间

（5）服务设施

由于屋顶花园通常要比地面上的庭院小很多，加上在设计过程中的一些限制，都决定了要尽可能地避免太多不同的材料、设施、构筑物等，避免繁复的图案和过重的承载力，这也包括一些附加的服务设施、花盆、种植箱和雕塑等，应该有统一的主题和风格。在住宅屋顶花园中，室外家具经常是既满足景观的需求，也提高人们活动的功能需求。例如桌椅能为人们提供休息设施，满足人们休憩、聊天、观赏风景的需求，同时也是重要的景观点缀物，其设计风格与形态要与整个花园的风格相符合。照明设备能使人们在晚间舒适方便地使用花园，并能够营造花园不同于白天的另一种氛围和景观。

住宅屋顶花园服务设施的选择要注意使用的舒适性、合理性和便捷性，并强调居住者在使用过程中与自然的亲和，既要符合人的行为模式与人体尺度，又要使人感到舒适、方便和亲切。

另外服务设施强烈的视觉特征，直接影响花园的整体景观。在较小的屋顶花园中，设施的造型要尽量简洁、轻巧，营造和谐、舒适的气氛。例如，通透的桌椅材料可以使小空间看起来更清透，宽大。透明的玻璃桌可以让人视线透过，从而扩大视觉深度与广度。灯具也是花园中常用的设施，不仅应该有较好的照明度，风格上也要与屋顶花园相统一。此外，

图 7-118 木质座椅显得庭院质朴

屋顶花园的主要光源最好选择强度适中、色调柔和的泛光灯，这样可以在夜间营造宁静、温馨的气氛，更符合住宅花园"家"的氛围（图 7-118、图 7-119）。

图 7-119 金属质感座椅显得庭院现代前卫

7.3.7 住宅屋顶花园景观的施工与养护

（1）住宅屋顶花园的基本构造

住宅屋顶花园不同的区域具有不同的构造结构，花园中的植物种植区，园路铺装区和水景区都有不同的构造层。

① 植物种植区

住宅屋顶花园的植物区构造包括：植被层、基质层、隔离过滤层、排水层、保湿毯、根阻层和防水层。屋顶花园的植被层包括花园中种植的各种植物，即乔木、灌木、草坪、花卉、攀缘植物等；基质层是指满足植物生长需求的土壤层，包括改良土和超轻量基质两种类型；隔离过滤层位于基质层的下方，用于阻止土壤基质进入排水系统而造成堵塞；排水层位于防水层与过滤层之间，用于改善种植基质的通气情况，排除多余的滞水；保湿毯用于保留一定量的水分，以提供植物的营养，同时保护下面的隔根层和防水层；根阻层是为防止植物的根系穿透防水层而造成防水系统功能失效；防水层要选择耐植物根系穿刺的材料。

② 园路铺装区

住宅屋顶花园为了满足休憩和娱乐、观景等需求，需要设置园路和活动场地。因为不必考虑植物的种植需求，所以铺装区域的构造相对简单，只要保证排水性，同时不破坏原有的屋顶防水系统即可（图7-120、图7-121）。

常用的水池做法有钢筋砼结构和薄膜构造两种（图7-122、图7-123）

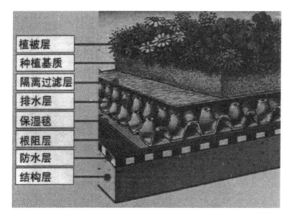

图 7-120 种植区的基本构造

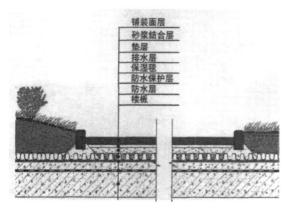

图 7-121 园路铺装区构造

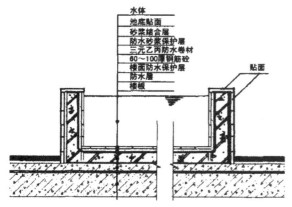

图 7-122 钢筋砼水池结构

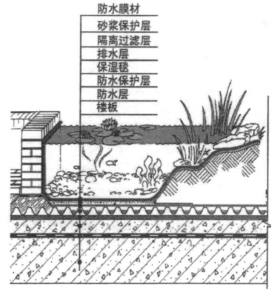

图 7-123 薄膜水池构造

（2）住宅屋顶花园的荷载承重

现代的住宅屋顶花园运用科学的设计手法和技术将传统的绿化庭院从地面扩展到空中，有效地提高了现代居住环境的质量。由于所处位置的特殊性，建筑屋顶的荷载承受能力远比地面低。住宅屋顶花园的荷载类型包括永久荷载（静荷载）和可变荷载（活荷载）。静荷载包括花园中的构筑物、铺装、植被和水体等产生的屋面荷载；活荷载主要包括活动人群和风霜雨雪荷载等。种植区荷载包括植物荷载、种植土荷载、过滤层荷载、排水层荷载、防水层荷载。园路铺装荷载要取平均每平方米的等效均布荷载、线荷载和集中荷载来计算，并根据建筑的不同结构部位进行结构设计。水体荷载根据水池积水深度以及水池建设材料来计算。构筑物荷载根据它们的建筑结构形式和传递荷载的方式分别计算均布荷载、线荷载和集中荷载，并进行结构验算和校核。一般屋顶花园屋面的静荷载取值为 2.0kN/m² 或 3.0kN/m²。

在具体设计中，除考虑屋面静荷载外，还应考虑非固定设施、人员数量流动、自然力等不确定因素的活荷载。为了减轻荷载，设计中要将亭、廊、花坛、水池、假山等重量较大的景点设置在承重结构或跨度较小的位置上，地面铺装材料也要尽量选择质量较轻的材料。从安全角度考虑，铺装在整个屋顶花园中所占的面积比例要得当，太小不能提供足够的供人们活动的场地，太大势必缩减绿化面积，也会在一定程度上增加荷重。所以，应根据不同的使用需求来确定铺装的面积和设施、构筑物的数量以及植物的种类，兼顾安全性、经济性和美观性。

（3）住宅屋顶花园的养护管理

住宅屋顶花园植物生长的土壤基质较薄，需要比其他庭院更精细的管理与维护。在屋顶花园建造结束之后，应加强日常的管理，建立完善的、切实可行的管理措施。适宜恰当的管理方式可以节省时间、精力与投资。

① 灌溉

住宅屋顶花园的植物浇灌要适宜，既不能过多也不能过少，要本着少浇和勤浇的原则。因为，过多的灌溉一方面造成浪费，更重要的是增加荷重，极易破坏植物区的基质层。屋顶花园的植物浇灌也可以结合雨水收集与再利用，节省水资源。

② 施肥

住宅屋顶花园的植物养护要根据不同的植物种类和植物的不同生长发育阶段来进行施肥。同时，可以利用家庭剩余的烂菜叶、淘米水等，形成自制的花费，既经济又环保。

③ 种植基质

在住宅屋顶花园中，由于风力较大、日照较强，植物生长的土壤基质自然流失较严重，需要及时更新种植基质，以满足植物生长所需的充足营养。

④ 防寒、防日灼、防风

住宅屋顶花园防风、防日灼、防寒的需求要比其他类型的庭院高许多，因为屋顶花园特殊的位置，导致其温度变化较大，阳光强烈，风力也比地面大很多，所以植物的生长常常受到气候的影响。尤其是一些开敞的屋顶花园，要实时地关注气候变化对花园造成的伤害。

⑤ 排水

在住宅屋顶花园中，排水是至关重要的，对已建成的屋顶花园的给排水和渗透情况要及时进行检查与维修，防患于未然。

8 城镇住宅的坡顶设计

8.1 坡屋顶的特点及设计

坡屋顶是城镇住宅的一个重要组成部分，它不仅丰富了城镇住宅的建筑造型，而且提高了屋面的防水、保温和隔热功能，当阁楼空间得到充分利用时，还可以增加小住宅的使用面积，丰富室内的空间变化。

当坡屋顶重新得到人们的赞赏，却由于相当长的时期所遭受的冷漠和排斥，使得不少业内人士对坡屋顶缺乏全面的认识和了解，甚至片面地认为它仅仅是为了丰富建筑物的立面造型，有的人还把坡屋顶的通风窗仅作为一个固定的装饰窗。因此出现了诸

如坡屋顶的闷顶里缺乏必不可少的通风窗及隔墙内的过人孔等现象，使得尽管设了闷顶，但顶层在炎热的夏季仍时时能感受到由屋面向下散发的辐射热。当坡屋顶下面做成阁楼以便充分利用空间时，却由于坡屋面未采取应有的隔热措施，使得阁楼层在夏季闷热难忍，不少地方还在钢筋混凝土的平屋顶上架设一个装饰性的木结构或钢筋混凝土坡屋顶，造成浪费。有些地方好多永久性建筑仍然采用简易的冷摊瓦屋面。在坡屋顶的屋面组合时，水平天沟更是时有出现。为此如何做好坡屋顶的设计，是一个颇为值得深入探讨的问题。

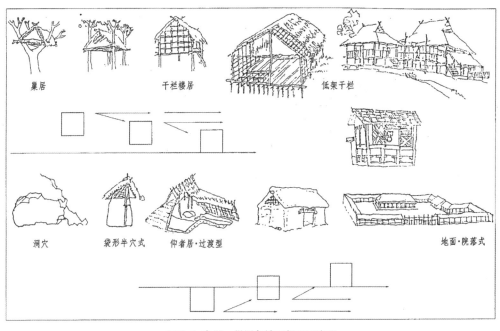

图 8-1 穴居、巢居向地面衍变示意图

8.1.1 丰富多变的坡屋顶是传统民居建筑形象的神韵所在

人们常说"山看脚，房看顶"，这充分说明屋顶在建筑中具有极其重要的意义。人类初始的"居民"，不管是"穴居"（除了利用天然洞穴的穴居外），还是"巢居"，均能利用自然的草木搭盖起能够遮风避雨的坡屋顶。随着人类文明的进步，巢居向地面下落，而穴居向地面上升（图 8-1）。"土"和"木"的合理运用，产生了砖木混合结构。坡屋顶的广泛应用，在传统的民居中得到了充分的展现，坡屋顶的形式以及相互之间的组合关系，因各地区气候条件、结构方法以及文化传统的不同而各具乡土特色。传统民居中，任何一种体形组合的高低错落都能运用自如，在简朴淳美中自然地流露出轻松流畅和无拘无束的情调。

（1）在地形起伏的浙江地区，建筑物的平面布局十分自由灵活，给屋顶变化创造了有利的前提。平面充满曲折和凹凸的变化，反映在屋顶上便往往是纵横交错、互相穿插。而随着各部的宽、窄变化，屋顶的高度、屋脊的位置、举架的大小、天沟的走向均各不相同。局部凸出的地方，则随凸出的程度而使坡檐具有宽、窄或高、低的变化。这样，单就一幢建筑物的本身来看，其屋顶形式便充满了千变万化（图 8-2）。

图 8-2 浙江黄岩临临水村落的坡屋顶

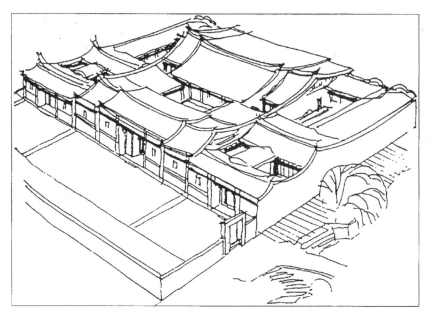

图 8-3 闽南"宫殿式"民居的坡屋顶

图 8-4 闽西永定某村落的坡屋顶

（2）在福建民居中，屋顶是最具特色的部分之一。在基本类似的民居平面布局中，各地区由于传统习惯的做法，变化出各具特色、丰富多姿的屋顶形式组合。闽南泉州、厦门一带地处海滨，为避免台风暴雨的影响，虽然采用有如北方明清时代建筑的举折，但坡度较之平缓。双坡屋顶做成了双曲面的人字顶，它沿坡度呈凹弧形的曲面，有利于雨水倾泻，屋面沿屋脊方向自中央向两端逐渐起翘，形成了一条优美柔和的曲线，以利于屋面排水向中间集中，避免四处泛滥。瓦屋面多用坐浆铺砌，山墙即为硬山。充满文化内涵的屋脊（双燕归脊）和如晕斯飞的坡屋顶所形成的天际轮廓线展现了闽南民居风格独特的建筑形象（图 8-3）。闻名于世的闽西土楼民居，其屋顶常呈歇山的形式，但与北方清水歇山顶不同。它没有收山，只是在山墙面加横向的坡檐与前、后檐拉齐，这更接近宋代营造法式中悬山出际的做法，显然是比较古老的一种屋顶形式。在这里，由于地处山区内陆，整个屋顶坡度比较平缓，没有举折，檐口平直没有起翘，出檐极大，有的竟达二三米，以免雨水对土墙的冲刷。屋面只做稀铺板冷摊瓦。这种坡屋顶形式，不仅很轻

巧，而且外轮廓线也相当优美，富有个性和乡土特色。单就坡屋顶本身来讲，其形式虽然较为单一，但通过整体组合，特别是以纵、横交错和高、低错落的方法来重复使用大体相似的同一种坡屋顶形式，却可以获得极其丰富的多样性变化（图 8-4）。

（3）桂北民居也是借整体组合而充分显示其丰富多彩的屋顶变化的，它突出表现在层层叠叠的披檐运用上（图 8-5）。

（4）湘黔一带的民居，其建筑本身的坡屋顶形式就富于变化，但主要还是通过整体组合，才使得坡屋顶形式得以充分地显现出其景观的价值（图 8-6）。

图 8-5 桂北某村落的坡屋顶

图 8-6 湘西某少数民族村落的坡屋顶

（5）西双版纳少数民族居住的干阑式民居是以竹子为骨架的竹楼，其坡屋顶既陡峭又不十分高大，并带有一个很小的歇山。由于建筑物被支撑在地面之上，并且经常沿着建筑物的一侧或两侧搭出比较宽大的挑台。为了覆盖挑台，便使屋顶向下延伸，或单独设置披檐，于是其屋顶形式就随之而出现了许多变化。干阑式民居不仅坡屋顶高大，形式变化多样，而且建筑本身低矮，空灵通透，所以坡屋顶部分显得格外突出（图 8-7）。

（6）台湾倒梯形墙壁上的鸡尾式屋顶是平埔族噶玛兰人干阑式民居的独特标志，这种屋顶类似歇山式屋顶，屋顶顶端绑了一个鸡尾式装饰，颇具特色（图 8-8）。

传统民居的坡屋顶透过屋面材料的运用和屋脊的装饰，充满无限的生机和活力。传统民居坡屋顶常用的屋面材料有瓦、石板、茅草等，瓦又有仰瓦、仰合瓦、草心瓦顶、筒瓦等。瓦顶的铺设有冷摊干铺和卧泥砌筑。冷摊干铺的屋脊通常是在屋顶上用片瓦立着排成一条片瓦脊；而卧泥砌筑的瓦顶，即在屋顶

上用砖堆砌线脚，形成一条装饰精美的清水脊，屋脊的两端在北方做成象鼻子，南方即做成起翘的鳌尖，用全国绝无仅有的闽南民居"剪碗"工艺拼成花草、人物，装饰着双燕归脊的青瓦翘脊，精美华丽，极受闽南人们的喜爱。

从事民居建筑研究的美国学者C•亚历山大在《模式语言》一书中曾高度地评价了屋顶对于建筑的象征意义。他写道："屋顶在人们的生活中扮演了重要的角色，最原始的建筑可以说是除了屋顶之外而一无所有，如果屋顶被隐藏起来而看不见的话，或者没有加以利用，那么人们将难于获得一个赖以栖身的掩藏体的基本感受。"

图 8-7 云南少数民族的干阑式民居的坡屋顶

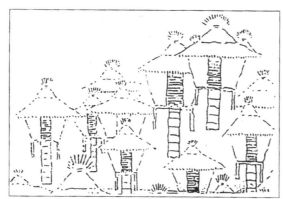

图 8-8 台湾平埔族噶玛人的干阑式民居的坡屋顶

8.1.2 坡屋顶具有无尽的魅力

世界建筑大师费·莱特曾提出："唯一真正的文化是土生土长的文化。"

千百年来，坡屋顶一直是建筑物（尤其是民居）屋顶的主要形式。那么，为什么在现代的相当一段时期以来，除了在一些小住宅外，屋顶形式基本上被平屋顶所替代呢？就世界而言，自从新建筑广为传播，特别是勒·柯布西耶提出的新建筑五点建议：立柱、底层透空、平顶、屋顶花园、骨架结构使内部布局灵活，骨架结构使外形设计自由，水平带型窗之后，半个多世纪以来，平屋顶风靡世界各地，传统的建筑形式几乎被前篇一律的火柴盒式"国际风格"的建筑所取代。从 20 世纪 60 年代起，人们又开始对于"国际风格"的建筑进行反思，并认为它彻底地否定了历史和地方文脉，最终不仅导致建筑形式的千篇一律，而且还必然流于枯燥和冷漠无情，致使风行一时的平屋顶和方盒子的建筑风格有所收敛。与此同时，一些建筑师又试图在屋顶上做文章，希望从历史传统或乡土建筑中寻求启迪。

在我国，从 20 世纪 50 年代后期强调节约三村（特别是限制木材的使用）以来，坡屋面的改革，从开始的简易木屋架，到以钢代木的钢屋架和钢筋混凝土屋架相继出现，钢筋混凝土檩条、椽条在村镇小住宅的建设中也加以大量推广。20 世纪 60 年代以来，铺天盖地的钢筋混凝土平屋顶开始覆盖我国城市和乡村。坡屋顶几乎完全被遗忘，致使不少技术人员误认为平屋顶是传统的做法。直到 20 世纪 80 年代末，人们开始对火柴盒批评以后，坡屋顶才重新出现，又经过漫长的艰辛，到了 90 年代末期，坡屋顶才真正获得广泛的认可和大力推广。这几年来，北京、上海等地还掀起了平加坡的热潮，这充分地显示出坡屋顶具有无尽的魅力。

8.1.3 做好坡屋顶设计，充分发挥坡屋顶在建筑中的作用

（1）坡屋顶的形式

坡屋顶的形式有单坡顶，双坡顶（硬山双坡顶、悬山双坡顶、卷棚顶），四坡顶（庑殿顶），歇山顶，攒尖顶（方攒尖顶、圆攒尖顶等），重檐顶以及折腰顶（图 8-9）。最为常用的是双坡顶和四坡顶。单坡顶一般是用在跨度小的建筑，常用于坡屋。歇山顶是双坡顶和四坡顶向组合的一种形式。歇山顶的端部三角形常做一些建筑装饰或安装供屋顶通风用的百叶窗。多层建筑和一些空间高大的重要建筑常用重檐顶。折腰顶因其内部空间较大，多设阁楼以提高坡屋顶的使用功能，增加使用面积。

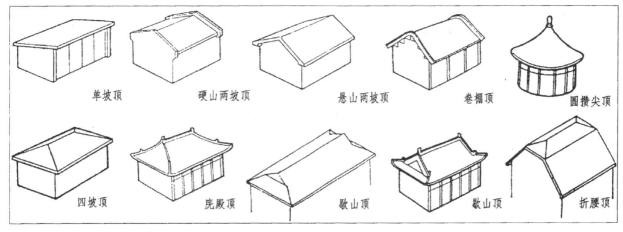

图 8-9 坡屋顶的形式

（2）坡屋顶的坡度

根据所在地区不同的气候条件、各种瓦材的构造要求和坡屋顶的使用要求等综合因素加以决定。严寒地区应采用坡度较大的坡屋顶，以减少屋顶的积雪厚度，降低屋面的活荷载。而气候比较温暖的无积雪或积雪较少的地区，其坡屋顶可以采用较小坡度。设置阁楼层的坡屋顶也可以采用坡度较大的坡屋顶。各种瓦材由于搭接长度不同，对坡屋顶的坡度要求也有差别。各种瓦屋顶不同的最小坡度见表8-1。

表 8-1 各种瓦屋顶的最小坡度

屋面瓦材名称	最小坡度
水泥瓦（粘土瓦）屋面	1:2.5
波形瓦屋面	1:3
小青瓦屋面	1:1.8
石板瓦屋面	1:2
青灰屋面	1:10
构件自防水屋面	1:4

（3）坡屋顶的组合

对于组合平面的坡屋顶，应按一定的规则相互交接，以使屋顶构造合理、排水通畅。两个坡屋顶平行相交构成水平屋脊。两个坡屋顶成角相交，在阳角处形成斜脊，在阴角处形成斜天沟，斜脊和斜天沟在平面交角的分角线上，如两个平面为垂直相交，则斜脊和斜天沟皆与平面成45°在屋顶平面组合时，应尽量避免两个坡屋顶平行交接时出现的水平天沟。对于有多幢组合要求的建筑物，其单幢建筑的坡屋顶还应注意避免在多幢组合时出现水平天沟。常用坡屋顶的交接形式见图8-10。

（4）坡屋顶的屋面材料

坡屋顶的屋面材料大多是各种瓦材。随着科技的进步，为了避免大量毁地、节省能源，传统的各种以粘土为主要材料的瓦材逐渐被淘汰，甚至已被禁止使用，粘土瓦已基本上被水泥瓦所替代，同时多种多样的屋面瓦材相继出现，我们应积极地推广应用。

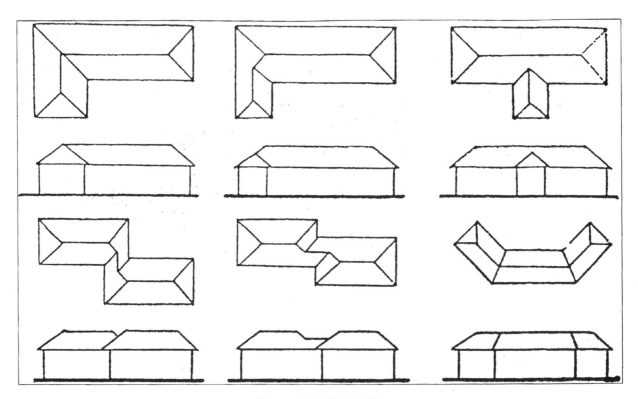

图 8-10 坡屋顶的交接形式

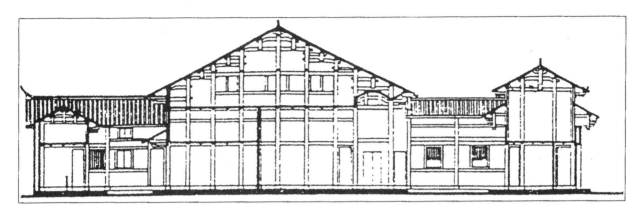

图 8-11 传统民居的木构架

（5）坡屋顶的承重结构

坡屋顶的屋面材料一般是小而薄的瓦材或板材。它们下面必须有构件支托以承受其荷载。承重结构按材料分有木结构、钢结构、钢筋混凝土结构以及竹结构等。承重结构应能承受屋面所有的荷载、自重及其他加于屋顶的荷载，并能将这些荷载传递给支承它的承重墙或柱。

早期建筑的坡屋顶都是以木构架为主的木结构（图 8-11），随之即是砖木结构的硬山阁檩。随着技术的进步，木屋架、钢屋架以及钢筋混凝土屋架的出现，加大了建筑物的跨度，使建筑空间大大地扩大。

屋面材料和承重结构之间的构件叫屋面基层。就目前的情况来看，它有木材和钢筋混凝土两大类。

木基层包括檩条、椽条、屋面板（又称望板）、挂瓦条等。木基层常有下列几种构造方式：

①无椽条构造：这种构造方式是在承重结构上设檩条，在檩条上钉屋面板，屋面板上铺一层防水卷材，在卷材上钉顺水条，间距约为 500 mm，顺水条既有固定卷材的作用，又有顺水的作用（当雨水从瓦屋面渗漏在卷材上，可以顺着屋面坡度排出）。挂瓦条钉在顺水条上，其断面约为 25mm×30mm，间距约 300mm。水泥平瓦直接铺在挂瓦条上 [图 8-12(a)]。檩条间距为 800mm 左右。屋面板厚度约为 18mm。檩条可用圆木或方木，也可采用钢筋混凝土矩形檩条。方木和钢筋混凝土矩形檩条可沿屋面斜坡正放或

斜放。正放时，只有一个方向受弯；斜放时，檩条将受斜弯曲。檩条的断面和钢筋混凝土檩条的配筋均由计算确定。当檩条直接搁置在承重横墙上，称为硬山搁檩。

②有椽条构造：当承重结构（屋架或横墙）的间距较大时，檩条因其跨度增加，断面也将增大，大断面的檩条如间距较小，将不能充分发挥结构承载能力。此时，也应将檩条的间距增大。在这种情况下，如在较大间距的檩条上钉屋面板，则板也须加厚，屋面板的面积很大，如增加屋面板，将耗费大量木材。因此，在大间距的檩条上，再加设与之垂直的椽条，在间距较小的椽条上再铺屋面板，屋面板上的构造与前相同 [图 8-12(b)]。

③楞摊瓦构造：这种屋面构造的特点是不设屋面板及防水卷材等，而是在椽条上钉小楞木，在小楞木上直接挂瓦 [图 8-12(c)]，这种做法比较经济，但雨、雪容易从瓦缝中飘入室内，因此它仅用于较小跨度的简易建筑。

当采用钢筋混凝土作为基层时，钢筋混凝土板作为坡屋面的基层，只要在它的上面根据不同的要求采用与木基层屋面板上铺瓦的方法或直接坐浆铺瓦。作为坡屋面基层的钢筋混凝土板和坡屋顶的主要承重结构，它可以利用钢筋混凝土可塑性的特点，把平面结构变为空间结构。这就要求在设计时，结构工程师必须与建筑师密切配合，根据建筑平面的组合

形式，运用空间结构的理论和计算方式合理地进行结构布置，以达到适用、经济的目的。由于现在坡屋顶大多是采用钢筋混凝土作为基层，而各地在结构布置时，基本上仍沿用普通梁板的布置方式，不仅造成很大的浪费，还给施工带来很多的麻烦，因此对它必须进行深入的研究。上述是以水泥平瓦为例。有关屋面材料做法可见坡屋面做法的详细介绍。

（6）坡屋顶的屋面排水

排水方式为有组织排水和无组织排水。屋顶雨水自檐部直接排出的，称为无组织排水。无组织排水要求檐部挑出，做成挑檐。这种排水方式简单经济，但对较高的房屋及雨量大的地区，无组织排水容易使雨水沿墙漫流潮湿墙身（尿墙）。因此，应综合考虑结构形式、气候条件、使用特点等因素来决定排水方式，并优先考虑采用外排水。表 8-2 所示的任何一种情况应采用有组织排水。

表 8-2 需采用组织排水的屋面

地区	檐口高度 / m	相邻屋面
年降雨量 ≤ 900	8 ~ 10	高差≥4m 的高处檐口
年降雨量 ＞ 900	5 ~ 8	高差≥3m 的高处檐口

有组织排水是用天沟将雨水汇集后，由水落管集中排至地面。有组织排水又分为内排水和外排水。内排水的水落管在室内，民用建筑应用较少。有组织排水的檐部可为挑檐，也可为封檐。

（7）坡屋顶的檐部构造

屋顶和墙交接处为檐部，檐部构造和屋面的排水方式有关。挑檐的构造与承重结构、基层材料和出檐长度有关：有组织排水的挑檐天沟可用 26 号白铁皮制成或采用钢筋混凝土檐沟，钢筋混凝土檐沟的净宽度应≥200，分水处最小深度应≥80，沟内最小纵坡：卷材防水≥10‰；自防水≥3‰；砂浆

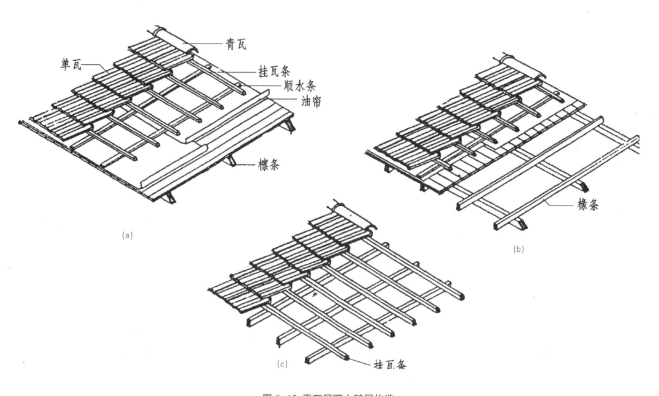

(a)

(b)

(c)

图 8-12 平瓦屋面木基层构造

(a) 无椽条构造　　(b) 有椽条构造　　(c) 楞摊瓦构造

或块料面层 ≥ 5‰。雨水管常用的直径为 100mm，坡屋顶雨水管的最大间距为 15m。封檐构造是将墙身砌至檐部以上。檐部以上部分的墙体口 L 压檐墙，又叫女儿墙。墙的顶部要做混凝土压顶，以防止顶面的雨水渗入墙内。在地震区，应尽量不做女儿墙，以防止地震时倒塌伤人，必要时应有加固措施。

双坡屋顶的山墙檐部有硬山和悬山之分。硬山是将山墙砌至屋面或高出屋面做成封火墙；悬山是做挑檐出出山墙。在风大的地区，木结构基层不宜做悬山，如需要，也只能做短挑檐的悬山。

泛水是指屋面和墙交接处及屋面上突出构件周围防止屋面水注入接缝所作的防水处理，泛水的防水处理必须加强，并在施工中给予重视。

（8）坡屋顶的通风

有吊顶的坡屋顶，利用闷顶作为空气间层，可以提高保温隔热效果。在闷顶空间内，由于材料所含水分的蒸发、室内蒸汽的渗透、屋面飘进雨雪等原因，常积聚着潮湿的空气。因此，闷顶必须保持良好的通风，以排除潮气，保护屋顶材料。对于炎热的南方，在坡屋顶中设进气口和排气口，利用屋顶内、外热压差和迎、背风面的压力差，加强空气的对流作用，组织自然通风，使室内外空气进行交换，减少由屋顶传入室内的辐射热，可以改善室内气候。图 8-13 是几种屋顶通风的形式。

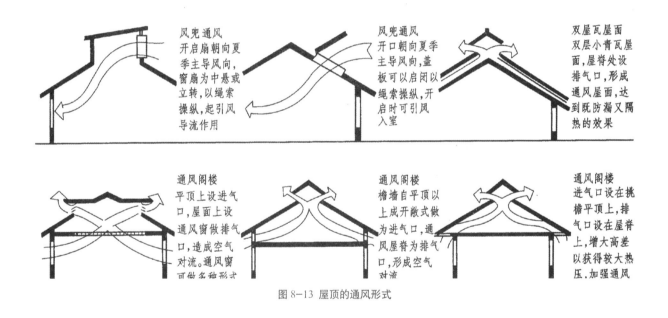

图 8-13 屋顶的通风形式

带有通风间层的闷顶，由于通风间层内的流动空气带走部分太阳辐射热，减少了传入室内的热量，是一种较好的隔热措施。因此，必须重视做好坡屋顶的通风。

坡屋顶通风的常用做法有如下几种（图 8-14）：

①山墙通风：在双坡顶的山墙上部或歇山顶的三角形歇山部分（闷板范围内）开设带有铁纱的通风百叶窗或兼具装饰效果的花格小孔洞，既确保通风，又能防止鸟、鼠、飞虫进入。

②檐口通风：当采用四坡顶时，可在檐口顶棚下每隔一定距离设一个长宽约为 400mm 的通风口，洞口上应加铁纱。

③屋面通风：各种形式的坡屋顶均可在屋面上设通风窗，屋面通风窗也称老虎窗，窗的宽、高约 1m。仅用于通风用的老虎窗可设带有铁纱的百叶窗。如兼有采光要求时，可配以玻璃窗扇。老虎窗也可兼作检修屋面的出入口。老虎窗的形式可根据建筑造型的要求进行设计，可以是单坡的、双坡的或弧形的（图 8-15）。

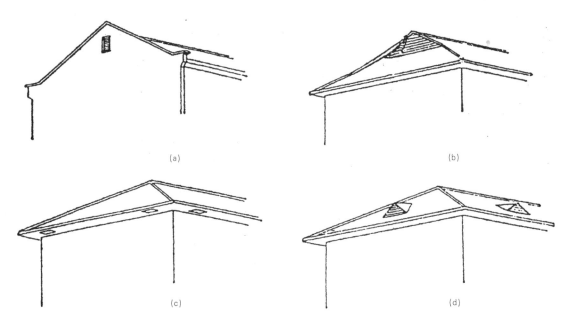

(a)   (b)

(c)   (d)

图 8-14 坡屋顶通风的常用做法

(a) 在山墙上设通风窗通风　　(b) 在歇山顶山尖处设通风窗通风
(c) 在檐口顶棚上设通风口通风　　(d) 在屋面上设通风窗通风

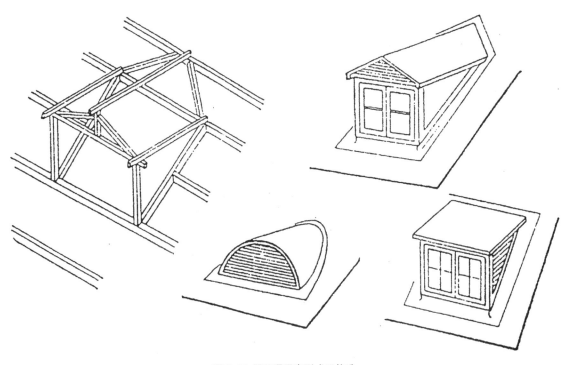

图 8-15 屋面通风窗形式及构造

（9）坡屋顶的保温

在北方寒冷地区，屋顶要设置保温层。保温材料的特点是空隙率大、容量小、导热系数低。保温材料分有机和无机两种。有机保温材料有木丝板、软木板、锯末等。有机材料受潮易腐烂、受高温易分解、能燃烧，现在也很少使用，采用时，应做好防火和防腐措施。无机保温材料有各种多孔混凝土、膨胀蛭石、膨胀珍珠岩、浮石、岩棉、泡沫塑料及其制品。保温材料通常也是隔热材料，用它来阻止室内热量向外散失就起保温作用；用它来隔绝外界热量传入室内就是隔热。对于坡屋顶来说，带有通风措施的闷顶空间可以降温、隔热，一般不再专设隔热层。而寒冷地区就应该设置保温层。保温层可设在屋面防水层和基层中间，或者设在吊顶上。保温层的厚度应根据材料的性能，按照所在地区的气候条件和建筑设计的要求，进行热工计算来确定。一般在保温层的下面应加设一层能够防止室内蒸汽渗入保温层的密实材料。

（10）坡屋顶的阁楼

当坡屋顶的阁楼作为功能空间使用时，除做好层面保温外，在南方炎热地区，还应特别重视屋面保温层上加设隔热措施（如双层瓦屋面等），以减少室外的辐射热进入室内。

（11）坡屋顶的顶棚

坡屋顶可以在屋顶下沿坡面设置顶棚，也可以在坡屋顶下，根据使用要求设置吊顶棚。当设置吊顶棚时，闷顶空间内所有的隔墙均应开设≥700mm×1000mm（宽×高）的过人孔，以方便吊顶棚和暗装在顶棚里管线的检查，同时确保闷顶的通风。吊顶棚必须开设≥600mm×700mm，便于进入闷顶的检查人孔。

8.2 坡屋顶的做法

8.2.1 瓦型

（1）彩色水泥瓦

彩色水泥瓦（外形尺寸420mm×330mm）上、下两片瓦搭接75mm（屋面坡度在17.5°～22.5°时，最小搭接100mm），颜色有玛瑙红、素烧红、紫罗红、万寿红、金橙黄、翠绿、纯净绿、孔雀蓝、纯净蓝、古岩灰、水灰青和仿珠黑等，另外还有双色瓦（一片

瓦有两种颜色），可组成多彩屋面。

除标准瓦外，还有以下配件：

①圆脊配件：圆脊、圆脊封头、圆脊斜封、双向圆脊、三向圆脊和四向圆脊。

②锥形脊瓦配件：锥形脊、小封头脊、大封头脊、锥脊斜封、三向锥脊和四向锥脊。

③一般配件：檐口瓦、檐口封、檐口顶瓦、排水沟瓦、单向脊、挂瓦条支架和搭扣。适用于屋面坡度22.5°～80°，最小屋面坡度17.5°。屋面坡度在22°～35°时，檐口瓦必须每块瓦都用钉子固定，并用檐口铝合金搭扣勾住瓦下部（图8-16），檐口瓦以上可以根据各地区风力大小的不同确定用钉钉瓦的比率，屋面坡度在35°～55°时，每块瓦都要用钉子钉牢；屋面坡度＞55°时，除每块瓦都要用钉子钉牢外，每块瓦的下端都要用搭扣勾牢。

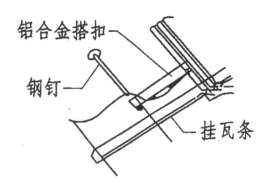

图8-16 檐口瓦的固定方法

瓦片和挂瓦条的固定除钉子外，也可用Φ2双股铜丝绑牢。屋面坡度在22.5°～30°时，除可以用挂瓦条挂瓦外，也可以采用水泥砂浆卧瓦，但屋檐处的瓦要用挂瓦条、钉子、檐口铝合金搭扣固定。

屋面坡度在22.5°～35°时，可以采用塑料挂瓦条支架代替顺水条，挂瓦条支架中距≤1000mm，在挂瓦条接头处必须加挂瓦条支架（图8-17），屋面坡度＞35°时，不得采用挂瓦条支架，而应采用顺水条，并将顺水条牢固固定于屋面板上。

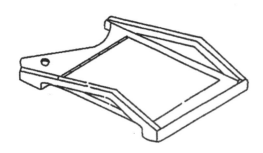

图 8-17 塑料挂瓦条支架

（2）彩色油毡瓦

油毡瓦一般为 4mm 厚，长 1000mm，宽 333mm（图 8-18），用钉固定瓦片，上、下搭接盖住钉孔，形式见图 8-19。

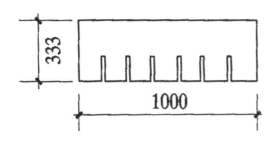

图 8-18 彩色油毡瓦尺寸

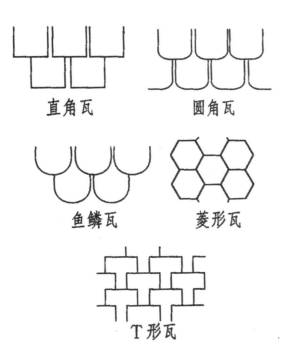

图 8-19 彩色油毡瓦搭接形式

油毡瓦配有脊瓦、附加专用油毡、改性沥青胶粘剂、镀锌钢钉等配件。

油毡瓦一般宜用于屋面坡度 ≥ 1/3 的屋面，如用于屋面坡度 1/5 ～ 1/3 的屋面时，油毡瓦下面应增设有效的防水层。屋面坡度 <1/5 的屋面，不宜采用油毡瓦。

油毡瓦铺贴时，每片瓦用 4 ～ 5 个专用钉（或射钉）固定，或用改性沥青胶粘剂粘贴，详见 GB 50345—2012《屋面工程技术规范》及产品说明。

（3）小青瓦

小青瓦有底瓦、盖瓦、筒瓦、滴水瓦和脊瓦等。多雨地区常用底瓦与盖瓦组成阴阳瓦屋面和用底瓦与筒瓦组成筒板瓦屋面，底瓦和盖瓦一般搭六露四，多雨地区搭七露三。

小青瓦屋面的屋脊如采用青瓦、屋脊花饰或钢筋混凝土现浇时，其用料、强度及施工方法应符合相应规范、规程要求。

小青瓦为粘土瓦，宜控制使用。

（4）琉璃瓦

琉璃瓦分平瓦和筒瓦两类。平瓦包括 S 形瓦、平板瓦、波形瓦及空心瓦，色彩有铬绿、橘黄、桔红、玫瑰红、咖啡棕、湖蓝、孔雀蓝和金黄等。

琉璃瓦屋面的屋脊可按设计要求加工，当选用钢筋混凝土现浇屋面时，应经计算并按相应规范、规程确保结构安全。

（5）彩色压型钢板波形瓦

该瓦用 0.5 ～ 0.8mm 厚镀锌钢板冷压成仿水泥瓦外形的大瓦，横向搭接后中距 1000mm（相当于三片瓦的效果），纵向搭接后最大中距可为 400mm×6mm（相当于 6 排瓦左右），挂瓦条中距 400mm。该瓦规格见表 8-3。

表 8-3 彩色压型钢板波形瓦的规格

板厚 / mm	0.5	0.6	0.7	0.8
板重 / kg/m²	5.17	5.13	7.1	8.06

此瓦安装后，缝隙较小，利于防水，外观整齐，固定牢靠，在上、下、左、右搭接处，应避免四板重叠，瓦的左、右搭接一正一反，用拉铆钉、自攻钉连接在钢挂瓦条上，钉孔处及外露钉涂密封胶，屋脊板、泛水等搭接长度≥100mm，拉铆钉中距500mm。

挂瓦条为配套生产的Z形冷弯薄钢板，不带保温做法时，宽40mm、高50mm；带保温做法时，宽80mm、高100mm。

用该瓦时，尽量避免穿管、开洞，必要时，四周泛水要设计妥当，搭接处用锡焊，构成严密的防水构造。

（6）石板瓦

石板选用优质页岩片，一般尺寸为300mm×600mm，厚5～10mm。

板瓦形状见图8-20。

图8-20 石板瓦形状

屋面坡度>30°时，每块瓦均须钻孔，用镀锌螺钉钉于屋面板上，瓦片搭接≥75mm。

（7）压型钢板

一般用0.6～0.8mm彩色钢板压制而成，断面有折线V型波长平短波及高、低波等多种断面。

宽度一般为750～900mm（展开长度均为1000mm），长度根据工程需要确定。单面坡的长度一般宜用整块瓦，上端与屋脊固定，屋面跨度大时也可搭接，檩条中距根据屋面荷载和板的支承情况（简支、连接、悬臂）而不同。同样荷载下，连续板檩条中距最大，简支次之，悬臂最小，应根据生产厂提供的规格选用。

檩条一般配用生产厂家配套生产的Z形钢檩条。

为保温、隔热，还有复合板，以彩色钢板瓦为面层，中间填玻璃棉、岩棉或聚苯等芯材。

（8）钢丝网石棉水泥瓦

（9）瓦垄铁

（10）玻璃纤维增强聚酯波形瓦（玻璃钢瓦）

8.2.2 坡度换算表（表8-4）

表8-4 屋顶坡度换算表

屋面坡度		17.5°	18.4°	21.8°	22.5°	26.6°	35°	40°	55°	80°
高跨比	H/D	1:3.2	1:3	1:2.5	1:2.4	1:2	1:1.4	1:1.2	1:0.7	1:0.18
	H/D（%）	31.5	33.3	40.0	41.0	50.0	70.0	83.0	142.9	568.2

8.2.3 屋顶做法说明

（1）机平瓦屋顶可参照彩色水泥瓦，因机平瓦属粘土瓦，宜尽量避免使用。特殊情况下，须采用粘土机平瓦时，可选用彩色水泥瓦做法，注明换用黏土机平瓦。

（2）瓦屋顶采用木望板时，应采用Ⅰ级或Ⅱ级木材，含水率≤18%，凡入墙的木材均应涂一道沥青作防腐处理。木挂瓦条、顺水条、木龙骨等木材应

刷防腐剂。

钢挂瓦条、顺水条等亦应刷防二道锈漆，二道油漆。油漆品种和颜色按工程设计。

（3）各做法中，钢筋混凝土屋面板均为按屋面坡度斜放。

（4）坡屋顶保温层的厚度应根据当地的气候条件和建筑物的使用要求进行热工计算决定。当采用加气混凝土屋面板兼作保温层时，加气混凝土屋面板的厚度应根据结构和保温的要求决定。

8.2.4 坡屋顶做法表（表8-5）

表 8-5 坡屋顶做法表

名称及简图	用料及分层做法	附注	名称及简图	用料及分层做法	附注
彩色水泥瓦 屋面（木挂瓦条、木顺水条、木望板）	1. 彩色水泥瓦 2. 35×25木挂瓦条（屋面坡度≥55°时用40×30） 3. 30×10木顺水条（屋面坡度≥55°时用30×20） 4. 干铺高聚物改性沥青卷材一层 5. 木望板（厚度及椽条尺寸，中距按工程设计）		彩色水泥瓦 屋面（木顺水条、12号镀锌低碳钢丝、素采板、钢筋混凝土屋面板）	1. 彩色水泥瓦 2. 30×25木挂瓦条 3. 30×15木顺水条，用顶埋的12号镀锌低碳钢丝绑扎 4. 1.5厚水孔型聚合物水泥基复合防水涂料 5. 20厚1:3水泥砂浆找平 6. ××厚苯采板，用聚合物砂浆粘贴，槽口处设L50×4角钢（防苯温层下滑），用膨胀螺栓固定在屋面板上 7. 钢筋混凝土屋面板，预埋12号镀锌低碳钢丝扎筋混凝土中距900×900（预制板可埋于板缝中）	1. 镀锌低碳钢丝穿透涂料层处加贴耐脂布，涂料刷严 2. 苯采板密度:16~20 kg/m³;导热系数:≤0.041 W/(m²·K)
彩色水泥瓦 屋面（钢顺水条、钢筋混凝土屋面板）	1. 彩色水泥瓦 2. 30×30×2 L形冷弯钢板挂瓦条，与顺水条本样平 3.2 厚Π形冷弯钢板屋面板面扫净，刷水性型复合水泥基弹性防水涂料 4. 钢筋混凝土屋面板预埋φ10厚水孔镀锌钢丝，中距700×900，绑扎木条（预制板时，在键槽内预埋） 5. 钢筋混凝土屋面板	1. 屋面板上也可采用顶埋件焊顺水条 2. 钢顺水条也可用水泥钉钉在屋面板上（屋面坡度≤30°时）	彩色水泥瓦 屋面（钢筋顺挂瓦条、φ10、钢筋、素采板、钢筋混凝土屋面板）	1. 彩色水泥瓦 2. φ6钢筋挂瓦条与顺水条 3. φ8钢筋顺水条与φ10钢筋楼样半 4.1.5厚水孔型聚合物水泥基复合防水涂料 5. 20厚1:3水泥砂浆找平 6. ××厚苯采板（防保温层下滑），槽口处设L50×4角钢网，刷1.0厚聚合物砂浆找平在屋面板上 7. 钢筋混凝土屋面板，预埋φ10钢筋头，露出板面90(110)焊顺水条木，中距900×900（预制板可埋于板缝中）	1. φ10 钢透涂料层里钢筋头处加贴耐脂布，涂料刷严 2. 苯采板密度:16~20 kg/m³;导热系数:≤0.041 W/(m²·K)
彩色水泥瓦 屋面（钢筋混凝土屋面板、砂浆卧瓦）	1. 彩色水泥瓦 2.1:0.5:4 水泥白布砂浆（略加麻刀）瓦（砂浆只靠口干瓦砂底，最薄处≥10） 3. 槽口瓦加30×25挂瓦条，钢钉固定，并用塑料卡固瓦下端 4. 钢筋混凝土屋面板预埋10号镀锌低碳钢丝，刷水泥基弹性防水涂料 5. 钢筋混凝土屋面板扫净，刷1.5厚水孔型聚合物混凝土复合防水涂料 6. 钢筋混凝土屋面板	适用于屋面坡度22.5~30°	彩色水泥瓦 屋面（砂浆卧瓦、钢板网、钢筋混凝土屋面板、φ10、钢筋头）	1. 彩色水泥瓦 2.1:0.5:4 水泥台支砂浆（略加床刀）卧瓦，砂浆卧干瓦台底靠，用钢钉将瓦钉在瓦上，并用铝合金挡中固瓦下端 3. 刷1.5厚水孔型砂浆，内加1.0厚钢板网，麦形孔 4.30厚1:3水泥砂浆，内加φ8钢筋头焊接15×40钢板间与φ8钢筋头连接 5. 清缝×厚苯采面板刷扫净，用聚合物复合砂浆粘900，露出板面80(预制板预埋时可埋于板缝中) 6. 钢筋混凝土屋面板预埋φ8钢筋头，双向中距900(预制板时可埋于板缝中) 7. 钢筋混凝土屋面板	1. 预制钢筋混凝土屋面板时，在板缝内预埋φ8钢筋放于中距;顺缝方向900，垂直板缝方向900:坡缝避免设置 2. 适用于屋面坡度22.5°~45°

（续）

名称及简图	用料及分层做法	附注
彩色水泥瓦屋面	1. 彩色水泥瓦 2. φ6挂瓦条与顺水条焊牢 3. φ8钢筋顺水条中距900，与预埋钢筋头焊牢 4. 刷1.5厚木孔型聚合物水泥基复合防水涂料 5. 20厚1:3水泥砂浆找平 6. ××厚水泥聚苯颗粒，用建筑胶贴砂浆粘贴（防保温层下滑）用槽口处设L50×4角钢定在屋面板上 7. 钢筋混凝土屋面板，预留φ10钢筋头，露出板面长度为保温层厚加30，用作锚固定屋面板，中距900×900（预制板时可埋吊挂顺水条中）	1. 水泥聚苯颗粒抗压强度≥0.3 MPa 导热系数≤0.09 W/(m²·K) 密度为280~300 kg/m³ 2. 屋面坡度≥40°时，水平方向设L50×4角钢防保温层下滑，中距1200，用膨胀螺钉固定屋面板板面900×900（预制板时可埋吊挂顺水条中）
彩色水泥瓦屋面	1. 彩色水泥瓦 2. φ6挂瓦条与顺水条焊牢 3. φ8钢筋顺水条中距700，与预埋钢筋头焊牢 4. ××厚（发泡后厚度）发泡聚氨酯 5. 钢筋混凝土屋面板预埋φ8钢筋头，中距700（平行于屋脊方向）×900（垂直于屋脊方向）	发泡聚氨酯： 导热系数≤0.03 W/(m²·K) 吸水率≤0.04 抗压强度≥2 MPa
彩色水泥瓦屋面	1. 彩色水泥瓦 2. 35×25木挂瓦条 3. 30×10木顺水条，中距700 4. 刷1.5厚木孔型聚合物水泥基复合防水涂料 5. 16厚1:4水泥砂浆找平 6. 抹××厚硅藻土聚苯颗粒定位保温料（分两次抹） 7. 钢筋混凝土屋面板，预埋12号镀锌低碳钢丝（绑扎顺水条用）中距：700×900（预制板时可埋吊挂木条中）	硅藻盐聚苯颗粒保温料 导热系数≤0.06 W/(m²·K) 密度≤230 kg/m³ 吸水率≤0.06 抗压强度≥0.9 MPa
彩色水泥瓦屋面	1. 彩色水泥瓦 2. 35×25木挂瓦条 3. 30×10木顺水条，中距：900 4. 干铺高聚物改性沥青卷材 5. ××厚配筋加气混凝土屋面板，板缝内预埋12号镀锌低碳钢丝（绑孔顺水条用）中距：900	1. 适用于屋面坡度≤45° 2. 加气混凝土屋面板厚度不宜小于200（不同地区热工配筋及板缝等按工程结构酌情调整）板型、厚度及配筋等按工程结构设计
彩色水泥瓦屋面	1. 彩色水泥瓦 2. 2.2厚冷弯等钢L形挂瓦条与顺水条焊牢 $\frac{30}{}$ 3. 2厚冷弯槽钢顺水条 $\frac{30}{10}$ 4. 干铺高聚物改性沥青卷材一层 5. ××厚配筋加气混凝土屋面板，板缝内预埋12号镀锌低碳钢丝（绑孔顺水条用）中距：900	
彩色油毡瓦屋面	1. 4厚彩形色油毡瓦，用沥青胶粘结牢利点，并用镀锌圆定每片瓦钉4~5个钉子 2. 16厚1:0.5:4水泥石灰砂浆找平 3. 专用界面剂一道 4. ××厚配筋加气混凝土屋面板	1. 油毡瓦粘贴和配套供应，粘贴屋搭接等各项操作要求，见等产品说明书 2. 适用屋面坡度≥33° 3. 加气混凝土屋面板厚度不宜小于200（不同地区热工、厚度及配筋等按工程结构酌情调整）板型、厚度及配筋等按工程结构设计

（续）

名称及简图	用料及分层做法	附　注	名称及简图	用料及分层做法	附　注
彩色油毡瓦屋面 （镀锌钉、木望板、钢筋混凝土屋面板）	1. 4厚彩色油毡瓦，用油青胶粘剂点粘，并用镀锌钉固定，每片瓦用4~5个钉子 2. 20厚1:3水泥砂浆找平 3. ××厚水泥聚苯颗粒板，用建筑胶聚合物水泥基复合砂浆粘贴 4. ××厚挤塑聚苯板（防保温层下滑）用榫口处设L50×4角钢槽，膨胀螺栓固定在屋面板上 5. 钢筋混凝土屋面板	1. 油毡瓦粘贴湿剂配套供应，粘贴搭接等各项要求，见该屋面总说明及产品说明书 2. 适用屋面坡度33~45°，≥40时，水平方向设L50×4角钢档，中距1200，用防保温层下滑，用膨胀螺栓固定 3. 水泥聚苯颗粒板性能：导热系数≤0.09 W/(m²·K)；密度：280~300 kg/m³	小青瓦屋面 （钢板网） φ10钢筋头	1. 小青瓦用20厚1:1:4水泥石灰砂浆加水泥砂浆卧瓦 2. 30厚1:3水泥砂浆 3. 满铺1厚钢板网，麦孔15×40，搭接处用18号镀锌铁丝绑扎，并与预埋φ10钢筋头绑牢，钢板网埋入30厚砂浆中 4. ××厚素苯板聚合物水泥基复合砂浆粘贴 5. 1.5厚水泥基聚合物水泥基复合水涂料 6. 钢筋混凝土板面预埋φ10钢筋头，中距双向900~1000（预制板时可在板缝内预理） 7. 钢筋混凝土屋面板	1. 素苯板密度16~20 kg/m³，导热系数≤0.041 W/(m²·K) 2. 适用屋面坡度22.5~45°
彩色油毡瓦屋面 （素苯板）	1. 4厚彩色油毡瓦用专用油青胶粘剂粘贴，并用镀锌钉固定，每片瓦钉4~5个钉子 2. 20厚1:3水泥砂浆找平 3. ××厚素苯板，用聚合物水泥基复合水涂料 4. ××厚聚苯颗粒板，用建筑胶聚合物水泥基复合砂浆粘贴 5. 钢筋混凝土屋面板	1. 油毡瓦粘贴湿剂配套供应，粘贴搭接等各项操作，见说明及产品说明书 2. 适用于屋面坡度33~45°	小青瓦屋面	1. 小青瓦用20厚1:1:4水泥白灰砂浆加水泥重内3%底1瓦（或附碱稻纤维玻璃丝）卧瓦 2. 1.5厚水泥基聚合物水泥基复合水涂料 3. 20厚1:3水泥砂浆找平 4. ××厚水泥聚苯颗粒板，用建筑胶聚合物水泥基复合砂浆粘贴（防保温层下滑）用榫口处设L50×4角钢槽，膨胀螺栓固定屋面板上 5. 钢筋混凝土屋面板	1. 适用屋面坡度22.5~40° 2. 水泥聚苯颗粒板抗压强度≥0.3 MPa，导热系数≤0.09 W/(m²·K)，密度为280~300 kg/m³
彩色油毡瓦屋面 （硅酸盐素）	1. 4厚彩色油毡瓦用专用油青胶粘剂粘贴，并用镀锌钉固定，每片瓦钉4~5个钉子 2. 15厚1:3水泥砂浆找平 3. ××厚硅酸盐保温料，分两次抹 4. 1.5厚聚合物水泥基复合水涂料 5. 钢筋混凝土屋面板	硅酸盐聚苯颗粒保温料 导热系数≤0.06 W/(m²·K) 密度≤230 kg/m³ 吸水率≤0.06 抗压强度≥0.9 MPa	小青瓦屋面 10号低碳镀锌铁丝 木压挂瓦条	1. 小青瓦用20厚1:1:4水泥白灰砂浆加水泥重内3%底1瓦（或附碱稻纤维玻璃丝）卧瓦 2. 25×6压挂条，中距900，水平方向钉10号低碳镀锌铁丝，中距600（铜丝埋入水泥白灰砂浆中防下滑） 3. 干铺高聚物改性沥青卷材一层 4. 木望板（厚度高聚物改性沥青卷材尺寸中应考虑各按工程结构设计）	适用于屋面坡度22.5~35°

（续）

名称及简图	用料及分层做法	附　注	名称及简图	用料及分层做法	附　注
玻璃瓦屋面（木压毡条、12号低碳镀锌钢丝、木望板）	1.玻璃瓦（盖瓦、底瓦）用20厚1:1:4水泥砂浆（加水泥重的3%麻刀或耐碱玻璃纤维抹面）嵌固 2.25×6木压毡条，中距900，水平方向钉12号低碳镀锌钢丝中距600 3.干铺两层聚物改性沥青卷材一层 4.木望板（厚度及搁栅条尺寸、中距等工程结构设计）	适用于屋面坡度为22.5°~45°，超过35°时，每块瓦都用12号钢丝及钢钉固定于木望板上	彩色压型钢板波形瓦（仿水泥瓦外形）（Z形挂瓦条、硅酸盐泡沫颗粒）	1.0.5（或0.6）厚仿水泥瓦外形彩色压型板瓦，一正一反搭接，用墙板胶整圈的自攻钉与挂瓦条固定 2.2.5厚80×100冷弯钢钉固定于钢筋混凝土屋面板上（挂瓦条下部加8厚80×80木垫块，中距400。用膨胀管或冷弯钢钉固定于Z形钢板）。挂瓦条之间垫块，中距同填充硅酸盐泡沫颗粒保温层 3.1.5厚聚合物含水泥基复合防水涂料 4.钢筋混凝土屋面板	1.瓦宽（有效宽度）1000，瓦长（即垂直于屋脊方向）最大可为400×6，一般可为400×4 2.挂瓦条、脊瓦、正钉、拉钉、密封条、泡沫堵头、自攻钉、垫圈等配套供应 3.硅酸盐泡沫颗粒保温层： 导热系数≤0.06 W/(m²·K) 密度≤230 kg/m³ 吸水率≤0.06 抗压强度≥0.9 Mpa
彩色压型钢板波形瓦（仿水泥瓦外形）（钢筋混凝土屋面板、Z形挂瓦条、挂瓦条）	1.玻璃瓦（盖瓦、底瓦）用20厚1:1:4水泥砂浆（加水泥重的3%麻刀或耐碱玻璃纤维抹面）嵌固 2.满铺1厚钢板网，麦15×40，搭接处用18号镀锌钢丝绑扎，并与预埋φ10钢筋牢绑牢 3.××厚聚苯板用聚合物水泥基砂浆贴铺粘结 4.1.5厚聚合物型复合防水涂料 5.钢筋混凝土屋面应露出向挑900屋面长长度，露出钢筋头，预留φ10钢筋，预留保温板10，中距为双向900（预制板时可在板缝内预埋）	1.适用于屋面坡度22.5°~45°，超过35°时，每块瓦都用钢丝绑于钢筋网上 2.聚苯板密度16~20 kg/m³ 导热系数≤0.041 W/(m²·K)	彩色压型钢板波形瓦（仿水泥瓦外形）（Z形挂瓦条、加气屋面板）	1.0.5（或0.6）厚仿水泥瓦外形彩色压型板波形瓦，用带橡胶整圈的自攻钉与挂瓦条固定 2.2厚40×50冷弯钢钉（下为8厚50×50顺水垫块）固定加气混凝土屋面板上 3.1.5厚聚合物含水泥基复合防水涂料 4.冲洗屋面生产的浆料一道 5.厚配筋加气混凝土屋面板	1.瓦宽（有效宽度）为1000，瓦长最大可为400×4 2.挂瓦条、脊瓦、正钉、拉钉、密封条、泡沫堵头、垫圈等配套供应 3.加气混凝土屋面板兼作保温，厚度不宜小于200（不同地区应做坡工程结构板型、厚度配筋及配筋等坡工程热、厚度区的调整）设计

（续）

名称及简图	用料及分层做法	附注
波纹装饰瓦屋面 	1. 波纹装饰瓦，用20厚1:2.5水泥砂浆（掺建筑胶）铺卧，瓦上、下搭接10，左右平接 2. 1.6厚聚合物型聚合物水泥基复合防水涂料固化前刷素水浆一道 3. 20厚1:3水泥砂浆找平 4. 钢筋混凝土屋面板	1. 适用于屋面坡度30°~45°，超过45°时可参看屋56增设钢丝网 2. 波纹装饰瓦示意：见下图 3. 配套有脊瓦，滴水瓦
波纹装饰瓦屋面 	1. 波纹装饰瓦，用20厚1:2.5水泥砂浆（掺建筑胶）铺卧，瓦上、下搭接10，左右平接 2. 1.6厚聚合物型聚合物水泥基复合防水涂料固化前刷素水浆一道 3. 20厚1:3水泥砂浆找平 4. ××厚聚素表找平一道 5. 钢筋混凝土屋面板	1. 适用于屋面坡度30°~45° 2. 聚苯板密度为16~20 kg/m³，导热系数≤0.041 W/(m²·K) 3. 波纹装饰瓦示意：见下图 4. 配套有脊瓦，滴水瓦（滴水瓦宜用于低层建筑）
波纹装饰瓦屋面 12号镀锌低碳钢丝网 	1. 波纹装饰瓦，用20厚1:2.5水泥砂浆（掺建筑胶）铺卧，瓦上、下搭接10，左右平接 2. 1.6厚聚合物型聚合物水泥基复合防水涂料固化前刷素水浆一道 3. 30厚1:3水泥砂浆分两次涂抹，第一次中10厚，压入1.0厚镀锌低碳钢丝网（网孔25×25）再涂第二次（预埋在20厚1:3水泥砂浆网，压入1.0厚镀锌低碳钢丝卧铺钢丝网） 5. 钢筋混凝土屋面板，预埋12号镀锌低碳钢丝，双向中距900，甩出屋面板（预制板时可在拼缝内预埋）	1. 适用于屋面坡度为45°~75°，聚苯板密度为16~20 kg/m³，导热系数≤0.041W/(m²·K) 2. 波纹装饰瓦示意：见下图 4. 配套有脊瓦，滴水瓦（滴水瓦宜用于低层建筑）
石板瓦屋面 φ8钢钉头 	1.5~10厚优质页岩石板瓦用1:1:4水泥白灰砂浆（掺水泥重量的3%麻刀及耐碱短纤维搅拌）匀质铺，上下搭接错缝 2. 2.25厚1:3水泥砂浆，内加1.0厚钢板网与φ8型钢筋头粘结，形成15×40钢板网 3. 满铺××厚聚素表，用聚合物水泥基复合防水涂料 4. 1.5厚水乳型聚素表找平一道 5. 钢筋加型屋面板，预埋φ8钢筋头，双向中距900，甩出屋面80(100)（预制板时可埋于板缝中）	1. 石板瓦形状有矩形，倒角矩形，菱形，三角形等，见坡屋面总说明 2. 屋面坡度>30°时各，每片瓦需钻孔，用镀锌钢钉固定 3. 一般适用于屋面22.5°~45°
石板瓦屋面 加气混凝土屋面板 	1.5~10厚优质页岩石板瓦用1:1:4水泥白灰砂浆（掺水泥重量的3%麻刀及耐碱短纤维搅拌）匀质铺，上，下搭接错缝 2. 1.5厚××水乳型聚素表复合水泥涂料一道 3. 加气混凝土屋面板配套表面涂料（板型及厚度及配套的等按工程结构设计）	1. 石板瓦形状有矩形，倒角矩形，菱形，三角形等，见坡屋面总说明 2. 屋面坡度>30°时各，每片瓦需钻孔，用镀锌钢钉固定 3. 一般适用于屋面22.5°~45° 4. 加气混凝土屋面板兼作保温，热厚度不宜小于200(不同地区酌情调整)
琉璃型轻质波形瓦屋面 檩条 	1. 琉璃型轻质波形瓦波峰处钻孔，用带橡胶垫的螺钉固定在木檩条上（采用钢檩条时用带橡胶垫的φ6螺栓固定），穿孔处油青封严 2. 檩条（断面尺寸及中距按工程结构设计）: 小波瓦尺寸一般为1800×720×5 中波瓦尺寸一般为1800×745×6	1. 适用于车间，仓库，凉棚等 2. 坡度宜为1/6~1/2 3. 设计人可酌情换用PVC瓦，木质纤维瓦 4. 琉璃型轻质波形瓦为计余种无机化工原料添加改性剂和抗水材料等加工而成，表面有浅蓝灰，白，绿红，蓝等

(续)

名称及简图	用料及分层做法	附注
瓦垄铁屋面 （檩条）	1. 刷沥青漆两遍 2. 镀锌瓦垄薄钢板，波峰处用带胶垫螺钉（或螺栓）钉牢，瓦孔处涂油膏封严 3. 檩条（断面及中距按工程结构设计）	1. 适用于简易建筑 2. 坡度 1/6~1/2 3. 横向搭接 $1\frac{1}{2}$ 波 4. 厚度为 0.4~1.0，宽度为 750~830，长度为 1800~2000
玻璃纤维增强聚酯波纹瓦（玻璃钢瓦） （檩条）	1. 玻璃纤维增强聚酯波纹瓦，波峰处用带胶垫的木螺丝固定在木檩条上（采用钢檩条时可用带胶垫的 φ6 螺栓固定，孔处以密封胶封严） 2. 檩条（断面及中距按工程结构设计）	1. 适用于室外罩棚 2. 坡度 1/6~1/2 3. 一般尺寸为 1800×720×（厚）1.0~2.0 4. 也可用 R-PVC 塑料波形瓦
阳光板拱形屋面 （阳光板）	1. 1.6~10 厚阳光板（即聚碳酸酯板，卡普隆板，PC 板）用铝压条固定于薄壁方钢管上 2. 薄壁方钢管檩条 3. 可设计各种形式，包括拱形屋面，弧度由设计人定，但最小弯曲半径见下表 厚度（mm）| 最小弯曲半径（mm） 6 | 1050 8 | 1400 10 | 1750 注：空心板 4~10 厚，实心平板 3 厚，实心波纹板 0.8 厚	适用于拼廊、门头、罩棚、展廊、温室、游泳池、休息廊、站台雨篷等 特点： 1. 耐冲击，为同厚度钢化玻璃的 30 倍 2. 抗紫外线，抗老化 3. 透光率为同厚度玻璃的 86% 4. 阻燃防火性 5. 重量轻，为同厚度玻璃的 1/12 6. 可冷弯、切割，适应各种断面形式 7. 防结露

名称、用料及分层做法

钢板坡屋面（无保温层）

型号	截面简图	有效覆盖宽度（mm）	展开长度（mm）	板厚（mm）	截面惯性距（cm⁴/m）	截面抗距（cm³/m）
V125	125 / 750 / 29	750	1000	0.6	13.85	7.48
				0.8	18.83	10.00
				1.0	23.54	12.44

m

单层板最大允许檩条间距（以挠度计算压型板最大允许半檩距）

钢板厚度（mm）	支承条件	荷载（N/m²） 500	1000	1500	2000	2500	3000	3500
0.6	连续	2.9	2.3	2.0	1.8	1.7	1.6	1.5
0.6	简支	2.4	1.9	1.7	1.5	1.4	1.3	1.2
0.8	连续	3.2	2.5	2.1	2.0	1.8	1.7	1.6
0.8	简支	2.7	2.1	1.8	1.7	1.5	1.4	1.4
1.0	连续	3.4	2.9	2.4	2.1	2.0	1.9	1.8
1.0	简支	2.9	2.3	2.0	1.8	1.8	1.6	1.5

钢板坡屋面（夹芯保温板）

型号	截面简图（彩板 0.6mm 厚）	芯板	板重（kg/m²）
V125	125 / 750 / 29	聚苯板（或岩棉）B50~150	聚苯板 50 厚 12.65；芯板每增 10 厚，增重 0.2

夹芯板最大允许檩条间距 m

芯板厚度（mm）	荷载（N/m²） 500	1000	1500	2000
50	4.0	3.0	2.1	1.5
100	5.0	4.0	3.2	2.6
150	5.5	4.5	3.6	3.0

聚苯板导热系数

芯厚	导热系数
80	0.53
100	0.411
120	0.327
150	0.268

一般每块板至少有三个搭接螺栓，避免搭接处，支座负荷，长向端搭接处，支座负荷应加密，小于 100，否则应设双螺栓或加横向波峰长角钩

附注：

1. 屋面坡度 1/10~1/6
2. 板长在运输吊装许可条件下，应采用较长尺寸的压型板，以减少搭接长度，防止渗漏
3. 压型板应穿透屋面与檩条连接，板与板连接处有两个自攻螺栓与檩连接处固定
4. 压型板的长向搭接应在支承构件上，单层板搭接长度：200；夹芯板搭接长度：250，搭接处均应设防水密缝膏
5. 压型板的横向搭接宽度为 75，檩条间用拉铆钉连接，中距 ≤400，加防水垫条
6. 自攻螺栓应配置密封垫，自攻螺栓、拉铆钉头应在钢板上涂密封膏
7. 屋脊板、封檐板、包角板、泛水坡、挡水板、压顶板等由生产厂家配套供应

8.3 坡屋顶构造

（1）坡屋顶构造详图（一）

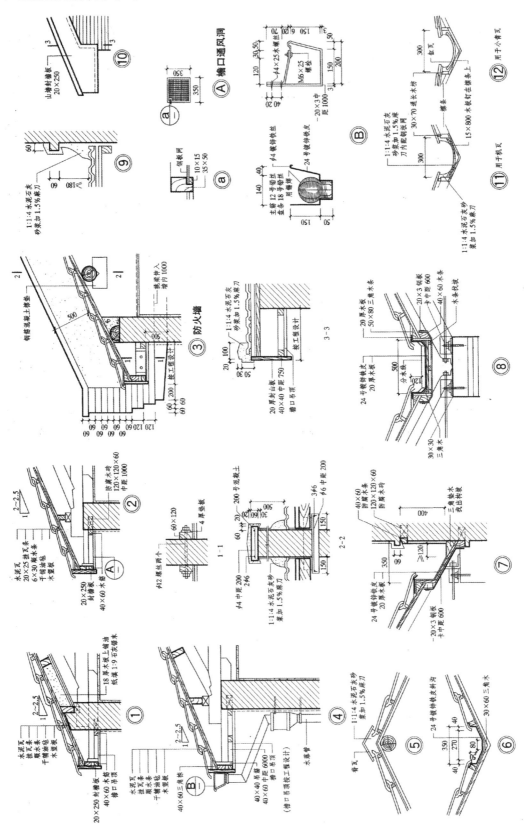

图 8-21 坡屋顶构造详图（一）

（2）坡屋顶构造详图（二）

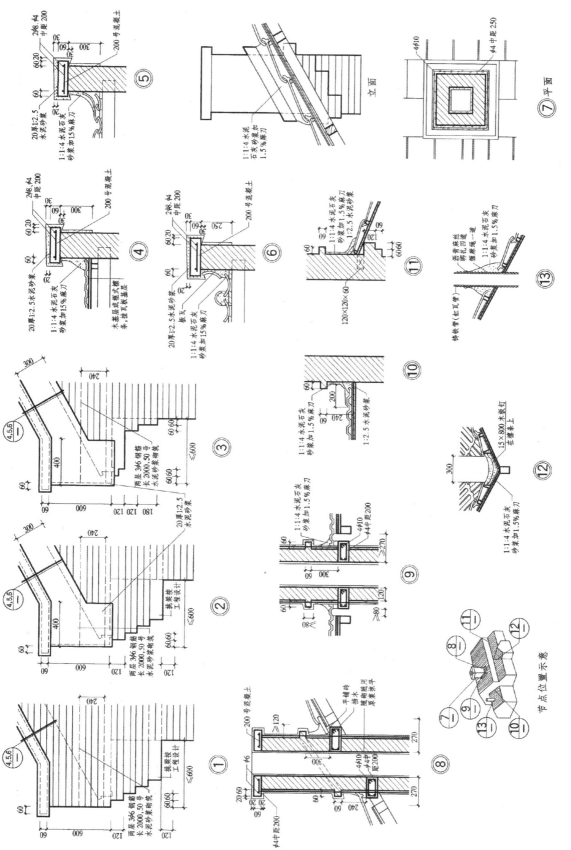

图 8-22　坡屋顶构造详图（二）

(3) 坡屋顶构造详图（三）

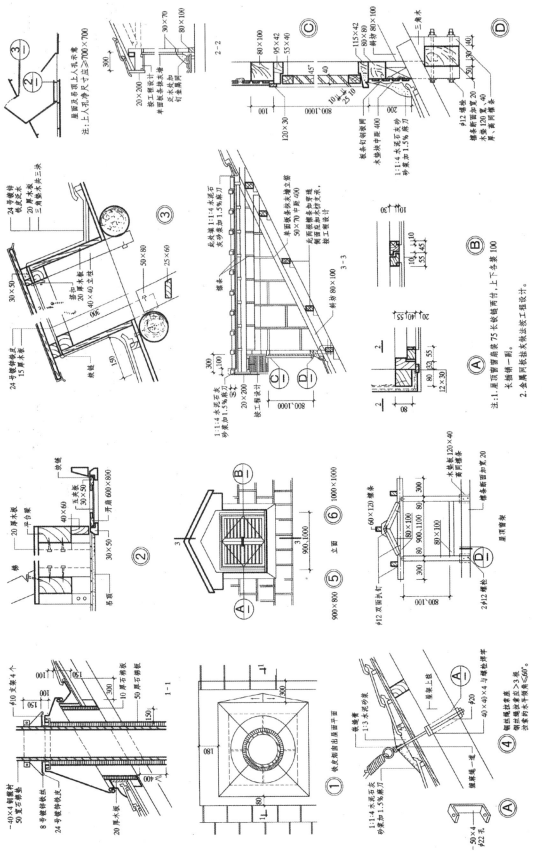

图 8-23 坡屋顶构造详图（三）

（4）坡屋顶构造详图（四）

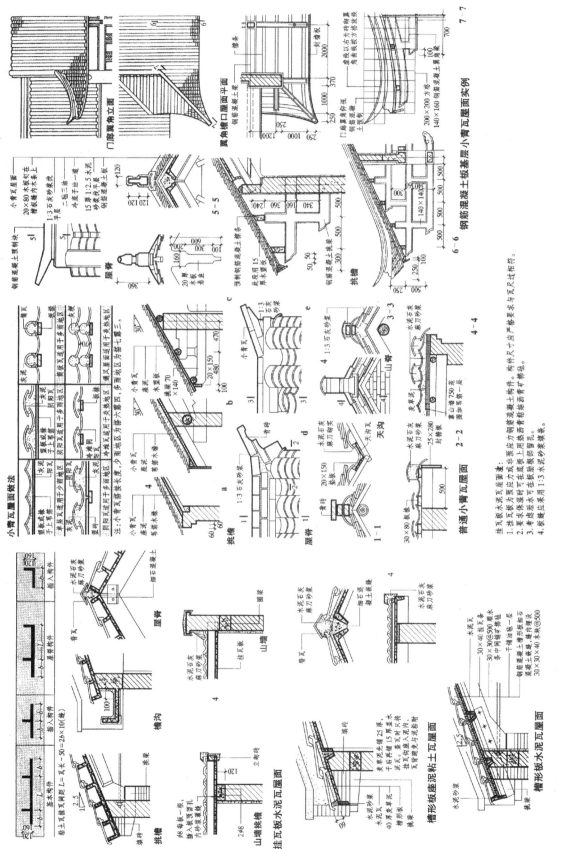

图 8-24 坡屋顶构造详图（四）

（5）坡屋顶构造详图（五）

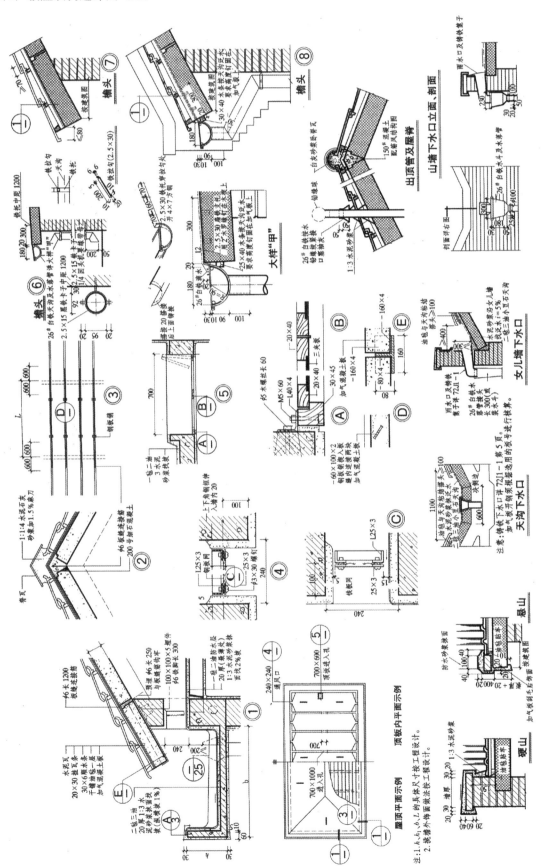

图 8-25　坡屋顶构造详图（五）

（6）坡屋顶构造详图（六）

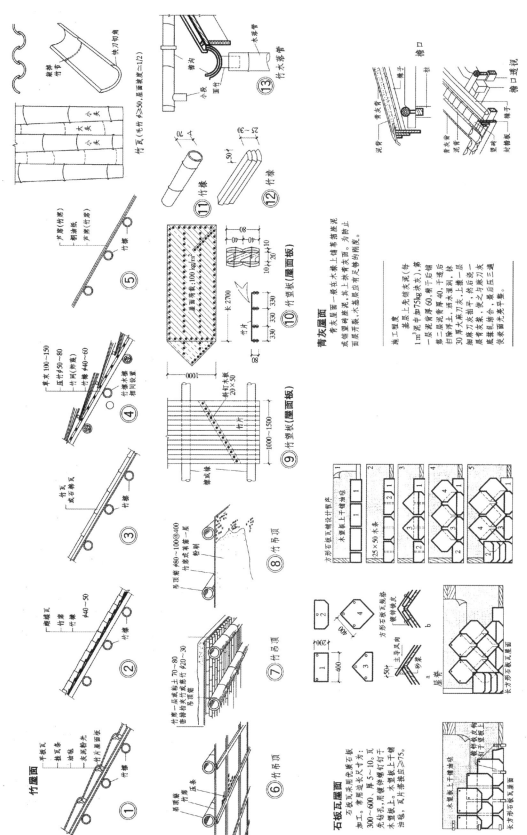

图8-26 坡屋顶构造详图（六）

(7) 单坡、双坡铝合金玻璃屋顶（一）

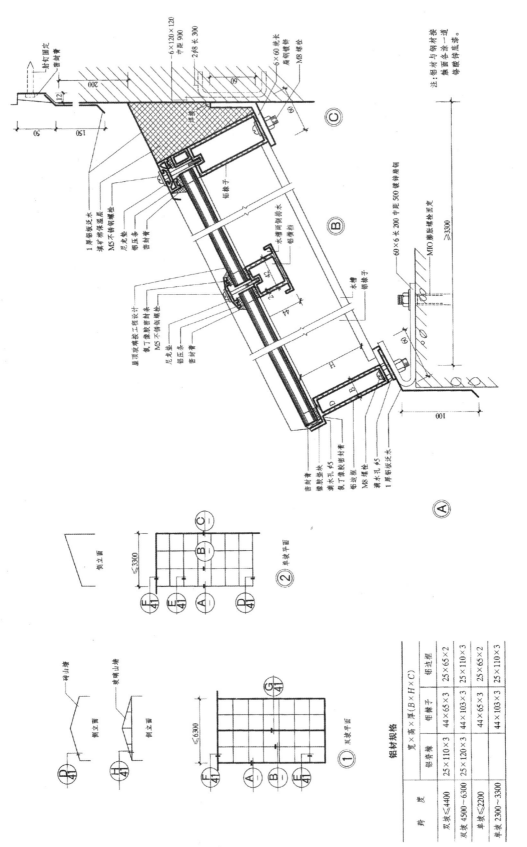

图 8-27 单坡、双坡铝合金玻璃屋顶（一）

铝材规格

跨 度	宽×高×厚（B×H×C）			
	铝脊檩	铝椽子	铝边框	
双坡 ≤4400	25×110×3	44×65×3	25×65×2	
双坡 4500～6300	25×120×3	44×103×3	25×110×3	
单坡 ≤2200		44×65×3	25×65×2	
单坡 2300～3300		44×103×3	25×110×3	

(8) 单坡、双坡铝合金玻璃屋顶（二）

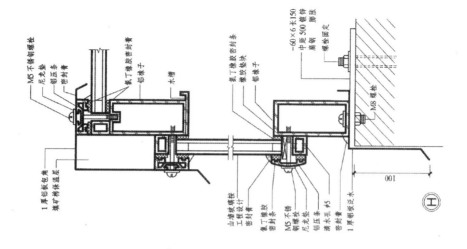

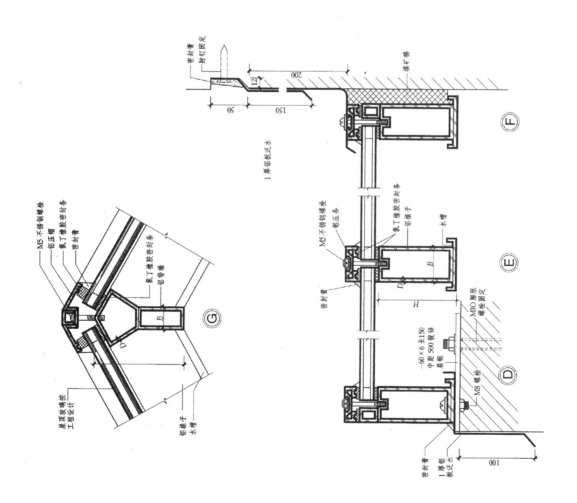

图 8-28 单坡、双坡铝合金玻璃屋顶（二）

（9）双坡普通型钢玻璃屋顶

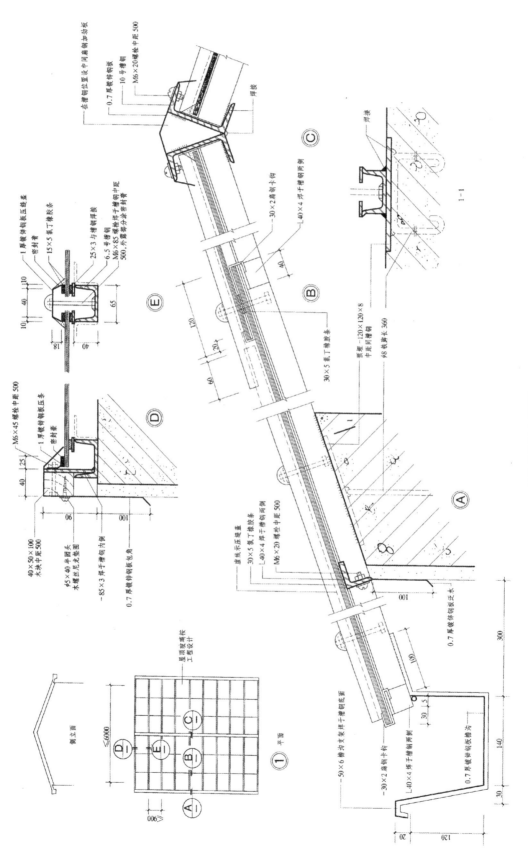

图 8-29 双坡普通型钢玻璃屋顶

（10）单、双坡普通型钢玻璃屋顶

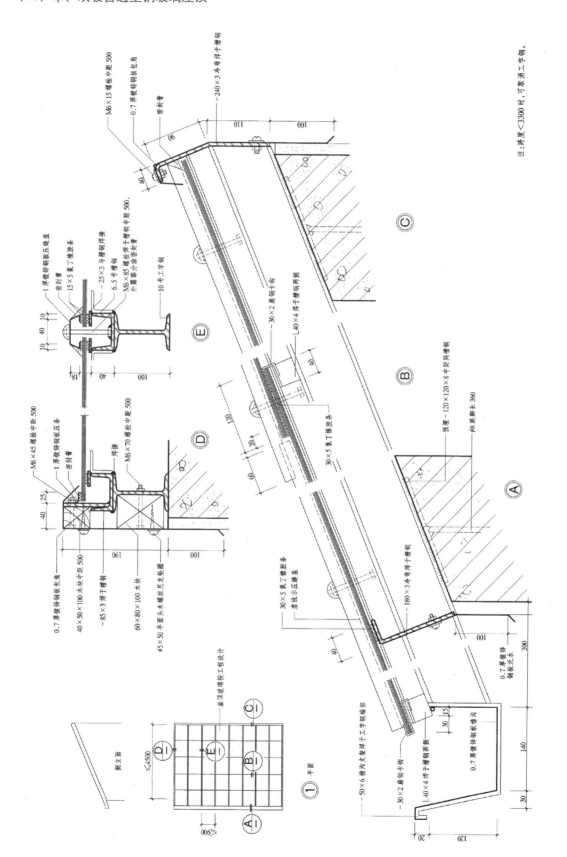

图 8–30 单、双坡普通型钢玻璃屋顶

（11）坡屋顶采光口

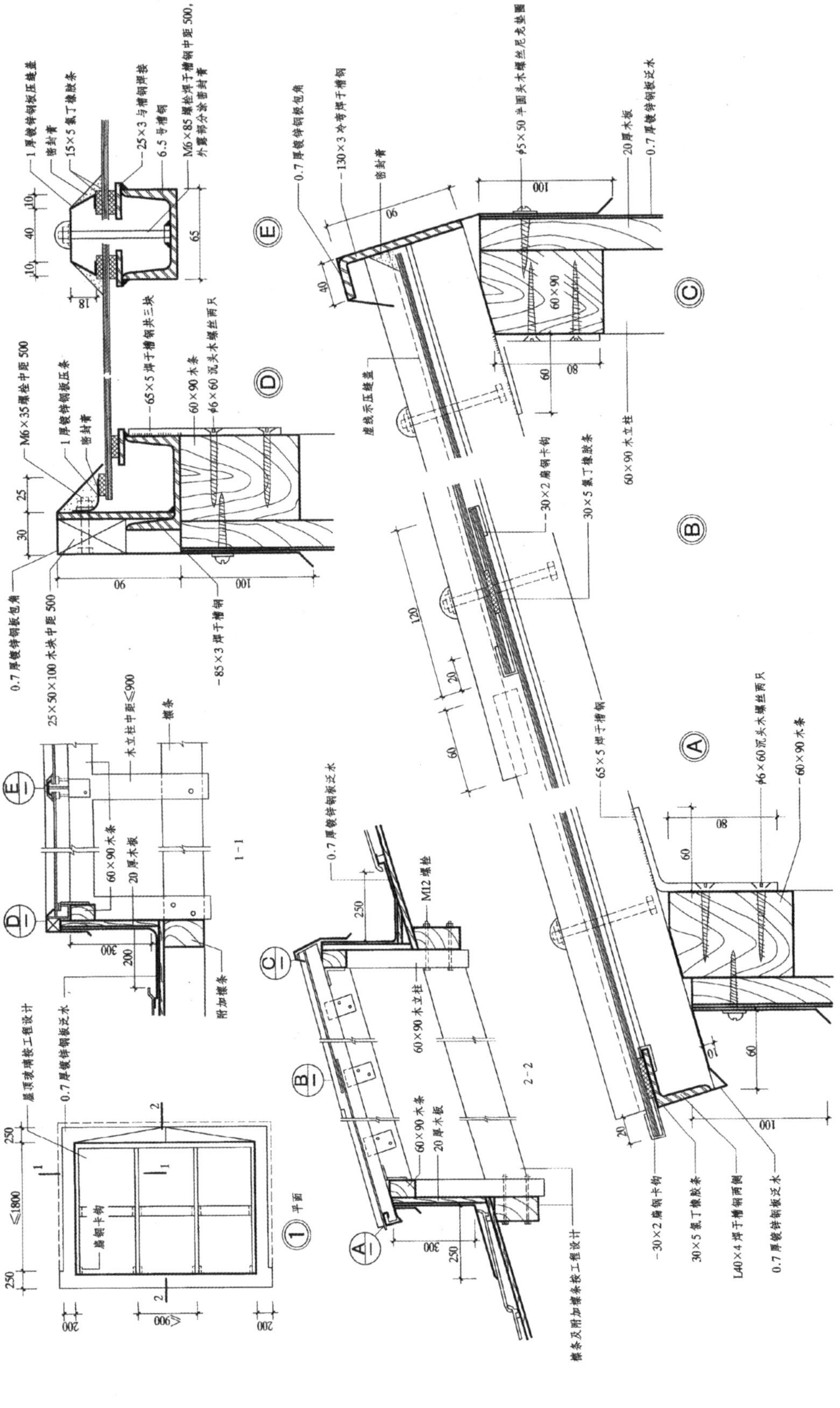

图 8-31 坡屋顶采光口

9 城镇住宅的生态设计

可持续发展是指在满足我们这一代人需求的同时，不能危及到满足我们子孙后代需求的能力。1999年国际建协《北京宪章》又提出了"建立人居环境体系，将新建筑与城镇住区的构思、设计纳入一个动态的、生生不息的循环体系之中，以不断提高环境质量"的设计原则。城镇住宅量大面广，是城乡生态系统中的重要环节，更应积极发展绿色生态住宅。

9.1 城镇生态住宅的基本概念

21世纪人类共同的主题是可持续发展，对于建筑来说亦必须由传统的高消耗型发展模式转向高效生态型发展模式。生态居住区是由多个生态住宅集合而成的人居环境的总和。在城镇生态居住区建设过程中，采用高效生态型的住宅建筑类型是城镇实现可持续发展的重要内容之一。对于高效生态型住宅建筑，目前学术界有许多不同的称谓，如绿色建筑、生态建筑、低碳建筑等。

9.1.1 绿色建筑

国际上对绿色建筑的探索和研究始于20世纪60年代，随着可持续发展思想在国际社会的推广，绿色建筑理念逐渐得到行业人员的重视和积极支持。到20世纪80年代，伴随着建筑节能问题的提出，绿色

建筑概念开始进入我国，在2000年前后成为社会各界人士讨论的热点。由于世界各国经济发展水平、地理位置和人均资源等条件的不同，对绿色建筑的研究与理解也存在差异。

住房和城乡建设部（原建设部）于2006年3月发布了《绿色建筑评价标准》（GB/T 50378-2006），该标准将绿色建筑定义为：在建筑的全寿命周期内，最大限度地节约资源（节能、节地、节水、节材）、保护环境和减少污染，为人们提供健康、适用和高效的使用空间，与自然和谐共生的建筑。

《绿色建筑评价标准》用于评价住宅建筑和公共建筑中的办公建筑、商场建筑和旅馆建筑。在该标准中，绿色建筑评价指标体系由节地与室外环境、节能与能源利用、节水与水资源利用、节材与材料资源利用、室内环境质量和运营管理六类指标组成。

绿色建筑的设计理念主要包括以下几个方面：

（1）重视整体设计。整体设计的优劣直接影响绿色建筑的性能及成本。建筑设计必须结合气候、文化、经济等诸多因素进行综合分析、整体设计，切勿盲目照搬所谓的先进绿色技术，也不能仅仅着眼于局部而不顾整体。如热带地区使用保温材料和蓄热墙体就毫无意义，而对于寒冷地区，如果窗户的热性能很差，使用再昂贵的墙体保温材料也不会达到节能的效果，因为热量会通过窗户迅速散失。在少花钱的前提下，将有限的保温材料安置在关键部位，而不是均匀

分布，会起到事半功倍的效果。

（2）因地制宜。绿色建筑强调因地制宜原则，不能照搬盲从。气候的差异使不同地区的绿色设计策略大相径庭。建筑设计应充分结合当地的气候特点及其地域条件，最大限度地利用自然采光、自然通风、被动式集热和制冷，从而减少因采光、通风、供暖、空调所导致的能耗和污染。在日照充足的西北地区，太阳能的利用就显得高效、重要。而对于终日阴云密布或阴雨绵绵的地区，则效果不明显。北方寒冷地区的建筑应该在建筑保温材料上多花钱、多投入，而南方炎热地区则更多的是要考虑遮阳板的方位和角度，即防止太阳辐射，避免产生眩光。

（3）尊重基地环境。在保证建筑安全性、便利性、舒适性、经济性的基础上，在建筑规划、设计的各个环节引入环境概念，是一个涉及多学科的复杂的系统工程。规划、设计时须结合当地生态、地理、人文环境特性，收集有关气候、水资源、土地使用、交通、基础设施、能源系统、人文环境等方面的资料，力求做到建筑与周围的生态、人文环境的有机结合，增加人类的舒适和健康，最大限度提高能源和材料的使用效率。

（4）创造健康舒适的室内环境。健康、舒适的生活环境包括使用对人体健康无害的材料，抑制危害人体健康的有害辐射、电波、气体等，采用符合人体工程学的设计。

（5）节能设计。包括6个方面内容：①建筑形态、建筑定位、空间设计、建筑材料、建筑外表面的材料肌理、材料颜色和开敞空间的设计（街道、庭院、花园和广场）；②可减轻环境负荷的建筑节能新技术，如根据日照强度自动调节室内照明系统、局域空调、局域换气系统、节水系统；③能源的循环使用，包括对二次能源的利用、蓄热系统、排热回收等；④使用耐久性强的建筑材料；⑤采用便于对建筑保养、修缮、更新的设计；⑥设备竖井、机房、面积、层高、荷载等设计留有发展余地等。

（6）使建筑融入历史与地域的人文环境。包括4个方面内容：①对古建筑的妥善保存，对传统街区景观的继承和发展；②继承地方传统的施工技术和生产技术；③继承保护城市与地域的景观特色，并创造积极的城市新景观；④保持居民原有的生活方式，并使居民参与建筑设计与街区更新。

9.1.2 生态建筑

20世纪60年代，美籍意大利建筑师保罗·索勒瑞把生态学（Ecology）和建筑学（Architecture）两词合并为"Arology"，意为"生态建筑学"，并在《生态建筑学：人类理想中的城市》一书中提出了生态建筑学理论。

20世纪70年代，在能源危机的背景下，欧美国家就有一些建筑师应用生态学思想设计了不少被称之为"生态建筑"的住宅。这些建筑在设计上一般基于这样的思路：利用覆土、温室及自然通风技术提供稳定、舒适的室内气候；风车及太阳能装置提供建筑基本能源；粪便、废弃食物等生活垃圾用作沼气燃料及肥料；温室种植的花卉、蔬菜等植物提供富氧环境；收集雨水以获得生活用水；污水经处理后用于养鱼及植物灌溉等。因此，在这类建筑中，草皮屋顶、覆土保温、温室、植被、蓄热体、风车及太阳能装置等成为其基本构造特征，如位于美国明尼苏达州的欧勒布勒斯住宅就是一个典型案例。

国内一些有关生态建筑的研究与实践中亦可发现与此类似的设计思路。因此所谓"生态建筑"，即将建筑看成一个生态系统，通过组织（设计）建筑内外空间中的各种物态因素，使物质、能源在建筑生态系统内部有秩序地循环转换，获得一种高效、低耗、无废、无污、生态平衡的建筑环境。

生态建筑的设计理念主要包括以下几个方面：

（1）注意与自然环境的结合与协作，使人的行为与自然环境的发展取得同等地位,这是生态建筑设计的最基本内涵。必须了解到人是自然环境的一份子,人的活动必须与环境建立起一种新的结合与协作关系。对自然环境的关心是生态建筑存在的根本,是一种环境共生意识的体现。

(2)要善于因地制宜地利用一切可以利用的因素和高效地利用自然资源。根据生态学的进化论,生态建筑设计包含着资源的经济利用问题,其中首要的是土地的利用问题,今后建筑业的发展,势必在有限的土地资源内展开。为了节省有限的土地,必须建立高效的空间体系;其次是建筑节能和生态平衡,也就是减少各种资源和材料的消耗,如太阳能的利用和建筑保温材料的应用等。

(3)注意自然环境设计。重视自然生态环境的特点和规律,确定"整体优先"和"生态优先"的原则。加强对自然环境的利用,使人工环境和自然环境有机交融。

(4)注重生态建筑的区域性。任何一个区域规划、城市建设或者单体建筑项目,都必须建立在对特定区域条件的分析和评价基础之上,包括地域气候特征、地理因素、地方文化与风俗、建筑肌理特征等。

9.1.3 低碳建筑

目前学术界并没有明确的低碳建筑的定义,碳排放量降低到什么程度可以称之为低碳建筑,也没有具体的数值。定义低碳建筑可以参照低碳经济等相关概念。

低碳经济是以减少温室气体排放为目标,以低能耗、低污染、低排放为基础的经济模式,其实质是能源高效利用、清洁能源开发、追求绿色 GDP,核心是能源技术和减排技术创新、产业结构和制度创新以及人类生存发展观念的根本性转变。

依据低碳经济的概念,可将低碳建筑定义为:低碳建筑是实现尽可能减少温室气体排放的建筑,在建筑的全生命周期内,以低能耗、低污染、低排放为基础,最大限度地减少温室气体排放,为人们提供具有合理舒适度使用空间的建筑模式。

低碳建筑的设计理念包括能源的优化、节约资源及材料、使用天然材料和本地建材、减少在生产和运输过程中对能源造成的浪费等方面。

(1)能源组合优化。增加清洁能源的使用量,引入天然气、轻烃或生物质固体燃料,使用风能、太阳能等可再生能源;充分利用工业余热;对燃煤锅炉进行改造等,减少碳排放,控制大气污染。

(2)节能。采用节能的建筑围护结构,减少采暖和空调的使用;根据自然通风的原理设置空调系统,使建筑能够有效地利用夏季的主导风向;最大限度地利用自然的采光通风;使用各种自动遮阳、双层幕墙、可调节建筑外立面的设计等。总的来说,即通过各种手段,既保证有非常现代化的建筑形象,又能够达到比较节能和舒适的目的。

(3)节约资源。在建筑设计和建筑材料的选择中,均考虑资源的合理使用和处置。尽可能的优化建筑结构,减少资源浪费,提高再生水利用率,力求使资源可再生利用。

(4)采用天然材料。建筑内部不使用对人体有害的建筑材料和装修材料,尽量采用天然材料,所采用的木材、石块、石灰、油漆等要经过检验处理,确保对人体无害。

(5)舒适和健康的环境。保证建筑内空气清新,温、湿度适当,光线充足,给人健康舒适的生活工作环境。

9.2 城镇生态住宅的基本要求

9.2.1 弘扬传统聚落天人合一的生态观

在优秀传统建筑文化环境风水学的熏陶下,我国的传统城镇聚落,都尽可能地顺应自然,或者虽然改造自然却加以补偿，聚落的发生和发展，充分利用自然生态资源，非常注重节约资源，巧妙地综合利用这类资源，形成重视局部生态平衡的天人合一的生态观。经长期实践，人们逐渐总结出适应自然、协调发展的经验，这些经验指导人们充分考虑当地资源、气候条件和环境容量，选取良好的地理环境构建聚落。在围合、半围合的自然环境中，利用被围合的平原，流动的河水，丰富的山林资源，既可以保证村民采薪取水等生活需要和农业生产需要，又为村民创造了一个符合理想的生态环境。

从对自然的尊崇到对自然的适应，聚落的地方性特征很大程度上就是适应自然生态的结果。聚落在形成过程中采用与自然条件相适应的取长补短的技术措施，充分利用自然能源，就地取材。也正是由于各地气候、地理、地貌以及材料的不同，使得民居的平面布局、结构方式、外观和内外空间处理也不同。这种差异性，就是传统聚落地方特色的关键所在。先民们天人合一的生态平衡乃至表现为风俗的具体措施，至今仍有积极意义，尤其是充分利用自然资源、节约和综合利用等思想，仍然可供今天有选择的汲取。

9.2.2 城镇生态住宅的基本概念

生态住宅是一种系统工程的综合概念。它要求运用生态学原理和遵循生态平衡、可持续发展的原则，设计、组织建筑内外空间中的各种物质因素，使物质、能源在建筑系统内有秩序地循环转换，获得一种高效、低耗、无废弃物、无污染、生态平衡的建筑环境。这里的环境不仅涉及住宅区的自然环境，也涉及人文环境、经济环境和社会环境。城镇生态住宅应立足于将节约能源和保护环境这两大课题结合起来。其中不

仅包括节约不可再生的能源和利用可再生洁净能源，还涉及节约资源（建材、水）、减少废弃物污染（空气污染、水污染），以及材料的可降解和循环使用等。城镇生态住宅要求自然、建筑和人三者之间的和谐统一，共处共生。

规划设计须结合当地生态、地理、人文环境特性，收集有关气候、水资源、土地使用、交通、基础设施、能源系统、人文环境等各方面的资料，使建筑与周围的生态、人文环境有机结合起来，增加村民的舒适和健康，最大限度提高能源和材料的使用效率，减少施工和使用过程中对环境的影响。

我国还是一个发展中的国家，资源有限，由于地域条件、气候条件、民族习惯、经济水平、技术力量的差异，在城镇生态住宅的建设中应积极运用适宜技术。

9.2.3 城镇生态住宅的设计原则

（1）因地制宜，与自然环境共生

1）要保护环境，即保护生态系统，重视气候条件和土地资源并保护建筑周边环境生态系统的平衡。要开发并使用符合当地条件的环境技术。由于我国耕地资源有限，在城镇住宅设计中，应充分重视节约用地，可适当增加建筑层数，加大建筑进深，合理降低层高，缩小面宽。在住宅室外使用透水性铺装，以保持地下水资源的平衡。同时，绿化布置与周边绿化体系应形成系统化、网络化关系。

2）要利用环境，即充分利用太阳能、风能和水资源，利用绿化植物和其他无害自然资源。应使用外窗自然采光，住宅应留有适当的可开口位置，以充分利用自然通风。尽可能设置水循环利用系统，收集雨水并充分利用。要充分考虑绿化配置以软化人工建筑

环境。应充分利用太阳能和沼气能。太阳能是一种天然、无污染而又取之不尽的能源，应尽可能利用。在城镇住宅中可使用被动式太阳房，采用集热蓄热墙体作为外墙。在阳光充足而燃料匮乏的西北地区应推荐采用。

3）防御自然，即注重隔热、防寒和遮避直射阳光，进行建筑防灾规划。规划时应考虑合理的朝向与体型，改善住宅体形系数、窗地比例；对受日晒过量的门窗设置有效的遮阳板，采用密闭性能良好的门窗等措施节约能源。特别提倡使用新型墙体材料，限制使用黏土砖。在寒冷地区应采用新型保温节能外围护结构；在炎热地区应做好墙体和屋盖的隔热措施。

总之，要因地制宜，就地取材，充分利用当地资源能采用现代新技术，创造可持续发展的城镇住宅。

（2）节约自然资源，防止环境污染

1）降低能耗，即注重能源使用的高效节约化和能源的循环使用。注重对未使用能源的收集利用，排热回收，节水系统以及对二次能源的利用等。

2）住宅的长寿命化。应使用耐久的建筑材料，在建筑面积、层高和荷载设计时留有发展余地，同时采用便于对住宅保养、修缮和更新的设计。

3）使用环境友好型材料，即无环境污染的材料，可循环利用的材料，以及再生材料的应用。对自然材料的使用强度应以不破坏其自然再生系统为前提，使用易于分别回收再利用的材料，应用地域性的自然建筑材料以及当地的建筑产品，提倡使用经无害化加工处理的再生材料。

（3）建立各种良性再生循环系统

1）应注重住宅使用的经济性和无公害性。应采用易再生及长寿命的建筑消耗品，建筑废水、废气

应无害处理后排出。农村规模偏小，居住密度也小。农村住宅从收集生活污水的管道设施、净化污水的污水处理设施，以及处理后的水资源和污泥的再利用设施等的建设带来很大问题。主要困难是建设和维护运行费用的解决。因此，因地制宜地选择合理的处理方案，对城镇生活污染的治理极为重要。尤其是规模较小的村庄，必须考虑到住宅分散，污水负荷的时间变动大以及周围环境自净能力强的特点，用最经济合理的办法解决这些农村的生活污染问题，保持城镇的生态环境。

2）要注重住宅的更新和再利用。要充分发挥住宅的使用可能性，通过技术设备手段更新利用旧住宅，对旧住宅进行节能化改造。

3）住宅废弃时注意无害化解体和解体材料再利用。住宅的解体不应产生对环境的再次污染，对复合建筑材料应进行分解处理，对不同种类的建筑材料分别解体回收，形成再资源化系统。

（4）融入历史与地域的人文环境，注重对古村落的继承以及与乡土建筑的有机结合

应注重对古建筑的妥善保存，对传统历史景观的继承和发扬，对拥有历史风貌的古村落景观的保护，对传统民居的积极保存和再生，并运用现代技术使其保持与环境的协调适应，继承地方传统的施工技术和生产技术。要保持村民原有的出行、交往、生活和生产优良传统，保留村民对原有地域的认知特性。我国地域辽阔，各地的气候和地理条件、生活习惯等差别很大，统一的标准和各地适用的方案是不存在的。在城镇住宅设计中，既要反映时代精神，有时代感，又要体观地方特色，有地域特点。即要把生活、生产的现代化与地方的乡土文脉相结合，创造出既有乡土文化底蕴，又具有时代精神的新型城镇住宅。

9.3 城镇生态住宅的形式选择

城镇生态住宅的设计应遵从自然优先的生态学原则，最大限度地实现能量流和物质流的平衡，建筑形式便于能源的优化利用，使设计、施工、使用、维护各个环节的总能耗达到最少。

9.3.1 建筑形式

生态住宅设计是城镇建设中一个十分重要的课题。城镇住宅量多面广且接近自然，在生态化建设上有着得天独厚的优势，城镇住宅生态化对改善全球生态环境具有不可估量的价值和意义。

生态住宅建设要合理确定居民数量、住宅布局范围和用地规模，尽可能使用原有宅基地，正确处理好新建和拆旧的关系，确保城镇社会稳定。建筑平面功能要科学合理，注重适应居民的家庭结构、生活方式和生活习惯；立面造型要有地方传统特色又具现代风格；建筑户型要节约利用土地，符合城镇用地标准；能够服务城镇居民，为群众提供适用、经济、合理的住宅设计方案，造价经济合理。

（1）平面形状的选择

根据住宅中各种平面形状节能效果的量化研究：采用紧凑整齐的建筑外形每年可节约 $8 \sim 15 kWh/m^2$ 的能耗。当建筑体积（V）相同时，平面设计应注意使维护结构表面积(A)与建筑体积(V)之比尽可能小，以减少建筑物表面的散热量。

建筑平面形状与能耗关系如下表 9-1 所示。根据表 9-1 可以看出，城镇生态住宅平面形状宜选择规整的矩形。

表 9-1　建筑平面形状与能耗关系

平面形状	正方形	矩形	细长方形	L 型	回字形	U 型
A/V	0.16	0.17	0.18	0.195	0.21	0.25
热损耗（%）	100	106	114	124	136	163

（2）住宅类型的选择

城镇生态住宅建设应本着节约用地的原则，积极引导农民建设富有特色的联排式住宅和并联式住宅（图 9-1），有条件的地方可建设多层公寓式住宅，尽量不采用独立式的住宅，控制宅基地面积，从而提高用地的容积率、节约有限的土地资源。

图 9-1　并联式住宅效果图

（3）朝向的选择

影响住宅朝向的因素很多，如地理纬度、地段环境、局部气候特征及建筑用地条件等。因此，"良好朝向"或"最佳朝向"的概念是一个具有区域条件限制的提法，是在考虑地理和气候条件下对朝向的研究结论，在实际应用中则需根据区域环境的具体条件加以修正。

影响朝向的两个主要因素是日照和通风，"最佳朝向"及"最佳朝向范围"的概念是对这两个主要影响因素观察、实测后整理出的成果。

1）朝向与日照

无论是温带还是寒带，必要的日照条件是住宅里所不可缺少的，但是对不同地理环境和气候条件下的住宅，在日照时数和阳光照入室内深度上是不尽相同的。由于冬季和夏季太阳方位角的变化幅度较大，各个朝向墙面所获得的日照时间相差很大。因此，应对不同朝向墙面在不同季节的日照时数进行统计，求出日照时数日平均值，作为综合分析朝向时的依据。

另外，还需对最冷月和最热月的日出、日落时间做出记录。在炎热地区，住宅的多数居室应避开最不利的日照方位。住宅室内的日照情况同墙面上的日照情况大体相似。对不同朝向和不同季节（例如冬至日和夏至日）的室内日照面积及日照时数进行统计和比较，选择最冷月有较长日照时间、较多日照面积，最热月有较少日照时间、最少日照面积的朝向。

在一天的时间里，太阳光线中的成分是随着太阳高度角的变化而变化的，其中紫外线量与太阳高度角成正比，如表 9-2。选择朝向对居室所获得的紫外线量应予以重视，它是评价一个居室卫生条件的必要因素。

表 9-2　不同高度角时太阳光线的成分

太阳高度角	紫外线	可视线	红外线
90°	4%	46%	50%
30°	3%	44%	53%
0.5°	0%	28%	72%

2）朝向与风向

主导风向直接影响冬季住宅室内的热损耗及夏季居室内的自然通风。因此，从冬季保暖和夏季降温的角度考虑，在选择住宅朝向时，当地的主导风向因素不容忽视。另外，从住宅群的气流流场可知，住宅长轴垂直主导风向时，由于各幢住宅之间产生涡流，会影响自然通风效果。因此，应避免住宅长轴垂直于夏季主导风向（即风向入射角为零度），以减少前排房屋对后排房屋通风的不利影响。

在实际运用中，应当根据日照和太阳辐射将住宅的基本朝向范围确定后，再进一步核对季节主导风向。这时会出现主导风向与日照朝向形成夹角的情况。从单幢住宅的通风条件来看，房屋与主导风向垂直效果最好。但是，从整个住宅群来看，这种情况并不完全有利，而形成一个角度，往往可以使各排房屋都能获得比较满意的通风条件。

根据上述应该考虑的 2 个方面，不同地区住宅的最佳朝向和适宜朝向可参考表 9-3。

表 9-3　全国部分地区建议建筑朝向表

地区	最佳朝向	适宜朝向	不宜朝向
北京地区	南偏东 30° 以内 南偏西 30° 以内	南偏东 45° 范围以内 南偏西 45° 范围以内	北偏西 30° ~ 60°
上海地区	南至南偏东 15°	南偏东 30° 南偏西 15°	北，西北
哈尔滨地区	南偏东 15° ~ 20°	南至南偏东 20° 南至南偏西 15°	西北，北
南京地区	南偏东 15°	南偏东 25° 南偏西 10°	西，北
杭州地区	南偏东 10° ~ 15°	南，南偏东 30°	北，西
武汉地区	南偏西 15°	南偏东 15°	西，西北
广州地区	南偏东 15° 南偏西 5°	南偏东 22° 南偏西 5° 至西	
西安地区	南偏东 10°	南，南偏西	西，西北

（4）层高和面积的选择

要正确对待住宅层高的概念：层高过低，会减少室内的采光面积，阻挡室内通风，造成室内空气混浊和空间的压抑感；层高过高，会浪费建造成本和日常使用的能源；一般以 2.8m 为宜，不宜超过 3m。底层层高可酌情提高，但不应超过 3.6m。

住宅面积和层数的选择，应与当地的经济发展水平和能源基础条件相适应。超越当地的经济社会条件，过分追求大面积的住宅，邻里之间互相攀比，均不应提倡。应提倡节约型住宅，合理的使用面积，是当前最有效的节能措施。可以节约建材、节约劳动力一级建造、使用、维护过程中的大量能源。

建筑面积和层数控制可以分为经济型和小康型两类。

经济型 —— 建筑面积 100 ~ 180m²，以 1 ~ 2 层为宜。

小康型 —— 建筑面积 120 ~ 250m²，以 2 ~ 3 层为宜。

（5）地域建筑风貌

通过规划设计创新活动，把本土建筑与传统民居的建筑元素和文化元素相融合，丰富建筑户型，创造出具有地方特色的生态建筑。

结合地域的差异性，融入更多的地方特色。根据城镇不同的地理区位：如山区、丘陵、平原、城郊、水乡、海岛的地形地貌特点，选择适宜的建筑形式和布局方式，注意节地、节能、节材、环保、安全、节省造价。

（6）建筑材料与技术的选用

根据当地的环境和气候特点，积极采用新型环保、节能材料；在经济效能和实用性上应努力降低建造费用。

9.3.2 结构形式

住宅的结构是指住宅的承重骨架（如房屋的梁柱、承重墙等）。住宅的建筑样式多种多样，相应的结构形式也有所不同。城镇生态住宅由于其建筑层数以中、低层为主，故其采用的结构形式主要以砖混结构、钢筋混凝土结构和轻钢结构三种形式为主。

（1）砖混结构住宅

砖混结构是指建筑物中竖向承重结构的墙、柱等采用砖或者砌块砌筑，横向承重的梁、楼板、屋面板等采用钢筋混凝土结构。即砖混结构是以小部分钢筋混凝土及大部分砖墙承重的结构。砖混结构是最具有中国特色的结构形式，量大面广。其优点是就地取材、造价低廉；其缺点是破坏环境资源，抗震性能差。

城镇的生态住宅建设应本着因地制宜、就地取材的原则，并符合国家建筑节能与墙体改革政策。国家正在逐步禁止生产及使用粘土砖。目前能较好地替代粘土实心砖的主导墙体材料有：混凝土小型空心砌块、烧结多孔砖、蒸压灰砂砖。

利用工业废料、矿渣等材料生产各种砖和砌块，

是符合城镇建设因地制宜、就地取材原则的。我国是最大的煤炭生产国和消费国，每年排放粉煤灰、煤矸石、炉渣等2亿多t，历年堆积的工业废渣达70多亿t，占地6万hm²。据专家计算，如果把这些工业废渣全部利用，可生产废渣空心砖52000亿块。考虑到10%～15%废渣用料的性能不适合制砖要求，实际利用废渣可生产44200～46800亿块空心砖，可满足全国6～7年建设用砖，还可以退耕还田百万亩。每年2亿多t废渣全部利用后可生产1500亿块空心砖，可以满足我国市场需求量的1/4～1/5，每年少占地约2667hm²，节能和环保效果相当显著。

（2）钢筋混凝土结构住宅

钢筋混凝土结构是指用配有钢筋增强的混凝土制成的结构。承重的主要构件是用钢筋混凝土建造的。钢筋承受拉力，混凝土承受压力，具有坚固、耐久、防火性能好、节省钢材和成本低等优点。

钢筋混凝土结构在我国城镇住宅中所占比例很小，其具有平面布局灵活、抗震性能好、经久耐用等优点，其最大的缺点是造价高。

（3）轻钢结构住宅

钢结构是一种高强度、高性能、可循环使用的绿色环保材料。轻钢结构住宅的优点是有利于生产的工业化、标准化，施工速度快、施工噪音和环境污染少。目前，与钢结构住宅配套的装配式墙板主要有两大体系：一类为单一材料制成的板材，另一类为复合材料制成的板材。

9.4 城镇生态住宅的建筑设计

城镇生态住宅建筑设计节约资源技术措施大致可分为"节流"和"开源"两种模式。"节流'指的是减少城镇社区建筑消耗量的资源，包括资源消耗数量数值的绝对减少和提高资源利用效率造成的资源

消耗量相对减少两种方式，其基本要求是不能牺牲建筑的舒适性为代价。"节流"的技术措施包括控制建筑形态、提高建筑热工性能、使用新型建材、降低水电消耗等。"节流"多是针对传统常规资源的措施，"开源"则主要是针对开发利用非常规资源而言的，例如太阳能。

城镇生态住宅建筑设计中常用节约资源技术措施有以下几个方面。

9.4.1 慎重控制建筑形态

建筑物的形态与节能有很大关系，节能建筑的形态不仅要求体型系数小，即田护结构的总面积越小也好，而且需要冬季辐射得热多，另外，还需要对避寒风有利。

（1）减少建筑面宽，加大建筑进深，将有利于减少热耗。

（2）增加建筑物层数，加大建筑体量，可降低耗热指标。

（3）建筑的平面形状也直接影响建筑节能效果，不同的建筑平面形状，其建筑热损耗值也不同。严寒地区节能型住宅的平面形式应追求平整、简洁，南北方建筑体型也不宜变化过多。

9.4.2 精心处理建筑构造

（1）墙体节能技术

在节能的前提下，发展高效保温节能的外保温墙体是节能技术的重要措施。复合墙体一般用砖砌体或钢筋混凝土作承重墙，并与绝热材料得复合；或者用钢或钢筋混凝土框架结构，用薄壁构料夹以绝热材料作墙体。外保温墙体主体墙可采用各种混凝土空心砌块、非黏土砖、多孔黏土砖墙体以及现浇混凝土墙体等。绝热材料主要是岩棉、矿渣棉、玻璃棉、膨胀珍珠岩、膨胀蛭石以及加气混凝土等。其构造做法有：

1）内保温复合外墙。将绝热材料复合在外墙内侧即形成内保温。施工简便易行，技术不复杂。在满足承重要求及节点处不结露的前提下，墙体可适当减薄。

2）外保温复合外墙。将绝热材料复合在外墙外侧即形成外保温，外保温做法建筑热稳定性好，可较好地避免热桥，居住较舒适，外围护层对主体结构有保护作用，可延长结构寿命，节省保温材料用量，还可增加建筑作用面积。

3）将绝热材料设置在外墙中间的保温材料夹芯复合外墙。

（2）门窗

在建筑外围护结构中，改善门窗的绝热性能是住宅建筑节能的一个重要措施，包括：

1）严格控制窗墙比。

2）改善窗户的保温性能，减少传热量。

3）提高门窗制作质量，安装密封条，提高气密性，减少渗透量。

（3）屋面

屋面保温层不宜选用容量较大、导热系数较高的保温材料，以防屋面重量、厚度过大；不宜选用吸水率较大的保温材料，以防止屋面湿作业时，保温层大量吸水，降低保温效果。

屋面保温层有聚苯板保温层面、再生聚苯板保温层面、架空型岩棉板保温层面、架空型玻璃棉保温层面、保温拔坡型保温层面、倒置型保温层面等屋面，做法应用较多的仍是加气混凝土保温，其厚度增加50～100mm。有的将加气混凝土块架空设置，有的用水泥珍珠岩、浮石砂、水泥聚苯板、袋装膨胀珍珠岩保温，保温效果较好。高保温材料以用聚苯板、上铺防水层的正铺法为多。倒铺法是将聚苯板设在防水层上，使防水层不直接受日光暴晒，以延缓老化。

坡屋顶便于设置保温层，可顺坡顶内铺钉玻璃棉毡或岩棉毡，也可在天棚上铺设上述绝热材料，还可喷、铺玻璃棉、岩棉、膨胀珍珠岩等松散材料。

另外，还可以采用屋顶绿化设计，涵养水分，调节局部小气候，具有明显的降温、隔热、防水作用。同时减少了太阳对屋顶的直射，从而还能延长屋顶使用寿命并具有隔热作用。屋顶绿化还使楼上居民都拥有自家的屋顶花园，更加美化整个新村社区的绿化环境。

（4）遮阳

夏季炎热地区，有效的遮阳可降低阳光辐射，减少 10%～20% 居住建筑的制冷用能。主要技术是利用植物遮阳，采用悬挂活百叶遮阳。

（5）通风

夏季炎热地区，良好的通风十分重要。

1）组织室外风。

2）窗户朝向会影响室内空气流动。

3）百叶窗板会影响室内气流模式。

4）风塔。其原理是热空气经入口进入风塔后，与冷却塔接触即降温，变重，向下流动。在房间设空气出入口（一般出气口是入气口面积的 3 倍），则可将冷空气抽入房间。经过一天的热交换，风塔到晚上温度比早晨高；晚上其工作原理正好相反。这种系统在干热气候中十分有效。中东地区许多传统建筑有这种系统。一般 3～4m 的风塔可形成室内风速为 lm/s 的 4～5℃ 的气流。此系统无法在多层公寓中见效，仅在独立式住宅中有效，可用于干热地区城镇社区建设中。

5）太阳能气囱。其原理是采用太阳辐射能加热气囱空气以形成抽风效果。影响通风速率的因素有：出入气口的高度、出入气口的剖面形式、太阳能吸收面的形式、倾斜度。这种气囱适用于低风速地区，可以通过获得最大的太阳能热来形成最大通风效果。

6）庭院效果。当太阳加热庭院空气，使之向上升，为补充它们，靠近地面的低温空气通过建筑流动起来，形成空气流动。夜间工作原理反之。应注意当庭院可获取密集太阳辐射时，会影响气流效果，向室内渗入热量。

9.4.3 充分利用太阳能技术

太阳能在当前城镇生态住宅单体设计中的利用方式主要有太阳能采暖与空调、太阳能供热水。

（1）太阳能采暖与空调系统

1）被动式太阳能采暖系统

被动式太阳能采暖系统是指利用太阳能直接给室内加热，建筑的全部或一部分既作为集热器又作为储热器和散热器。可分为直接得热式、集热墙式，附加阳光间式和三者的组合式。

①直接得热式

冬季让阳光从南窗直接射入房间内部，用楼板、墙体、家具设备等作为吸热和储热体，当室温低于储热体表面温度时，这些物体就像一个大的低温辐射器那样向室内供暖。为了减少热损失，窗户夜间必须用保温窗帘或保温板覆盖。房屋围护结构本身也要有高效的保温。夏季白天，窗户要有适当的遮阳措施，防止室内过热。

② 集热墙式

在直接受益式太阳窗后面筑起一道重型结构墙（特朗伯集热墙），该墙表面涂有吸收率高的涂层，其顶部和底部分别开有通风孔，并设有可控制的开启活门。

③ 附加阳光间式

这种太阳房的南墙外设有附加温室是集热墙式的发展，即将集热墙的墙体与玻璃之间的空气夹层加宽，形成一个可以使用的空间——附加温室，其机理完全与集热墙式太阳房相同。

2）主动式太阳能采暖系统

主动式太阳能系统主要由集热器、管道、储热物质、循环泵、散热器等组成，其储热物质是水或者空气。由于热量的循环需要借助泵或风扇等产生动力，因而称为主动式系统。

3）混合式太阳能采暖系统

被动式和主动式相结合的太阳能采暖系统称为混合系统。在混合系统中，主动式系统地储热热能保存住热量供夜间使用，而被动式系统则可以在白天直接使用，两种方式可以非常有效地相互补充，达到最佳效果。

（2）太阳能供热水系统

太阳能供热水系统目前广泛应用的是太阳能热水器。最为常用的有平板太阳能热水器、真空管热水器和闷晒式热水器三种。

9.5 城镇生态住宅的建材选择

在城镇生态居住区建设中，应尽量选择绿色建材。与传统建材相比，绿色建材具有净化环境的功能，而且具有低消耗（所用生产原料大量使用尾矿、废渣、垃圾等废弃物，少用天然资源）、低能耗（制造工艺低能耗）、无污染（产品生产中不使用有毒化合物和添加剂）、多功能（产品应具有抗菌、防霉、防臭、隔热、阻燃、防火、调温、调湿、消磁、防射线、抗静电等多功能）、可循环再生利用（产品可循环或回收再利用）等 5 个基本特征。

住房与城乡建设部（原建设部）于 2001 年发布的《绿色生态住宅小区建设要点与技术导则》中对绿色建筑材料的要求摘录如下：

10 绿色建筑材料系统

10.1 一般要求

10.1.1 小区建设采用的建筑材料中，3R 材料的使用量宜占所用材料的 30%。

10.1.2 建筑物拆除时，材料的总回收率达 40%。

10.1.3 小区建设中不得使用对人体健康有害的建筑材料或产品。

10.2 绿色建筑材料选择要点

10.2.1 应选用生产能耗低、技术含量高、可集约化生产的建筑材料或产品。

10.2.2 应选用可循环使用的建筑材料和产品。

10.2.3 应根据实际情况尽量选用可再生的建筑材料和产品。

10.2.4 应选用可重复使用的建筑材料和产品。

10.2.5 应选用无毒、无害、无放射性、无挥发性有机物、对环境污染小、有益于人体 健康的建筑材料和产品。

10.2.6 应采用已取得国家环境标志认可委员会批准，并被授予环境标志的建筑材料和产品。

10.3 部分绿色建筑材料参考指标

10.3.1 天然石材产品放射性指标应符合下列要求：

室外 镭当量浓度 ≤ 1000Bq/kg

室内 镭当量浓度 ≤ 200Bq/kg

10.3.2 水性涂料应符合下列要求：

1. 产品中挥发有机物（VOC）含量应小于 250g/L；

2. 产品生产过程中不得人为添加含有重金属的化合物，总含量应小于 500mg/kg（以铅计）；

3. 产品生产过程中不得人为添加甲醛及其甲醛的桑合物，含量应小于 500mg/kg。

10.3.3 低铅陶瓷制品铅溶出量极限值应符合下列要求：

扁平制品 0.3mg/L

小空心制品 2.0mg/L

大空心制品 1.0mg/L

杯和大杯 0.5mg/L

10.3.4 产品中不得含有石棉纤维。

10.3.5 粘合剂应符合下列要求：

1. 复膜胶的生产过程中不得添加苯系物、卤代烃等有机溶剂；

2. 采用的建筑用粘合剂，产品生产过程中不得添加甲醇、卤代烃或苯系物；产品中不得 添加汞、铅、镉、铬的化合物；

3. 采用的磷石膏建材，产品生产过程中使用的石膏原料应全部为磷石膏，产品浸出液各 氟离子的浓度应≤0.5mg/L。

10.3.6 人造木质板材中，甲醛释放量应小于0.20mg/m³；木地板中，甲醛释放量应小 于0.12mg/m³；木地板所用涂料应是紫外光固化涂料。

根据以上要求，城镇生态居住区的绿色建材系统可从外部建造和内部装修两方面来构建。

9.5.1 建筑建造所用绿色建材

（1）地基建材

建筑物的建造必须先打地基，城镇住宅地基用材主要是砖石、钢筋和水泥。为体现资源再循环利用原则，钢筋尽可能采用断头焊接后达标的制品或建筑物拆除挑出的回炉钢筋；水泥尽可能采用

节能环保型的高贝利特水泥，该产品的烧成温度为1200～1250℃，比普通水泥低200～250℃，既节约能源又大大减少CO_2、SO_2等有害气体的排放量。

（2）砌筑建材

传统的墙体砌筑用材是实心粘土砖，不仅烧制过程耗能，有害气体排放量大，还大量毁坏耕地。为了提高资源利用率、改善环境，减少粘土砖的生产和使用以及生产粘土砖造成的资源浪费和环境污染，国家环境保护部（原国家环保总局）于2005年发布了《环境标志产品技术要求 建筑砌块》（HJ/T 207-2005）标准。提倡企业以工业废弃物如稻草、甘蔗渣、粉煤灰、煤矸石、硫石膏等生产建筑砌块（包括轻集料混凝土小型空心砌块、蒸压加气混凝土砌块、粉煤灰砌块、石膏砌块、烧结空心砌块），以达到节约资源的目的。混凝土空心砌块与实心粘土砖性能对比见表9-4。

尽管新型墙体材料比实心粘土砖造价贵，但新型墙材重量轻，可以降低基础造价，扩大使用面积，节约工时，节省材料，还能享受国家墙改基金返退等政策，综合成本要比使用实心粘土砖便宜，见表9-5。

表9-4 混凝土空心砌块与实心粘土砖性能对比

材料名称	产品规格		物理性能			
	模量 / mm	容重 / （kg/m³）	隔音性能 / dB	导热系数 / W/m·k	吸水率 / %	抗压强度 / MPa
实心粘土砖	53×115×240	2200	< 20	0.8	18-20	15～30
混凝土空心砌块	390×190×190～140	800～1000	48～68	0.3	< 15	3.5～20

表9-5 100m³混凝土空心隔条板住宅经济成本对比

项目	所需人数 / 人	所需工期 / 天	施工费用节约	新型墙体材料房比实心粘土砖房节省材料					增加使用面积
				土方	水泥	钢筋	砂石	煤	
实心粘土砖建房	10	30	新型墙材节约50%	140m³	8.25t	0.375t	18.75 m³	1.875t	新型墙材增加15%
新型墙体材料建房	5	15							

我国气候复杂多变，温差变化较大，北方地区空气干燥，冬寒、风大、少雨，对房屋主要的要求是保温效果。而南方地区空气温度高、多雾、多雨、

寒冷天气较少、湿热天气较多，建筑保温应是以阻隔热空气为主要目的。因此，南、北方在住宅形式、材料的选用以及保温措施上要有所差异，见表9-6。

表 9-6 南北方主要墙体材料及保温措施比较

	墙体形式	墙体材料	保温材料
北方	三合土筑墙、土坯墙和砖实墙	非粘土多孔砖、普通混凝土空心砌块、非粘土空心砖、加气混凝土空心砌块、轻质复合墙板等	有机类保温材料[发泡聚苯板(EPS)、挤塑聚苯板(XPS)、喷涂聚氨酯(SPU)等]或高效复合型保温材料
南方	砖砌空斗墙、木板围墙	普通混凝土空心砌块、加气混凝土砌块、轻骨料混凝土砌块、混凝土多孔砖等	无机材料(中空玻化微珠、膨胀珍珠岩、闭孔珍珠岩、岩棉等)或高效复合型保温材料

城镇生态住宅建设过程中，应结合当地具体用材情况，因地制宜地选择合适的建筑砌块。

（3）建筑板材

利用稻草、甘蔗清、粉煤灰、煤矸石等废弃物，制作出氯氧镁轻质墙板、加气混凝土板材和复合墙板，以及植物秸秆人造建材和石膏建材产品。其优越性如同砌筑建材，是新型的实用墙体材料。

《环境标志产品技术要求 轻质墙体板材》（HJ/T 223—2005）中规定了轻质墙体板材类环境标志产品的基本要求、技术内容和检验方法。该标准中指定的板材有：石膏板、纤维增强水泥板、加气混凝土板、轻集料混凝土条板、混凝土空心条板、纤维增强硅酸钙板及复合板等轻质墙体板材。

（4）屋顶建材

屋顶结构选材和结构设计要满足防水和保温隔热的要求。屋面结构提倡采用大坡屋面，宜使用轻质材料。防水材料宜选用新型防水材料。表 9-7 是几种防水材料性能对比、表 9-8 是南北方主要屋面材料及保温措施比较。

表 9-7 几种防水材料性能对比

类型	品种	耐热度/℃	低温柔度/℃	不透水性	
				压力/MPa	保持时间/min
传统防水材料	沥青油毡防水卷材	85	-5	≥0.1～0.15	≥30
新型防水材料	SBS改性沥青卷材	90～105	-25～-18	≥0.2～0.3	≥30
	APP改性沥青卷材	130	-15～-15	≥0.2～0.3	≥30

表 9-8 南北方主要屋面材料及保温措施比

	屋面形式	屋面材料	保温材料
北方	平顶或稍平的坡屋顶	三合土、瓦弹性体(SBS)改性沥青防水卷材	有机类保温材料[发泡聚苯板(EPS)、挤塑聚苯板(XPS)、喷涂聚氨酯(SPU)等]或高效复合型保温材料
南方	屋顶高而尖	小青瓦塑性体(APP)改性沥青防水卷材	无机材料(中空玻化微珠、膨胀珍珠岩、闭孔珍珠岩、岩棉等)或高效复合型保温材料

（5）门窗建材

传统的门窗用材往往采用木制品或钢制品。木材虽属可再生资源，但由于生长期缓慢，且森林本身对保护生态环境具有重大作用，不宜大量开发使用。我国现推出塑料门窗，生产时能耗大大低于钢门窗，使用中又可节能 30%～50%，因此被视为典型的节能产品和绿色建材。

《环境标志产品技术要求 塑料门窗》（HJ/T 237—2006）中规定了塑料门窗环境标志产品的术语和定义、基本要求、技术内容及检验方法。表 9-9 是木、塑钢、铝合金三种门窗主要性能指标对比。

表 9-9 木、塑钢、铝合金三种门窗主要性能指标对比

主要性能指标	木门窗		塑钢门窗		铝合金		星越多表明
	指标	星级	指标	星级	指标	星级	
抗风压性能/KPa	8.8	☆	8.2	☆☆☆	8.0	☆☆	抗风能力强
空气渗透性能/(m³/m·h)	0.23	☆	0.24	☆☆	0.5	☆☆☆	透气性好
雨水渗透性能/Pa	450	☆	367	☆☆☆	433	☆☆	防水性好
空气隔音性能/dB	35	☆☆☆	34	☆☆☆	24	☆	隔间效果好

（续）

主要性能指标	木门窗		塑钢门窗		铝合金		星越多表明
	指标	星级	指标	星级	指标	星级	
保温性能 / (W/m²·k)	2.5	☆☆	2.7	☆☆☆	1.5	☆	保温性好
价格		☆		☆☆☆		☆☆	价格贵
防火性能		☆		☆☆		☆☆☆	防火性好
使用寿命		☆		☆☆☆		☆☆	使用寿命长
产品性能 / 价格比		☆		☆☆☆		☆☆	性价比最优

通过以上对比，可以看出在城镇生态住宅建设中，宜选用塑钢门窗或铝合金门窗，其中塑钢门窗性价比较高，也是国家产业政策重点推荐的产品。

双玻门窗和单玻门窗相比，双玻门窗保温隔音功能都好于单玻门窗，但价格稍贵。在经济条件允许的情况下，建议选用双玻门窗。表 9-10 是 5mm 厚单玻、双玻塑钢窗性能对比。

表 9-10 5mm 厚单玻、双玻塑钢窗性能对比

	热传导系数 / (W/m²·k)	隔音量 / dB
单玻	2.0	21 ~ 24
双玻	2.5	24 ~ 49

（6）管道建材

在建筑中，往往需要管道铺设或预留管道孔洞。同传统的铸铁管和镀锌钢管相比，塑料管材和塑料与金属复合管材在生产能耗和使用能耗上节约效益明显。主要包括室内外的给排水管、电线套管、燃气埋地管等及其配件。

《环境标志产品技术要求 建筑用塑料管材》（HJ/T 226—2005）中规定了建筑用塑料管材类环境标志产品的基本要求、技术内容及检测方法。该标准适用于所有替代铸铁管及镀锌钢管的建筑用塑料管、塑料—金属复合管等管材（含管件），包括室内外给排水管、电线套管、燃气埋地管、通信埋地管等及其配件产品。

（7）建筑制品

建筑材料中还有一些是建筑制品，用于瓦、管、板及保温材料等。传统用的是石棉制品，在其生产、运输、应用和报废过程中会散发大量的石棉粉尘，被人吸入后，轻者引起难以治愈的石棉肺病，重者会引起癌症（国际癌症中心已将石棉认定为致癌物）。目前，我国以各种其他纤维替代石棉制品，称之"无石棉建筑制品"。

《环境标志产品技术要求 无石棉建筑制品》（HJ/T 206—2005）中规定了无石棉建筑制品环境标志产品的基本要求、技术内容和检验方法。该标准适用于各种用以其他纤维替代石棉纤维的建筑制品（包括瓦、管及保温材料等，但不包括板材和砌块）。

9.5.2 建筑装修所用绿色建材

建筑物外部建造完毕后将进入内部装修。不同档次的建材日益增多，品种规格也愈发齐全，从而不同程度地满足了人们对家居环境美观性的追求。但由于装修建材的引入，使室内环境质量日渐恶化，人们的健康正在受到威胁。近年因建筑装修与家具造成的室内空气污染案件日益增多。

在建房装修中应严格选用无污染或者少污染的绿色产品，如选用不含甲醛的胶粘剂，不含苯的材料，以提高室内空气质量。此外，装修应以实用为主，不可追求繁丽复杂。因为很多污染物，如霉菌、尘螨、军团菌、动物皮屑及可吸入颗粒物等很容易在过分繁丽复杂的室内生存，影响人体健康。

（1）板材制品

胶合板、纤维板、刨花板、细木工板、饰面板、竹质人造板等各类板材是室内装修必不可少的材料。由于这些人造板材主要使用的液态脲醛树脂胶中含有甲醛，而甲醛对于人体危害极大，所以国家在《环境标志产品技术要求 人造板及其制品》（HJ 571—

2010）中，对人造板及其制品所用原材料、木材处理时的禁用物质、胶黏剂、涂料、总挥发性有机化合物（TVOC）释放率、甲醛释放量提出了要求。

对于地板材料，现代装饰中正竭力对传统木地板加以创新，努力克服其不足，在木质表面选用进口的 UV 漆处理，既适合写字楼、电脑房、舞厅之用，更适合家庭居室。其最大特性是防蛀、防霉、防腐、不变形、阻燃和无毒，可随意拆装，使用方便，被称为绿色地板建材。

（2）粘合制剂

粘合剂是板材制品和木材加工在装修中不可缺少的配料，因其含有大量的苯、甲苯、二甲苯、卤代烃等有毒有机化合物，制造和使用时均存在很大污染，严重危害人类的身体健康。

国家在《环境标志产品技术要求 胶粘剂》（HJ/T 220—2005）中，规定了胶粘剂类环境标志产品的基本要求、技术内容及检测方法。

（3）陶瓷制品

在住宅室内装修中，建筑的墙面、地面及台面等广泛采用的大理石和陶瓷釉面砖（包括厨房、卫生间用的卫生洁具），因其强度高、耐久性好、易清洁以及特有的色泽、花纹、多彩图案等装饰特点而受到人们青睐。但少数天然石材和陶瓷材料中含有对人体有放射性危害的元素，如钴、铀、氡气等。氡对脂肪有很高的亲和力，影响人的神经系统，体内辐射还会诱发肺癌，体外辐射甚至会对造血器官、神经系统、生殖系统和消化系统造成损伤。

国家在《环境标志产品技术要求 卫生陶瓷》（HJ/T 296—2006）中规定了卫生陶瓷中可溶性铅和镉的含量限值，根据我国卫生陶瓷原料使用情况制定了卫生陶瓷放射性比活度指标，按照我国节水的原则规定了便器的最大用水量，同时规定了对卫生陶瓷在生产过程中所产生工业废渣的回收利用率。

（4）磷石膏制品

磷石膏建材制品往往具有两面性：一方面可以代替粘土砖而减少天然石膏的开采量，减少对农田的破坏；另一方面磷石膏在堆存中，其中的水溶性五氧化二磷和氟会随雨水浸出，产生酸性废水造成严重的环境污染。

国家在《环境标志产品技术要求 化学石膏制品》（HJ/T 211—2005）中规定了化学石膏制品类环境标志产品的术语、基本要求、技术内容和检验方法。该标准适用于以工业生产中的废料石膏 — 磷石膏和脱硫石膏为主要原料生产的各类石膏产品，但不包括石膏砌块和石膏板。

（5）壁纸装饰

壁纸在建筑物的室内装饰中应用已十分普遍，但其中的有害物也会对人体健康产生不利影响。

国家在《环境标志产品技术要求 壁纸》（HJ 2502—2010）中对壁纸及其原材料和生产过程中的有害物质提出了限量或禁用要求，并对产品说明书中施工所使用材料提出明示要求。该标准适用于以纸或布为基材的各类壁纸，不适用于墙毡及其他类似的墙挂。

（6）水性涂料

水性涂料是以水稀释的有机涂料，可分为水乳型（如乳胶漆）、复合型（如水／油或水性多彩涂料）和水溶型（如电泳漆及水性氨基烘漆）三大类，其中水乳型所占比例约为涂料总量的 50%。由于传统涂料含有大量有机溶剂和有一定毒性的各种助剂、防腐剂及含重金属的颜料，在生产与使用中产生"三废"，影响人类健康，已成为继交通污染后的第二大环境污染源。

为此，国家在《环境标志产品技术要求 水性涂料》（HJ/T 201—2005）中，对水性涂料中挥发性有机化合物（简称 VOC）、甲醛、苯、甲苯、二甲苯、卤代烃、重金属以及其他有害物，提出了限量要求，并规定了水性涂料类环境标志产品的定义、基本要求、技术内容和检验方法。该标准适用于各类以水为溶剂或以水为分散介质的涂料及其相关产品。

10 城镇住宅建设产业化

我国正处在快速的城镇化发展阶段，城镇人口的激增导致了社会对住宅数量、质量的需求的不断提高。然而，在住宅建设过程中的各参与方仍然各自为政，还无法实现生产上的一体化，这不仅导致设计生产效率的低下，而且浪费、环境污染现象严重。这不仅不利于住宅产业化进程的推进，更威胁到人们的健康和经济的可持续发展。

在住宅由以安置为目的追求数量型向追求住宅功能质量乃至环境的质量型的过渡中，如何提高住宅建设的功能质量问题，如何转变建筑业粗放型的生产方式，加快住宅产业化进程是当前急需解决的重大问题。如今，现有住宅建造方式的低效率、高污染和高消耗等负面效应使住宅产业化建造方式越发受到人们的重视，住宅产业化所带来的建筑业的产业集聚将为地区经济发展水平的提高和住宅的产业化生产创造契机。

10.1 住宅产业化与住宅生产工业化

10.1.1 住宅产业化

住宅产业化（Housing industry）是指用标准化设计、工业化生产、装配式施工、一体化装修和信息化管理的观念、要求和手段来建造和运营住宅建筑的社会化设计生产方式。住宅产业化要求用工业化生产的方式来建造住宅，以便提高住宅生产的劳动生产率，提高住宅的整体质量，降低成本，降低物耗、能耗。这就需要利用现代科学技术，先进的管理方法和工业化的生产方式去全面改变传统的住宅产业，使住宅建筑工业生产和技术符合时代的发展需求。运用现代工业手段和现代工业组织，对住宅工业化生产的各个阶段的各个生产要素通过技术手段集成和系统的整合，达到建筑的标准化，构件生产工厂化，住宅部品系列化，现场施工装配化，土建装修一体化，生产经营社会化，形成有序的产业作业，从而提高质量，提高效率，提高寿命，降低成本，降低能耗。

住宅产业化是采用社会化大生产的方式进行住宅生产和经营的组织体系，所以住宅产业化应以住宅市场需求为主导，以建材、居住相关行业等为依托，以工厂化生产各种住宅构配件、成品、半成品，然后现场装配为基础，通过将住宅生产全过程的设计、构配件生产、施工建造、销售和售后服务等诸环节联结为一个完整的产业系统，从而实现住宅设计、生产、供给、销售等一体化的生产经营组织形式。

住宅产业化的概念最早出现在 1968 年，由日本通产省提出，此后获得各国广泛认同。住宅产业化是建筑业发展的趋势和必然，其含义是采用工业化和社会化的方式组织住宅生产，大幅度提高劳动生产率、降低成本、缩短工期、提高效率、保证质量。住宅产业化的含义体现在五个方面，一是住宅建筑设计生产体系的标准化，二是住宅设计生产部品化，三是住宅建筑设计生产工业化，四是住宅生产、经营一体化，五是住宅建设协作服务社会化。住宅产业化采用工业化的生产方式建设建筑，改变了传统建筑业的生产方式。住宅产业化应在住宅工业化生产的前提下，通过推行住宅标准化生产的整体性部品、采用符合工业化建造的集成技术来实现住宅的工业化生产，解决传统生产方式所带来的住宅质量缺陷和性能不佳等问题，提高住宅品质的综合效益，进而减少能耗保护环境。

相对住宅产业化而言，住宅产业现代化是住宅产业化发展的更高的阶段。以科技进步为核心的社会化的住宅生产工业化，需要以现代的科学技术完善和拓展传统的住宅产业，基于新技术、新材料、新工艺、新设备的广泛推广应用，进一步通过住宅设计生产的标准化，大幅提高住宅建设、管理的劳动生产率和住宅的整体质量水平，全面改善住宅的使用功能和居住质量；高速度、高质量、高效率地建设符合市场需求的、对应住宅长期耐用化所需求的高品质住宅。

10.1.2 住宅产业化发展的必要性

住宅产业化通过集约化生产、规模化经营，可以用较少的投入实现住宅的高产出，以大量优质适价的部品、住宅满足居民的多样化需要，提高住宅建设的劳动生产率和经济效益。现有落后的住宅生产方式和服务体系，使得住宅的供给远远满足不了住宅的需求。要想解决住宅供求之间的矛盾，根本出路在于实行住宅产业化，唯有做到住宅建筑施工部品化、集约化、体系化、满足住宅设计生产全过程中建筑设计、构配件生产、住宅建筑设备生产供应、施工建造、销售及售后服务等诸环节的多样化对应，实现住宅的长期耐用化，从根本上提高住宅产品的品质。住宅产业化是住宅产业可持续发展的实现方式，加快住宅产业化，有利于提升住宅产品的品质和生产效能，

降低资源消耗，改善人居环境，促进产业结构的调整和房地产行业的健康发展。

10.1.3 住宅生产工业化

住宅生产工业化首先是一种住宅生产方式的变革，其核心是要实现由传统半手工半机械化生产方式转变成一种现代住宅工业化生产方式。作为一种良好的住宅生产方式，住宅生产工业化不等于住宅产业化，而是住宅产业化的必要条件。"住宅工业化是指将住宅分解为构件和部品，用工业化的手法进行生产，然后在现场进行组装的住宅建筑方式。原来在现场的大部分工作被移到设备与工作环境良好的工厂内进行，以量的规模效应促进技术革新、提高质量和降低成本。

建筑生产工业化是随着西方工业革命的出现，使制造生产效率有了大幅度的提升，实行了工厂预制、现场机械化装配的近代建筑工业化生产的基础。二战后西方国家亟须解决当时战后住房严重不足，大力推行并奠定了建筑工业化的技术基础。

1974年，联合国出版的《政府逐步实现建筑工业化的政策和措施指引》中将建筑工业化定义为：按照大工业生产方式改造建筑业，使之逐步从手工业生产转向社会化大生产的过程。它的基本途径是建筑标准化，构配件生产工厂化，施工机械化和组织管理科学化，并逐步采用现代科学技术的新成果，以提高劳动生产率，加快建设速度，降低工程成本，提高工程质量。建筑生产工业化由于采用先进、适用的技术、工艺和装备，并科学合理地组织施工，发展施工专业化，提高机械化水平，减少了繁重，复杂的手工劳动和湿作业；发展建筑构配件设计生产并形成适度的规模经营，为建筑市场提供各类适用的系列化的通用建筑构配件和部品；工业化建造方式采用标准化构件，并用大型工具进行生产和施工，就需要制定统一的建筑模数和模数制（模数协调、公差与配合、合理建筑

参数、连接等），合理解决标准化和多样化对应的关系，建立和完善产品标准、工艺标准、企业管理标准、工法等，通过实行科学的组织和管理，适应市场的需要。工业化建造方式可分为工厂化生产建造和现场施工的方式，所以工业化建造方式由工厂生产和现场建造两部分构成。

工厂化建造是指采用构配件定型生产的装配施工方式，即按照统一标准定型设计，在工厂内成批生产各种构件，然后运到工地，在现场装配成房屋的施工方式。采用这种方式建造的住宅可以被称为预制装配式住宅，主要有大型砌块住宅、大型壁板住宅、框架轻板住宅、模块化住宅等类型。预制装配式住宅的主要优点是：构件工厂生产效率高，质量好，受季节影响小，现场安装的施工速度快。缺点是：需以各种材料、构件生产基地为基础，初期投资很大；构件定型后灵活性小，处理不当易使住宅建筑单调；构件接缝部分要求工艺高，结构整体性和稳定性较差，抗震性不佳。

现场建造是指现场施工作业的工业化，在整个过程中仍然采用工厂内通用的大型工具和生产管理标准。根据所采用工具模板类型的不同，现场建造的工业化住宅主要有大模板住宅、滑升模板住宅和隧道模板住宅等。采用工具式模板在现场以高度机械化的方法施工，取代了繁重的手工劳动，与工厂预制装配方式相比它的优点是：一次性投资少，对环境适应性强，建筑形式多样，结构整体性强。缺点是：现场用工量比预制装配式大，所用模板较多，施工容易受季节的影响。

注重住宅工业化生产性并满足住户多样化对应要求的住宅生产工业化的发展已成为今后住宅设计生产的主要发展方向。满足住宅需要多样化的对应，住宅工业化生产需要对住宅躯体与内装、设备构件和部品进行有效分离，实现住宅支撑体和填充体两个生产过程，探索工厂化生产与现场施工复合化生产模式，才能在发挥工业化生产的标准化、生产连续性等优点基础上，满足住宅需要多样化的要求。

10.1.4 近代住宅产业化的变迁

住宅产业化的概念自 20 世纪 60 年代末由日本通产省提出以来，经济发达国家以住宅生产方式的转型为主要目标，基于当时社会发展的背景和条件，将住宅设计、技术开发、部品生产与施工建造相结合，成功地实现了住宅建设工业化生产的变革。经济发达国家的住宅建设都大致经历了三个阶段：①数量发展阶段，即量产时代，时间大约为 20 世纪 50 ～ 60 年代，主要解决了住房的有无问题；②数量和质量并重阶段，约在 20 世纪 70 ～ 80 年代，重点是在保证一定数量的前提下提升住房的质量和功能；③ 20 世纪 90 年代后期的解决可持续发展问题阶段，解决住房与资源、环境协调发展的问题。与此相比，目前我国的住宅产业面临的形势更加艰巨，事实告诉我们中国不可能再重走发达国家住宅建设的老路，而是要依据国情，统筹考虑，全面部署，同时要解决发达国家住宅建设三个历史发展阶段的艰巨任务。

我国从 20 世纪 70 年代探索以结构和施工体系为主的建筑体系的住宅建筑工业化，20 世纪 80 年代以来开展的"改善城市住宅功能与质量"和 20 世纪 90 年代开展的"2000 年小康型城乡住宅科技产业工程项目"，大大推进了住宅建设质量的提高，促进了新技术、新产品、新材料、新设备在居住区和住宅建筑中的应用。

自 20 世纪 90 年代我国引入住宅产业化概念，对住宅产业化问题进行研究并持续推进住宅建设，住宅产业化已走过几十年的历程。1998 年 7 月设立建设部住宅产业化办公室（现名"住房和城乡建设部住宅产业化促进中心"）。次年，国务院办公厅以国办发 [1999] 72 号文件转发了建设部等八部委起草的《关于推进住宅产业现代化，提高住宅质量的若干意见》，就系统地提出了我国推进住宅产业化工作的指导思想、主要目标、工作重点、实施要求及技术措施等一系列行动纲领。要求住宅产业化从完善住宅技术保障体系，技术标准、技术规范；建立住宅建筑体系，促进住宅产业群体的形成；加大住宅部品体系的开发、研究。建立住宅性能认定体系；建立和完善质量控制体系等五个方面完成技术性基础工作，使我国住宅产业化政策达到了前所未有的水准。

1999 年开始建设部实施国家康居住宅示范工程，鼓励在示范工程中采用先进适用的成套技术和新产品、新材料，引导并促进住宅的全面更新换代。随着全社会对于资源环境的危机意识的加强，以及我国特殊的城镇化需求与土地等资源匮乏的现状，2004 年政府提出了发展节能省地型住宅的要求，即"四节一环保"，并在新版的《住宅建筑规范》、《住宅性能认定标准》中做了具体详细的表述。

20 世纪 90 年代以后住宅产业化以及部品层面的工业化（集成化）得到了强调，住宅产业化迈向了一个新的阶段，国家相继出台了诸多重要的法规政策，并通过各种必要措施，推动了住宅领域生产方式的转变。推行住宅装修工业化是要建立和健全住宅装修材料和部品的标准化体系，实现住宅装修材料和部品生产的现代化，推行工业化施工方法，鼓励使用装修部品，减少现场作业量。建设部在全国范围内开展了厨卫标准化工作，以提高厨卫产业工业化水平，促进粗放型生产方式的转变。2003 年，建设部住宅部品标准化技术委员会成立，负责住宅部品的标准化工作。2006 年，建设部发布《关于推动住宅部品认证工作的通知》等一系列标准和措施以促进住宅部品的发展。住宅是寿命不同的材料和部品的集合体，住宅维护维修和资源与建筑寿命等课题尤为突出，建筑物生命周期的延长就是对资源的最大节约。2006 年，国家住宅工程中心针对当前我国住宅建设方式上的寿命短、耗能大、质量通病严重和二次装修浪费等问题，

以绿色建筑全生命周期的理念为基础，提出了我国工业化住宅的"百年住居体系"，且研发了围绕保证住宅性能和品质的规划设计、施工建造、维护使用、再生改建等技术为核心的新型工业化集合住宅体系与应用集成技术。

总之，伴随着我国住宅大量建设的时代，一系列创新开拓性研究得以全方位展开，所取得成果也为住宅建设发展提供了强有力的技术支持和保障。在国家宏观经济政策和城镇住房制度改革的指引和推动下，我国城乡住宅产业建设保持了快速持续地发展，对促进经济、社会发展和人民生活水平的提高发挥了重要的作用。目前我国住宅工业化发展虽然初步呈现了企业向大规模住宅工业化生产集团的整合方向发展、住宅开发向工业化生产的集成化方向发展的趋势，并且早在 20 世纪 90 年代，我国就提出转变建筑业粗放型生产方式，推进住宅产业现代化发展，然而由于认知水平、产业政策和技术部品体系等各方面诸多因素的制约，住宅工业化目前仍保持传统生产方式，住宅产业化进程推进缓慢，仍处于生产方式的转型阶段。住宅工业化生产方式还处在由"住宅建设的工业化阶段"向"住宅生产的工业化阶段"的转型和过度发展阶段。

10.1.5 环境问题与住宅产业化

建筑能耗包括建造能耗和运行能耗，我国建筑业直接和间接消耗的能源已经占到全社会总能耗的 6.7%，在 300 多亿 m² 存量住宅中，节能住宅不足 2%。住宅的单位建筑面积能耗为相同气候条件下发达国家的 2 ~ 3 倍。居住区环境质量标准有待进一步完善和提高，住宅内外环境质量标准不健全，目前的标准还不能满足居民日益增长的需求。据建设部统计数据，我国建筑业能耗已占到全社会商品能耗三分之一以上。1973 年第一次世界能源危机后，发达国家对各耗能领域的节能潜力所进行的研究表明，建设领

域的节能潜力最大；住宅产业化则是节能减排的突破口。

中国的住宅建设已进入到一个重要的转型期，今后一段时期的住宅需求仍是我国发展住宅工业化的前提和推动力。满足住宅适量的快速增长同时，既要追求质量的全面提升，也要合理利用和节约资源。由于传统住宅生产方式技术含量低，不但难以提高住宅的质量和性能，而且耗费大量能源和资源，不适应今后住宅发展的需要。因此，实现住宅产业由粗放型向集约技术型转变，发展住宅产业化、工业化是新时期经济发展的迫切需求。

（1）构建资源节约和环境友好型社会的建设需要

随着社会发展逐步向环保型及资源循环型的转变，住宅建设及产业化重点转向节能、降低物耗、降低对环境压力以及资源的循环利用上来。十七大报告中就提出了"建设资源节约和环境友好型社会，实现速度和结构质量效益相统一"；"建设生态文明，基本形成节约能源资源和保护生态环境的产业结构、增长方式、消费模式"；住宅产业化的本质是住宅建设的工厂化生产和现场装配式施工，即通过标准化设计、集约化生产、配套化供应、装配化施工、社会化服务，提高劳动生产率和质量水平，降低生产成本，促进由过去那种高能耗、高排放、低效率的住宅生产方式，向工业化、环保化、高效化生产方式转变，通过集成复杂的技术体系以实现建造和使用过程的三提高（人力、材料、设备效能利用水平提高）、三减少（建筑垃圾污染、有害气体及粉尘排放、施工扰民减少）。推动住宅产业化是促进建筑节能减排、实现资源节约和环境友好型社会的迫切需求和必经之路。

作为住宅产业化发展方向之一，必须把建设资源节约、环境友好型社会放在工业化、现代化发展战略的突出位置。注重环境保护、资源节约和可持续的发展，主要保护地球环境和节约各类资源，绿色低碳、

生态环保、节能减排。特别是在资源短缺的条件下，提高住宅产业化发展水平对转变建筑业生产方式有着重要的战略意义。

近年在政府和企业的积极推动下，住宅构件、住宅部品工业化生产及应用都有了一定的规模。为了进一步深入推动节能环保和住宅产业化工作的发展，还需要进一步加强节能环保技术在工业化住宅领域的研究和应用，研究和开发适合于工业化住宅的节能环保技术和产品，实现经济效益、社会环境、资源环境的和谐统一。主体结构施工与住宅全装修均采用部品工厂化预制与现场装配，尽量实现干式施工，工厂化生产与现场装配合理化安排，使施工现场基本无混凝土现浇和钢材加工作业，减少建筑垃圾的产生、建筑污水的排放、建筑噪音的干扰，避免有害气体与粉尘的产生，实现施工全过程的绿色建筑理念。

（2）绿色建筑与住宅产业化

近年，国家高度重视绿色建筑的推广工作，已将建筑节能与绿色建筑纳入国家中长期发展规划。与发达国家相比有较大的差距，相应的政策法规和评价体系还需进一步完善，绿色建筑设计理念和绿色消费观念有待进一步培育。

与传统建筑比较，绿色建筑在工程理念、设计理念、技术手段、投资效益上都有着较大的区别。《绿色建筑评价标准》将绿色建筑定义为：在建筑的全寿命周期内，最大限度地节约资源（节能、节地、节水、节材）、保护环境和减少污染，为人们提供健康、适用和高效的使用空间，提供与自然和谐共生的建筑。传统建筑生产追求效率和效益的最大化，较少考虑对资源和环境的影响。绿色建筑在工程理念上的核心内容是"四节一环保"，强调自然、建筑与人之间的和谐统一。与传统的建筑设计生产方式不同，绿色建筑提倡因地制宜、节约能源、利用再生资源以及减少对生态环境破坏的整体设计理念。在技术手段上，绿色建筑追求建筑材料的可循环利用，提倡应用不污

染环境、高效节能的建筑技术；传统建筑业则大多采用粗放型产业经营模式，耗能并且污染大。据统计，目前全球 50% 的能量消耗于建筑的建造和使用过程中。另外，绿色建筑在投资收益上注重的是全寿命周期的协调发展，从立项、设计阶段就需要考虑所有的因素，在施工过程中要求使用高新技术与方法。

前述住宅产业化发展涵盖的四个方面的含义，即住宅建筑标准化、住宅建筑工业化、住宅生产经营一体化和住宅协作服务社会化。"每一方面都与绿色建筑"四节一环保"的目的有着密切的内在关系。

1) 住宅建筑标准化可简化施工过程，促进部品部件系列化生产，有效减少施工过程中的资源浪费。

2) 住宅建筑工业化实现了构配件加工制作的工厂化生产，可改善工作条件，实现快速优质低耗环保的规模生产。

3) 住宅生产经营一体化，将住宅建设全过程的各个环节联结为一个完整的产业链条，使各个环节专业协作，有效减少因各环节间的不协调而造成的资源能源浪费和环境污染。

4) 住宅协作服务社会化，表现为住宅生产的集中化、专业化与联合化。集中化形成规模效益，提高资源利用率，减少对环境的负面影响；专业化分工与联合化生产提高产品质量并保持生产的连续性和均衡性，减少建设过程中各种建材的浪费，提高使用效率，达到节材的目的"。

住宅产业化与绿色建筑两者间相互影响，住宅产业化是实现绿色建筑的有力保障，而绿色建筑则是住宅产业化发展的最终成果目标。

（3）实现绿色建筑目标的住宅产业化发展途径

以绿色建筑为目标的住宅产业化发展途径首先是，以"四节一环保"为目标，推进住宅产业化进程，克服"为工厂化而工厂化"的错误观念，通过不断完善住宅产业链，将节地、节能、节水、节材和环境保护目标与住宅产业化的各个环节紧密衔接，实现节能

环保技术与住宅产业化技术的有机结合。

住宅产业化的绿色发展必须依靠一系列的技术支撑，需要发展与"四节一环保"相适应的住宅产业化核心技术，只有将符合"四节一环保"要求的技术融入住宅建设的各阶段，才能确保实现科学、高效、健康的住宅产业化发展。

住宅产业化的绿色发展意识不强，住宅产业化绿色发展技术的滞后以及缺乏住宅产业化绿色发展载体是阻碍我国住宅产业化绿色发展的主要的制约因素。住宅产业化和绿色建筑在我国均处于起步阶段，从行业管理部门、住宅开发企业到消费者，都缺乏对住宅产业化绿色发展重要性的认识，在一定程度上阻碍了住宅产业化的绿色发展。另外，无论是住宅产业化，还是绿色建筑，都没有形成完善的技术体系，加之符合住宅产业化绿色发展要求的技术滞后，影响了住宅产业化与绿色建筑的协调发展。企业是实现住宅产业化绿色发展的载体，能够实现住宅产业化绿色发展目标的企业必须具有多专业协作、多层次联合、多元化经营的特点，不但要完成住宅的建造，同时也要具备技术研发与应用能力。只有这样，才能保障住宅产业化的绿色发展。

以绿色建筑为目标的住宅产业化的另一个发展途径是，积极推进住宅产业标准化体系，建设完善住宅产业化绿色认证体系。住宅产业化的绿色发展，要求住宅建设活动以节能、环保和资源循环利用为特色，在提高劳动生产率的同时，提升住宅的质量与品质，最终实现住宅的可持续发展。

10.1.6 住宅产业化现状与问题

（1）住宅产业化现状的认识

1) **住宅建设劳动生产率低、技术水平仍落后于发达国家**

与西方发达国家相比，我国住宅建筑业仍然是劳动密集型产业，生产方式还较为粗放落后。建设施

工周期较长,建筑工人的平均劳动生产率发达国家大约是我国的 2～3 倍左右。由于住宅产业方式仍属粗放型发展,不少陈旧技术仍在使用,具备的成熟技术尚不配套,导致不能把技术优势全部发挥出来。此外,伴随近年来住宅技术的发展,涉及改善居住品质的新问题也不断出现,需要及时制订有针对性的新的技术政策。现场用工多,住宅部品集成化仍然偏低,住宅建设的劳动生产率远低于发达国家。科技进步对住宅产业的贡献率仅为 30% 左右,按国际通行标准,科技进步对产业的贡献率超过 50% 才能算是集约型发展的产业,因此我国的住宅产业仍然属于粗放型发展的产业。各地政策对住宅产业化的扶持不到位,建筑规范滞后,特别是住宅产业化与住宅产业节能减排的关联性不够紧密,出现了"为工厂化而工厂化"的现象。

2) 住宅建设生产组织形式尚不符合产业化要求

住宅建设总体上仍然沿用一般房地产开发项目的生产组织形式,即开发商或建设单位投资,委托建筑设计院进行规划设计后再委托建筑公司组织施工,然后出售给消费者的模式。这种生产组织形式所涉及部门和人员众多,各自的经营目标、技术理念和利益关系不同,很难整合,加上我国仍在实行允许毛坯房通过竣工验收并上市交易的政策,消费者在购买住房后还需自行组织室内装修,使住宅建设过程的后半部分更加陷入了一种混乱的手工生产模式。

3) 住宅建设量具有相当大的规模且持续时间较长

改善存量住宅使用功能,延长其使用寿命,在各经济发达国家的住宅产业中已经受到普遍的重视。与众多发达国家曾经历的住宅产业化发展经历不同,1999 年后,我国住宅建设量一直保持每年 13 亿 m² 以上,住宅建设量具有相当大的规模且持续时间较长。现阶段我国住宅建设以新建增量住宅为主,旧住宅改造尚未提上日程。经济发达国家在 20 世纪 70 年代住房短缺问题缓解后,采取措施加大对旧住宅的升级改造。德国 1987 年旧住宅改造工程量已超过新建住宅工程量。日本于 20 世纪 90 年代也将注意力转向充分利用存量住宅。

4) 技术集成和部品化水平低

实现部品系列化、通用化是发达国家住宅产业化水平的重要标志,具有合理的部品集成化的建筑体系是住宅技术集成的载体。将各单项技术按功能和使用寿命的不同进行集成,形成较为完整的建筑体系,将充分发挥应用技术对提高住宅质量与性能的作用。我国住宅建筑体系尚不完善,住宅技术的发展仍以单项技术与产品为主,缺乏有效集成与整合,对提高住宅整体质量和性能效果不明显。现场施工仍以湿作业为主,粗装修房大量存在,工业化水平低。因此我国距离形成一个住宅建设技术水平先进、整体系列配套的社会规模化生产和供应体系尚有相当大的距离。

5) 住宅建设和使用中资源能源消耗多且环境污染较重

为了满足居民对提高住宅功能和节约资源与保护环境的要求,欧美及日本等经济发达国家都十分重视对旧住宅的功能改造,以延长其平均使用寿命,减少住宅建设和使用中资源能源消耗和环境污染。我国现阶段重增量住宅建设,轻存量住宅改造问题较为严重。据联合国和日本的资料统计,就存量住宅更新周期(统计概念上的住宅寿命:社会年新建住宅量／社会存量住宅总量)的国际比较而言:英国是 111 年,美国是 96 年,法国是 86 年,德国是 79 年,日本仅为 30 年。

6) 村镇住宅技术含量较低

经济发达国家城市化水平较高,很难从品质上严格区分城市与乡村住宅。而我国城市住宅和村镇住宅在科技含量上存在相当大的差距。经济发展较快地区的农村的人们不再满足于农村原有陈旧的简舍,改善居住条件已成为村镇建设中的一件大事,但村镇住宅建设往往是缺少统一规划，无法形成整体居住环境。目前有些村镇住宅建设一般缺乏前期设计和地质勘察，往往不作住房设计就建设开工，即使有设计图纸也是简单抄袭拼凑而成，对房屋不作抗震设防，也不作任何地基处理，为日后住房建设和使用留下极大的隐患。更重要的问题是，由于现有村镇住宅的建造方式大多缺少适宜的建筑材料和部件产品，使已经建成的房屋不适应居住需要。有时造成使用、耐用年限缩短。另外，村镇建房施工队伍大多数未经过止规培训，技术力量薄弱，工程质量无保证；安全意识淡薄，又没有工程质量监督检查。落后的技术和建设方式导致村镇住房建设造成严重资源浪费。

（2）住宅产业化发展认识

1）**住宅技术保障体系与住宅产业标准规范体系的逐步完善**

有关部门对于住宅产业方面的标准始终给予关注，1995年在国家小康住宅科技产业工程中制定了《国家小康住宅规划设计导则》，此外陆续就《商品住宅性能认定方法和指标体系》《国家康居示范工程》《住宅建筑节能》《全国住宅小区智能化技术示范工程建设》《钢结构住宅》《木结构住宅》等相继制定了指导性标准；2000年建设部组织编制了《绿色生态住宅小区建设要点与技术导则》，较为系统地提出了"绿色生态小区"的概念、内涵和技术。2001年国家住宅与居住环境工程中心联合国家环保总局、卫生部及国家体育总局等单位编制了《健康住宅建设技术要点》，并启动了试点工程。还颁布了《住宅建筑规范》《住宅性能评定技术标准》《住宅建筑模数协调标准》等一系列重要的技术标准和大量相关的标准图集，为推进住宅产业化提供了技术支撑。其中，《住宅建筑规范》为我国第一部以功能和性能要求为基础的强制性标准，突出了住宅建筑的安全、健康、环保、节能和合理利用资源的要求。与《住宅建筑规范》同时发布的《住宅性能评定技术标准》，是与之相配套的我国第一部全面反映住宅建筑品质评价方法的国家标准，它将引领住宅建设发生"质"的飞跃。

住宅性能认定制度通过对住宅最终产品的品质进行科学、公平、公正的评价，使消费者获得了对住宅品质的知情权，同时也引导开发商不断提升住宅的品质。近年来围绕推进省地节能环保型住宅的建设，新建住宅的适用性能、环境性能、经济性能、安全性能和耐久性能大幅度改善。

2）**逐步形成符合住宅产业化方向的住宅建筑体系**

住宅建筑材料和部品的工业化和标准化生产体系的建立、城镇住宅的质量控制体系和制度的完善，加之生产经营一体化的大型住宅产业化组织结构的调整与成型，逐步形成了符合住宅产业化方向的住宅建筑体系。

住宅建筑材料和部品的工业化和标准化生产体系正逐步形成。大多住宅建筑材料和部品一定程度上实现了系列化开发、集约化生产。建筑材料和部品的规格品种大幅增加，质量普遍提高，性能明显改善，实现了社会化供应，为住宅产业化的发展提供了物质条件。城镇住宅的质量控制体系也进一步完善。建立健全了比较严格的设计审查、工程监理、质量监督、竣工验收备案、质量责任追究、住宅工程质量保修、质量事故处理和索赔等多项制度。

近年来生产经营一体化的大型住宅产业化组织结构正逐步在调整和成型。已形成了一些以生产住宅为最终产品，集住宅投资、产品研究开发、设计、构配件制造、施工、销售以及物业<管理与服务等相关、业务为一体的综合性住宅产业集团。

3）**具备一定的住宅产业发展的物质基础**

各类所需材料和制品，基本能满足住宅建设的要求，住宅功能和居住环境质量显著提高。经过近几十年的快速发展，建筑部件部品，如建筑陶瓷、卫生陶瓷等不同类型的产品已经形成了较为完整的产品体系。产品系列基本上能满足现代建筑、装修和人们日常生活需求，少量产品系列已处于国际领先水平，实现工业化规模生产。保温材料产品品种多，品质与国外产品基本相当，几千个规格尺寸，基本形成了符合国情的保温隔热材料行业和保温隔热材料体系，保温隔热材料及技术装备完全可以满足国内市场的需求。建筑门窗的生产规模不断扩大，已经形成铝合金、塑钢等多元化的产品体系，同时形成门窗专用材料、专用配套附件、专用工艺设备、多品种协同发展的生产体系，构成多种类建筑部件部品的规模化生产体系。满足了不同层次消费的社会需要。从 2002 年 1 月建设部根据《国家住宅产业化基地实施大纲》的要求已分别建立了天津建工集团住宅建筑体系的开发和生产配套。北新建材集团新型住宅体系——薄板钢骨住宅体系。海尔集团是家居集成，社区和家庭智能化系统。止泰集团住宅用部品是住宅产业中重要的电气（器）设备和产品等四个住宅产业化基地。具备了较为雄厚的住宅产业发展的技术和物质基础。

10.2 住宅产业化的组织

自 1999 年国务院办公厅颁布《关于推进住宅产业现代化提高住宅量的若干意见的通知》（国办发 [1997]72 号）以来，住宅产业化在政府指导和协助下，在借鉴学习发达国家成功经验的基础上，结合国情，积极推进，取得了显著的成就。在政策层面上，通过完善政策、健全组织、加强信息化融合以构建顶层制度框架，为住宅产业现代化发展奠定基础国家为推进住宅产业化的健康有序发展，制定了一系列产业政策，刺激企业的发展住宅产业化的积极性。

10.2.1 住宅产业环境的变迁

（1）住宅产业发展阶段与社会外部环境的变迁

我国住宅产业环境的变迁经历了历史上的缓慢期、20 世纪 90 年代的起步期和现阶段的发展期三个阶段。具体来说住宅产业环境至少还应包含四个方面的具体内容：①社会外部环境（包括政策制度、社会组织体系等的完善程度）；②住宅产业内部环境（包括承担居住空间新建或改建任务的住宅建造业，提供所需材料设备的建材业、设备制造业，承担流通任务的流通产业，以及支持居民自主新建或改建的 DIY 产业）的成熟程度；③住宅产业链的紧密程度；④科学技术的研发和创新对住宅产业的影响程度等内容。这些具体的内容也都各自经历了自身的演变期，直至形成今天我国独特的住宅产业环境。

长期以来我国住宅建设一直没有解决住宅质量达不到设计要求，满足不了用户多样化要求、使用功能差的问题，而且住宅建造的大量投入又使成本居高不下。提高住宅质量功能、降低住宅生产成本已成为迫切需要解决的问题。长期以来我国住宅建设生产率较低，人均竣工面积一直在 $20m^2$ 左右，发达国家如日本约为 $80 \sim 100m^2$，美国约为 $40 \sim 80m^2$，我国只相当于发达国家的 1/5—1/2。造成这一现状的主要原因在于我国特有的历史发展国情，我国曾将住宅作为纯粹的福利性产品，而否定了其本身的商品属性，否定其价值；片面强调土地的资源属性和公有制，将土地权利和土地实体视为一体，否定在社会主义阶段土地市场或土地使用权市场存在的必要性。这种体制和举措无不限制了我国住宅产业化早期的发展。

纵观日本住宅产业化的发展进程，20 世纪 50 年代的战后混乱期，大量的侨民和旧军人陆续回到日本，由于战争中大量城市住宅被烧毁，住宅不足成为日本战后严重的社会问题，如何在短期内向社会提供大量住宅成为当时住宅建设的首要课题。基于当时历史背景和条件下，日本于 1955 年成立了住宅公团，并从一开始就明确提出住宅生产工业化方针，以大量需求为背景，进行了建材生产和应用技术、部品分解与组装技术、商品流通、质量管理等住宅产业化基础技术的开发。然后，向民间企业大量订购工厂生产的住宅部品，向建筑商大量发包以预制组装结构为主的所谓标准型住宅建设工程，由此达到高速度高质量地建设公共住宅、解决住宅不足问题的目的。与此同时，培养出了一批领跑企业，并以他们为核心，逐步向全社会普及建筑工业化技术，推进住宅向产业化方向发展。

从住宅产业化发展来看，社会外部环境确实会极大地影响住宅产业化的发展。没有激励性的政策体制、没有领跑性的社会团体及企业，住宅工业化进程就缺乏物质技术基础与保障，难以适应多样化的经济社会发展环境。近年，随着我国经济发展带来的消费结构的变化（我国城镇居民住宅消费占居民消费的比重逐步提高，住宅市场发育逐渐成熟）、产业结构的调整并逐步趋于合理（住宅产业将从建筑业、建材业、房地产投资业中分离出来，成为快速发展的新兴产业）、人们对住房消费需求量的增大和档次的提高、以及社会可持续发展带来的需要，从目前住宅产业发展状况来看，我国住宅产业化已经开始逐步步入正轨。"借鉴罗斯托的经济"起飞"阶段理论，可以将住宅产业化的发展进程概括为四个阶段：准备期、起飞期、快速发展期和成熟期（图 10-1）"，而我国则正处于准备期和起飞期之间的过渡时期，从社会外部环境来看已经具备了有利于住宅产业化进一步发展的基础条件。

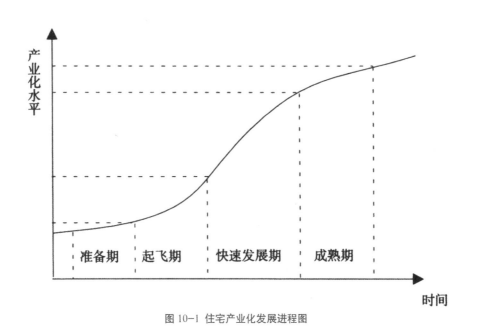

图 10-1 住宅产业化发展进程图

（2）住宅产业内部环境的发展与住宅产业链的形成

住宅产业现代化的发展客观上要求相关企业必须立足于专业化发展的视野，而随着住宅产业内分工不断拓展和延伸，传统的产业内部由一个企业主导的不同类型的价值活动逐渐被细分出来，形成以多个企业为价值主体的活动，这些企业之间按照产业内不同分工和供需关系形成横向以及纵向的协作关系。

企业需要在住宅产业链上要找准发展方向和空间，了解住宅产业链存在的问题与未来发展趋势。以技术为纽带、市场为导向，整合产业链资源，引领开发、材料部品生产、施工、物流企业、科研设计组成联合体，形成优势互补，探索住宅产业化过程中经历的产业链整合。而企业也只有能够跨越住宅产业投资、生产、流通、消费等诸多领域，涉及住宅投资、生产、设备与部品制造、流通、消费服务等行业，把握自身的产业链构成，才能确立竞争地位，形成生产优势。

产业链的循环可以是大循环，也可以是小循环，全产业链并不是一个封闭的循环，而是一个开放的系统，每个循环都会对整体有刺激进步的作用，所以全产业链的模式的探讨极为重要。全产业链的模式应是一个随着社会、技术发展，而不断增长、完善的模式，为企业发展提供发展空间。

（3）科技创新对住宅产业发展的影响

实现从劳动密集型向技术密集型转型，通过科技创新，改进生产方式和生产工艺，提高城市住宅质量，确保土地的节约和集约利用，是实现住宅产业化的重要途径。住宅产业化的可持续发展必须积极提高自身的科技创新能力，完善科技创新与推广运用的组织体系，有效调动各方面科技创新的积极性，就需要合理选择科技创新模式。

引进高新技术对住宅产业技术进行更新改造是现代住宅产业化发展的一大特征。高新技术是发展和推广住宅产业化的动力，住宅技术决定了一个国家住宅工业化的发展阶段，在进行新技术研发的同时，还应特别注意如何把科技成果转化为提高产业技术水平的实际生产力。我国住宅产业化率仅为15%，按国际通行标准，科技进步对产业贡献率超过50%才能算作集约型发展的产业，经济发达国家科技对住宅建设发展的贡献率均在70%～80%及以上，据测算，2001年科技进步对我国住宅产业发展的贡献率为31.8%，虽然比1995年的25.1%提高6.1个百分点，但仍低于资金和劳动力的贡献率。科技成果

转化率的高低决定了研发投入的效益以及住宅技术水平的高低，如何提高住宅技术研发成果的转化率，通过委托科研院校开发、企业自行研发、技术转让等手段加强科研成果与产业发展的衔接。

目前，我国住宅生产科技贡献率低下，具体表现为技术法规尚不全面，产品缺乏技术保障，材料、部品、产品之间缺乏模数协调，结构体系及墙体材料没有大的突破，部品及配件性能差、通用性差，等问题。施工工艺的落后，不仅住宅建造周期长，而且导致了严重的资源浪费和质量问题。通过住宅的技术创新，解决住宅的环保、节能以及质量通病等问题，是住宅生产企业共同面临的一个挑战。科研部门研究出来的大量成果应该及时转换成生产力，以推动住宅产业化的发展。新技术应用后的信息及时反馈给科研单位，改变目前住宅生产的"二高二低"现象，即物耗高，能耗高，生产效率低，科技进步对产业发展的贡献率低。

（4）我国住宅产业环境的发展现状

我国住宅产业化概念最早于1993年到1994年间由住宅科研设计领域率先提出，1992年联合国环境与发展大会之后，我国发布了《中国21世纪议程》，其中便构筑了住宅产业的雏形。1994年以后，从市场经济和解决居民住宅问题的角度出发，建设部开始使用"住宅产业"这一概念。到目前为止，住宅产业化的理念在中国的实践摸索已超过近20年时间。在这20年间，我国住宅产业环境逐步改善，在政府的高度重视下，我国住宅产业环境逐步完善：

1）在住宅产业政策的激励下，住宅产业市场化发展机制基本形成

1999年国务院办公厅转发建设部等部门《关于推进住宅产业现代化提高住宅质量若干意见的通知》，开启了住宅产业现代化的发展历程。并先后出台了《商品住宅性能认定管理办法》《国家康居示范工程管理办法》《关于推动住宅部品认定工作的通知》

《国家住宅产业化基地试行办法》等一系列政策，对我国住宅产业化发展起到了巨大的推动作用。在国家住宅产业相关政策的激励下，住宅产业的市场化程度逐步提高，为住宅产业化的实现提供了基本保障。

2）在住宅性能认定制度和部品认证制度的保障下，住宅质量与性能不断提高

我国住宅性能认定制度经过试点试行，颁布了《商品住宅性能认定管理办法》和国标《住宅性能评定技术标准》等。住宅性能认定制度的实施，不仅使开发企业找到了提高住宅品质的切入点，而且也为消费者衡量住宅品质提供了技术依据，对住宅质量和性能的全面提升有很大的促进作用。

依据国家标准和认证实施规则，在建设领域建立了住宅部品认证制度。住宅部品优胜劣汰机制的逐步建立，有效促进了各部品企业开展良性竞争，并使企业的工作重点放在提高住宅部品的质量和性能上，促进住宅部品技术与产品的创新和发展，为确保住宅综合质量较高和保证住宅部品机械化、集约化生产奠定了基础，同时也为住宅质量和性能的全面提升提供了制度和技术支撑。住宅性能认定制度的实施，使开发企业以提高住宅品质为出发点，积极促进住宅质量和性能的全面提升。

3）可持续发展理念的引导下，建设了一批节能省地型住宅

我国住宅产业坚持可持续的发展道路，大力发展"省地节能型"住宅。在住宅选址规划、设计施工、改建拆建、营运管理等每一个阶段都坚持可持续发展思想，住宅使用性能、环境性能、经济性能、安全性能和耐久性能得以全面提高，住宅品质得以大幅提升。

4）创建国家住宅产业化基地，促进工业化住宅结构体系的形成

国家住宅产业化基地是国家扶植和推广的住宅开发、建设和配套服务方面的示范城市或企业。国家

住宅产业化基地以住宅部品、部件、技术集成的生产企业为载体，依托对住宅产业现代化具有积极推动作用、技术创新能力强、产业关联度大、技术集约化程度高、有市场发展前景的企业建立住宅产业化基地。通过基地的建立，培养和发展了一批住宅产业的骨干企业，发挥了现代工业生产的规模效应，并在地区和全国的住宅产业发展中起到示范作用。同时，为解决住宅现场施工的高能耗、高污染等问题，近年多个国家级住宅产业化基地进行了住宅工业化结构体系进行了应用研发。预制装配式钢筋混凝土结构体系、钢结构住宅等建筑体系，工厂预制、现场组装式的板块结构体系住宅应用的范围扩大，CSI住宅建筑体系建立并逐步完善。

5）在科技创新的推动下的住宅部品化体系的初步形成

随着住宅产业的快速发展和科技的不断创新，我国住宅部品生产得到了迅猛的发展，部品种类和规格丰富。住宅部品体系初具规模。部品企业不仅消化吸收国外先进的住宅产业化成套技术，同时，还自主研发设备、模具及相关材料技术，部分住宅部品达到了世界发达国家水平。

6）网络技术支撑下的住宅信息化整体水平的提高

住宅产业信息化建设的大力发展，促进了住宅产业信息化和工业化深度融合。随着电子商务的建立，住宅产业信息系统的建立，住宅产业信息资源得以有效地开发利用。住宅产业采购联盟和物联网的迅速发展，推动了住宅产业信息化水平的不断提高。在住宅行政管理领域，以信息技术为支撑的住宅产业政务管理信息系统不断建立和完善，也将有效地改进住宅产业行政管理方式，提升住宅产业行政管理服务效率和水平，加强政府对房地产市场的监控和预测能力，推动住宅产业的健康快速发展。

从我国住宅产业整体环境的变迁来看，政府有

力的引导机制和社会的积极协作是促进住宅产业发展的原动力。包括社会外部环境的改善、住宅产业内部环境的成熟、住宅产业链的形成、以及科技创新的推动，都在从根本上改变住宅产业发展得以依赖的住宅产业环境。

10.2.2 住宅部品化发展

"住宅建筑工业化既要发展适应工业化生产方式的建筑体系，又要注重建筑材料的部品化的发展。住宅部品化的目标是要最大限度地实现住宅部品工业化生产的标准化和通用化，构筑社会协作的配套体系"。要实现工业化生产，将住宅分解为构件和部品是必不可少的手段。住宅产业化都是从部品的生产和流通开始的，尤其在促成其他业种的加入、提高住宅品质等方面具有非常重要的意义。构件的定义可从以下几方面来考虑：一是结构体的一部分；二是工厂制造的产品；三是它一般与建筑物成一对一的关系，不具备商业流通性。"部品"一词原是日本的术语，严格地按中文来说应为"非结构构件"。什么是部品同样须从多方面来定义：一是非结构体，比较容易从建筑物里分解出来；二是工厂制造的产品；三是可以通过标准化和系列化的手段独立于具体的建筑物，实现商业流通，与构件不同，部品有品牌有型号；四是应具有适合于工业生产与商品流通的附加价值，换而言之，太特殊或太简单的不具备成为部品的条件。

所谓"部品化"就是大力发展主体结构构件以外的通用部品的体系化。从用户角度看，通用部件是"具有一定功能、在社会范围内实行标准化、由不同厂家生产、具有互换性并可任意选用的、不同程度的集成化产品"。而从设计角度来看，它是"不限于特定类型建筑物，只要功能符合要求就可使用的、不同程度集成化的产品"。从设计角度看，它是"不限于特定类型建筑物，只要功能符合要求便可选用的目录化产品"。实现住宅部品的通用化是满足住宅建

筑多样化对应的住宅部品化、工业化生产的一条发展途径。

随着住宅建设由量向质的转换，装修和设备部品的生产数量和种类都急剧增加，而且部件的规模趋向集成化。例如，集成式厨具系统将水、电、燃气等系统集成为一体，包含了洗洁、炊事、照明、排气、收藏等厨房的所有功能。它在现场的施工内容只有安装和连接水、电、燃气的接头，非常有效地减少了现场劳动量加快了施工速度。另一个有代表性的集成部件是单元式浴缸、淋浴设备、给排水、照明、换气空调等所有设备。在日本最初它是为酒店建设开发的，20 世纪 70 年代开始应用于住宅。到 20 世纪 80 年代，它的销售量已超过了单体浴缸的销售量。现在新建的家和住宅的 100%、单户住宅的 90% 都采用单元式浴室。

住宅部品化的发展在很大程度上解决了住宅多样化和标准化之间的矛盾，提高了住宅产业的工业化水平。我国目前住宅部品的工业化水平还较低，主要是尚未形成系列化、规模化生产体系。特别是住宅部品的配套性、通用性差、生产规模小、特别是规范住宅部品生产的模数协调工作滞后，阻碍了住宅标准化、通用化住宅部品系列的形成。

部件的多功能化和智能化首先，随着 1999 年《确保住宅品质促进法》的实施，不仅提高了对部件质量要求，而且比寻明确地表示其所达到的性能级别。其次，每年的新建住宅户数虽然仍高居不下，但住宅市场已呈饱和状态，市场的重心已开始转向旧房改造，部件的形式和种类也为适其特点而发生变化。再次，节能、环保、满足高龄人、残疾人需求成为部品开发的心要求。最后，随着数字技术的发展，住宅部件走向多功能和智能化。

日本战后以设备为中心的住宅部品的开发并不是以某个共通住宅标准为前提，而是将住宅部品作为

住宅构成要素进行开发，从而得到住宅设计和生产施工等多方面的重视。自 20 世纪 60 年代起，住宅内装、设备等部品开发经历了从规格化部件认证制度到优良住宅部件认证制度的发展过程，在很大程度上解决了住宅多样化和标准化之间的矛盾，有效地提高了住宅产业的工业化整体水平。住宅建筑体系应是一个包括住宅设计、生产、供给、维护、管理等全过程的、以提高住宅耐久性为目的的住宅建筑生产体系。不仅要对应住宅的物理耐久性问题，还要对应住宅的内部装修、设备更新、日后变更以及适应该家族构成生活方式变化的住宅可变性等一系列住宅性能上的耐久性要求。从住宅设计角度来看，满足长期适应型住宅的高品质设计需要，需要根据家庭发展要求。

（1）合理考虑不同耐用年限的部件群构成，开发有效的部品交换手法，以不损伤相比而言耐用年限较长的部品群为基本。

（2）确定提高部件互换性的模数及尺寸设计准则。

（3）开发对应居住生活发展的，实现户型可变性对应技术。

随着住宅向追求品质的方向的发展，住宅部品化的目标也发生了很大的变化。由只注重生产合理化和技术发展，转向满足住宅的长期适应性要求。住宅内装、设备部品的更新交换是满足住宅长期适应性要求的有效手段。住宅可以看作是由不同功能和不同耐久性的多种部品的构成，根据居住发展的需要，可随时通过更换某些部品，使其仍然保持良好的使用性能，满足新的功能要求，从而延长使用寿命。而以往的住宅设计中，不同耐用年限的部品无意识地混杂组合在一起，更换耐用年限短的部品往往要破坏周边耐用年限较长的部件。

由于各部位部品的耐用年限，往往由于材料、构造技术及使用条件的不同而不同，因此，可以将住宅分割成几个"部件群"的组合，来决定部品的耐用

年限。因为只有合理考虑"部件群"构成，综合考虑各部件的组合技术形式、生产特性等才能明确各部件的耐用性水准。为了有效地对应住宅新建、改建时技术的需要，主要依据：

（1）楼板、内隔墙、顶棚的区分；

（2）功能、性能、设计的区分；

（3）施工种类的区别；

（4）生产流通体制的不同；

（5）住宅所有制的区分；

（6）考虑改建中移动使用上的需要；

（7）设定的"部件群耐用性等级"要求等标准来考虑"部件群"的构成或划分。

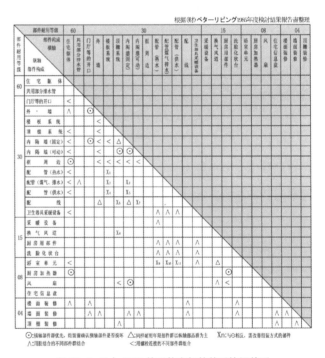

图 10-2 日本 CHS 体系住宅部件关系协调体系

CHS 体系"部件群耐用性等级"如图 10-2 中横、纵轴所示，一般规定：04 型耐用年限为 3 ～ 6 年，08 型耐用年限为 6 ～ 12 年，15 型耐用年限为 12 ～ 25 年，30 型耐用年限为 25 ～ 50 年，60 型耐用年限为 50 ～ 100 年共五类。

与以往部品厂商生产什么样的住宅不被引起设计者的关注相比，现在住宅厂商的部品开发主导着住

宅设计意念的走向。住宅部品件厂商大多将居住者希望的多样的"个性生活"依托不同的生活风格作为一个完整的商品进行开发，使用户按厂商的构想进行选择。从住宅设计的角度来看，住宅部品化的高度发展也在逐步改变住宅设计工作中建筑师的作用及影响。

住宅部品的复合化、种类的日益增多、建筑师选择使用部件和材料要面对逐年大幅度增加的住宅部品的庞大的种类。特别是现在部品发展大多代表厂商的意志，并主导着住宅设计的走向，住宅部品已不单是设计者自由选取的素材，某种程度限制了建筑师的水平发挥，使住宅设计趋于大同小异的"一般解"式的作品。也阻碍了建筑师对住宅技术和部品发展的贡献。从这一点来看进一步探讨住宅部品化生产与住宅设计的关系是今后住宅发展的关键。

10.3 住宅产业化体系

10.3.1 建筑产业化建设制约因素

住宅产业是独立于传统建筑业而存在的独立产业体系。从产业政策上来说，住宅产业化首先将住宅生产工业化厂商放在首位，其中包括产业链上的建材和部品的制造、物流、商流等行业，而以传统的现场施工为主的中小住宅建设业，虽然仍占市场的大部分，但在住宅的产业政策上没有受到太多的重视，换言之，它们仍归于建设业。什么是"产业化"应该从与传统建设业的区别来理解。住宅产业不但不隶属于传统建设业，而且为其他行业提供了加入的空间，在涉及资源、资金等分配的国家产业政策上以及在劳动就业政策上都占有独立的地位。由此可见，住宅"工业化"和"产业化"两个术语，实际上两者存在着概念上的差别。

住宅工业化是指将住宅分解为构件和部品，并用工业的手法进行生产，然后在现场进行组装的住宅建筑方式。原来在现场的大部分工作被移到设备与工作环境良好的工厂内进行，这要求以量的规模效应促进技术革新、提高质量和降低成本。工业化本来只是建筑生产方式的一种改良，并不等于产业化，但它是实现产业化的手段和前提。

在区分了住宅产业与传统建筑业和住宅工业化在概念上的差别之后，"住宅产业化就是在住宅市场的引导下，利用现代科学技术和管理方法，以提升住宅产业的生产效率、综合效益和产品价值为目的的生产经营组织形式。与传统的住宅投资、开发、设计、施工、售后服务彼此分离的生产经营方式相比，住宅产业化利用科学技术改造传统的住宅产业，实现以工业化的建造体系为基础，以建造体系和部品体系的模数化、标准化、通用化为依托，以住宅设计、生产、销售和售后服务作为一个完整的产业体系，以节能、环保和资源的循环利用为特色，在提高劳动生产率的同时提升住宅的质量和品质，最终实现住宅产业的可持续发展。

住宅产业化体系的构成，可以从以下若干层面来进行分析。

（1）参与主体

住宅工业化体系的参与主体是政府管理部门和企业。其中政府管理部门通过立法、制定相关的政策为住宅产业化提供法律、技术和政策方面的支持。

住宅产业化的建设离不开企业的支持，企业的参与使住宅产业化的创新积极性和创新能力大大增强。以日本为例，虽然民间企业在住宅产业化初期仅仅是实行者，按公团的设计生产公团订购的产品，然而在生产和管理体制成熟以后，他们积极进行自主开发，一方面向公共住宅建设团体推荐新的部品，另一方面向公共住宅以外的民间住宅建设业积极地、大量地提供住宅部品，逐渐地取代了公团成为研究开发的主角。自此之后，公团建立起民间技术上的审查认证制度，由公团自主开发转向了采用民间技术。从这个意义上来说，在住宅产业化发展成熟以后，其参与主体应当转变为民间的开发企业，而政府更多地应当作为一种审查者和监督者的姿态，在总体上协调住宅产业化的市场发展。

（2）技术政策体系

住宅产业化的技术政策体系包括推进住宅标准化工作、建立住宅部品认证制度、确立住宅性能认定制度、开展住宅方案竞赛等一系列主要内容。是建筑产业化建设和发展的必要条件。以日本住宅产业化体系发展中的技术政策体系为例。

1）**住宅标准化**

早在 1969 年，日本政府就制定了《推动住宅产业标准化五年计划》；1971 年建设省和通产省联合提出"住宅生产和优先尺寸的建议"，对房屋、房屋的部件、房屋设备等优先尺寸提出建议；1979 年建设省提出了住宅性能测定方法和住宅性能等级的标准。标准化是实现机械化大生产的基本条件，日本大力推进住宅标准化的工作，此举为住宅产业化奠定了基础。

2）**优良住宅部品（BL）认定制度**

日本在 1974 年 7 月开始建立优良住宅部品（BL）认定制度，所认定的住宅部品由建设省以建设大臣的名义颁布。1987 年以后，建设省授权住宅部品开发中心进行审定工作。住宅部品认定中心对部品的外观、质量、安全性、耐久性、使用性、易施工安装性、价格等进行综合审查，公布合格的部品，并贴"BL部品"标签，有效时间为五年。经过认定的住宅部品，政府强制要求在公共住宅中使用，同时也受到市场的认可并普遍被采用。优良住宅部品认定制度建立，逐渐形成了住宅部品优胜劣汰的机制。这是一项极具权威的制度，是推动住宅产业和住宅部品发展的一项重要措施。

3）**住宅性能认定制度**

日本建设省在 20 世纪 70 年代开始就实行住宅性能认定制度，所制定的《工业化住宅性能认定规程》是维护业主利益的专门性文件。购房者可以在购房时通过这一制度对房屋的性能进行判定，避免了工业化建设带来房屋质量和性能方面的问题。

4）**住宅方案竞赛制度**

住宅方案竞赛制度是为加快住宅产业化技术更新的重要举措。从 20 世纪 70 年代初起，围绕不同的技术目标，多次开展技术方案竞赛。通过一系列的技术方案设计比赛，一方面实现了住宅的大量生产和大量供给，另一方面调动了企业进行技术研发的积极性，满足了客户对住宅的多样化需求。住宅方案竞赛制度的实行加快了住宅产业化在技术方面的革新。

住宅产业化技术政策体系的建立是保障住宅产业化向前发展的基础，也是政府推动住宅产业化快速发展所必须提供的保障和必须面临的课题。

（3）技术产业链构成

要适应住宅产业化的发展，就要改变传统的住宅建筑生产的单一型产业模式的制约，形成多元化的住宅产业生产链。这就需要注重：住宅设计标准化、部品部件生产工厂化、现场施工装配化、主体施工装修一体化以及全过程管理信息化。要构建一条多元化产业链，需要产业链上的各个产业环节都要作出有别于以往的革新。从设计行业的住宅设计标准化，到建材领域的部品化生产，到建设领域的现场装配化施工，到装修领域的集成化、部品化发展，再到全过程管理的用户参与模式的引入，无不要求产业链中的各个环节都要进行再生与重构。

10.3.2 住宅产业化体系

住宅产业化体系可分解为五个技术体系，即技术保障体系、建筑体系、部品化体系、质量保障体系和性能评定认定体系。

（1）技术保障体系

住宅技术保障体系是建立和完善住宅相关技术

标准和规范的体系。建立住宅建筑与部品的模数协调制度，保障可对应多样化需求的标准化与工业化相互结合的住宅设计生产，是实现住宅产业化的必要条件。

例如：20 世纪 80 年代我国历史上空前的住宅建设高潮时期，吸取欧美和日本以往的建设经验，经过对适应住宅设计的方法进行新规范的编制，初步形成了我国的建筑模数协调标准体系。分四个层次，即第一层：《建筑模数协调统一标准》，第二层：《住宅建筑模数协调标准》与《厂房建筑模数协调标准》，第三层次：《建筑楼梯模数协调标准》《建筑门窗洞口尺寸系列》《住宅厨房及相关设备基本参数》《住宅卫生间功能和尺寸系列》是专门部位的标准，第四层次：建筑构配件和各种产品或零部件的标准。当时由于广泛采用预制装配大板结构，编制了《装配式大板居住建筑设计和施工规程》。我国现行模数协调体系，新扩充的标准吸收了国际上的新理论，但仍需要不断地进行建筑模数协调标准的修订，以保证建筑模数协调标准的可实施性和协调作用。

（2）建筑体系

目前住宅工业化发展的趋势是从工业化专用体系走向大规模通用体系，系列化、标准化、组织专业化、建筑部品为中心，通用化建筑构配件、社会化生产和商品化供应是当前发达住宅工业化的发展特点。

住宅建筑体系是住宅产业化发展的载体，住宅建筑产业化发展就要发展适应工业化生产方式的建筑体系。"随着对住宅品质要求的增高，构成居住空间的技术与方法有了很大的发展。居住过程是一个发展变化的、复合化的过程，随着人们对居住功能和设备技术要求的提高，许多现行住宅设计体系已很难对应居住可变性的发展，有待进行改善。与现有为了单一的住宅商品而进行的生产不同，要想在技术、设计、生产三方面实现住户个别需要的对应，在设计生产过程中必须有居住者的参与，这就需要建立开放式住宅设计生产体系，将住宅生产分为支撑体（Support）与填充体（Infill）两个生产过程。只有这样才能实现真正的住宅生产工业化 住户个别需要对应型住宅的生产。支撑体住宅（以下 SI（Support Infill）住宅）作为实现住宅长期耐用化与多样化对应的有效手段，是今后都市住宅的主要发展形式"。SI 住宅建筑体系中的承重结构骨架具有高耐久性，通常耐久年限为百年以上。SI 住宅是今后住宅工业化发展的主流。采用集成技术建造和装修住宅，卞要特点是节能环保、住宅使用寿命更氏、住宅的居住性能和综合效益更强。

根据《公共化住宅论》的理论都市集合住宅是由公共财产与私有财产的多种要素构成的体系。各要素将依据各自原理构筑供给技术体系。依据住宅公私所有的区分，分两阶段实施住宅供给的方式。现行住宅设计供给是由一体化进行的，不能满足住户富有个性的居住要求。而 SI 住宅的采用基本上解决了上述问题。SI 住宅是实现住宅长期耐用化与多样化对应的有效手段。

（3）部品化体系

住宅部品化体系主要是展开部品生产的系列开发、规模生产和配套供应，是推进住宅产业现代化的重点工作。"住宅建筑工业化既要发展适应工业化生产方式的建筑体系，又要注重建筑材料的部件化的发展。住宅部品化的目标是要最大限度地实现住宅部品工业化生产的标准化和通用化，构筑社会协作的配套体系。住宅部品化的发展在很大程度上解决了住宅多样化和标准化之间的矛盾，提高了住宅产业的工业化水平。

（4）质量保障体系

住宅质量的内涵已从单纯的施工转向全方位的技术体系。住宅的质量是一项系统工程．应当包括规划设计质量、住宅使用质量、工程施工质量、住宅建成后的整体质量及物业管理质量等多方面。建立多层次、多方位的质量体系正是国际上对建筑（包括住宅）质量控制的发展趋势。质量控制体系包括质量责任及保修、赔偿制度，规划、设计审批制度，住宅市场的准入制度，住宅部品、材料的认证和淘汰制度，工程质量监督和工程验收制度等。住宅质量控制体系是推进住宅产业化的关键环节。

（5）性能评定体系

住宅性能认定体系是通过设定一套科学的程序和评价指标，采用定性与定量相结合的方法，在对住宅的适用性能、安全性能、耐久性能、环境性能、经济性能分别进行测评的基础上，对住宅的整体性能作出综合评价。这项工作对于引导住宅消费和生产，保护权利人的权益具有特别重要的意义，反映了推进住宅产业化的核心目的。

10.3.3 住宅产业化体系的未来

住宅产业化发展作为今后住宅设计生产的发展目标备受社会各界的重视，全国各地针对建筑产业化都有相应的激励政策，现阶段对住宅产业化发展认识上还存在着误区，简单把工业化理解为预制混凝土（PC）技术，但是要注意 PC 只是住宅生产工业化的重要手段之一，但也不是全部。

从国内外住宅工业化演进与发展经验以及当前我国住宅工业化生产所面临的课题来看，改变住宅建设的生产方式是我国目前有待解决的根本问题。在我国住宅产业化正在进入全面推进的关键时期，应着力推动我国住宅工业化从"住宅建设的工业化阶段"，向"住宅生产的工业化阶段"的转变工作。当前住宅工业化关键建设技术研发与实践的中心工作，是要解决好我国住宅工业化生产及技术的五大问题：第一，加快健全我国住宅工业化生产的制度和技术机制；第二，大力促进住宅工业化的部品化工作；第三，重点引进开发先进住宅建设体系；第四，加强住宅工业化生产关键集成技术攻关；第五，积极促进我国集合住

宅工业化生产的试点项口建设。在正确认知住宅生产工业化基本理念的前提下，进一步探讨住宅工业化的住宅体系及集成技术的转型换代与技术创新的工作，通过住宅工业化生产的技术转型来促进我国住宅生产方式的根本转变。住宅建设要由粗放型生产向集约型、精细化设计生产型发展建设发展就离不开住宅生产工业化的发展方向。为此，要注重以下几点。

（1）建立和完善推进住宅产业化组织机构

加快健全我国住宅工业化生产的制度和技术机制，对应商品住宅、各类经济适用房的建设需求，完善各种技术规范和住宅部品、产品标准体系，对各类住宅产品提出开发的性能、质量和规格要求。进一步完善《住宅模数协调标准》普及和厨房卫生间及其他部位模数尺寸在建筑协调应用，开展接口技术的研究工作，提高住宅产业化体系中各部分间的配套化、系列化和组合化水平。建立住宅性能认定体系，全力提升居住性能水准。重视住宅性能评定工作，通过定性和定量相结合的方法，制定住宅性能评定标准和认定办法，逐步建立科学、公正、公平的住宅性能评价体系。

（2）大力促进住宅工业化的部品化体系的开发、研究和推广工作

完善和配套发展成套住宅技术。建立以部品化和集成化为主的装修内装体系和支撑体承重结构体系的两个系统，把住宅产业划分为结构体系技术、内装部品技术、住宅设备技术、住宅物业管理技术和住宅环境保障技术等五大方面来发展。保证新型建筑体系在各地住宅建设中逐步推广应用，积极发展通用部品，逐步形成系列开发、规模生产、配套供应的标准住宅部品体系。

（3）重点引进开发先进住宅建设体系

从产业链的角度来讲，住宅产业化则是多行业协作才能共谋的综合性的建筑事业。着力引进和发展以优良建筑体系为主的住宅成套技术，要求体系能满

足现代居住生活条件，具有较大的适应性和应变能力。全面实施集成化生产体系的改革，切实实现以中国特色的工业化生产体系，改革湿作业多、劳动生产率低的手工作业现状。建立住宅建筑体系，利用新材料、新技术的推广使用，实现工业化、标准化和集成化体系技术水平的提高，促进住宅产业群体的形成。

（4）加强住宅工业化生产关键集成技术攻关

完善住宅技术保障体系，完善基础技术和关键技术的研究工作，制定和修订包括模数协调、节能节水和室内外环境标准在内的技术标准、技术规范。提高产品配套水平和技术装备，全面推进新型材料、节能产品的数量和质量的发展，以此推动建筑工业化步伐。

（5）我国每年竣工房屋面积大约在20亿㎡左右

房屋建筑大量的能耗迫使人们重新审视住宅建设的生产方式和增长方式。目前，中国的住宅产业化落后国外先进国家几十年，加快促进住宅产业化已经刻不容缓，迫在眉睫。根据发达国家住宅产业化发展的经验，住宅产业化要求生产工业化、部品部件标准化及建设过程集成化，实现节能减排与生态环境保护，成为建筑业实现可持续发展的重要途径。因此，借鉴发达国家的成功经验，我国住宅产业化的未来发展必须与绿色建筑结合起来，通过绿色建筑目标的引导，积极开发利用节能、降耗、环保以及资源循环利用技术，使住宅产业达到"四节一环保"的要求，实现可持续发展目标。

（6）形成一体化生产经营的住宅产业化模式

构建涵盖建筑全寿命周期的产业链。遵循住宅产业化发展理念，考虑投资、生产、运营和拆除全过程，保证产业链节点之间形成有效需求，构造住宅产业化的产业链。形成一体化生产经营的住宅产业化模式，需要建立涵盖建筑全寿命周期的产业链，从而保证住宅产品从原料到成品的一体化工业生产。

住宅产业化不应局限于住宅建设领域的产业化，包括住宅在内的，也应包含其他一切用途物业的产业化。住宅产业化既是主体结构的产业化也是内装修部品及机电设备支撑体系的产业化。两者相辅相成，互为依托，片面强调其中任何一个方面均是错误的。

（7）抓住城镇化发展的契机

城镇化进程的加快将带动住房需求的快速增长。至2014年，我国城镇化率达54.8%，预计未来10～15年，我国城镇化仍将保持年均0.8%～1%的增长速度。城镇化水平的提高将增加大量的城市人口，从而带来每年约5亿～6亿㎡的住房需求。国际经验表明，城镇化水平在30%～60%是住宅产业化加速发展时期。广大住宅产业化欠发达地区大都城镇化水平较低，中部和西部地区城镇化率分别为30%和24%，潜力巨大。城镇化进程为该类地区住宅产业化提供了良好的发展契机，抓住城镇化发展的契机将大大加快该地区的住宅产业化进程，实现跨越式发展。在住宅产业化的数量与质量并重的发展阶段。系统研究住宅产业化的技术并进行综合示范，住宅产业标准应基本形成，部分新型建材引进项目初步到位，生产线投入使用并产出产品，住宅产业化的规格化产品已经产出，部分地区和企业开始大规模进行住宅和部品的生产，整个住宅产业化进入新的发展时期。

（8）走多元化、地域性特色的工业化之路

我国幅员辽阔，不同地域间的差别较大，这也说明我国的住宅工业化应该走多元化、适应不同地域特色以及地方标准的多层次的工业化之路。

建筑行业的工业化可以极大地改善资源浪费，促进绿色环保。在全球气候变暖，全社会对于资源环境的危机意识高涨的大背景下，中国发展住宅工业化，对于消费者、企业、以及产业是重要的低碳行动和举措，对于世界也是重大的贡献。因此，后工业社会的信息化发展特点，构建结合绿色环保主题下的设计、制造、建造、以及维修服务为一体的住宅工业化体系，将是新时期，我国住宅工业化的可持续发展的目标。

10.4 住宅产业化与住宅设计

住宅产业化生产正处在一个"多品种多样化发展"的阶段，住宅部件呈现出多品种化、多功能化、智能化、建材的复合化、个性化发展趋势。住宅部件的丰富反映了日益增加的居住要求的高度多样化。

与以往部件厂商生产什么样的住宅不被引起设计者的关注相比，现在住宅厂商的部件开发主导着住宅设计意念的走向。住宅部件厂商大多将居住者希望的多样的"个性生活"依托不同的生活风格作为一个完整的商品进行开发，使用户按厂商的构想进行选择。另外，部件的复合化虽然减轻了现场劳动量，但却提高了部件的附加价值。部件的复合化的结果没有改变部件基本性能，但是部件表面的材质、颜色、

形状等的丰富成为部件数目增大的主要原因。住宅产业化的发展促进了日本住宅工业化水平的提高。但是从住宅设计的角度来看，住宅产业化的高度发展也在逐步改变住宅设计工作中建筑师的作用及影响。1991年到赖特在神户的作品"山邑的家"（现淀川制钢迎宾馆）参观，在感叹建筑大师"住宅作品性"的同时，也第一次意识到了建筑部件化发展对建筑设计的冲击。

住宅部件的复合化、种类的日益增多、建筑师选择使用部件和材料要面对逐年大幅度增加的住宅部件的庞大的种类。特别是现在部件发展大多代表厂商的意志，并主导着住宅设计的走向，住宅部件已不单是设计者自由选取的素材，某种程度限制了建筑师的水平发挥，使住宅设计趋于大同小异的"一般解"式的作品。也阻碍了建筑师对住宅技术和部件发展的贡献。从这一点来看进一步探讨住宅产业化生产与住宅设计的关系是今后住宅发展的关键。

附录：城镇住宅设计实例

1 城镇住宅设计实例·低层（1~3 层）

2 城镇住宅设计实例·多层（4~6 层）

3 城镇住宅设计实例·小高层（7~11 层）

4 城镇住宅设计实例·高层（12 层以上）

5 家居底层庭院景观实例

6 住宅屋顶花园景观实例

7 住宅产业化研究实例

（提取码：z2bp）

参考文献

[1] 胡凤庆，等.村镇小康住宅设计图集（二）[M].江苏：东南大学出版社，2000.

[2] 孔清静，胡凤庆.村镇小康住宅设计图集（一）[M].江苏：东南大学出版社，2000.

[3] 中国大百科全书出版社编辑部，中国大百科全书总编辑委员会《建筑·园林·城市规划》编辑委员会.中国大百科全书——建筑·园林·城市规划 [M].北京：中国大百科全书出版社，2004.

[4] 中华人民共和国住房和城乡建设部，住宅设计规范 [M].北京：中国建筑工业出版社，2011

[5] 吴东航，章林伟.日本住宅建设与产业化 [M].北京：中国建筑工业出版社.

[6] 董良峰.现阶段我国住宅产业化发展进程定位及推进措施研究 [J].南京工程学院学报（社会科学版），2009, 9(3).

[7] 阚小虎.日本 KSI 住宅工业化体系与低碳住宅建设 [J].住宅产业，2011(07).

后 记

感恩

"起厝功,居厝福" 是泉州民间的古训,也是泉州建筑文化的核心精髓,是泉州人"大　精神,善行天下"文化修养的展现。

"起厝功,居厝福" 激励着泉州人刻苦钻研、精心建设,让广大群众获得安居,充分地展现了中华建筑和谐文化的崇高精神。

"起厝功,居厝福" 是以惠安崇武三匠(溪底大木匠、五峰石艺匠、官住泥瓦匠)为代表的泉州工匠,营造宜居故乡的高尚情怀。

"起厝功,居厝福" 是泉州红砖古大厝,创造在中国民居建筑中独树一帜辉煌业绩的力量源泉。

"起厝功,居厝福" 是永远铭记在我脑海中,坎坷耕耘苦修持的动力和毅力。在人生征程中,感恩故乡"起厝功,居厝福"的敦促。

感慨

建筑承载着丰富的历史文化,凝聚了人们的思想感情,体现了人与人、人与建筑、人与社会以及人与自然的关系。历史是根,文化是魂。每个地方蕴涵文化精、气、神的建筑,必然成为当地凝固的故乡魂。

我是一棵无名的野草,在改革开放的春光沐浴下,唤醒了对翠绿的企盼。

我是一个远方的游子,在乡土、乡情和乡音的乡思中,踏上了寻找可爱故乡的路程。

我是一块基础的用砖,在莺歌燕舞的大地上,愿为营造独特风貌的乡魂建筑埋在地里。

我是一支书画的毛笔,在美景天趣的自然里,愿做诗人画家塑造令人陶醉乡魂的工具。

感动

我,无比激动。因为在这里,留下了我走在乡间小路上的足迹。1999年我以"生态旅游富农家"立意规划设计的福建龙岩洋畲村,终于由贫困变为较富裕,成为著名的社会主义新农村,我被授予"荣誉村民"。

我,热泪盈眶。因为在这里,留存了我踏平坎坷成大道的路碑。1999年,以我历经近一年多创作的泰宁状元街为建筑风貌基调,形成具有"杉城明韵"乡魂的泰宁建筑风貌闻名遐迩,成为福建省城镇建设的风范,我被授予"荣誉市民"。

我,心花怒发。因为在这里,留住了我战胜病魔勇开拓的记载。我历经十个月潜心研究创作的时代畲寮,终于在壬辰端午时节呈现给畲族山哈们,安国寺村鞭炮齐鸣,众人欢腾迎接我这远方异族的亲人。

我,感慨万千。因为在这里,留载了我研究新农村建设的成果。面对福建省东南山国的优美自然环境,师法乡村园林,开拓性地提出了开发集山、水、田、人、文、宅为一体乡村公园的新创意,初见成效,得到业界专家学者和广大群众的支持。

我,感悟乡村。因为在这里,有着淳净的乡土气息、古朴的民情风俗、明媚的青翠山色和清澈的山泉溪流、秀丽的田园风光,可以获得乡土气息的"天趣"、重在参与的"乐趣"、老少皆宜的"谐趣"和净化心灵的"雅趣"。从而成为诱人的绿色产业,让处在钢筋混凝土高楼丛林包围、饱受热浪煎熬、呼吸尘土的城市人在饱览秀色山水的同时,吸够清新空气的负离子、享受明媚阳光的沐浴、痛饮甘甜的山泉水、脚踩松软的泥土香;感悟到"无限风光在乡村"!

我,深怀感恩。感谢恩师的教诲和很多专家学者的关心;感谢故乡广大群众和同行的支持;感谢众多亲朋好友的关切。特别感谢我太太张惠芳带病相伴和家人的支持,尤其是我孙女励志勤奋自觉苦修建筑学,给我和全家带来欣慰,也激励我老骥伏枥地坚持深入基层。

我,期待怒放。在"外来化"即"现代化"和浮躁心理的冲击下,杂乱无章的"千城一面,百镇同貌"四处泛滥。"人人都说家乡好。"人们寻找着"故乡在哪里?"呼唤着"敢问路在何方?"期待着展现传统文化精气神的乡魂建筑遍地怒放。

感想

唐代伟大诗人杜甫在《茅屋为秋风所破歌》中所曰:"安得广厦千万间,大庇天下寒士俱欢颜,风雨不动安如山!"的感情,毛泽东主席在《忆秦娥·娄山关》中所云:"雄关漫道真如铁,而今迈步从头越。从头越,苍山如海,残阳如血。"的奋斗精神,当促使我在新型城镇化的征程中坚持努力探索。

圆月璀璨故乡明,绚丽晚霞万里行。